Ferdinand von Attlmayr

# Handbuch der Ozeanographie und maritimen Meteorologie

II. Band

Ferdinand von Attlmayr

**Handbuch der Ozeanographie und maritimen Meteorologie**
*II. Band*

ISBN/EAN: 9783741127809

Hergestellt in Europa, USA, Kanada, Australien, Japan

Cover: Foto ©berggeist007 / pixelio.de

Manufactured and distributed by brebook publishing software
(www.brebook.com)

Ferdinand von Attlmayr

# Handbuch der Ozeanographie und maritimen Meteorologie

# HANDBUCH

DER

# OCEANOGRAPHIE

UND

# MARITIMEN METEOROLOGIE.

IM AUFTRAGE DES K. K. REICHS-KRIEGS-MINISTERIUMS
(MARINE-SECTION)

VERFASST VON

DEN PROFESSOREN DER K. K. MARINE-AKADEMIE

FERDINAND ATTLMAYR,

K. K. REGIERUNGSRATH UND EHEMALIGEM K. K. CORVETTEN-KAPITÄN,

DR. JOSEF KÖTTSTORFER, JOSEF LUKSCH, ERNST MAYER,

DR. PETER SALCHER UND JULIUS WOLF.

MIT 12 LITHOGRAPHIRTEN TAFELN UND 86 IN DEN TEXT GEDRUCKTEN FIGUREN.

---

II. BAND.

WIEN, 1883.

AUS DER KAISERLICH-KÖNIGLICHEN HOF- UND STAATSDRUCKEREI.

# Inhalt.

## I. Theil.

### I. Abschnitt.

**Kurzer Rückblick auf die Entwicklung der oceanographischen Messungen.**[1]

Von

Ernst Mayer.

### II. Abschnitt.

**Die oceanographischen Instrumente und der Vorgang bei deren Anwendung.**[1]

Von

Ernst Mayer.

### III. Abschnitt.

**Horizontale Gliederung des Meeresbeckens.**[1]

Von

Josef Luksch.

---

1 Die Abschnitte I bis inclusive IX (I. Theil) sind im I. Band enthalten, in welchem auch das detaillirte Inhaltsverzeichnis dieser Partien zu finden ist.

## IV. Abschnitt.

**Das Becken des Oceans.**[1]

Von

Ernst Mayer.

## V. Abschnitt.

**Chemische Beschaffenheit des Meerwassers.**[1]

Von

Dr. Josef Köttstorfer.

## VI. Abschnitt.

**Die physikalischen Verhältnisse der Meere.**[1]

Von

Josef Luksch und Julius Wolf.

## VII. Abschnitt.

**Die Wellen des Meeres.**[1]

Von

Josef Luksch und Julius Wolf.

## VIII. Abschnitt.

**Die Meeresströmungen.**[1]

Von

Ferdinand Attlmayr und Ernst Mayer.

## IX. Abschnitt.

**Die Thierwelt des Meeres.**[1]

Von

Dr. Josef Köttstorfer.

---

[1] Die Abschnitte I bis inclusive IX (I. Theil) sind im I. Band enthalten, in welchem auch das detaillirte Inhaltsverzeichnis dieser Partien zu finden ist.

# II. Theil.

## X. Abschnitt.

## Die Elemente der Meteorologie.

Von

**Dr. Peter Salcher.**



## XI. Abschnitt.

## Maritime Meteorologie.

Von

**Ferdinand Attlmayr.**

## Anhang.



# III. Theil.

## XII. Abschnitt.

### Transoceanische Routen.

Von

**Ferdinand Attlmayr.**

**Die Karten und Figuren im Texte**

von

Ernst Mayer.

# II. Theil.

## Maritime Meteorologie.

---

# X. Abschnitt.

## Die Elemente der Meteorologie.

### A. Anleitung zum Beobachten.

#### Die allgemeinen Eigenschaften der Atmosphäre.

543. Von der Anschauung ausgehend, dass in den „Elementen der Meteorologie" nicht bloß eine kurze Darstellung des heutigen Standes der Witterungskunde, sondern auch die Zusammenstellung aller jener Grundsätze und Angaben enthalten sein soll, deren Kenntnis für das Anstellen guter meteorologischer Beobachtungen unerlässlich ist, und unter gleichzeitiger Berücksichtigung des Umstandes, dass diejenigen Sätze, welche der im nächsten Abschnitte zu behandelnden „maritimen Meteorologie im engeren Sinne" zur Grundlage dienen, hervorgehoben, hingegen alles das übergangen werden soll, dessen Behandlung in dem auf das Seewesen angewandten Theile der Meteorologie geeigneter erscheint, ergab sich folgende Eintheilung: Anleitung zum Beobachten, Klimatologie und praktische Meteorologie.

544. Die Körperlichkeit der Atmosphäre bringt es mit sich, dass dieser alle Eigenschaften zukommen, welche im allgemeinen jeder Naturkörper besitzt. Sie nimmt einen gewissen Raum ein, ist schwer, theilbar, undurchdringlich, porös, elastisch und sowie für die Schwerkraft, überhaupt für alle Kräfte empfindlich, so für die Wärme, den Schall, das Licht und die Elektricität.

Die Atmosphäre umschließt den Erdball in der annähernden Gestalt eines hohlen Sphäroids, welches wegen der leichten Verschiebbarkeit, mit der die Luft deformirenden Kräften eher nachgibt als die erstarrte Erdrinde, in Folge der aus der Rotation entspringenden Centrifugal-Kräfte wahrscheinlich stärker abgeplattet ist als die darunter befindliche Erde.

Die anregende Frage nach der Höhe der Atmosphäre entbehrt trotz der wiederholten Bestimmungsversuche bis jetzt der ausreichenden Beantwortung, weshalb man, um dieser näher zu kommen, noch immer neue Gesichtspunkte zu gewinnen sucht. Eine der bisher öfters zur Anwendung gekommenen Methoden stützt sich auf die Erscheinung der Morgen- und Abenddämmerung. Da diese bekanntlich dadurch zu Stande kommt, dass Lichtstrahlen von der Sonne vor Aufgang und noch nach Untergang durch Reflexion an Luftschichten, welche sich über dem Horizonte befinden, uns zugesendet werden, so wird der Anfang der Morgen- und das Ende der Abenddämmerung durch die Reflexion an solchen Luftschichten eingeleitet, welche wegen ihrer bedeutenden Höhe bereits stark verdünnt, aber noch immer fähig sind, Lichtstrahlen nach der Erde abzulenken. Der erste, welcher die Höhe dieser noch lichtreflectirenden Schichten — angenähert die Höhe der Atmosphäre — bestimmte, war Alhazen (im 11. Jahrhundert).[1] Er fand dafür 5200 Schritt (circa 39 Km.). Unter den neueren Berechnungen, die sich der Dämmerungserscheinungen bedienen, gibt die von Liais 390 Km. an. Eine zweite Methode geht von dem Gesetze aus, nach welchem der Luftdruck mit der Höhe abnimmt. Da aber dieses Gesetz erst für die untersten Luftschichten bekannt ist, so lässt sich nicht mit Sicherheit die Höhe der Atmosphäre daraus ableiten. Biot benützte dazu die Beobachtungen, welche namentlich Gay-Lussac im Ballon bis 7 Km. Höhe machte, fand aber die Höhe der Atmosphäre mit 23 Km. jedenfalls zu gering. Wieder eine andere Methode bedient sich der Beobachtung der Sternschnuppen, deren Aufleuchten beginnt, sobald sie sich nach dem Eintritt in die Atmosphäre durch Reibung bis zum Glühen erhitzt haben. Heis constatirte das Aufleuchten schon in einer Höhe von 300 Km. Noch sei bemerkt, dass Kerber,[2] indem er die Atmosphäre als ein System lichtbrechender Medien betrachtet und die für ein solches geltenden Sätze der Optik zur Anwendung bringt, die Höhe derselben mit 193 Km. berechnet. Nach allem dem muss man annehmen, dass die wahre Höhe der Atmosphäre noch nicht bekannt ist, was für die heutige Meteorologie keine weitere Bedeutung hat, weil die gewöhnlichen Witterungserscheinungen nur in den tieferen, 20 Km. nicht übersteigenden Luftschichten sich abspielen.

545. Von der Schwerkraft oder richtiger, von der Resultirenden aus der Attraction der Erde und der Centrifugal-Kraft, hat die Atmosphäre ihr Gewicht. Ein Cubikmeter Luft wiegt bei der Temperatur von 0° C. und dem Drucke von 760 Mm. (Quecksilber-Säule) 1·293 Kilogramm. Da ein gleiches Quantum reines Wasser bei derselben Temperatur nur

[1] Gesch. d. Phys. v. Poggendorff. 1879.
[2] Wied. Ann. 1881.

etwas weniger als 1000 Kilogr. (dies genau bei 4° C.) wiegt, so ist Luft von der angegebenen Beschaffenheit 773mal leichter als Wasser oder, mit andern Worten, von der Dichte $0·001293 = \frac{1}{773}$, bezogen auf Wasser.

Außer der Theilbarkeit, welche der Luft sowie jedem Gase in besonderem Grade zukommt, und außer der Undurchdringlichkeit, worauf sich beispielsweise verschiedene Tauch-Apparate, die Caissons für Arbeiten unter Wasser und die Luftpumpen gründen, besitzt die Atmosphäre sehr große Porosität. Diese Eigenschaft gestattet verschiedenen Gasen Eintritt in die Zwischenräume, welche die kleinsten Lufttheilchen, die Moleküle, von einander trennen, was durch die Thatsache erwiesen ist, dass die Atmosphäre nach allen bisherigen Beobachtungen an freien Stellen als ein Gemenge von Sauerstoff und Stickstoff im nahezu unveränderten Verhältnisse von 21 zu 79 Raum- oder 23 zu 77 Gewichtstheilen erscheint, mit einem geringen, jedoch sehr veränderlichen Gehalt an Wasserdampf bis 3, an Kohlensäure bis 0·04 Volum-Procent [1] und mit Spuren von Ammoniak und Salpetersäure.

Die Luft ist nur gegen Druck elastisch und verhält sich bei Druck-Änderungen nach dem Mariotte'schen Gesetze, welches sagt, dass sich das Volumen ($v$) umgekehrt verhält wie der Druck ($p$), dass also $p = \frac{k}{v}$ ist, wenn $k$ eine constante Größe bezeichnet, oder auch dass das Product ($pv$) je zweier zusammengehörigen Werte von Druck und Volumen denselben Wert ($k$) hat. Dabei bleibt vorausgesetzt, dass die Temperatur sich nicht ändert. Übrigens sind die Abweichungen von diesem Gesetze nicht zu übersehen, welche schon bei ungefähr 30facher Verdichtung und 100facher Verdünnung auffällig hervortreten.

546. Vom Wärmezustand der Luft sind deren Volumen und Spannkraft abhängig, so dass eine Temperatur-Änderung diese beiden Größen gleichzeitig zu ändern strebt. Wenn sich aber nur das Volumen oder nur die Spannkraft ändern kann, so erfährt für jede Temperatur-Erhöhung von 1° C. die betreffende Größe eine Zunahme um $\frac{1}{273} = 0·003665$ (Ausdehnungs-Coefficient); der Temperatur-Erniederung entspricht eine eben solche Abnahme. Aus dem ursprünglichen

[1] S. über die Veränderlichkeit des Sauerstoff- und Kohlensäure-Gehaltes: Revue d. Fortsch. d. Naturw. v. Klein, 1881.

Volumen ($v$) geht das neue Volumen ($v^1$) hervor, wenn sich die Temperatur um $\pm t°$ C. ändert, nach der Formel:

$$v^1 = v\,(1 \pm \frac{1}{273}\,t) \ldots \text{Gay Lussac'sches Gesetz.}$$

Für gleichzeitige Änderungen des Volumens ($v$) und der Spannkraft ($p$) gilt die Verbindung dieses mit dem Mariotte'schen Gesetze:

$$p^1 v^1 = p\,v\,(1 \pm \frac{1}{273}\,t) \ldots \text{Mariotte-Gay Lussac'sches Gesetz.}$$

Was die Wärmeaufnahme der Luft bei solchen Änderungen betrifft, so sei noch erwähnt, dass für eine Temperatur-Erhöhung bei unverändertem Volumen die Luft nahezu 6, genauer (1 : 0·167) mal weniger Wärme als das Wasser von gleichem Gewicht braucht. Die Zahl 0·167 ist eben die specifische Wärme der Luft bei constantem Volumen, die des Wassers gleich 1 gesetzt. Wenn gleichzeitig mit der Temperatur-Erhöhung das Volumen sich vergrößert, der Druck aber gleich bleibt, so ist wegen der von der Ausdehnung absorbirten Arbeit 1·42 mal mehr Wärme erforderlich. Die specifische Wärme der Luft bei constantem Druck ist deshalb $0·167 \times 1·42 = 0·237$, also braucht in diesem Falle die Luft nahezu 4 mal weniger Wärme als ein Wasser-Quantum vom gleichen Gewicht.

Die innige Beziehung der Atmosphäre zu Schall und Licht ist aus zahllosen Erscheinungen bekannt, auf die aber hier nicht näher eingegangen werden kann. Ebenso muss wenigstens an dieser Stelle von dem Zusammenhang der Atmosphäre mit der Elektricität Abstand genommen werden; derselbe findet später eine kurze Erörterung.

Dagegen folge nun eine etwas eingehendere Darstellung derjenigen Eigenschaften der Atmosphäre, deren Veränderungen die gewöhnlichen Witterungs-Erscheinungen ausmachen, nämlich des Wärmezustandes (Temperatur), der Spannung (Luftdruck), des Bewegungszustandes (Wind), des Wassergehaltes (Feuchtigkeit und Niederschläge) und dann der elektrischen Verhältnisse der Atmosphäre (atmosphärische Elektricität).

### Luft-Temperatur. — Thermometer.

547. Nachdem die Eigenwärme der Erde längst aufgehört hat auf deren Oberfläche einen merkbaren Einfluss zu üben und andere Quellen wie die durch Meteorfälle erzeugte Wärme ebenso bedeutungslos sind, bleibt die Sonne die Hauptwärme-Quelle für die Erde. Allerdings empfängt letztere außerdem Wärme vom Mond und der ganzen Sternenwelt. Der Umstand aber, dass diese Wärme allen Punkten der Erde stets in gleichem Maße gespendet wird, bringt es mit sich, dass wir ihrer

als einer constanten Wirkung für gewöhnlich gar nicht bewusst werden, und dass wir den Wärmezustand der Atmosphäre nur nach den in der letzteren zur Geltung kommenden Bedingungen und mit dem Gange der Sonne sich ändern sehen.[1]

548. Wie nun die Erwärmung der Atmosphäre durch das Zusammenwirken dieser Verhältnisse zu Stande kommt, finde im Folgenden eine kurze Erörterung. Zunächst gehen die directen Sonnenstrahlen wenigstens durch die heitere Atmosphäre so, dass eine kaum merkliche Erwärmung eintritt; denn sie erreichen, wie es diesbezügliche Messungen bestätigen, die Erdoberfläche mit einem Verluste von 25 bis 30 Percent im Falle, als der Himmel vollkommen heiter ist und die Sonne im Zenith steht.[2] Mehr verlieren die Wärmestrahlen an Intensität, wenn die Atmosphäre getrübt ist oder von denselben in schiefer Richtung passirt wird.

An der Erdoberfläche erfolgt eine Theilung der auftreffenden Strahlen: ein Theil wird vom Boden absorbirt, in Folge dessen letzterer sich erwärmt, der Rest aber wird reflectirt. Diese in die Atmosphäre zurückkehrenden Strahlen sind polarisirt, d. h. sie haben durch die Reflexion eine Veränderung (in der Schwingungsart der Äthertheilchen) erfahren, vermöge welcher sie nun auf ihrem Rückwege mehr Wärme an die Luft abgeben als unter gleichen Umständen directe Strahlen verlieren. Diese Abgabe und zugleich die vom erwärmten Boden durch Leitung der Luft zugeführte Wärme bestimmen eigentlich die Temperatur der Luftschichten, welche in Folge dessen mit der Höhe der letzteren über dem erwärmten Boden abnimmt.

549. Über das Verhältnis des absorbirten zum reflectirten Theile der auffallenden Wärmestrahlen entscheidet die Bodenbeschaffen-

---

[1] Allerdings kann man sich auch der Erwägung nicht verschließen, dass die verschiedenen Vorgänge auf der Sonne, unter welchen sich gewisse in einer periodischen (11 Jahre umfassenden) Zu- und Abnahme der dunklen Sonnenflecken offenbaren, den Wärmezustand derselben beeinflussen. — Die während eines Jahres der Erde gespendete Sonnenwärme wäre nach Pouillet im Stande, eine die ganze Erdoberfläche bedeckende Eisschichte von 31 M. Dicke zu schmelzen. Aus dieser Angabe lässt sich die in den ganzen Weltraum übergehende Sonnenwärme leicht berechnen.

[2] Lecher findet die Ursache dieser bisher dem Wassergehalte der Atmosphäre zugeschriebenen Absorption der Sonnenstrahlen in der Kohlensäure der Luft. („Über die Absorption der Sonnenstrahlung durch die Kohlensäure unserer Atmosphäre." Sitzb. d. k. Akad. d. Wiss. Wien, 1880.) Thatsächlich dürfte aber ebensowohl die Kohlensäure als auch der Wasserdampf an dieser Absorption betheiligt sein. Siehe auch H. Heine, Wied. Ann. 1882.

heit. Diese bekommt also dadurch einen Einfluss auf die Temperatur der darüber befindlichen Luft sowie auch durch den Umstand, dass von ihr die Temperatur-Änderung des Bodens selbst in Folge der absorbirten Strahlen und so das Quantum der in die Luft geleiteten Wärme abhängt. Zum Beispiele absorbirt grasbedeckter Boden stärker als eine Wasserfläche, die dafür besser reflectirt; Steinboden erwärmt sich unter gleichen Umständen stärker als eine Wasserfläche. Die Bodenbeschaffenheit wirkt noch in anderer Hinsicht indirect, indem besonders von wasserbedeckten Flächen Dünste aufsteigen, welche die Atmosphäre trüben und dadurch für Wärme weniger durchlässig machen.

Zu den Factoren, welche die Temperatur der Luft namentlich an einem der Erdoberfläche nahe gelegenen Orte bestimmen, gehört ferner dessen Lage, weil davon der Einfluss seiner Umgebung abhängig ist. Je nachdem der Ort maritim oder continental gelegen, offen oder von Gebirgen eingeschlossen, warmen oder kalten Luftströmen ausgesetzt ist u. s. f., wird sein Wärmezustand mehr oder weniger durch territoriale Einflüsse modificirt werden. In mehrfacher Hinsicht beachtenswert ist der Einfluss einer ausgedehnten Wasserfläche auf die Temperatur eines Ortes: das Wasser erwärmt sich und in Folge dessen auch die darüber befindliche Luft nur langsam einerseits wegen des geringen Absorptions-Vermögens des Wassers und seiner großen specifischen Wärme, anderseits wegen der mit der Dunstbildung verbundenen Wärmeabgabe und der durch die Trübung verminderten Wärmedurchlässigkeit der Atmosphäre. Dafür geht aber auch die Abkühlung einer Wasserfläche ebenfalls nur langsam vor sich, was in der geringen Ausstrahlung, aber großen Wärme-Capacität des Wassers, im Gewinne der bei Condensationen des Dunstes frei werdenden Wärme und in der verminderten Wärmedurchlässigkeit der dunstreichen Atmosphäre seine Erklärung findet. Eine Wasserfläche wirkt den Tag über temperaturerniedrigend, ebenso im Sommer, hingegen temperaturbewahrend während der Nacht und im Winter. Den entgegengesetzten Einfluss auf die Temperatur hat ein ausgedehnter, kahler Sand- (Wüste) oder Felsboden (Karst). Auf diesem Unterschiede beruht auch hauptsächlich die Eintheilung in See- (maritimes) und Land- (continentales) Klima.

550. Was ferner die Abhängigkeit des Wärmezustandes der Atmosphäre von der (scheinbaren) Bewegung der Sonne betrifft, so bewirkt deren jährlicher Gang, namentlich aber die dabei sich vollziehende Abweichung vom Äquator, nicht bloß die Änderung der Temperatur an ein und demselben Orte mit den Jahreszeiten, sondern auch den Wärmeunterschied zu ein und derselben Zeit in

den **verschiedenen Breiten** der Erde. Der tägliche Gang der Sonne bedingt den **Wechsel der Temperatur** eines und desselben Ortes mit **der Tageszeit.**

Aus der Zusammenfassung des Bisherigen ergeben sich demnach als Hauptfactoren der Temperatur eines Ortes: dessen Höhe, Bodenbeschaffenheit, Lage und geographische Breite, ferner die Tages- und Jahreszeit. Da aber mehrere dieser Factoren der Berechnung noch vollständig ferne stehen und außer den genannten auch noch andere Verhältnisse auf die Temperatur Einfluss nehmen, so bleibt es der Beobachtung vorbehalten, die thatsächlichen Wärmezustände verschiedener Orte zu verschiedenen Zeiten festzustellen und mit der Zeit die mannigfaltigen Temperatur-Factoren numerisch zu bewerten.

551 **Das einfache Thermometer.** — Um eine directe Temperatur-Beobachtung zu machen, bedient man sich des gewöhnlichen Quecksilber-Thermometers, für tiefe Temperaturen aber, jedenfalls für solche von —39° C. (Erstarrungspunkt des Quecksilbers) abwärts, eines Thermometers mit Weingeist- oder Schwefelkohlenstoff-Füllung.[1]

552. **Maximum- und Minimum-Thermometer.** — Für die Beobachtung der Temperatur-Extreme, welche innerhalb einer gewissen Zeit stattfinden, und zwar zur Bestimmung des Maximums dient nach Rutherford ein Quecksilber-Thermometer mit einem kurzen Stahlstäbchen im flüssigkeitsleeren Theile der Glasröhre, zur Wahrnehmung des Temperatur-Minimums ein Weingeist-Thermometer, in dessen Flüssigkeits-Faden sich ein kurzes Glasstäbchen befindet. Beide Thermometer sind meistens auf eine Metall- oder Glasplatte in horizontaler Richtung befestigt. Durch eine sanfte Neigung der Platte bringt man das Stäbchen aus Stahl bis zur Berührung mit dem Quecksilber-Faden und jenes aus Glas bis an das Ende des Weingeist-Fadens. Ersteres Stäbchen wird nun bei der Ausdehnung des Quecksilbers an die Stelle der höchsten, das Glasstäbchen hingegen an die Stelle der niedrigsten Temperatur geschoben. Übrigens lässt sich das Stahlstäbchen durch eine nahe

---

[1] Zur Verwandlung der Grade verschiedener Scalen dient folgende Relation:
5 Grade Celsius = 4 Grad Reaumur = 9 Grad Fahrenheit

oder:

$$a°R = \left(\frac{5}{4}a\right)°C. = \left(\frac{9}{4}a + 32\right)°F.$$

$$a°C = \left(\frac{4}{5}a\right)°R. = \left(\frac{9}{5}a + 32\right)°F.$$

$$a°F = \left(a - 32\right)\frac{4}{9}°R. = \left(a - 32\right)\frac{5}{9}°C.$$

dem Gefäße befindliche Verengung im Thermometer-Rohre ersetzen, an welcher der Quecksilber-Faden bei der nach Eintritt des Maximums beginnenden Abkühlung reißt, so dass das zurückbleibende Quecksilber als Index des Temperatur-Maximums dient.

Das Casella'sche Tiefsee-Thermometer wird ebenfalls, besonders wenn die Schutzhülse entfernt ist, zur gewöhnlichen Beobachtung der Temperatur-Extreme gebraucht.

553. Das Umkehr-Thermometer (von Negretti und Zambra). Seine Beschreibung ist dem Abschnitt II zu entnehmen. Es dient zu Temperatur-Beobachtungen in gewissen Höhen über dem Boden, z. B. am Maste eines Schiffes oder auch, um für eine gewisse Zeit, beispielsweise für eine bestimmte Nachtstunde, die Temperatur eines Ortes zu messen. Zu letzterem Zwecke wird das Thermometer mit einer Weckeruhr verbunden, welche die Drehung desselben um 360° zur gewählten Zeit bewerkstelligt.

554. Differential- oder Schwarzkugel-Thermometer. Eine U-förmig gebogene enge Glasröhre endigt in kugelartige Erweiterungen, wovon die eine mit Lampenruß (Tusch) geschwärzt ist. Als Index dient ein kurzer Quecksilber- oder Weingeist-Faden, welcher die Mitte des unteren Röhrentheiles einnimmt, sobald beide Kugeln dieselbe Temperatur besitzen, der hingegen auf die Seite der blanken Kugel sich verschiebt und zwar um einen an der angebrachten Scala abzulesenden Betrag, wenn die geschwärzte Kugel in Folge der stärkeren Absorption auftreffender Wärmestrahlen sich mehr erwärmt. Man benützt dieses Instrument zur Messung der strahlenden Sonnenwärme (Insolation).

555. Normal-Thermometer. Da im allgemeinen selbst gut construirte Thermometer mit kleinen Fehlern behaftet sind, sei es, dass sie solche von allem Anfang an besitzen oder erst durch den Gebrauch angenommen haben, so sind zeitweilige Vergleichungen derselben mit ganz verlässlichen, sorgfältigst construirten und bewahrten Instrumenten (Normal-Thermometern) oder mindestens mit solchen Thermometern, deren Fehler aus kurz vorhergegangener Controle genau bekannt sind, ganz unerlässlich. Bei einem Normal-Thermometer dagegen ist wenigstens die Prüfung des Eispunktes in schmelzendem Schnee oder Eise zeitweilig vorzunehmen.

**Luftdruck. – Barometer.**

556. Stets ist die Atmosphäre der Einwirkung folgender drei Kräfte unterworfen: der eigenen aus dem gasförmigen Zustande entspringenden Repulsiv-Kraft, der Centrifugal-Kraft und der Anziehung, welche von der Erde ausgeht und den beiden ersteren Kräften entgegenwirkt. Die Kraft, mit welcher die Lufttheilchen einander abstoßen, ist unter anderem von der Temperatur abhängig, die Centrifugal-Kraft nimmt im geraden Verhältnis mit der Entfernung von der Erdachse zu, und die Attraction der Erde nimmt so ab, wie das Quadrat der Entfernung vom Erdmittelpunkte größer wird. Da ferner jeder Bestandtheil der Atmosphäre einen gewissen Druck ausübt, so ist das, was man gewöhnlich als Luftdruck bezeichnet und beobachtet, die Summe der Drücke, welche die einzelnen Bestandtheile der Atmosphäre ausüben (Dalton-sches Gesetz), und eine namentlich mit der Höhe und der Temperatur sich ändernde Größe.

Zur Bestimmung des Luftdruckes gebraucht man hauptsächlich Quecksilber- und Aneroid-Barometer (Holosteriques). Erstere geben die Höhe jener verticalen Quecksilber-Säule an, welche nach dem Torricelli'schen Versuche dem Luftdrucke das Gleichgewicht hält, letztere lassen hingegen direct nur die Änderungen des Luftdruckes in der Bewegung einer elastischen Platte erkennen, welche als Deckel eine nahezu luftleer gemachte Metalldose schließt und mit der Spannung der Luft sich ins Gleichgewicht setzt.

557. Das Heber-Barometer. Über dieses Instrument genüge die Bemerkung, dass dasselbe aus einem heberförmig gebogenen Glasrohre mit einem kurzen offenen und längeren verschlossenen Arme oder aus eben solchen Armen, die durch ein Bodenstück aus Stahl U-förmig verbunden sind, besteht. Der Abstand beider Niveaus des Quecksilbers, welches in dem längeren Arme durch einen luftleeren Raum (Torricelli'sches Vacuum) vom Rohrende absteht, dient als Maß des Luftdruckes und heißt der Barometerstand.

558. Das Gefäß-Barometer. In der Einrichtung nach Fortin bildet den Boden des Gefäßes, in welches das Barometer-Rohr gestellt ist, ein seichter Sack aus Leder oder Kautschuk, der sich mittels einer Schraube heben oder senken lässt; vom Deckel des Gefäßes ragt ein Stift aus Elfenbein oder Stahl herab, dessen Spitze den Nullpunkt der Scala bezeichnet. Bringt man also durch entsprechendes Drehen der Bodenschraube das Niveau des Quecksilbers im Gefäße gerade bis zur Spitze, so gibt die Ablesung des oberen Niveau an der Scala, die meistens mit einem Nonius versehen ist, den Barometerstand. Diese Einrichtung

macht das Fortin'sche Barometer besonders für Beobachtungen auf Reisen geeignet, in welchem Falle dasselbe während des Transportes in umgekehrter Lage, die Bodenschraube an das Barometer-Rohr angelegt, mit Vorsicht zu erhalten ist.

559. Kappeller (Wien) hingegen hat das Gefäß-Barometer zu einem vorzüglichen Stations-Instrumente adaptirt. Bei diesem ist der Boden des Gefäßes fix, aber das Verhältnis des oberen zum unteren Quecksilber-Niveau genau bestimmt und an der Bodenplatte des Barometers angegeben zugleich mit demjenigen Barometerstande, dem sogenannten neutralen Punkte, für welchen bei der Temperatur 0° C. das untere Niveau mit dem Nullpunkte der Scala zusammenfällt. Die Kenntnis dieser Zahlen setzt den Beobachter in den Stand, den Abstand des unteren Niveau vom Nullpunkt zu berechnen. Bezeichnet nämlich *k* das erwähnte Verhältnis und *n* den neutralen Punkt (meistens 760 Mm.), so steht bei einer Ablesung des oberen Niveau, die um *d* Mm. größer als *n* ist, das Quecksilber im Gefäß um (*kd*) unter dem Nullpunkt; dieser Abstand ist also zur directen Ablesung hinzufügen. Fällt hingegen die Ablesung kleiner als *n* aus, so muss das Product (*kd*) subtrahirt werden. (Die Niveau-Correction.)

560. Das Marine-Barometer (Kew-Modell). Bei den für Beobachtungen zur See bestimmten Barometern ist das Glasrohr unterhalb jener Stelle, an welcher das obere Quecksilber-Niveau sich zu bewegen pflegt, verengt, wodurch die Schwankungen der Quecksilber-Säule, das sogenannte Pumpen, verhindert wird. Ferner ist in das Rohr ein kleiner Glastrichter (Bunten'sche Spitze), mit der engen Öffnung nach abwärts, zu dem Zwecke eingesetzt, um die in das Barometer gelangende Luft vom Aufsteigen in das Vacuum abzuhalten. Allerdings haben diese Einrichtungen auch den Nachtheil, dass sie die Empfindlichkeit des Barometers vermindern, weshalb es weniger leicht den Schwankungen des Luftdruckes folgen kann.

Bei dem Schiffs-Barometer, wie es vom Observatorium zu Kew empfohlen wird, steht das offene Ende des Rohres mit einem eisernen Cylinder in Verbindung, der das Barometer-Gefäß bildet. Dabei enthält die obere Deckplatte des Gefäßes eine oder zwei Bohrungen, welche von innen durch starkes Schafleder so weit geschlossen sind, dass das Austreten des Quecksilbers, nicht aber der Wechsel der Luft durch die Poren des Leders gehindert ist. Da das untere Niveau nicht wie beim Fortin'schen Barometer auf den Nullpunkt eingestellt wird, so bedarf dasselbe gleich dem Kappeller'schen Stations-Barometer der Niveau-Correction. Diese kann übrigens schon bei Anfertigung der

Scala in die Theilung einbezogen und so die spätere Berechnung umgangen werden.

561. Normal-Barometer. Als Normal-Barometer bezeichnet man Instrumente, mit welchen sich der Luftdruck sehr genau messen und der Zustand anderer Barometer bestimmen lässt. Mit ihnen ermittelt man die bei Schiffs-Barometern wegen des fixen Bodens erforderliche Correction, indem man das zu vergleichende Instrument an der Seite eines Normal-Barometers in eine luftdichte Kammer bringt und die Vergleichung bei verschiedenen mittels einer Luftpumpe hergestellten Drücken vornimmt.

Will man sich vom Zustande des Vacuums überzeugen, dessen Erhaltung vor allem über die Güte eines Barometers entscheidet, so kann dies leicht auch ohne Vergleichung geschehen: man neigt das zu prüfende Instrument langsam, bis das Quecksilber am Rohrende anschlägt. Geschieht dies mit hellem, metallischem Klange, so ist das Rohr luftleer. Dumpfer Anschlag hingegen deutet auf eingedrungene Luft, deren Spannung dem Drucke der äußeren Luft entgegenwirkt und so den Barometerstand fehlerhaft macht.

562. Aneroid-Barometer (Holostériques). Die geringe Hebung oder Senkung, welche die Abnahme beziehungsweise Zunahme des Luftdruckes am elastischen Deckel der nahezu luftleeren Metalldose hervorbringt, wird beim Aneroid von Vidi durch ein Hebel-System vergrößert auf einen Zeiger übertragen, der über einer Kreistheilung spielt und durch seine jeweilige Stellung den Luftdruck anzeigt. Eine Stahlfeder, welche auf den Deckel hebend einwirkt, sorgt namentlich dafür, dass letzterer seine rückgängige Bewegung dem abnehmenden Luftdrucke sicher folgen lasse. Das System von Goldschmid besteht in der Übertragung der Bewegung des Dosendeckels auf einen Hebel, dessen Stand bei jedesmaliger Beobachtung durch eine Mikrometerschraube zu fühlen ist. Reitz wieder misst die Deckelbewegung, indem er sich zur Beobachtung derselben eines Mikroskops bedient u. s. f. Das Metall-Barometer, bei welchem die Büchse durch einen luftleeren Ring (Bourdon'scher Ring) ersetzt ist, wird kaum mehr gebraucht.

Das Aneroid-Barometer steht insofern dem Quecksilber-Barometer nach, als es den absoluten Luftdruck mit hoher Genauigkeit zu messen nicht geeignet ist: dafür aber besitzt es meistens sehr große Empfindlichkeit selbst für geringe Schwankungen des Luftdruckes.

Es erscheint also dort als sehr brauchbares Instrument, wo es sich vor allem darum handelt, die Veränderungen des Barometer-Standes sicher und bequem zu erkennen. Weil in polaren Gegenden das Quecksilber gefriert, so kommt dort nur das Aneroid in Anwendung.

## Wind. — Anemometer.

563. Wie schon früher einmal bemerkt wurde, ist der Luftdruck eine Function der Abstoßung zwischen den Lufttheilchen, der Attraction der Erde, der Centrifugal-Kraft und des Gehaltes der Luft an Wasserdampf und anderen Gasen, die aber ihres geringen Einflusses halber hier nicht weiter in Betracht kommen. Von diesen Factoren des Luftdruckes sind veränderlich die Molecular-Abstoßung mit der Temperatur und der Wassergehalt. Es ist deshalb die absolute Unveränderlichkeit des Luftdruckes an einem Orte kaum für einen Augenblick anzunehmen, wie ebenso wenig der Fall eintreten dürfte, dass alle Orte einer Horizontalschichte oder einer mit der Erde concentrischen Fläche denselben Luftdruck haben. Wenn aber das wäre, so würde in diesen Orten keine Veranlassung zu einer Bewegung der Luft bestehen, analog dem Ruhezustande eines horizontalen Wasserspiegels. Die Erfüllung dieser Bedingung für die ganze Atmosphäre in der Art, dass alle Orte gleicher Höhe denselben Luftdruck besitzen oder mit anderen Worten, dass alle Schichten gleichen Drucks, Niveau-Flächen genannt, mit der Erdoberfläche concentrisch sind, würde das ganze Luftmeer ins Gleichgewicht setzen. Jede Abweichung von dieser Vertheilung bringt Verschiebung der Lufttheilchen, also Luftströmung, Wind, hervor.

564. Die Bestimmung des Windes erfordert zweierlei: Die Angabe der Richtung und Stärke. Man pflegt aber bis jetzt nur die horizontale Componente der Windstärke in Beobachtung zu ziehen. Die gebräuchlichen Anemometer sind darnach eingerichtet. Ohne die Benützung eigener Instrumente lassen sich Richtung und Stärke des Windes nach den Bewegungen beurtheilen, welche derselbe in der Umgebung des Beobachters befindlichen Gegenständen ertheilt, wie Zweigen und Ästen der Bäume, Rauchwolken, Flaggen, verankerten Schiffen, wenn sie nicht durch Wasserströmung anders geschweit werden, Wasserwellen, wenn sie von dem gerade zu beobachtenden Winde herrühren und sofort.

Die Luftströmung in höheren Schichten lässt sich am Wolkenzug und zwar leicht mit Hilfe des Wolkenspiegels (geschwärzter Planspiegel mit parallelen Linien in der Richtung Nord-Süd und Ost-West) beobachten. Es genügt vollkommen, die nach solchen Beobachtungen beurtheilte Richtung des Windes durch eine der sechzehn Himmelsrichtungen anzugeben, die Stärke aber mit Hilfe einer der üblichen Scalen: Beaufort von 0 (Windstille) bis 12 (Orkan), ein halb Beaufort oder sechstheilige Scala (0 bis 6) und österreichische oder zehntheilige Scala (0 bis 10).

565. Einfache Windfahne. — Sie besteht aus zwei keilförmig verbundenen Blechstreifen, welche sich an der Stelle ihrer Schnittlinie um eine verticale Achse möglichst leicht drehen, indem ein Gegengewicht den Schwerpunkt des Ganzen in die Achse verlegt. Häufig wird die Drehung der Windfahne durch Verlängerung der Achsenstange oder mittelst Räder und Stangen u. dgl. auf einen Zeiger übertragen, der in einem tiefer gelegenen Orte, etwa an der Decke eines Zimmers, über einer Windrose spielt, wodurch die Beobachtung besonders zur Nachtzeit bequem und genau wird.

Fig. 65.

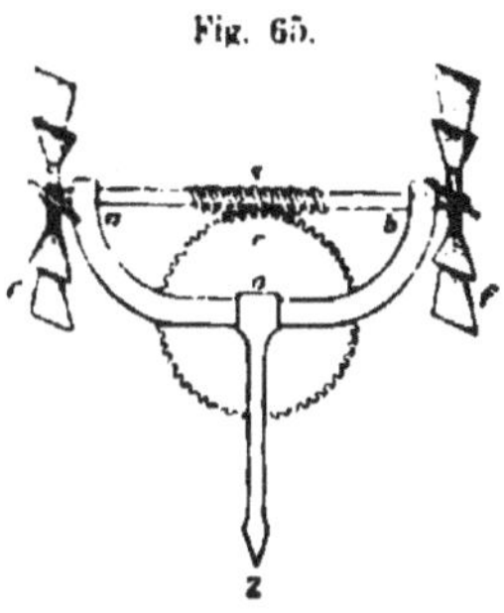

566. Windmühl-Fahne. — Diese zeichnet sich gegenüber der einfachen Windfahne durch Stabilität und Ruhe aus, mit der sie selbst bei sehr starken Winden arbeitet, weshalb sie besonders auch für die Beobachtung der Windrichtung mittels Registrir-Apparaten geeignet ist.

Zwei Schaufelräder, deren Blätter (Fig. 65) unter einem Winkel von 45° in die Naben eingesetzt sind, so dass die diametral liegenden Flügel auf einander senkrecht zu stehen kommen, sind durch eine gemeinsame Achse fix verbunden. Mittels einiger Schraubengänge in der Mitte greift die Achse in die Zähne einer fixen horizontalen Scheibe, mit der sie durch einen sie lose umfassenden Rahmen zusammengehalten wird. Wenn nun der Wind aus der zur Räderachse senkrechten und durch die Pfeilform des Rahmens angedeuteten Richtung kommt, so bleiben Räder und Rahmen in Ruhe. In jedem anderen Falle dreht sich das Räderpaar um eine horizontale und gleichzeitig mit dem Rahmen um eine im Mittelpunkte der Zahnscheibe angebrachte verticale Achse so lange, bis Wind- und Pfeilrichtung wieder übereinstimmen.

567. Robinsons Anemometer oder das Schalenkreuz ist ein Instrument, welches die Windstärke durch die Windgeschwindigkeit mittels der letzterer proportionalen Anzahl der Umdrehungen eines rechtwinkligen Metallkreuzes misst, an dessen gleich langen Armen Halbkugeln aus dünnem Blech in solcher Lage sich befinden, dass ihre Wölbungen in demselben Sinne nach der Ebene des Kreuzes gewendet sind. Drehbar um eine centrale, verticale Achse wird das Kreuz durch jeden Wind von irgend welcher Richtung, allerdings nur durch dessen Horizontal-Componente, stets in gleichem Sinne zur Rotation angeregt, nämlich mit der den geringeren Winddruck erfahrenden convexen Seite

der halbkugelförmigen Schalen voraus. Um die Umdrehungen zu zählen dient ein mechanisches oder elektrisches Zählwerk.

568. Druck-Anemometer. — Alle hierher gehörigen Instrumente messen den Druck des Windes auf eine ebene Fläche. Diese ist bei der Wild'schen Windstärke-Tafel (Fig. 66 mit Seitenansicht und Grundriss) durch eine rechteckige Platte (*dp*) hergestellt, welche mit einer Kante um eine horizontale Achse bei *d* drehbar in ruhiger Luft vertical herabhängt, bei Wind aber mit einem um so größeren Winkel von der Ruhelage abweicht, je stärker die horizontale Luftbewegung ist. Eine einfache Windfahne (*F*) stellt die Platte durch Drehung um eine verticale Achse (*l l*) stets senkrecht zur Windrichtung. Seitlich der Platte befindet sich ein Gradbogen (*g*) zur Ablesung der Ausschlags-

Fig. 66.

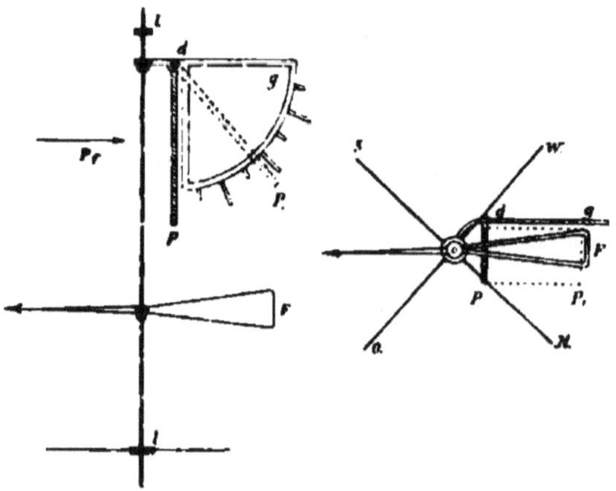

Winkel, von welchen einzelne nach einer Windscala bewertet und durch radiale Stifte markirt sind. Außerdem dient ein Kreuz an der Stange der Windfahne mit seinen nach den vier Himmelsrichtungen orientirten Armen zur Schätzung der Windrichtung. Bei den üblichen Dimensionen der Stahlplatte (30 Cm. Länge, 150 Cm. Breite, ungefähres Gewicht 200 Grm. ohne Achse) gestattet das Wild'sche Anemometer nur Winde bis zum Grad 8 der Beaufort'schen Scala zu messen, was zwar für Land-Stationen genügt, für See-Stationen aber nicht ausreicht. Diesem Übelstande hilft übrigens eine Gewichtsvergrößerung der Platte vollständig ab.[1]

[1] Siehe Näheres in Carl Rep. XII. Abh. v. Thiesen.

569. Bei dem Anemometer von Hagemann[1] drückt der Wind durch das eine, horizontal gebogene Ende einer communicirenden Röhre auf darin befindliches Wasser, während er am anderen verticalen Ende eine Saugwirkung ausübt und das Wasser-Niveau um gleich viel hebt als dort herabdrückt. Aus diesen zwei wirkungsgleichen Gründen bildet sich eine Niveau-Differenz als Mass der Windstärke.

Eine einfache Windfahne stellt das horizontale Röhrenende stets nach der Windrichtung.

### Luftfeuchtigkeit. — Hygrometer.

570. Die Verdunstung des auf der Erde befindlichen Wassers bringt es mit sich, dass in der Atmosphäre stets mehr oder weniger Wasserdampf enthalten ist. Seine Bildung ist ein Werk der Wärme, von welcher 607 Einheiten (1 Wärmeeinheit oder Calorie bringt 1 Kg. Wasser von 0° C. auf 1°) verbraucht werden, so oft 1 Kg. Wasser bei 0° die Dampfform annimmt, ohne dabei seine Temperatur zu ändern. Die Zahl 607 ist eben die Verdampfungswärme des Wassers bei 0°; bei 100° ist sie 537 und lässt sich für die verschiedenen Temperaturen mit guter Annäherung nach der Clausius'schen Formel $w = 607 - 0{\cdot}708\ t$ berechnen, wobei $t$ die Temperatur in C° bedeutet. Die Kenntnis der zur Verdampfung eines gegebenen Wasser-Quantums erforderlichen Wärme dient zur weiteren Berechnung der Abkühlung, welche die verdunstende Wasserfläche sammt Umgebung erfährt. (Die zur Temperatur-Erhöhung eines Kilogramm Wassers um 1° C. erforderliche Wärme, genannt die specifische Wärme, beträgt 1 Wärmeeinheit, für Wasserdampf 0·48, Luft bei constantem Drucke 0·24, Steine und Erdboden 0·2).

571. Die Ausbreitung des Wasserdampfes in der Atmosphäre geschieht nach dem Dalton'schen Gesetze in der Weise, dass derselbe mit der Luft sich mischt und deren Druck durch seine eigene Spannung, Dunstdruck genannt, vermehrt.[2] Es kann aber die Luft bei einer bestimmten Temperatur nur ein gewisses Quantum Wasserdunst aufnehmen. Sobald diese größte Menge erreicht, ist die Luft, wie man sagt, mit Feuchtigkeit gesättigt oder sie enthält gesättigten Wasserdampf, der

[1] Siehe Quart. Journ. of the Met. Soc. 1879. Oct. Abh. v. Hagemann.

[2] Abweichungen von diesem Gesetze, welches streng nur für den Gleichgewichtszustand gilt, entstehen dadurch, dass der Wasserdunst bei seiner Ausbreitung Luft mitnimmt, auch wohl verdrängt, und dass bewegte Luft ebensolchen Einfluss auf den Wasserdampf übt — Umstände, welche die Bildung einer von der Luft unabhängigen Atmosphäre von Wasserdampf nicht zulassen und bewirken, dass der Gesammtdruck von Luft und Wasserdampf anders ausfällt, als es bei vollständig ungehinderter Ausbreitung des letzteren der Fall wäre.

in diesem Falle das der herrschenden Temperatur entsprechende Druck-Maximum besitzt. Nicht gesättigter Luftraum lässt sich durch Abkühlung auf den Sättigungspunkt bringen, worauf jeder noch weiter gehenden Temperatur-Erniederung eine partielle Ausscheidung des Wasserdampfes in sichtbarer Form als Thau, Nebel u. dgl. folgen muss. Die Temperatur, bei welcher dieser Übergang beginnt, heißt der **Thaupunkt**. Der ganze Vorgang findet seine Erklärung in der Eigenschaft des Wasserdampfes, dass davon ein bestimmter Raum umsomehr aufzunehmen im Stande ist, eine je höhere Temperatur er besitzt. Bei 0° Temperatur kann jeder Kubikmeter Luft nicht mehr als 4·9 Grm. unsichtbaren Wasserdampf enthalten, bei 15° hingegen höchstens 12·8 Grm. und bei 30° 30·2 Grm. Wenn also gesättigte Luft von 15° auf 30° erwärmt wird, so wird sie dadurch befähigt neuerdings 17·4 Grm. Wasserdampf aufzunehmen, muss aber wieder ebensoviel abgeben, wenn sie vom gesättigten Zustande bei 30° auf 15° abgekühlt wird.

572. Da im allgemeinen die Luft mit Wasserdampf nicht gesättigt ist, so gelangt man zur Kenntnis des Feuchtigkeitsgrades derselben erst durch das Verhältnis zwischen der in einem bestimmten Raume vorhandenen Dunstmenge (absolute Feuchtigkeit) — ihr Gewicht sei $q$ — und zwischen dem Gewichte ($Q$) des Dunstes, welcher bei der herrschenden Temperatur denselben Raum sättigen würde. Dieses Verhältnis ($q:Q$) heißt die **relative Feuchtigkeit**. Nun ändert sich das Gewicht des nicht gesättigten Wasserdampfes genau und das des gesättigten nahezu in denselben Verhältnisse wie der Druck: man kann also anstatt $q$ und $Q$ den herrschenden Dunstdruck ($e$) und den der bestehenden Temperatur entsprechenden Maximal-Druck ($E$) einführen. Wird dann das Hundertfache des Verhältnisses ($e:E$) genommen, so bekommt man die **relative Feuchtigkeit in Procenten**.

Nachstehende Tabelle macht die angenäherte Proportionalität zwischen Gewicht und Druck des gesättigten Wasserdampfes ersichtlich und enthält außerdem die Verdampfungswärme für mehrere Temperaturen:

| Temperatur | Druck in Mm. Quecksilberhöhe | Gewicht von 1 Kbm. in Gramm | Verdampfungswärme | Temperatur | Druck in Mm. Quecksilberhöhe | Gewicht von 1 Kbm. in Gramm | Verdampfungswärme |
|---|---|---|---|---|---|---|---|
| —10 | 2·1 | 2·3 | 614 | 20 | 17·4 | 17·2 | 593 |
| — 5 | 3·1 | 3·4 | 610 | 25 | 23·6 | 23·0 | 589 |
| 0 | 4·6 | 4·9 | 607 | 30 | 31·5 | 30·2 | 586 |
| 5 | 6·5 | 6·8 | 603 | 35 | 41·8 | 39·5 | 582 |
| 10 | 9·2 | 9·4 | 599 | 40 | 54·9 | 51·0 | 579 |
| 15 | 12·7 | 12·8 | 596 | | | | |

573. Noch sei bemerkt, dass die Dichte des Wasserdampfes in der Atmosphäre auf diese bezogen nach Regnault:

0·625 = $^5/_8$ beträgt, d. h. das Gewicht des Wasserdampfes ist fünf Achtel von dem eines gleichen Volumens Luft von derselben Spannung und Temperatur.

574. Zur Ermittlung der erörterten Bestimmungsstücke des Wassergehaltes der Luft, das ist des Thaupunktes, des Dunstdruckes und der relativen Feuchtigkeit, dienen die Hygrometer. Hier geschehe nur Erwähnung der allergebräuchlichsten Instrumente.

Das Condensations-Hygrometer (von Regnault). — Ein kleines cylindrisches Gefäß aus dünnem, blank polirtem Silberblech ist zum Theile mit Äther gefüllt und durch einen Kork verschlossen, durch welchen hindurch gehen: Ein bis an den Boden reichendes Glasrohr, um Luft eintreten zu lassen, ein kurzes mit einer kleinen Luftpumpe oder mit einem Aspirator in Verbindung stehendes Glasrohr, um die Luft auszusaugen, und ein Thermometer zur Beobachtung der Temperatur des Äthers. Wird nun die Luft ausgesaugt, so steigt die dafür durch das lange Rohr eintretende in Blasen durch den Äther, bringt ihn zu rascher Verdampfung und gleichzeitig seine Abkühlung hervor, welche auch das Silbergefäß erfasst. Man lässt die Luft so lange circuliren, bis die glänzende Wand durch Thaubildung trüb geworden. Das Thermometer ist im Momente, wo der Niederschlag sich bemerbar macht, abzulesen und ein zweites Mal, wenn derselbe wieder verschwindet. Das arithmetische Mittel aus beiden Temperaturen gibt den Thaupunkt. Die Temperatur der Luft beobachtet man an einem in der Nähe des Silbergefäßes befindlichen gewöhnlichen Thermometer.

Das Hygrometer von Daniell kommt allmählich außer Gebrauch.

575. Das Psychrometer (von August). — Dieses Instrument besteht aus zwei Thermometern; das eine, das Trocken-Thermometer, dient zur Bestimmung der Luft-Temperatur, das andere, das Nass-Thermometer, trägt auf seinem Gefäße ein Baumwollgewebe, von welchem mehrere Fäden in ein Gefäß mit reinem Wasser tauchen, um durch diese Verbindung das Thermometer stets feucht zu erhalten. Je trockener nun die Luft ist, um so mehr Wasser verdunstet an der Hülle des Nass-Thermometers und eine um so tiefere Temperatur zeigt dasselbe in Folge der Abkühlung an. Der Unterschied in den Angaben beider Thermometer, der mit der Trockenheit der Luft zunimmt, heißt die psychrometrische Differenz.

Eine dritte Sorte von Hygrometern sind diejenigen Instrumente, welche die Veränderung eines hygroskopischen Körpers (besonders in

Kalilauge entfettetes Menschenhaar, Darmsaiten, Papier, Elfenbein zu Feuchtigkeits-Bestimmungen benützen. Das vollkommenste Hygrometer dieser Art ist das von Klinkerfues verbesserte Haar-Hygrometer Saussures.

**Atmosphärische Niederschläge.**

576. Da die Luft bei einer bestimmten Temperatur nur eine gewisse Dampfmenge aufnimmt und zwar um so weniger, je kälter sie ist, so erfolgt bei jeder Abkühlung bis auf den Thaupunkt und darunter eine theilweise Ausscheidung des Wasserdampfes unter Bildung eines Niederschlages.

577. Thau ist der Niederschlag von kleinen Wassertröpfchen an der Oberfläche fester Körper in Folge einer Abkühlung derselben. Die Thaubildung begünstigen klare Nächte, in welchen weder Wolken, noch Rauch, Staub oder sonst etwas die Abkühlung der Körper durch Wärmeausstrahlung verhindert (kein Thau unter Bäumen), und rauher, die Wärme schlecht leitender Boden. Weil an der Küste heißer Länder große Feuchtigkeit mit meist starker Abkühlung sich vereinigt, so fällt dort Thau in reichlicher Menge, so dass er nicht selten den Regen ersetzt, wie z. B. in Persien, Arabien, Peru. Dagegen zeigt sich Thau selten im Innern großer, wasserarmer und heißer Continente wie in der Sahara, in Nubien und im Innern Brasiliens. Auch auf dem offenen Meere ist die Thaubildung sehr gering.

Der Reif, gefrorner Thau, entsteht, wenn der Condensationspunkt des Wasserdampfes unter 0° liegt.

578. Nebel besteht aus kleinen Wasserbläschen, die sich in den untersten Luftschichten durch Abkühlung bilden; eine Wolke ist der gleiche Niederschlag, aber in größerer Höhe. Der Wasserdampf in den niedrigsten Schichten kühlt sich ab und erzeugt Nebel, wenn feuchte Luft über verhältnismäßig kalten Boden oder umgekehrt kalte Luft über warmen, feuchten Boden streicht (Nebel über feuchten Wiesen, in Thälern; die besonders dichten Nebel in der Nähe von Neu-Fundland, wo der warme Golf-Strom und die darüber befindlichen warmen Luftschichten des Südens mit den kalten Meeres- und Luftströmen aus der Davis-Straße zusammentreffen).

579. Wolken und Nebel sind zwar mitunter vollkommen identische Erscheinungen, denn beispielsweise die den Gipfel eines Berges bedeckende Wolke wird nur vom Thale aus als solche angesehen, hingegen vom Beobachter in der Nähe als Nebel benannt; aber im allgemeinen sind die Ursachen der Wolkenbildung andere. Eine Veranlassung dazu liegt in dem Aufsteigen feuchter Luft: denn da wirkt abkühlend

nicht bloß die Berührung mit der kälteren Luft in den höheren Schichten, sondern auch das Aufsteigen selbst, weil die damit verbundene Ausdehnung die Wärme-Capacität der Luft vergrößert und die gleichzeitig geleistete Arbeit auch mit einem Wärmeverbrauche identisch ist. In diesem Falle betheiligen sich sämmtliche Dunsttheilchen an der Wolkenbildung. Es entsteht jene Wolkenart, die man als Cumulus bezeichnet. Kommt feuchte, warme Luft mit kalter in Berührung, so bildet sich in Folge der Abkühlung an der Berührungsfläche in niedrigeren Regionen die Schicht- und in höheren die Federwolke. Eine andere Ursache der Wolkenbildung ist die Vermischung ungleich warmer, ganz oder nahezu mit Wasserdampf gesättigter Luftschichten. Weil nämlich der wärmere Luftstrom bei der Abkühlung auf die Ausgleichs-Temperatur mehr Wasserdampf abgibt als der kältere in Folge seiner Temperatur-Erhöhung aufzunehmen im Stande ist, so muss eine entsprechende Condensation eintreten. Endlich ist daran festzuhalten, dass ein gegebener Raum bei gegebener Temperatur nur ein gewisses Dunst-Quantum zu fassen vermag; sobald also neuer Dampf direct vom dunstbildenden Boden aufsteigt oder von weiterher durch Wind zugeführt, oder sobald auch nur der bereits vorhandene Dampf durch Luftströmung verdichtet wird, muss eine Ausscheidung des Überschusses erfolgen.

580. Die Beobachtung der Wolken hat deshalb besondere Wichtigkeit, weil sie beinahe das ausschließliche Mittel ist, uns über die meteorologischen Zustände in den höheren Luftschichten zu orientiren. Die Wolken geben Aufschluss über die Richtung und Stärke des Windes in den Regionen, welchen sie angehören, ferner über die Feuchtigkeit und deuten auch den Luftdruck und die Temperatur an. Um die Art der Bewölkung kurz und richtig zu beschreiben, hat schon der Engländer Howard (geb. 1772) eine Classification der am häufigsten vorkommenden Wolken aufgestellt.

Die jetzt übliche Benennung und Eintheilung ist folgende:

Die **Schichtwolke** (stratus), erkennbar an ihrer horizontalen Schichtung, gleichförmigen Dicke und niedrigen Lage; die **Haufenwolke** (cumulus) ist von compacter, sphärischer oder hemisphärischer Gestalt und hat am Horizonte stehend das Aussehen eines Gebirges mit glänzenden Gipfeln in verschiedener Beleuchtung; als **Federwolke** (cirrus) benennt man das sehr leichte und hohe Gewölk, welches wie Haare, Fäden oder Federn aussieht und meist aus feinen Eisnadeln besteht. Dazu kommen die combinirten Benennungen zur Bezeichnung der Zwischengattungen: die fedrige Schichtwolke (cirrostratus), die fedrige Haufenwolke (cirrocumulus, auch Schäfchen genannt), und die gethürmte Haufenwolke (cumulostratus). Außerdem hat man die Regenwolke (nimbus) und mitunter noch andere Bezeichnungen. Da aber diese Unterscheidung bis jetzt der Meteorologie verhältnismäßig wenig genützt hat, sei es weil sie hauptsächlich auf der minder wichtigen Wolkengestalt beruht, sei es, dass sie zu wenig genau und nicht allgemein acceptirt ist, so hat sich die Nothwendigkeit ergeben, in der Beobachtung der Wolken auf deren Höhe und Bewegung (Wolkenzug) das Hauptgewicht zu legen. Nach übereinstimmender Anschauung verdient schon die einfache Gruppirung in Wolken unterer und höherer Luftschichten den Vorzug gegenüber der älteren Eintheilung. Die Vereinigung beider Classificirungen schließt den Vortheil in sich, dass dadurch die Vorgänge in den verschiedenen Luftschichten vollständiger charakterisirt werden. Es kann das in der Weise geschehen, dass die Benennungen Federwolke, fedrige Schicht- und fedrige Haufenwolke nur für die höheren (über 4000 Meter gehenden) Regionen der Atmosphäre gebraucht und die übrigen Benennungen den unteren Wolken beigelegt werden. Außer der bloßen Schätzung der W o l k e n h ö h e gibt es aber zu deren Bestimmung auch genaue Methoden, die allerdings meistens nicht sehr einfach sind. Eine Methode besteht darin, dass zwei Beobachter an verschiedenen Orten (es genügt ein horizontaler Abstand von ungefähr 4 Klm.) gleichzeitig ein und dieselbe Stelle einer Wolke beobachten und sowohl den Höhewinkel als auch das Azimuth derselben messen. Mittels der bekannten Basis ergibt sich dann aus den Beobachtungsdaten auf trigonometrischem Wege die Höhe der Wolke über der Erdoberfläche.

581. Wichtig ist die A n g a b e d e s W o l k e n z u g e s für die Kenntnis der von den unteren im allgemeinen abweichenden oberen Luftströme und weil überhaupt das Studium, namentlich die Vorausbestimmung der Witterungserscheinungen in den unteren Luftschichten großentheils von der Kenntnis der Vorgänge in den höheren Regionen abhängig ist. Endlich versteht man unter „B e w ö l k u n g" den Grad der Bedeckung des sichtbaren Himmels durch Wolken. Wenn man der Schätzung die viertheilige Scala zu Grunde legt, so bedeutet 0 wolkenlos, 1 ein Viertel des sichtbaren Himmels bedeckt, 2 halbbedeckt, 3 dreiviertel und 4 ganz bedeckt.

582. Der R e g e n entsteht, wenn die als Niederschlag sich bildenden Wassertropfen so groß und schwer werden, dass sie trotz Luftwiderstand und eventuell aufsteigender Luftströme zu Boden fallen. Die Regentropfen vergrößern sich während des Falles, wenn sie, wie das häufig stattfindet, kälter sind als die Luft der tieferen Schichten, und

wenn letztere hinreichende Feuchtigkeit enthalten. Dieser Umstand sowie die beobachtete Abnahme des Wassergehaltes in den höheren Luftschichten erklären die Erscheinung, dass im allgemeinen die Regenmenge mit der Entfernung vom Erdboden abnimmt. Nur in Bergländern nimmt der Regen bis zu einer gewissen Höhe zu, weiter hinauf wieder ab.

583. Regenmesser (Ombrometer, Udometer). — Der einfachste Regenmesser besteht aus einem cylindrischen Auffanggefäße (durch den Meteorologen-Congress in Wien 1873 mit $^1/_{10}$ Quadratmeter Fläche normirt), durch dessen trichterförmigen Boden das Regenwasser in das ebenfalls cylindrische Sammelgefäß abfließt, um daraus zur Zeit der Beobachtung in den Mess-Cylinder, ein eingetheiltes Glasgefäß, abgelassen und gemessen zu werden. Man pflegt die Menge des gefallenen Regenwassers durch die Höhe auszudrücken, bis zu welcher dasselbe über einem horizontalen, ebenen Boden sich erheben würde, wenn es weder verdunsten noch einsinken oder abfließen könnte.

584. Der Schnee besteht aus feinen Eiskrystallen, die sich bilden, wenn die Condensation des Wasserdampfes bei Temperaturen unter 0° vor sich geht. Die Menge gefallenen Schnees wird gemessen, indem man denselben in einem Gefäße von bekannter Oberfläche auffängt, — es eignet sich dazu auch das Auffanggefäß des Regenwassers — dann schmilzt und die Wasserhöhe wie beim Regen bestimmt. Wie schon die Schneeflocken, die nichts anderes als Gruppen von Eisnadeln sind, durch ihre langsame Bewegung auffallen, so können Eiskrystalle in der Luft auch schwebend sich erhalten in der Form von Nebel oder einer Wolke, wie solcher Eisnebel im Jänner 1882 über Paris beobachtet wurde und zeitweilig in den Polargegenden wahrzunehmen ist. Auch die Federwolken bestehen aus Eisnadeln und zwar selbst im Sommer, weil sie in solchen Höhen (4000 bis 9000 M.) vorkommen, dass dort die Temperatur jedenfalls unter 0° ist. Wegen der starken Verdünnung der Luft in diesen hohen Regionen ist aber nicht anzunehmen, dass die festen Wolkentheilchen sich noch schwebend erhalten; die Beständigkeit der Federwolke kann also nur eine scheinbare sein. In Wirklichkeit ist die Wolke einem dauernden Erneuerungs-Processe unterworfen, indem die herabsinkenden Eiskrystalle in wärmeren Schichten sich auflösen und die aus höheren Regionen nachrückenden Dünste wieder zu Eis werden.[1]

585. Der Bildung des Hagels lässt sich die Annahme unterlegen, dass rasche Abkühlung die Krystallisirung verhindert, oder dass die

[1] Dieselbe Eigenschaft der continuirlichen Erneuerung wird im allgemeinen auch allen übrigen Wolkenarten zuzuschreiben sein.

Eiskrystalle, wenn sie sich gebildet haben, bei stürmischer Bewegung der Luft zu Körnern von mehr oder weniger unregelmässigem Baue geballt werden. Eine befriedigende Erklärung dieser Erscheinung, namentlich der zur Hagelbildung erforderlichen grossen Temperatur-Erniederung, steht noch immer aus, obwohl Gelehrte wie Volta, Pouillet Peltier, Secchi, Reye um dieselbe sich bemüht haben.

### Atmosphärische Elektricität.

586. Bekanntlich gibt es verschiedene Arten der Elektricitäts-Erregung. Die dazu erforderlichen Verhältnisse finden sich aber auch in der Natur vor und zudem im großen. Man kann sich deshalb der Annahme nicht verschließen, dass in der Atmosphäre viel Elektricität erzeugt wird durch die Verdampfung, Condensation, Vegetation, ungleiche Erwärmung (Thermo-Elektricität), durch die Reibung der Luft bei Verdichtung und Verdünnung und auch bei Wind; auch die unzähligen chemischen Processe in der Erde müssen Elektricität erzeugen. Macht man weiters die Annahme, dass der negative Theil der aus diesen Quellen entspringenden Elektricität in die Erde übergeht, während der positive in der Atmosphäre sich ansammelt, so befindet man sich in Übereinstimmung mit der Thatsache, dass die Erdoberfläche bei Beobachtungen (das empfindlichste Instrument ist das W. Thomson'sche Elekrometer) negativ-elektrisch erscheint, die Atmosphäre hingegen positiv und zwar um so stärker, je mehr man sich in derselben erhebt. Die untersten Luftschichten scheinen also die neutrale, unelektrische Zone zu bilden. Allerdings ist die Atmosphäre in dieser Weise elektrisch geladen und zwar mit der geringsten Menge von Elektricität nur bei heiterem Himmel; eine stärkere Ladung von positiver oder negativer Elektricität besitzt sie bei Nebel, Wolken und noch mehr bei Regen, Schnee und Hagel. Der elektrische Charakter der Niederschläge selbst ist verschieden. Die größte Störung bringen aber die Gewitter hervor, wobei eigenthümlicher Weise vorher und nachher meistens gar keine oder nur eine schwache elektrische Spannung zu beobachten ist, eine Erscheinung wie sie weniger auffällig vor und nach jedem Niederschlage auftritt. Übrigens bleibt die Elektricität der Atmosphäre auch in ihrem normalen Zustande bei heiterem Himmel nicht ganz unverändert, sie wechselt vielmehr sowohl mit der Tages- als auch Jahreszeit und besitzt ihre größte Spannung zweimal im Tage, nämlich nach Sonnenaufgang und nach Sonnenuntergang, die kleinste Spannung hingegen nachts zur Zeit der niedrigsten und tags zur Zeit der höchsten Temperatur; im Jahre fällt die Maximal-Spannung auf den Winter, die minimale auf den Sommer.

587. Die Gewitter gehen zumeist von einer Art dichter Haufenwolken aus, die sich an der unteren Seite durch graublaue Schieferfarbe auffallend charakterisiren. Man sieht häufig die Gewitterwolken in mehreren Schichten über einander gelagert, weil sie geladen mit derselben Elektricität sich gegenseitig abstoßen; die Wolken der Umgebung, als durch Influenz entgegengesetzt elektrisirt, erscheinen vom Gewitterherde angezogen. Es entstehen elektrische Spannungen, die sich nur dann allmählich und unsichtbar ausgleichen, wenn die gefransten und in unzählige Fäden zerrissenen Oberflächen der Wolken zufolge Spitzenwirkung den Ab- und Zufluss der Elektricität genügend rasch zu Stande bringen. In der Regel sind es plötzliche Entladungen, welche die Rückkehr der elektrischen Kräfte in den Gleichgewichtszustand durch die Erscheinung von Blitz und Donner ankündigen. Die zum Schutze vor solchen elektrischen Massen-Entladungen an irdischen Objecten angebrachten Blitzableiter (erfunden von Franklin 1753) wirken in einem Umkreise, dessen Halbmesser erfahrungsgemäß der ein- bis zweifachen Höhe der Auffangstange gleich ist.

Es lassen sich der Form nach die Blitze unterscheiden in Flächenblitze, die durch plötzliches Aufleuchten einen mehr minder großen Theil der Wolkenoberfläche erhellen, in die Zickzackblitze und in die selten auftretenden Kugelblitze. Letztere erscheinen als deutlich sichtbare Feuerkugeln bis zur scheinbaren Größe des Vollmondes, die sich langsam, nicht selten in nur sehr geringer Entfernung über dem Erdboden, bogenförmig weiterbewegen, um dann entweder geräuschlos zu verschwinden oder unter lebhaftem Zischen in Zickzackblitze sich aufzulösen.[1]

588. Von den verschiedenen Wirkungen des Blitzschlages, als da sind die Zündung brennbarer Gegenstände, Schmelzung von Metallen, Zerstörung schlechter Leiter, Tödtung lebender Wesen und die Magnetisirung, werde nur die letzte durch ein Paar Beispiele hervorgehoben. Dass der Blitzschlag im Stande ist, die magnetischen Verhältnisse auf einem Schiffe vollständig zu ändern, zeigt schon die Beschreibung eines Falles vom Jahre 1676, wo der auf ein Schiff gefallene Blitz dem Compass die entgegengesetzte Polarität gab.[2] Arago berichtet im Jahre 1838 von einem Falle, wo auf einem vom Blitze getroffenen Schiffe der Gang des Chronometers sich auffallend änderte, weil die Stahltheile an demselben magnetisch geworden waren.

589. Eine andere Erscheinung der atmosphärischen Elektricität ist das Wetterleuchten, das Blitzen ohne Donner. Es kann dies von

---

[1] Über Kugelblitze siehe die Zeitschr. „La lum. élect." von Du Moncel. 1882.

[2] Die Lehre v. d. Reibungselec. Rieß. 1853.

einem unter dem Horizonte befindlichen Gewitter herrühren, welches einen Theil des Lichtes seiner Blitze durch Reflexion (wie bei der Dämmerung) dem Beobachter zusendet, oder von gar nicht fernen Entladungen, welche geräuschlos (wie in einer Geißler'schen Röhre) das elektrische Gleichgewicht wieder herstellen; nach Matteucci bilden die an Abenden heißer Tage condensirten Wasserdämpfe eine Leitung für den unhörbaren Austausch der Elektricität im Erdboden und in der Atmosphäre.

Ferner ist zu erwähnen, dass bei tiefschwebenden Wolken oft ein ruhiges Ausströmen der durch Influenz in der Erdoberfläche hervorgerufenen Elektricität wahrzunehmen ist: Es zeigen sich leuchtende Büschel an den Spitzen der Blitzableiter, Masten, Raaen, an den Rändern der Schlote, auf Bäumen u. s. f. Man nennt diese Erscheinung das Elmsfeuer (Castor und Pollux bei den Römern).

Endlich ist auch der elektrische Charakter des Nordlichts durch dessen Wirkung auf Magnetnadeln außer allen Zweifel gestellt.

542. Schließlich werde noch einmal auf die Erscheinung der Gewitter zurückgegangen, um deren Entstehung und Vertheilung, wenn auch nur mit wenigen Linien, zu kennzeichnen. Lange Zeit glaubte man, dass Gewitter locale Erscheinungen wären, bis sich herausstellte, dass die Mehrzahl derselben sowohl in Ursache als Wirkung weit über locale Verhältnisse hinausreicht. Es wurde nämlich constatirt, dass nicht bloß die großen barometrischen Depressionen, von denen ausführlich in dem nächsten Abschnitte die Rede sein wird, sondern auch die kleinen, secundären meist von Gewittern begleitet sind. Während aber die Gewitter der ersten Art — man nennt sie Wirbelgewitter — im großen und ganzen dem Gange der Depressionen an deren Süd- oder Südost-Seite folgen und sich von den localen Verhältnissen unbeeinflusst erweisen, erscheinen davon die Gewitter der kleinen Depressionen in hohem Grade abhängig, weshalb man sie gewöhnlich als locale Gewitter bezeichnet. Letztere zeigen sich verschieden heftig an verschiedenen Orten: einzelne Gebirgsketten oder Wasseradern sind im Stande ihren Gang zu bestimmen und dadurch eine Gegend gewitterreich oder gewitterarm zu machen. Außer der Abhängigkeit der Gewitter vom Luftdrucke deutet auf eine andere Abhängigkeit die berührte Thatsache, dass dieselben in demjenigen Theile der großen Depressionen auftreten, wo die Luft warm und feucht ist. Es sprechen aber auch noch andere Erscheinungen dafür, dass dann die Gewitterbildung begünstigt ist, wenn hohe Luft-Temperatur mit großer Feuchtigkeit zusammenkommt, was auch stattfindet, wenn die rasche

Verdichtung des in der Luft befindlichen Wasserdampfes eine bedeutende Wärmeentwicklung zur Folge hat. Man beobachtet nämlich das Auftreten von Gewittern häufig an Sommer-Nachmittagen, wo die Sonne den Boden stark erwärmt, die reichlich gebildeten Wasserdämpfe in Folge dessen rasch aufsteigen und in der Höhe durch Abkühlung sich verdichten; besonders findet dies statt zwischen $2^h$ und $4^h$ nachmittags, zur Zeit, wo das thermometrische Maximum mit dem barometrischen Minimum zusammenfällt. Gewitter kommen ferner öfters bei Tag als bei Nacht vor, häufiger in der warmen als in der kalten Jahreszeit und endlich zahlreicher in der Heißen Zone als in den nördlicheren Gegenden. Die Ausnahmen von dieser Regel dürften hauptsächlich an den im Gefolge der Wirbel befindlichen Gewittern zu constatiren sein, da Wirbelstürme zu jeder Zeit hereinbrechen können. So sind beispielsweise die Wintergewitter in Mitteleuropa Wirbelgewitter, welche meistens bei kaltem Nordwest-Winde auftreten, wenn ein warmer, feuchter Südwest-Wind vorausgegangen ist. Aber auch da sind es vorzüglich milde Winter, in denen diese Gewitter beobachtet werden.[1]

590. Die Gewitter kommen am häufigsten in der Heißen Zone vor; in der Calmenzone gibt es nahezu keinen gewitterlosen Tag. Gegen die Gemäßigte und Kalte Zone nimmt die Gewitterhäufigkeit ab. Während es beinahe täglich donnert über den Gestaden von Guyana und Venezuela, gehören die Gewitter in den Polar-Gegenden und in denjenigen Regionen, wo Wolken und Regen so gut wie unbekannt sind, so in Peru und in den großen Wüsten von Afrika und Asien, zu den seltensten Erscheinungen.

Was die Seehöhe betrifft, so wächst die Anzahl der Gewitter bis zu Höhen von ungefähr 1400 Meter, nimmt aber darüber hinaus wieder ab, wahrscheinlich deshalb, weil jene Entfernung von der Erdoberfläche die mittlere Höhe repräsentirt, in welcher die aufsteigenden Luftströme den mitgeführten Wasserdampf zur Condensation bringen.

Man wird, um die Erscheinung von Gewittern richtig zu beurtheilen, stets im Auge behalten müssen, dass Luft-Depression, hohe Temperatur und große Feuchtigkeit als der Gewitterbildung günstige Umstände bis jetzt erkannt sind.

---

[1] Die Gewitter, welche die Vulcan-Ausbrüche begleiten, entstehen auf eine ähnliche Art: wenn nämlich große Mengen von Wasserdampf aus dem Wasser emporsteigen und rasche Abkühlung erfahren.

## Aufstellung der Beobachtungs-Instrumente.

591. Das Thermometer soll die Temperatur der Luft angeben, es muss also zunächst der unmittelbaren Wärmestrahlung der Sonne, dann aber auch der Wärmestrahlung des Bodens und der umgebenden Gegenstände (besonders Gebäude) entzogen sein. Bei der Aufstellung im Freien sowie an Bord ist deshalb die Beschirmung durch einen Kasten mit Jalousien-Wänden oder durch ein cylindrisches Blechgehäuse nothwendig in der Art, dass der Zutritt und Wechsel der Luft nicht gehindert ist. An Bord wird auf dem oberen Decke in der Höhe von mindestens einem Meter eine solche Stelle zu wählen und einmal bestimmt für alle Beobachtungen beizubehalten sein, dass nicht Einflüsse der Umgebung (Wärmestrahlung der Maschinenräume, Luftzug, Spritzwasser u. dgl.) die Thermometer-Angaben fehlerhaft machen.

Um selbst in der Sonne die Luft-Temperatur (des Schattens) zu erhalten, kann man sich des von den Franzosen vielgebrauchten Schleuder-Thermometers bedienen. Man befestigt ein etwas stärkeres Thermometer an einer (ungefähr $^1/_2$ M. langen) Schnur und schwingt es eine Zeit lang rasch im Kreise herum. Die Abweichung der so erhaltenen Temperatur von der richtigen Luft-Temperatur beträgt höchstens Zehntel-Grade.

Das Schwarzkugel-Thermometer ist natürlich der directen Einwirkung der Sonne auszusetzen und deshalb im Freien auf einem ungefähr $1^1/_2$ M. hohen Pfosten so aufzustellen, dass die Kugeln in der Richtung Nord-Süd liegen.

592. Das Quecksilber-Barometer ist an einem Orte aufzustellen, wo es keinen großen Temperatur-Schwankungen ausgesetzt ist, also weder den directen Sonnenstrahlen, noch etwa der strahlenden Wärme eines Ofens oder dgl., auch keinem starken Luftzuge (zwischen zwei Fenstern, zwischen Thür und Fenster); es muss sich ferner wenigstens während der Beobachtung in verticaler Lage befinden, soll eine gute Beleuchtung oder zum mindesten einen lichten Hintergrund haben und wo möglich in solcher Höhe angebracht sein, dass der aufrecht stehende Beobachter leicht ablesen kann — Bedingungen, denen sich leichter am Lande als an Bord eines Schiffes nachkommen lässt, namentlich was die verticale Lage betrifft. Um diese zu erreichen, befindet sich am Barometer oberhalb des Schwerpunktes ein ringförmiger Ansatz, mit welchem sich dasselbe drehbar in den inneren Ring der Cardanischen Aufhängung einsetzen lässt. Führen noch vom (horizontalen) Träger der letzteren Drahtspiralen nach je einem Punkte des Barometers über und unter der

Aufhängstelle, so dient die Federkraft derselben ebenfalls zur Dämpfung. Auf kleinen Schiffen ist es meistens schwer für ein Quecksilber-Barometer einen geeigneten Aufstellungsort zu finden, ebenso die viel unregelmäßigeren und heftigeren Bewegungen hinreichend zu dämpfen. Da ist also das Aneroïd-Barometer am Platze, man müsste aber mindestens zwei an Bord haben, eines für die laufenden Beobachtungen, das andere (verwahrt wie die Chronometer) zur Controle.

593. Bei der Wahl des Aufstellungsortes für Windfahne und Windstärke-Messer ist darauf zu achten, dass die über den Beobachtungsort gehende allgemeine Luftströmung bestimmt und die Beobachtung nicht durch locale Einflüsse fehlerhaft gemacht werde; denn namentlich Gebäude und Bodenerhebungen bringen Ablenkungen des Windes und dadurch locale Erscheinungen hervor. Man soll also die diesbezüglichen Instrumente möglichst hoch und frei anbringen.

594. Das Hygrometer erfordert dieselbe Aufstellung wie das Thermometer. Für den Regenmesser ist eine möglichst freie Stelle zu wählen, denn ein nahes Dach reflectirt den Regen vielleicht so, dass er auch in das Auffanggefäß fällt; in der Nähe befindliche Gebäude, Bäume u. dgl. können locale Luftströme erzeugen, welche den Regen zusammenwehen. Wegen des Einflusses der Höhe soll (nach der Normirung des Meteorologen-Congresses zu Wien 1873) die Auffangfläche nicht unter 1 Meter, am besten $1\frac{1}{2}$ Meter über dem Erdboden sich befinden.

### Das Beobachten.

595. Die Thermometer-Beobachtung erheischt die besondere Vorsicht, dass der Beobachter nicht durch seine Nähe die Temperatur-Angabe beeinflusse, und dass er beim Ablesen sein Auge in diejenige zur Scala senkrechte Richtung bringe, in welcher sich der abzulesende Punkt (das Ende des Quecksilber- oder Weingeist-Fadens oder das entsprechende Index-Ende) befindet.

Ablesung auf Zehntel-Grade.

596. Die Art der Barometer-Beobachtung ist folgende: Zunächst Ablesung des dem Barometer beigegebenen Thermometers, dann, wenn die Fortin'sche Einrichtung vorhanden ist, Einstellung des unteren Niveau (durch Drehen der Bodenschraube) auf die Nullspitze, so dass sie ihr Bild im spiegelnden Niveau zu berühren scheint, weiters ein leichtes Klopfen mit dem Finger auf das Rohr, um ein allfälliges Adhäriren des Quecksilbers am Glase zu beseitigen, und zuletzt Einstellung des Nonius und Ablesung des oberen Niveau-Standes. Es

geschieht dies, indem man die den Nonius tragende Messinghülse (grobe Verschiebnng mittels Klemmschraube, feine mittels Mikrometerschraube in der Form eines Ringes) so lange verschiebt, bis die höchste Kuppe des Quecksilbers in gleicher Höhe mit dem unteren Rande des Nonius steht. Bei guter Einstellung müssen der vordere und hintere Rand des Nonius, die Kuppe des Quecksilbers und das Auge des Beobachters in derselben Horizontal-Ebene sich befinden. Nach der Ablesung lasse man das untere Quecksilber-Niveau etwas herab.

Damit ist auch die Beobachtung des Stations- und Aneroid-Barometers gegeben.

Ablesung auf Zehntel-Millimeter (nur bei sehr feinen Instrumenten, wenn möglich, auf Hundertel).

597. Bei der Beobachtung des Windes ist darauf zu achten, dass nicht die Projection der durch denselben hervorgerufenen Bewegung verschiedener Gegenstände (Baumäste, Rauchwolken u. s. f.), also die scheinbare anstatt der wirklichen Bewegung zur Beurtheilung der Luftströmung genommen werde. Dasselbe gilt für die unmittelbaren Beobachtung der Windfahne.

Die Richtung des Windes gibt man durch die Himmelsgegend an, aus welcher derselbe kommt. Am Festlande, wo die Winde mehr oder weniger localen Einflüssen ausgesetzt sind, genügt es zu dem Zwecke die 16 Himmelsrichtungen (N, NNE, NE, ENE, E u. s. f.) oder auch nur 8 Richtungen zu unterscheiden. Zur See ist der der Windrichtung nächstliegende volle Strich zu notiren und im vorhinein für alle Beobachtungen anzugeben, ob der wahre Curs oder der mit der Gesammtmißweisung behaftete oder der magnetische Curs zu Grunde gelegt wird.

598. Sowohl das Condensations-Hygrometer als auch das Psychrometer erfordern große Aufmerksamkeit und Vorsicht bei der Beobachtung, sonst wird die Angabe des außer dem Trocken-Thermometer noch vorhandenen zweiten Thermometers fehlerhaft.[1] Am Haar-Hygrometer von Klinkerfues ist die Ablesung der Feuchtigkeit sowie auch die der Temperatur am beigegebenen Thermometer so einfach wie beim Metall-Barometer.

599. Als Wolkenzug ist die Himmelsgegend einzutragen, aus der die Wolken kommen. Um sich über die wahre Richtung des Zuges nicht zu täuschen, soll man, wenn möglich, Wolken in der Nähe des

---

[1] Näheres in: Jelinek. Anleitung zur Anstellung meteorologischer Beobachtungen. Wien, 1869. — Instruction zur Führung des meteor. Journals der deutschen Seewarte. Hamburg. 1876. — Hints to Meteor. Observers. London, 1881.

Zeniths zur Bestimmung auswählen. Dazu kommt dann die Angabe der Form und Höhe der Wolken und der Grad der Bewölkung. Die Messung des Regens mit dem Pluviometer bedarf wegen ihrer Einfachheit keiner weiteren Erörterung.

600. Schließlich sind alle jene meteorologischen Phänomene, deren Bestimmung mit Instrumenten bis jetzt zu den Ausnahmen gehört, in einer klaren Beschreibung wiederzugeben. Man beobachte viel, aber richtig und gebe möglichst genau sowohl Zeit und Ort der Erscheinung als auch deren nähere Umstände an. Zur Vereinfachung bedient man sich, wenigstens zur Bezeichnung der häufigsten Phänomene, meistens nachstehender internationaler Symbole:

| | | | |
|---|---|---|---|
| ● | Regen | ⩔ | Gewitter |
| ✱ | Schnee | < | Wetterleuchten |
| ▲ | Hagel | ⊕ | Sonnenring |
| △ | Graupeln | ⦶ | Sonnenhof |
| ≡ | Nebel | ⊓ | Mondring |
| ⌓ | Thau | ⊔ | Mondhof |
| ⌣ | Reif | ∩ | Regenbogen |
| ✢ | Schneegestöber | ⩊ | Nordlicht. |

## Reduction der Beobachtungen.

601. An die Thermometer-Ablesung ist die Correction anzubringen, welche aus der Vergleichung mit einem Normal-Thermometer (für je 10°) oder wenigstens aus der Beobachtung in schmelzendem Eise oder Schnee (für 0°) bekannt ist.

602. Die Ablesung am Quecksilber-Barometer erfordert eine dreifache Correction, die des Index-Fehlers mit jener der Capillar-Depression und der Niveau-Änderung bei einem Barometer mit fixem Boden, die Correction der Temperatur und die der Höhe über dem Meeres-Niveau. Die erste Correction lässt sich durch Vergleichung mit einem Normal-Barometer feststellen. Die zweite, die Temperatur-Correction, welche nothwendig ist, um verschiedene Barometer-Beobachtungen mit einander vergleichen zu können, ist mittels Formel zu berechnen oder einfacher einer Tabelle zu entnehmen. Die Reduction geschieht auf 0° als vereinbarte Normal-Temperatur. Bezeichnet $b$ den bei $t°$ abgelesenen und mit der ersten Correction versehenen Barometerstand, hingegen $b'$ den auf 0° des Quecksilbers und des Maßstabes reducirten Stand, so ist

$$b' = b\,(1 + \alpha t) : (1 + \beta t).$$

wenn $\beta = \frac{1}{5555} = 0{\cdot}0001812$ den kubischen Ausdehnungs-Coefficienten des Quecksilbers für 1° bedeutet und entweder $\alpha = \frac{1}{53300} = 0{\cdot}0000188$ oder $\alpha = \frac{1}{52400} = 0{\cdot}0000191$ den Ausdehnungs-Coefficienten der Scala angibt, je nachdem diese aus Messing oder Silber besteht.

Tafel zur Reduction auf 0°:

| Temperatur | Mit der Indexcorrection versehener Barometerstand in Mm. | | | | | | | | |
|---|---|---|---|---|---|---|---|---|---|
| | 700 | 710 | 720 | 730 | 740 | 750 | 760 | 770 | 780 |
| 0 | 0·0 | 0·0 | 0·0 | 0·0 | 0·0 | 0·0 | 0·0 | 0·0 | 0·0 |
| 1 | 0·1 | 0·1 | 0·1 | 0·1 | 0·1 | 0·1 | 0·1 | 0·1 | 0·1 |
| 2 | 0·2 | 0·2 | 0·2 | 0·2 | 0·2 | 0·2 | 0·3 | 0·3 | 0·3 |
| 3 | 0·3 | 0·3 | 0·4 | 0·4 | 0·4 | 0·4 | 0·4 | 0·4 | 0·4 |
| 4 | 0·5 | 0·5 | 0·5 | 0·5 | 0·5 | 0·5 | 0·5 | 0·5 | 0·5 |
| 5 | 0·6 | 0·6 | 0·6 | 0.6 | 0·6 | 0·6 | 0·6 | 0·6 | 0·6 |
| 6 | 0·7 | 0·7 | 0·7 | 0·7 | 0·7 | 0·7 | 0·7 | 0·8 | 0·8 |
| 7 | 0·8 | 0·8 | 0·8 | 0·8 | 0·8 | 0·9 | 0·9 | 0·9 | 0·9 |
| 8 | 0·9 | 0·9 | 0·9 | 1·0 | 1·0 | 1·0 | 1·0 | 1·0 | 1·0 |
| 9 | 1·0 | 1·0 | 1·1 | 1·1 | 1·1 | 1·1 | 1·1 | 1·1 | 1·1 |
| 10 | 1·1 | 1·2 | 1·2 | 1·2 | 1·2 | 1·2 | 1·2 | 1·3 | 1·3 |
| 11 | 1·3 | 1·3 | 1·3 | 1·3 | 1·3 | 1·3 | 1·4 | 1·4 | 1·4 |
| 12 | 1·4 | 1·4 | 1·4 | 1·4 | 1·5 | 1·5 | 1·5 | 1·5 | 1·5 |
| 13 | 1·5 | 1·5 | 1·5 | 1·5 | 1·6 | 1·6 | 1·6 | 1·6 | 1·7 |
| 14 | 1·6 | 1·6 | 1·6 | 1·7 | 1·7 | 1·7 | 1·7 | 1·8 | 1·8 |
| 15 | 1·7 | 1·7 | 1·8 | 1·8 | 1·8 | 1·8 | 1·9 | 1·9 | 1·9 |
| 16 | 1·8 | 1·9 | 1·9 | 1·9 | 1·9 | 2·0 | 2·0 | 2·0 | 2·0 |
| 17 | 1·9 | 2·0 | 2·0 | 2·0 | 2·1 | 2·1 | 2·1 | 2·1 | 2·2 |
| 18 | 2·1 | 2·1 | 2·1 | 2·1 | 2·2 | 2·2 | 2·2 | 2·3 | 2·3 |
| 19 | 2·2 | 2·2 | 2·2 | 2·3 | 2·3 | 2·3 | 2·4 | 2·4 | 2·4 |
| 20 | 2·3 | 2·3 | 2·4 | 2·4 | 2·4 | 2·5 | 2·5 | 2·5 | 2·5 |

| Temperatur | Mit der Indexcorrection versehener Barometerstand in Mm. | | | | | | | | |
|---|---|---|---|---|---|---|---|---|---|
| | 700 | 710 | 720 | 730 | 740 | 750 | 760 | 770 | 780 |
| 21 | 2·4 | 2·4 | 2·5 | 2·5 | 2·5 | 2·6 | 2·6 | 2·6 | 2·7 |
| 22 | 2·5 | 2·6 | 2·6 | 2·6 | 2·7 | 2·7 | 2·7 | 2·8 | 2·8 |
| 23 | 2·6 | 2·7 | 2·7 | 2·7 | 2·8 | 2·8 | 2·9 | 2·9 | 2·9 |
| 24 | 2·7 | 2·8 | 2·8 | 2·9 | 2·9 | 2·9 | 3·0 | 3·0 | 3·1 |
| 25 | 2·9 | 2·9 | 2·9 | 3·0 | 3·0 | 3·1 | 3·1 | 3·1 | 3·2 |
| 26 | 3·0 | 3·0 | 3·1 | 3·1 | 3·1 | 3·2 | 3·2 | 3·3 | 3·3 |
| 27 | 3·1 | 3·1 | 3·2 | 3·2 | 3·3 | 3·3 | 3·4 | 3·4 | 3·4 |
| 28 | 3·2 | 3·3 | 3·3 | 3·3 | 3·4 | 3·4 | 3·5 | 3·5 | 3·6 |
| 29 | 3·3 | 3·4 | 3·4 | 3·5 | 3·5 | 3·6 | 3·6 | 3·7 | 3·7 |
| 30 | 3·4 | 3·5 | 3·5 | 3·6 | 3·6 | 3·7 | 3·7 | 3·8 | 3·8 |
| 31 | 3·5 | 3·6 | 3·7 | 3·7 | 3·8 | 3·8 | 3·9 | 3·9 | 4·0 |
| 32 | 3·7 | 3·7 | 3·8 | 3·8 | 3·9 | 3·9 | 4·0 | 4·0 | 4·1 |
| 33 | 3·8 | 3·8 | 3·9 | 3·9 | 4·0 | 4·0 | 4·1 | 4·2 | 4·2 |
| 34 | 3·9 | 3·9 | 4·0 | 4·1 | 4·1 | 4·2 | 4·2 | 4·3 | 4·3 |
| 35 | 4·0 | 4·1 | 4·1 | 4·2 | 4·2 | 4·3 | 4·4 | 4·4 | 4·5 |
| 36 | 4·1 | 4·1 | 4·2 | 4·2 | 4·3 | 4·4 | 4·4 | 4·5 | 4·5 |

Bei Temperaturen über Null-Grad wird die durch die Tabelle angegebene Größe vom Barometerstande subtrahirt, bei negativen Temperaturen hingegen zu demselben addirt.

603. Die dritte Correction besteht in der Reduction des Barometerstandes auf das Meeres-Niveau, welche Umrechnung nicht zu umgehen ist, wenn man die Luftdruck-Verhältnisse mehrerer Orte unter einander vergleichen will. Da nämlich der Luftdruck, wie schon früher erörtert wurde, mit der Höhe und zwar namentlich je nach der Temperatur mehr weniger abnimmt, so kann man nach demjenigen Barometerstande eines Ortes fragen, der zum Vorschein käme, wenn der Beobachtungsort bei sonst gleichen Umständen in das Meeres-Niveau herabsinken würde. Zu dem Zwecke lässt sich eine der von

verschiedenen Autoren aufgestellten Formeln für die barometrische Höhenmessung[1] oder nachstehende gekürzte Tabelle benützen.[2]

| Luft-Temperatur | Beobachteter und auf 0° reducirter Barometerstand | | | | | | |
|---|---|---|---|---|---|---|---|
| | 760 | 750 | 740 | 730 | 720 | 710 | 700 |
| | Höhenunterschied in Metern für 1 Mm. Druckunterschied | | | | | | |
| — 5 | 10·3 | 10·4 | 10·6 | 10·7 | 10·9 | 11·0 | 11·2 |
| 0 | 10·5 | 10·7 | 10·8 | 10·9 | 11·1 | 11·3 | 11·4 |
| + 5 | 10·7 | 10·9 | 11·0 | 11·2 | 11·3 | 11·5 | 11·6 |
| 10 | 10·9 | 11·1 | 11·2 | 11·4 | 11·5 | 11·7 | 11·9 |
| 15 | 11·1 | 11·3 | 11·4 | 11·6 | 11·8 | 11·9 | 12·1 |
| 20 | 11·4 | 11·5 | 11·7 | 11·8 | 12·0 | 12·2 | 12·3 |
| 25 | 11·6 | 11·7 | 11·9 | 12·0 | 12·2 | 12·4 | 12·5 |
| 30 | 11·8 | 11·9 | 12·1 | 12·2 | 12·4 | 12·6 | 12·8 |
| 35 | 11·9 | 12·1 | 12·3 | 12·4 | 12·6 | 12·8 | 13·3 |

Beispiel. Die Höhe eines Barometers (des Gefäßes) über dem Meeresspiegel sei 120 M., der beobachtete und auf 0° reducirte Barometerstand 740 Mm. Die Lufttemperatur 15°. — Die Tafel gibt unter diesen Umständen 11·4 M. als Höhe einer Luftsäule, deren Druck 1 Mm. im Barometerstande ausmacht; folglich entsprechen einer 120 M. hohen Luftsäule 10·5 Mm., welche zu 740 zu addiren sind. Der auf das Meeres-Niveau reducirte Barometerstand beträgt also 750·5 Mm.

Die Correction der Ablesung an einem Aneroid-Barometer ist begreiflicher Weise eine mehrfache, zugleich aber nicht von solcher Wichtigkeit, dass ihre Erörterung hier nicht umgangen werden könnte.[3]

604. Aus der beobachteten Anzahl der Umdrehungen des Robinson'schen Anemometers berechnet man den in der gleichen Zeit vom Winde durchlaufenen Weg mit angenähertem Werte, wenn

[1] Siehe bezüglich der Formel nach Rühlmann, vereinfacht von Köppen, Zeitsch. d. öst. Ges. f. Met. März. 1882.

[2] Entnommen der Allgemeinen Witterungskunde von H. J. Klein.

[3] Siehe über die Correction einer Aneroid-Ablesung. B. Crovas Abhandl. in Rev. marit. Févr. 1881.

man der von Robinson selbst aufgestellten Regel folgt, welche sagt, dass die Geschwindigkeit, mit welcher sich die Mittelpunkte der Halbkugeln bewegen, den dritten Theil der Windgeschwindigkeit ausmacht. Beispiel: Bei den Anemometern von den gewöhnlichen Dimensionen haben die Halbmesser der Kugelschalen 0·064 M. und die Enfernung ihrer Mittelpunkte von der Drehungsachse ist 0·239 M., der entsprechende Kreisumfang somit 1·5 M. Wenn nun in 1 Stunde 6000 Rotationen gemacht werden, so ist die auf die Secunde bezogene Geschwindigkeit des Windes: $v = 3\ (1{\cdot}5 \times 6000) : 3600 = 7{\cdot}5$ M.

Einen genaueren Wert der Windgeschwindigkeit gibt die von Köppen[1] aus vergleichenden Beobachtungen an den von der deutschen Seewarte gebrauchten Anemometern mit obigen Dimensionen abgeleitete Formel:

$$v = 1 + 2{\cdot}4\, a,$$

wenn $a$ die Anemometer-Geschwindigkeit (Geschwindigkeit der Schalen-Mittelpunkte in Metern pro Secunde) bedeutet. Rechnet man obiges Beispiel danach, so bekommt man $v = 7{\cdot}0$ M. — Wahrscheinlich hat jeder Anemometer-Typus seine eigenen Constanten in der Köppen'schen Formel.

Um Angaben über Windstärke, die theils auf Schätzung, theils auf Messung beruhen, unter einander zu vergleichen, bedarf es der Kenntnis des Zusammenhanges zwischen Geschwindigkeit und Druck des Windes und den Graden einer Wind-Scala. Hier sei nur die Scala von Beaufort in Betracht gezogen. Wenn $D$ den Druck in Kilogramm pro Quadratmeter bezeichnet und $v$ die Geschwindigkeit in Meter pro Secunde, so besteht zufolge Theorie und vielfacher Erfahrungen über den Druck des Windes auf Segel, Gebäude u. dgl. zwischen beiden Größen die Relation:

$$D = 0{\cdot}132\, v^2.$$

**605.** Die Kenntnis der Beziehung zwischen der Geschwindigkeit und den Beaufort'schen Graden verdanken wir besonders Robert H. Scott und neueren Untersuchungen von Köppen und Sprung.[2] Letztere haben bei der Untersuchung von Beobachtungen an Stationen des Festlandes gefunden, dass bis zur Windstärke 8 der 12theiligen Scala nur geringe

---

[1] Zeitschr. d. öst. Ges. f. Met. Bd. XIV.

[2] Siehe die Abhandlungen von Rob. H. Scott in Quart. Journ. of the Met. Soc. II, Nr. 11, von Köppen in der Zeitsch. d. öst. Ges. für Met. 1879 und von Sprung im Arch. d. Deutsch. Seew. 1879.

Abweichungen der Proportionalität zwischen Geschwindigkeit und geschätzter Stärke des Windes stattfinden. Den Stärkegrad mit $s$ bezeichnend, ergab sich ihnen folgende Relation zwischen den ersten 8 Graden und der Windgeschwindigkeit $v$:

$$v = 1{\cdot}29 + 1{\cdot}35\,s.$$

Würde man am proportionalen Fortschreiten festhalten und danach auch die höheren Grade der Scala bewerten, so könnte man mit den so bestimmten 12 Theilen zur Bezeichnung der stärksten Winde nicht ausreichen; denn bis jetzt sind Winde bis 50 M. Geschwindigkeit pro Secunde und darüber, wie beispielsweise zur Zeit des Einsturzes der Tay-Brücke am 28. December 1879, beobachtet worden.

Nachstehende Tabelle dient zur Vergleichung der Windstärke nach der Beaufort'schen Scala mit der Windgeschwindigkeit und dem Drucke, wobei letzterer nach der angegebenen Relation zwischen $D$ und $v$ berechnet ist:

| Stärkegrad und Bezeichnung | Geschwindigkeit in Meter pro Secunde nach Scott | Geschwindigkeit in Meter pro Secunde nach Sprung | Druck in Kilogr. pro Quadr. Meter mitt. Geschw. nach Scott |
|---|---|---|---|
| 0 Windstille oder sehr leichter Zug | 1·5 | — | 0·3 |
| 1 Leichter Zug . . . . . . . . . . | 3·5 | 2·64 | 1·62 |
| 2 Flaue Brise . . . . . . . . . . | 6 | 3·99 | 4·75 |
| 3 Leichte Brise (alle Segel bei) . . | 8 | 5·34 | 8·45 |
| 4 Mäßige Brise . . . . . . . . . . | 10 | 6·70 | 13·2 |
| 5 Frische Brise (ein Reef in den Marssegeln) . . . . . . . . | 12·5 | 8·05 | 20·63 |
| 6 Steife Brise (Bramsegel fest, zwei Reef in den Marssegeln) . . . | 15 | 9·41 | 29·5 |
| 7 Harter Wind . . . . . . . . . . | 18 | 10·76 | 42·77 |
| 8 Stürmischer Wind (dicht gereeft) | 21·5 | 12·11 | 61·02 |
| 9 Sturm (Großsegel fest) . . . . . | 25 | — | 82·5 |
| 10 Schwerer Sturm (Sturmsegel) . . | 29 | — | 111·01 |
| 11 Harter Sturm . . . . . . . . | 33·5 | — | 148·14 |
| 12 Orkan . . . . . . . . . . | 40 | - | 211·2 |

Aus der in Metern pro Secunde angegebenen Geschwindigkeit findet man für die Praxis hinreichend genau die Geschwindigkeit in Seemeilen pro Stunde durch die Multiplication mit 2.

606. Eines Umstandes ist noch zu erwähnen, nämlich des Unterschiedes zwischen dem wirklichen und scheinbaren (unmittelbar wahrgenommenen) Winde im Falle, wo der Beobachter in Bewegung ist z. B. auf einem Schiffe oder Eisenbahnzuge. Die Bewegung allein erzeugt nämlich die Wahrnehmung eines Luftstromes von gerade entgegengesetzter Geschwindigkeit, welche sich mit dem wirklichen Winde so zusammensetzt, wie sich zwei gleichzeitige Kräfte zu ihrer Resultirenden vereinigen. Bedeutet (Figur 67) $AB$ den wirklichen Wind $w$ nach Geschwindigkeit und Richtung, $AC$ die entgegengesetzte Geschwindigkeit $f$ des Beobachters (des Schiffes), so stellt die Diagonale des Parallelogramms $ABCD$ den scheinbaren Wind $w'$ dar, der beobachtet wird. Man ziehe die Geraden $BB'$ und $DD'$ senkrecht auf $AC$, um sofort zu ersehen, wie aus $w'$ und dem $\sphericalangle\, a'$ die Geschwindigkeit $w$ und der Richtungswinkel $a$ bestimmt werden. Es ist:

Fig. 67.

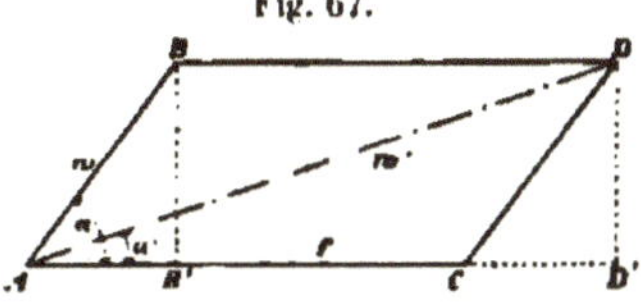

$$w = \sqrt{\overline{BB'}^2 + \overline{AB'}^2} = \sqrt{(w' \sin a')^2 + (w' \cos a' - f)^2}.$$

und

$$\operatorname{tang} a = \frac{BB'}{AB'} = \frac{w' \sin a'}{w' \cos a' - f}.$$

607. Um aus den Angaben eines Hygrometers die Feuchtigkeitsverhältnisse zu bestimmen, braucht man eine Tabelle der Maximal-Spannkräfte des Wasserdampfes, wie sie in kurzer Darstellung (nach Regnault) folgt:

| Temper. | Spann. in Mm. | Temper. | Spann. in Mm. | Temper. | Spann. in Mm. | Temper. | Spann. in Mm. |
|---|---|---|---|---|---|---|---|
| −10 | 2·1 | + 1 | 5·0 | +13 | 11·2 | +25 | 23·6 |
| 9 | 2·3 | 2 | 5·3 | 14 | 11·9 | 26 | 25·0 |
| 8 | 2·5 | 3 | 5·7 | 15 | 12·7 | 27 | 26·5 |
| 7 | 2·7 | 4 | 6·1 | 16 | 13·5 | 28 | 28·1 |
| 6 | 2·9 | 5 | 6·5 | 17 | 14·4 | 29 | 29·8 |

| Temper. | Spann. in Mm. | Temper. | Spann. in Mm. | Temper. | Spann. in Mm. | Temper. | Spann. in Mm. |
|---|---|---|---|---|---|---|---|
| − 5 | 3·1 | + 6 | 7·0 | + 18 | 15·4 | + 30 | 31·6 |
| 4 | 3·4 | 7 | 7·5 | 19 | 16·3 | 31 | 33·4 |
| 3 | 3·7 | 8 | 8·0 | 20 | 17·4 | 32 | 35·4 |
| 2 | 4·0 | 9 | 8·6 | 21 | 18·5 | 33 | 37·4 |
| 1 | 4·3 | 10 | 9·2 | 22 | 19·7 | 34 | 39·6 |
| 0 | 4·6 | 11 | 9·8 | 23 | 20·9 | 35 | 41·8 |
| | | 12 | 10·5 | 24 | 22·2 | 36 | 44·2 |

Das Condensations-Hygrometer gibt unmittelbar den Thaupunkt an, also diejenige Temperatur, bei welcher die vorhandenen Wasserdünste die Luft sättigen. Nimmt man daher die dem Thaupunkte entsprechende Spannung aus der Tabelle, so ist das zugleich der herrschende Dunstdruck $e$. Für die Luft-Temperatur, beobachtet am Trocken-Thermometer, gibt die Tabelle den Maximal-Druck $E$. Die relative Feuchtigkeit in Procenten ist dann durch $100 . \frac{e}{E}$ bestimmt.

Beim Gebrauche des Psychrometers entnimmt man der Tabelle die der Naß-Temperatur ($t_1$) entsprechende Spannung $e_1$ und berechnet damit den Dunstdruck nach der Formel:

$$e = e_1 - 0{\cdot}0007\, b\, (t_2 - t_1),$$

wobei $b$ den herrschenden Barometerstand und ($t_2 - t_1$) die psychrometrische Differenz bedeutet. Der Fehler ist unbedeutend, wenn man für $b$ stets 760 einsetzt. Für die Trocken-Temperatur $t_2$ gibt die Tabelle die Größe $E$. Den Feuchtigkeitsgrad erhält man wie früher. Um noch den Thaupunkt zu bestimmen, geht man mit dem Dunstdruck $e$ in die Tabelle und nimmt daraus die zugehörige Temperatur.

608. Beobachtungs-Stunden. — Für täglich dreimaliges Beobachten empfehlen sich die Stunden $7^h$ morgens, $2^h$ nachmittags und $9^h$ abends oder $6^h$ morgens, $2^h$ nachmittags und $10^h$ abends; zur Wahl von nur zwei Terminen eignen sich besonders die Stunden $9^h$ vormittags und $9^h$ abends.

Insbesondere ist das Maximum- und Minimum-Thermometer bei der Abendbeobachtung abzulesen und das Ergebnis für den gleichen Tag anzusetzen. Bezüglich der Regenablesung hat der Met.-Congreß zu

Wien 1873 als Norm aufgestellt, dass dieselbe möglichst bald nach Beendigung des Niederschlages geschehen soll, im allgemeinen aber bei der ersten Morgenablesung und soll der Betrag dem vorhergehenden Tage angesetzt werden.

Außer obigen Terminen gibt es noch andere, deren Wahl vom Zwecke abhängt, zu welchem meteorologische Beobachtungen angestellt werden. Die Frage nach der Zeit des Beobachtens lässt sich also vollständig erst beantworten, wenn die Vorfrage erledigt ist, wie sich die meteorolgischen Beobachtungen der wissenschaftlichen Forschung zugänglich, der Praxis nutzbar machen lassen. Die Erörterung dieses Punktes bildet den Gegenstand der zwei folgenden Abtheilungen.

## *B.* Klimatologie.

### Zur Charakterisirung des Systems.

609. Forschend nach den Gesetzen, welche sich in den Erscheinungen der Atmosphäre offenbaren, begegnet man der zweifachen Frage: Erstens, worin besteht der regelmäßige Gang der Erscheinungen oder was ist der Durchschnittswert der Größen, in welchen dieselben zur Beobachtung gelangen, und zweitens, wie treten die unregelmäßigen Veränderungen zu Tage oder, mit anderen Worten, nach welchen Gesetzen vollzieht sich der wirkliche Witterungswechsel. Die Beantwortung der ersten Frage führt zur Kenntnis dessen, was man Klima nennt, und im weiteren zur Beurtheilung der auf das Klima Einfluss nehmenden Factoren; sie ist deshalb identisch mit der Klimatologie (begründet von Dove und Kämtz). Die Methode, deren sich die meteorologische Forschung in diesem Falle bedient, ist die sogenannte statistische. Ihr Wesen besteht eben darin, dass man die Daten planmäßig angestellter Beobachtungen sammelt, nach gewissen Gesichtspunkten gruppirt und aus den Gruppen Mittelwerte ableitet. In dem Maße als dieses Verfahren der Reihe nach auf die verschiedenen meteorologischen Elemente zur Anwendung gelangt, vervollständigt sich die Kenntnis des regelmäßigen Ganges der atmosphärischen Erscheinungen. Es wird genügen, wenn die angedeutete Methode nur an einem Elemente, und zwar an der Temperatur, eine eingehendere Darstellung erfährt.

610. Die Temperatur-Aufzeichnungen eines jeden Tages lassen sich so in einen Wert zusammenfassen, dass man damit das wahre Temperatur-Mittel des Beobachtungstages erhält. Darunter versteht man das arithmetische Mittel von vielen, in gleichen Zwischen-

räumen, mindestens Stunde für Stunde während eines Tages angestellten Beobachtungen. Um aber das wahre Temperatur-Mittel schon aus wenigen, 2-, 3-, 4- u. s. f. maligen Aufzeichnungen ableiten zu können, müssen vergleichende Beobachtungen vorausgegangen sein, welche darthun, in welcher Weise jene selteneren Aufzeichnungen zu combiniren sind, damit die sich ergebenden Werte möglichst wenig von den wahren Temperatur-Mitteln abweichen. Man hat so gefunden, dass beispielsweise die Temperatur-Beobachtungen um $7^h$ morgens, $2^h$ nachmittags und $9^h$ abends das richtige Tagesmittel liefern, wenn die Summe aus den Temperaturen um $7^h$ und $2^h$ und aus der doppelten Aufzeichnung um $9^h$ durch 4 dividirt wird (z. B. 3·2° um $7^h$, 12° um $2^h$ und 5·6° um $9^h$ geben als Mittel 6·6°). Auch die Angaben des Maximum- und Minimum-Thermometers sind geeignet, um aus ihnen das Tagesmittel abzuleiten.

Addirt man die Temperatur-Mittel aller Tage eines bestimmten Monats und dividirt die Summe durch die Anzahl der Tage, so bekommt man die mittlere Monats-Temperatur. Die Addition der Temperatur-Mittel aller Monate eines Jahres und die Division der erhaltenen Summe durch 12 gibt die mittlere Jahres-Temperatur.[1]

611. Unter Wärmeänderung (Variation) versteht man die Geschwindigkeit des Zu- und Abnehmens der Temperatur innerhalb eines bestimmten Zeitraumes. Die tägliche Wärmeänderung zeigt im allgemeinen den Verlauf, dass das Minimum der Tages-Temperatur kurz vor Sonnenaufgang eintritt, wo in Folge der Wärmeausstrahlung während der Nacht der Boden am stärksten erkaltet ist; darauf nimmt die Temperatur wieder zu, bis sie zwischen 12 und 1 Uhr im Winter, hingegen zwischen 2 und 3 Uhr im Sommer und nur an den Meeresküsten in Folge des Seewindes nahezu mittags das Maximum erreicht. Die Wärmeänderungen aller Monate eines Jahres zusammengenommen geben die jährliche Wärmeänderung. Außerhalb der Tropen — auf der Nördlichen Erdhälfte — nimmt die Temperatur von Mitte Jänner bis Anfang April langsam zu, darauf rascher bis Ende Mai, um wieder bei langsamerer Zunahme, ungefähr in den letzten Tagen des Juli, das Maximum zu erreichen. Von August angefangen fällt die Temperatur langsam bis September, rasch im October und zuletzt wieder langsam bis zur Zeit des Minimums im Monat Jänner. Mitte Sommer und Mitte Winter zeigt sich also bis zu einem gewissen Grade ein Stillstand in

[1] Um den mittlern Verlauf der Temperatur im Jahre für kürzere Abschnitte, als es die Monate sind, darzustellen, nimmt man nach Dove den Durchschnittswert fünf aufeinander folgender Tage und bezeichnet ihn als Pentaden-Mittel. Das ganze Jahr umfasst 73 Pentaden.

dem regelmäßigen Gange der Luft-Temperatur — jedesmal einige Zeit nach Eintritt des höchsten, beziehungsweise niedrigsten Sonnenstandes. Auf dem Meere verspätet sich der Eintritt sowohl der niedrigsten als auch der höchsten Temperatur: Das Minimum fällt in den Monat Februar oder März und das Maximum in den August, manchmal sogar in den September. In den Äquatorial-Gegenden wechselt der Sonnenstand während des ganzen Jahres nur wenig, weshalb dort der Unterschied in den meteorologischen vier Jahreszeiten durch die Eintheilung des Jahres in die Regen-Periode und in die trockene Zeit nahezu verdeckt ist. Auf der Südlichen Erdhälfte außerhalb der Tropen ist der kälteste Monat der Juli und der heißeste der Jänner.[1]

612. Als Wärmeschwankung (Amplitude) der Variation bezeichnet man den Unterschied der in einem gewissen Zeitraume beobachteten Temperatur-Extreme. Die tägliche Wärmeschwankung ist somit der Unterschied zwischen der höchsten und niedrigsten Temperatur eines Tages. In dieser Hinsicht hat man beobachtet, dass sich im Sommer die Temperatur-Extreme eines Tages am weitesten von einander entfernen. Die Wärmeschwankung ist also am größten im Sommer, hingegen am geringsten im Winter, ferner zeigen die Beobachtungen, dass der Unterschied an heiteren Tagen größer ist als an trüben und auch größer an Orten des Binnenlandes als an solchen mit maritimer Lage, und zwar in diesen beiden Fällen wegen der größeren Dunstmenge. Die geographische Lage hat auf die Amplitude der täglichen Änderung den Einfluss, dass dieselbe von den Äquatorial-Gegenden, wo Tag und Nacht gleich lang sind, nach den Polen hin abnimmt und dort während des 24stündigen Tages oder der 24stündigen Nacht am kleinsten ist. Als Beleg hiefür diene die Angabe des Unterschiedes zwischen der durchschnittlichen, größten und kleinsten Tageswärme im Jahresmittel für nachstehende Orte:[2] Leh (Tibet) 18°3, Bagdad 16°, Constantinopel 13°2, Lesina 5°3, Madrid 17°2, St. Helena 3°7, Hammerfest 3°5.

Bezüglich der monatlichen Wärmeschwankung, d. i. des Unterschiedes zwischen der höchsten und niedrigsten Temperatur in einem Monate, genüge die Bemerkung, dass dieselbe in denjenigen Monaten, wo nach einer früheren Bemerkung der Wärmezustand der Luft am langsamsten sich ändert, am kleinsten sein wird, hingegen am größten in den Monaten mit der raschesten Wärmeänderung.

---

[1] Es gibt gewiss auch eine säculare Wärmeänderung, deren Periode aus mehreren Jahrhunderten bestehen dürfte. Die heutige Forschung ist aber noch nicht im Stande, darüber etwas Sicheres anzugeben.

[2] Allgemeine Erdkunde von Hann, Hochstetter und Pokorny, II. Absch.

Die jährliche Temperatur-Schwankung ist die Differenz zwischen der höchsten und niedrigsten Temperatur im Jahre. Sie ist bedingt durch den Unterschied in der Tagesdauer und in der Sonnenhöhe: einen großen Einfluss übt auch die Vertheilung von Land und Wasser. Nach den eingehenden Untersuchungen von A. Suppan[1] ist sowohl in der Alten als auch Neuen Welt die jährliche Wärmeschwankung an der Ostküste größer als unter der gleichen Breite an der Westküste und durchschnittlich größer an der Asiatischen als Amerikanischen Ostküste.

Dieselbe nimmt ferner vom Äquator gegen die Pole hin zu und auch von der Küste gegen das Innere des Festlandes. Nach Suppan besitzen Orte mit einer jährlichen Schwankung unter 15° See- oder Äquatoral-Klima, bei 15—20° Übergangs-Klima, bei 20—40° Land-Klima und bei einer über 40° gehenden Wärmeschwankung excessives Land-Klima. Demnach würden die Nord-Continente der Alten wie auch Neuen Welt an der Westküste theils See-[1] theils Übergangs-Klima, hingegen an der Ostküste Land-Klima haben.

613. Es braucht kaum bemerkt zu werden, dass die Methode, Beobachtungen in der bisher beschriebenen Weise zu bearbeiten, Ersprießliches nur leistet, wenn sie sich auf Beobachtungen von einer genügenden Anzahl von Jahren erstreckt und aus den gewonnenen Werten die Mittel nimmt; denn nur so lassen sich richtige Durchschnittswerte bekommen, welche, weil aus ihnen die unregelmäßigen Veränderungen der Atmosphäre, die Störungen und Zufälligkeiten eliminirt sind, den regelmäßigen Witterungsgang zur Anschaung bringen und deshalb als Normalwerte bezeichnet werden. Die unregelmäßigen Witterungsvorgänge in den Äquatorial-Gegenden sind so gering, dass dort nahezu schon einjährige Beobachtungen die Normal-Werte angeben. Mit der Entfernung vom Äquator nehmen die Störungen zu und machen eine längere Beobachtungsdauer nothwendig. Nach Hann sind beispielsweise für Wien schon 40 Beobachtungsjahre erforderlich, um die Jahres-Temperatur bis auf einen wahrscheinlichen Fehler von ± 0·1° sicher zu stellen; sogar 100 Jahre sind nothwendig, um mit derselben Genauigkeit die Temperatur-Mittel der Sommermonate abzuleiten.

Die Wichtigkeit der Normal-Werte lässt sich in den Satz kleiden, dass Abweichungen von denselben, je größer sie sind, um so unwarscheinlicher werden. Hann hat z. B. aus 100jährigen Beobachtungen für Wien — 1·7° als normale Jänner-Temperatur abgeleitet und gleichzeitig

[1] Siehe die Vertheilung der jährl. Wärmeschw. in d. Zeitschrift f. w. Geogr. 1880.

constatirt, dass, Abweichungen von dieser Temperatur bis zu 2° 28mal vorgekommen sind, Abweichungen bis zu 3° 18mal, bis zu 4° 10mal, bis zu 5° 8mal, zwischen 5 und 6° 3mal, die Abweichung von 6° selbst hat niemals stattgefunden.

614. Eine andere Richtung der statistischen Methode ist einzuschlagen, wenn es sich darum handelt, die Durchschnittswerte der meteorologischen Elemente mehrerer Orte unter einander zu vergleichen. Zu diesem Zwecke empfiehlt sich die kartographische (von A. von Humboldt i. J. 1817 angeregte) Darstellung der Beobachtungen. Dieselbe ist zwar auf alle meteorologischen Elemente anwendbar, soll hier aber wieder nur mit Beziehung auf die Temperatur etwas näher erörtert werden. Dabei kann man zur Vereinfachung der Vergleichung den Einfluss der Seehöhe eines Ortes eliminiren, indem man seine Temperatur auf das Meeres-Niveau reducirt. Es geschieht dies auf Grund der Wahrnehmung, dass die Temperatur der trockenen Luft nahezu proportional zur Höhe abnimmt und zwar um 0·6° für je 100 Meter in rasch ansteigenden Gebirgen, um etwas weniger bei langsamen Bodenerhebungen oder in plateauartig oder allmählig ansteigenden Thälern.[1] Je feuchter die Luft ist, um so langsamer geht die Wärmeabnahme vor sich. Verbindet man die Orte gleicher Temperatur auf der Karte durch Linien mit einander, so erhält man die Isothermen. Die beigegebene Karte enthält die Isothermen der normalen Temperaturen für die Monate Jänner und Juli und zwar nach den Untersuchungen von Dove und Buchan.

Eigentlich müsste man, da die Temperatur ununterbrochen im Laufe eines Jahres sich ändert, Isothermen-Karten für jeden Tag des Jahres anlegen, um die wahre Wärmevertheilung kennen zu lernen. Man würde dann wahrnehmen, dass auf der Nördlichen Hemisphäre ungefähr in der ersten Jahreshälfte die Isothermen sich nordwärtsbewegen, bis die 0° Curve, welche im Jänner bei Neapel vorüber geht (Siehe Karte), im Juli bis Spitzbergen reicht. Darauf gehen die Isothermen ungefähr während der zweiten Hälfte des Jahres gegen den Äquator hin wieder zurück, so dass sie also in einer beständigen Oscillation begriffen sind. Dabei bleiben sich aber diese Curven durchaus nicht parallel — ein Beweis der verschiedenen Wärmeänderung für die verschiedenen Orte — und zeigen auch keinen wesentlichen Zusammenhang mit dem Verlauf

[1] In der freien Atmosphäre ist die Wärmeabnahme mit der Höhe eine etwas andere. Wie namentlich Gay Lussac und Glaisher bei ihren Ballonfahrten beobachtet haben, nimmt die Wärme in der freien Atmosphäre anfangs rascher (um 0·9° für je 100 Meter) ab als in den Bergländern, mit wachsender Höhe aber immer langsamer.

der Parallel-Kreise. Nur im allgemeinen nimmt die Temperatur gegen die Pole hin ab, denn ein Beispiel der Wärmeabnahme selbst in der darauf senkrechten Richtung, und zwar von West nach Ost, gibt der nahezu meridionale Verlauf der Jänner-Isothermen über Norwegen, Schweden und Deutschland.

Der Einfluss der Vertheilung von Land und Meer auf die Vertheilung der Wärme lässt sich aus der Karte in soweit ersehen, als man unter anderem wahrnimmt, dass an der Küste der Unterschied zwischen den extremen Monat-Temperaturen geringer ist als im Inneren der Continente, wo meistens ganz enorme Differenzen bestehen (die Far-Öer-Inseln haben im Jänner 3·9°, im Juli 11·6°, daher 7·7° Unterschied, hingegen Jakutsk [Sibirien] — 38·9° im Jänner, 17·2° im Juli, Unterschied 56·1°). Im allgemeinen macht der Einfluss des Meeres das Klima gleichförmiger.

Würde der Wärmezustand eines Ortes durch seine geographische Breite bestimmt sein, so müssten die kältesten Orte an den Polen und die wärmsten am Äquator zu treffen sein. Thatsächlich ist aber diese Coincidenz in keinem Falle vorhanden. Es gibt überhaupt, wenigstens im Norden, nicht einen, sondern zwei Kältepole: der eine liegt in Sibirien (die allertiefste Temperatur wurde bis jetzt in Werchojansk an der Jana in $67\frac{1}{2}$° Breite mit — 63°2 am 30. December 1871 beobachtet), der andere Kältepol im Arktischen Amerika — (in 82° Breite und 61° w. L. v. Gr. beobachtete die Expedition des „Alert" i. J. 1876 die Temperatur von — 58°8). Hingegen ist die höchste bis jetzt constatirte Temperatur die von 65°, welche an der Küste des Rothen Meeres beobachtet wurde.

615. Dove hat die Isothermen benützt, um aus der auf einem Breitengrade herrschenden Temperatur das Mittel zu nehmen und damit die mittlere oder normale Temperatur des betreffenden Breitegrades zu bestimmen. Daran hat derselbe Gelehrte die Untersuchung geknüpft, wo auf den Parallel-Kreisen eine höhere Temperatur als die normale, und wo eine niedrigere herrscht. Die Abweichung von dem Normal-Werte nannte er thermische Anomalie und die Verbindungs-Curven der Orte mit gleicher Abweichung Isametralen. Der Lauf dieser Linien zeigt, ob ein Ort mehr oder weniger Wärme besitzt als ihm vermöge seiner geogr. Breite eigentlich zukommen sollte. Aus ihnen geht beispielsweise hervor, dass ganz Europa im hohen Grade gegenüber Nordamerika begünstigt ist; es hat eine Jahrestemperatur, die durchschnittlich um 5° höher ist, während die von Nordamerika fast um 6° weniger beträgt, als die geogr. Lage erfordern würde.

616. In dem Maße, als die bisher beschriebenen Richtungen der statistischen Methode eingeschlagen werden, um auch die übrigen

Taf. VI.

Jänner - Isothermen - Juli

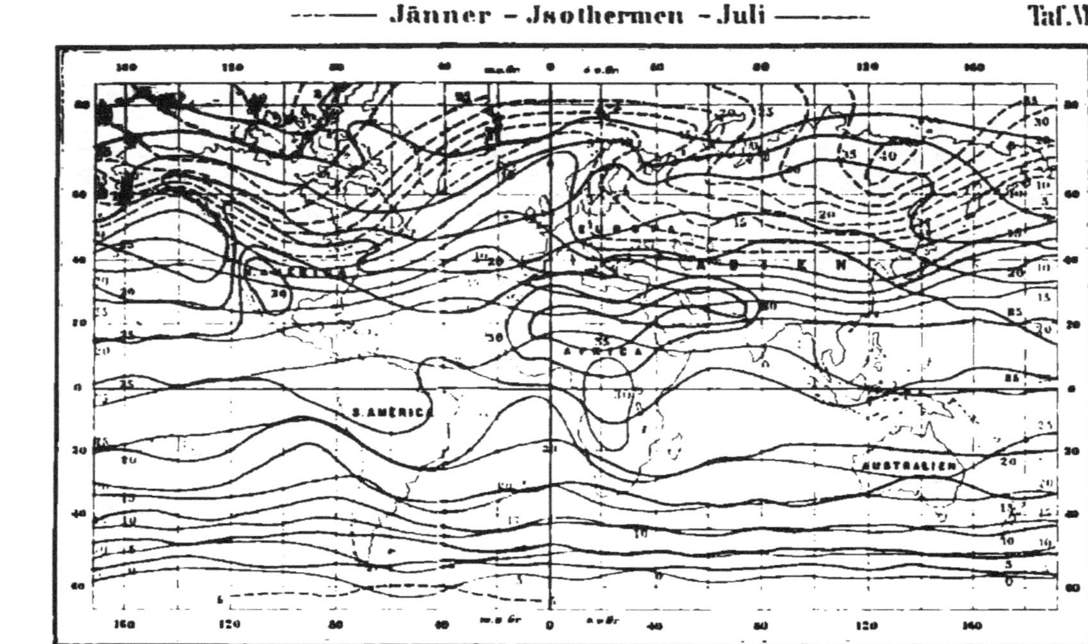

meteorologischen Elemente als: Luftdruck, Wind, Feuchtigkeit, Bewölkung u. s. f. in gleichem Sinne wie die Temperatur zu bearbeiten und auf diese Weise zur Kenntnis ihrer Abhängigkeit von Ort und Zeit zu gelangen, erschließt sich auch der Zusammenhang, in welchem die Elemente zu einander stehen. Von einer näheren Erörterung desselben muß hier Abstand genommen werden. Nur sei noch erwähnt, dass man speziell die Abhängigkeit der verschiedenen Elemente von der Windrichtung mittelst Windrosen ausdrückt. Man gruppirt nämlich die Beobachtungen nach den gewählten (4, 8 oder 16) Windrichtungen. Das Resultat der Vergleichung und zwar die gefundene Abhängigkeit der Temperatur von der Windrichtnng macht die thermische Windrose aus, das Ergebnis der Vergleichung des Luftdruckes mit dem Winde kommt in der barischen Windrose zum Ausdruck u. s. f.[1]

### C. Praktische Meteorologie.

617. Wenn die statistische Methode die directen Beobachtungen in Mittelwerte zusammenfasst und daraus durch Vergleichung den durchschnittlichen Gang der verschiedenen meteorologischen Elemente ableitet, so bedarf es noch einer anderen Methode, um aus der Vergleichung der directen Beobachtungen die Gesetze des wirklichen Witterungswechsels zu gewinnen. Damit aber gegebene Beobachtungen vergleichbar werden, müssen sie der absolut gleichen Zeit (synchronistisch) und nicht bloß der gleichen Tageszeit entnommen sein. Die erste Bedingung besteht also im Vorhandensein synchronistischer Beobachtungen, welche sich über ein möglichst großes Gebiet erstrecken. Die zweite Bedingung ist die, dass derartige Aufzeichnungen in möglichst kleinen Zeitintervallen aufeinander folgen. Wie man zum Zwecke der Vergleichung die Mittelwerte der statistischen Methode in Karten einträgt, ebenso bedient man sich im vorliegenden Falle der Karten: ein Unterschied besteht nur darin, dass dort in ein und dieselbe Karte die Werte von einem oder höchstens einzelnen Elementen, hingegen hier die directen Beobachtungen möglichst vollständig (mit Luftdruck, Temperatur, Wind u. s. f.) eingetragen werden. Solche Karten heißen synchronistische oder synoptische und die ganze Methode die synchronistische oder synoptische. (Director Hoffmeyer am k. dänischen meteor. Institut begann die Anfertigung synoptischer Karten, und zwar für jeden Morgen, mit December 1873).

[1] Siehe P. Schreiber, Die Bedeutung der Windrosen. Petermanns geogr. Mitth. Ergänz. 66.

618. Unter die glänzenden Erfolge, welche der synoptischen Methode bisher beschieden gewesen, zählt die Auffindung des **barischen Windgesetzes** oder, wie es auch genannt wird, des Gesetzes von **Buys Ballot**, von dem es empirisch gefunden wurde, während seine Begründung durch die classischen Arbeiten von Mohn, Guldberg und Sprung erfolgte. Man erinnert sich noch der bei einer früheren Gelegenheit gemachten Bemerkung, dass die Bewegung des Beobachters (während der Observation wie z. B. auf einem Schiffe) die Wahrnehmung eines andern als des wirklichen Windes zur Folge hat. Ein ähnliches Bewandnis hat es mit der Ablenkung der Winde durch die rotirende Erde. Angenommen, die sphärische Erde befände sich sammt der Lufthülle in Ruhe, so würde eine irgendwie veranlasste Luftströmung von bestimmter Richtung unter dem alleinigen Zuge der Schwere in der Richtung eines größten Kreises mit unveränderter Geschwindigkeit vor sich gehen. In Wirklichkeit dagegen müssen die aus der Rotation der Erde hervorgehenden und nach den Breiten sich ändernden Translations-Geschwindigkeiten eine Abweichung der Windbahn vom größten Kreise hervorbringen und zwar müssen Luftmassen, die zur Bewegung gegen den Äquator hin angeregt nur dem Zuge der Schwerkraft und ihrer Trägheit folgen, aus dem Grunde, weil sie gleichzeitig nur die Translations-Geschwindigkeit ihres Ausgangs-Parallels mitbringen, immer mehr gegen die Orte desjenigen größten Kreises zurückbleiben, der durch die anfängliche Bewegungsrichtung bestimmt ist, hingegen ihnen vorauseilen bei einer polwärts angeregten Bewegung. Eine solche **Trägheitsbahn** zeigt den Verlauf, dass ihre concave Seite, also auch der jedesmalige Krümmungs-Mittelpunkt auf der Nördlichen Erdhälfte rechts von der Bahn, auf der Südlichen hingegen links davon gelegen ist. Man bezeichnet ihre Krümmung, weil sie jener der Bahnen innerhalb einer Cyclone entgegengesetzt ist, als **anticyclonal**.[1] Demnach lässt sich der Einfluss der Erd-Rotation auch einer Kraft gleich setzen, die auf den Luftstrom von links nach rechts auf der Nördlichen, entgegengesetzt aber (von rechts nach

---

[1] Dass eine Ablenkung auch bei der in der Richtung eines Breitenkreises (östlich oder westlich) angeregten Bewegung eintritt, ergibt folgende Überlegung: Solange die Atmosphäre scheinbar in Ruhe sich befindet — absolut aber in der untersten Schichte mit der Geschwindigkeit der Erdoberfläche sich bewegt —, ist die horizontale, gegen den Äquator gerichtete Componente ihrer Fliehkraft durch den Überschuss des nach dem Äquator hin in Folge stärkerer Anhäufung zunehmenden Luftdruckes im Gleichgewicht gehalten, während die verticale Componente die Anziehungskraft der Erde vermindert. Wird aber die Luft in der Richtung eines Breitenparallels zur Bewegung angeregt, etwa nach Osten, so erfährt die der relativen Ruhe entsprechende, aber

links) auf der Südlichen Erdhälfte einwirkt und gewöhnlich als die „ablenkende Kraft" der Erde bezeichnet wird.[1]

619. Nun aber sind die eigentlichen Ursachen der Luftbewegung in Betracht zu ziehen. Es sind das die Luftdruck-Differenzen, welche die Bewegung einleiten und zum größten Theile, wie sich alsbald zeigen wird, auch erhalten. Es mag die einer Luftdruck-Differenz entsprechende, in horizontaler Richtung jedesmal vom höheren zum niedrigeren Luftdruck gehende Kraft schon jetzt mit dem Ausdruck **Gradient** bezeichnet werden, obwohl die gewöhnliche Definition dieses Begriffes erst später gegeben werden soll. Nach Richtung und Größe des im allgemeinen von Stelle zu Stelle sich ändernden Gradienten würde sich der Luftstrom ausschließlich gestalten, wenn weder der Einfluss der Erd-Rotation noch die aus der Bewegung selbst hervorgehende Centrifugal-Kraft noch irgend eine andere Einwirkung (Reibung u. dgl.) vorhanden wäre. Von der Schwerkraft lässt sich absehen, weil sie wegen ihrer zur Erdoberfläche (wenigstens nahezu) senkrechten Richtung weder ablenkend noch beschleunigend oder verzögernd auf einen horizontalen Luftstrom einwirkt. Dagegen übt die Centrifugal-Kraft ihren Einfluss zufolge der Trägheit der Luft, durch welche diese gehindert ist, jeder Richtungsänderung der Gradienten unbedingt Folge zu leisten. Die Luft hat aber wie jeder Körper das Bestreben, in dem einmal angenommenen Bewegungszustande zu verharren.

---

sicht beobachtete absolute Geschwindigkeit eine Vermehrung durch die ertheilte, wahrgenommene Geschwindigkeit; die Fliehkraft ist also jetzt größer, auch deren horizontale Componente, die somit nicht mehr ganz durch den Luft-Überdruck aufgehoben erscheint und daher den Luftstrom nach rechts abzieht. Bei einer Bewegung nach Westen ist die thatsächliche Geschwindigkeit der Luft die Differenz zwischen der im scheinbaren Ruhezustande vorhandenen und der beobachteten Geschwindigkeit, die Fliehkraft daher kleiner und auch ihre horizontale Componente, welche nun ein polwärts gerichtetes Abweichen des Luftstromes nicht hintanzuhalten vermag.

[1] A. Sprung behandelt den Einfluss der Erd-Rotation eingehend im Archiv der Deutsch. Seew. II. Jahrg. Er zieht auch die Abplattung der Erde in Betracht und kommt zum Resultate, dass in höheren und mittleren Breiten die Trägheitsbahn wenig von einem Kreise abweicht. Mit der Annäherung an den Äquator nimmt ihre Krümmung bis zu Null ab. Eine Ablenkung besteht aber, wie in der vorausgesendeten Anmerkung gezeigt wurde, auch bei einer den Breitenkreisen parallelen Bewegung. Aus diesen Gründen müsste die Trägheitsbahn, wenn die Bewegung genügend lang sich erhalten könnte, aus mehreren kreisähnlichen Schlingen bestehen, die aber nicht über-, sondern hintereinander, und zwar westwärts zu liegen kämen, weil die Erdoberfläche unter dem solche Schlingen beschreibenden Luftstrome allmählig in Folge der Rotation ostwärts rückt.

Die wirkliche Luftströmung ist demnach eine durch Luftdruck-Differenzen veranlasste und auch unterhaltene, aber namentlich durch die Erd-Rotation und durch die eigene Centrifugal-Kraft von der Gradienten-Richtung abgelenkte Bewegung. Anstatt also jedesmal vom höheren zum niederen Luftdruck, das ist, in der Richtung des Gradienten sich zu bewegen, weicht der Luftstrom zufolge der schon geschilderten Wirkung der „ablenkenden Kraft" der Erde nach rechts ab auf der Nord-Hemisphäre, hingegen nach links auf der Süd-Hemisphäre. So erfolgt beispielsweise bei der meridionalen Bewegung von Nord oder von Süd gegen den Äquator hin die Abweichung nach West, hingegen nach Ost bei der Bewegung von dem Äquator gegen einen der Pole. Der von den Richtungen des Luftstromes und des Gradienten gebildete Winkel, der sogenannte Ablenkungswinkel liegt auf der Nördlichen Erdhälfte rechts, auf der Südlichen links vom Gradienten.

620. Um den bisher angedeuteten Zusammenhang zwischen den Factoren einer Luftströmung etwas bestimmter und allgemeiner zu fassen, sei noch folgender Darstellung Raum gegeben: Bezeichnet in Fig. 68 $ab$ ein Stück der anticyclonal gekrümmten Trägheitsbahn, $m$ einen Ort in derselben, durch den die Verbindungs-Curve der Orte gleichen Luftdruckes (die Isobare) in der Richtung $i\,i$ geht, so ist senkrecht darauf die aus der Luftdruck-Differenz hervorgehende Kraft, das ist der Gradient, etwa mit $G = m\,p$ anzunehmen. Diese Kraft lässt sich in zwei Componenten zerlegen, in $g_1 = m\,n$ senkrecht zu $a\,b$ und in $g_{,,} = m\,o$ senkrecht zu $g_1$. Erstere Componente vermindert die Krümmung der Trägheitsbahn, kann sie aber auch ganz verschwinden machen und selbst in die entgegengesetzte, nämlich cyclonale Krümmung, überführen. Der zweiten Componente fällt es zu, die der Bewegung entgegenstehenden Hindernisse, wie die Reibung u. dgl., zu überwinden und allenfalls noch dem Luftstrome eine gewisse Beschleunigung zu ertheilen.

Fig. 68.

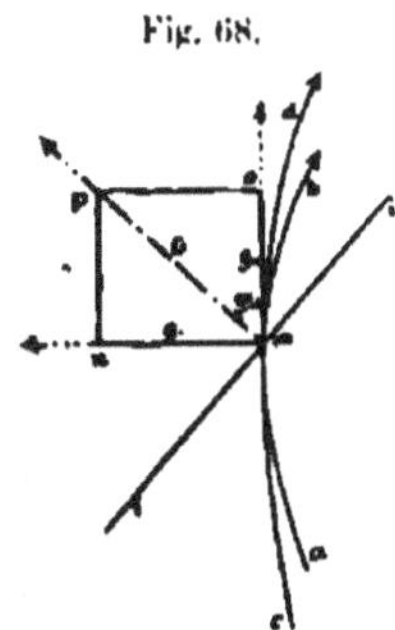

Es entsteht nun die Frage, wie verhält sich zu dieser Anschauung die Erfahrung? Diese zeigt, dass nur in der Minderzahl der Fälle Luftströme in so stark anticyclonal gekrümmten Bahnen sich bewegen, dass man sie als Trägheitsbahnen ansehen kann, hingegen viel häufiger sind die Windbahnen cyclonal gekrümmt. Daraus geht deutlich hervor, dass die Luftströme zumeist nicht bloß einem Impuls ihre Anregung und den weiteren Verlauf ihrer Trägheit verdanken, sondern dass sie in ihrem ganzen Laufe vom Gradienten beherrscht sind, entgegen der älteren Anschauung, welche nur Trägheit und Erd-Rotation gelten ließ und zuerst von Hadley (1735) für die Winde in den Tropen geltend gemacht, später aber von Dove auch auf die Winde in den höheren Breiten ausgedehnt wurde.

Ein Blick auf die Figur, der besonders die Lage des Gradienten in derselben beachtet, reicht hin, um die Fassung des soeben geschilderten Zusammenhanges in nachstehenden Satz als richtig erscheinen zu lassen: Stellt man sich dem Winde mit dem Gesichte entgegen, so hat man auf der Nördlichen Erdhälfte den niedrigeren Luftdruck rechts und zwar etwas nach rückwärts, den höheren links und etwas nach vorn; auf der Südlichen Erdhälfte dagegen liegt der niedrigere Luftdruck links rückwärts, der höhere rechts vorn. (Buys Ballot'sches Gesetz.)[1]

**621.** Es dürfte hier am Platze sein, Näheres über die Bestimmung des Gradienten anzugeben, bevor in der Erörterung des Zusammen-

---

[1] Dieselbe Figur zeigt ferner, dass eine Vergrößerung der Gradienten-Componente $g_1$ in folgenden Fällen stattfinden muss: 1. wenn die anticyclonale Krümmung abnehmen oder gar in die entgegengesetzte übergehen soll, 2. wenn die Geschwindigkeit des Windes und damit sein Widerstand gegenüber jeder ablenkenden Kraft zunimmt und 3. wenn mit der zunehmenden Entfernung vom Äquator die anticyclonale Krümmung der Trägheitsbahn ebenfalls zunimmt. Eine Zunahme der Componente $g_1$ bedingt aber unter sonst gleichen Umständen eine Vergrößerung des Gradienten und zugleich des „Ablenkungswinkels" a. Man kann demnach folgende Sätze aufstellen: Unter sonst gleichen Umständen (gleiche geographische Breite, gleiche Geschwindigkeit und gleiche Bewegungshindernisse) erfordert die cyclonale Krümmung der Windbahn einen größeren Gradienten und Ablenkungswinkel als die anticyclonale; bleiben aber Strömung, Geschwindigkeit und Bewegungshindernisse gleich, so nehmen Gradient und Ablenkungswinkel mit der Annäherung an den Äquator ab. Demnach hat eine und dieselbe Barometer-Schwankung in den Tropen eine größere Bedeutung für die Luftbewegung als in höheren Breiten.

Weiters ist zu ersehen, dass eine alleinige Zunahme der zweiten Componente $g_{11}$ nothwendig von einer Zunahme des Gradienten und einer gleichzeitigen Abnahme des Ablenkungswinkels begleitet ist. Dieselbe Componente muss sich aber vergrößern, wenn entweder die Bewegungshindernisse eine Steigerung erfahren oder die Geschwindigkeit vermehrt werden soll. Größer ist beispielsweise die Reibung auf dem Festlande als über dem Meere, weshalb sich der Satz aufstellen lässt, dass unter sonst gleichen Umständen dieselben Gradienten über dem Meere stärkere Winde erzeugen als auf dem Festlande. Aber unter allen Umständen ist ein größerer Gradient von einer größeren Windgeschwindigkeit begleitet.

hanges zwischen Luftdruck und Wind weiter gegangen wird. Festhaltend daran, dass der Gradient nichts anderes als ein Ausdruck für die aus einer Luftdruck-Differenz hervorgehende Kraft ist, erfordert die Bestimmung desselben die Angabe seiner Richtung und Größe. Die Richtung des Gradienten geht, wie schon bemerkt wurde, vom Orte des höheren zu jenem niederen Druckes.

Die übliche Bestimmung der Größe geschieht durch die Angabe des Verhältnisses zwischen der in Millimeter Quecksilberhöhe ausgedrückten Luftdruck-Differenz und der betreffenden Entfernung gegeben in Äquator-Graden (1 Grad = 111 Kilometer). Der Zahlenwert des Gradienten ist also auch identisch mit der Druckänderung pro Äquator-Grad. So wie von der Richtung des Gradienten die Windrichtung abhängt, ist die Größe desselben bestimmend für die Windstärke. Gradienten von 5 Millimeter und darüber nennt man Sturm-Gradienten, weil bei solchen Barometer-Unterschieden die Winde mit stürmischer Gewalt auftreten.

Über beides, sowohl über Richtung als auch Größe des Gradienten und zwar an mehreren Orten zu gleicher Zeit geben Aufschluss die Isobaren in den synoptischen Karten, auch Wetterkarten genannt.[1] Für Orte einer und derselben Isobare, also längs einer solchen Curve, ist der Gradient Null, dagegen hat er in der senkrechten Richtung darauf, das ist, von Isobare zu Isobare, seinen größten Wert.

Man meint nur den Gradienten in dieser Richtung — und das ist der gewöhnliche Fall —, wenn man kurzweg sagt: der Gradient steht auf der Isobare senkrecht, und es geht seine Richtung von der betrachteten Isobare hin zur nächsten des niederen Druckes.[2]

622. Zum barischen Windgesetze zurückkehrend sei hinsichtlich seiner Anwendung bemerkt, dass dasselbe unter anderem dazu dienen kann.

---

[1] Die Isobaren in einer Luftschicht sind die Schnittlinien mit den Niveauflächen. Die gewöhnlichen Wetterkarten enthalten die Isobaren für die unterste Luftschicht.

[2] Der Gradient, wie er zuletzt definirt wurde, führt häufig das Beiwort „horizontal“, um zu betonen, dass er aus den auf das Meeres-Niveau reducirten Barometer-Ständen oder überhaupt aus den in gleicher Höhe über dem Meere bestehenden Luftdruck-Unterschieden gebildet ist. Als verticalen Gradienten bezeichnen Guldberg und Mohn die Differenz zwischen der in verticaler Richtung wirklich vorhandenen Luftdruck-Abnahme und derjenigen, welche bei der herrschenden Temperatur für die Herstellung des Gleichgewichtszustandes erforderlich wäre. Je nachdem der wirkliche Druck langsamer oder rascher mit der Höhe abnimmt als der, welchen das Gleichgewicht erfordert, je nachdem also die genannte Differenz positiv oder negativ ausfällt, ist der verticale Gradient abwärts oder aufwärts gerichtet.

wenigstens annähernd die herrschenden Winde zu bestimmen, wenn die Luftdruck-Vertheilung bekannt ist, und umgekehrt um letztere zu ermitteln, wenn die Luftströmung gegeben ist. Zur Beleuchtung dieser zwei Fälle durch einfache Beispiele werde angenommen, dass vom Orte, in dem sich ein **Maximum des Luftdruckes** befindet, die Gradienten radial auslaufen, die Isobaren somit concentrische Kreise bilden um das Centrum des Gebietes mit dem Luftdruck-Überschuss. Es ist klar, dass unter dieser Voraussetzung ein Abfließen der Luft von innen nach außen auf Bahnen stattfinden muss, deren Abweichung von der radialen Richtung nach der linken Hand des dem Winde mit dem Gesichte sich entgegen stellenden Beobachters so zunimmt, wie die Entfernung vom Centrum wächst, bis schließlich die Lufttheilchen in nahezu peripherischen Bahnen dasselbe umwirbeln.

Mit anderen Worten, auf dem ganzen Gebiete der barometrischen Erhebung haftet den Lufttheilchen außer dem **centrifugalen Zuge** die **Tendenz an, das Centrum im Sinne der Drehung eines Uhrzeigers zu umkreisen.** Die gesammte Luftbewegung bildet in diesem Falle eine **Anticyclone.**

Wenn umgekehrt das Wind-System der Anticyclone als bekannt vorausgesetzt wird, so kann man sich mit Hilfe des Buys Ballot'schen Gesetzes über die Lage des Centrums desselben orientiren. Diesem Falle angepasst, geht nämlich jenes Gesetz in die Regel über: **Stellt man sich dem Winde mit dem Gesichte entgegen, so hat man auf der Nördlichen Erdhälfte das Centrum der Anticyclone links vorn, auf der Südlichen Erdhälfte rechts vorn.**

623. Besteht hingegen ein Gebiet mit **barometrischer Depression**, wo im einfachsten Falle die Isobaren concentrisch laufen, die Gradienten also radial und zwar nach dem Centrum hin, d. i. nach dem Orte mit dem Minimum des Luftdruckes gerichtet sind, so geht die Luftströmung von außen nach innen, aber nur im allgemeinen; denn der durch die Erd-Rotation und die Centrifugal-Kraft hervorgebrachten Ablenkung — man verfolge den Luftstrom von Isobare zu Isobare — ist es zuzuschreiben, dass allen Lufttheilchen die Tendenz anhaftet, **gleichzeitig mit der Verschiebung nach dem Centrum dieses im entgegengesetzten Sinne der Drehung eines Uhrzeigers zu umkreisen.** In diesem Falle bildet die ganze Luftbewegung eine **Cyclone.**

Wenn umgekehrt das Wind-System der Cyclone gegeben ist, so dient wieder zur annähernden Orientirung über die Lage des Centrums das Buys Ballot'sche Gesetz, welches man zu diesem Zwecke in folgender

Regel wiederzugeben pflegt: Stellt man sich dem Winde mit dem Gesichte entgegen, so liegt das Cyclonen-Centrum auf der Nördlichen Erdhälfte rechter Hand rückwärts, auf der Südlichen linker Hand rückwärts.

624. Die Thatsache, dass sowohl die Cyclone als auch die Anticyclone oft längere Zeit fort besteht, trotzdem die herrschende Luftströmung den Ausgleich der Druck-Differenzen anstrebt, macht die Annahme nothwendig, dass bei der Cyclone einerseits Luft durch einen im centralen Theil aufsteigenden Strom nach oben abgeführt wird, andererseits von außen dem Randgebiete der Depression neue Luft zuströmt, während bei der Anticyclone die über den Rand abfliessende Luft durch andere ersetzt wird, die in einem absteigenden Strome in das innere Gebiet der barometrischen Erhebung herabgelangt.

Durch diesen Vorgang bildet sich aber in den höheren Regionen eine Art Luftverdichtung über dem unteren Minimum und eine Verdünnung über dem unteren Maximum des Luftdruckes, womit die Veranlassung zur Entstehung oberer Luftströme gegeben ist, auf die das barische Windgesetz gewiss ebenso Anwendung findet, wie es bei der Bewegung in den unteren Schichten der Fall ist.

625. In der Wirklichkeit scheinen Cyclone und Anticyclone nicht so unabhängig von einander zu bleiben, wie man nach einer ersten Schilderung dieser Wind-Systeme annehmen könnte; es dürfte auch nicht zutreffen, dass der eine Fall gewissermaßen nur die Umkehrung des andern ist. Vielmehr bringen maßgebende Anschauungen[1] Cyclone und Anticyclone in innigen Zusammenhang.

Dieselben gipfeln in der Behauptung, dass die zum Fortbestande einer Cyclone nothwendige Luft von einem ringförmigen Gebiete hohen Luftdruckes in das der Depression einströmt, mit anderen Worten, dass jede Cyclone von einer ringförmigen Anticyclone umgeben ist, in der die Compensation der abfliessenden Luft durch den daselbst niedersteigenden Strom hergestellt wird. Nach derselben Ansicht würde eine „vollständige Cyclone" außer dem inneren, centralen Gebiete, über welchem die Luft in einem verticalen Strome aufsteigt, eine daran sich schließende ringförmige Zone, in welcher die Bewegung horizontal ist, und noch eine ähnliche Zone höchsten Luftdruckes mit dem vertical absteigenden Compensations-Strome umfassen.

Wenn ferner mehrere Depressionen, beispielsweise drei, wovon jede aus dem centralen Theile und den zwei ringförmigen Zonen besteht,

[1] Ferrel in d. Zeitsch. d. ö. Ges. f. Met., Mai-Heft 1882, u. A. Oberbeck in Wied. Ann., 9. Heft, 1882.

so zusammentreffen, dass sich die drei Zonen mit den absteigenden Luftströmen auf ein und demselben Raume begegnen, so besteht in diesem gemeinsamen Gebiete nicht mehr eine ringförmige, sondern eine volle Anticyclone, und zwar liegt diese im Inneren eines Dreieckes, dessen Spitzen von den Mittelpunkten der Cyclonen gebildet werden. Nicht fremd stehen dieser Anschauung die thatsächlichen Verhältnisse gegenüber, nach welchen die Depressionen gewöhnlich auf abgeschlossene, verhältnismäßig eng begrenzte Gebiete beschränkt, aber von erheblicher Intensität sind, während die Druck-Maxima über weite, oft netzartig zusammenhängende Flächen sich ausbreiten und nur geringe Intensität besitzen.

626. Außer dem barischen Windgesetze gehört zu den hervorragendsten Resultaten, welche man bis jetzt dem Studium der synoptischen Karten verdankt, die wenn auch noch nicht vollständige Kenntnis der Bahnen und Geschwindigkeiten, mit welchen sich auf ersteren die Centren der Cyclonen und Anticyclonen bewegen. Es wird von der Besprechung der betreffenden Bewegungsverhältnisse an dieser Stelle nur deshalb Abstand genommen, weil dieselben im nächsten Abschnitte eine ausführliche Darlegung erfahren: denn um die Wichtigkeit der Gesetze, die sich auf den Witterungswechsel beziehen und zumeist durch die synoptische Methode aufgedeckt werden, zu begründen, genügt die Bemerkung, dass nur die Kenntnis jener Gesetze die sichere Basis gibt, auf der wir im Stande sind, das Wetter vorauszusehen und dadurch seinen Gefahren zu begegnen. Selbstverständlich gehören dazu synchronistische Beobachtungen, die den herrschenden Witterungszustand über einem möglichst großen Gebiete angeben und in kürzester Zeit demjenigen zukommen, der das in der nächsten Zeit stattfindende Wetter bestimmen will. Da sich aber eine so schnelle Beschaffung der Beobachtungen, wie sie zur Aufstellung von Wetter-Prognosen unerlässlich ist, nur im Wege telegraphischer Beförderung bewerkstelligen lässt, so sieht man ein, dass die moderne Wetter-Prophezeiung erst mit dem Augenblicke beginnen konnte, wo die Telegraphie der Meteorologie in dem angegebenen Sinne dienstbar gemacht wurde, das ist vor ungefähr 10 Jahren. Nicht älter ist derjenige Zweig der Meteorologie, welcher sich außer der wissenschaftlichen Forschung mit der Anwendung bereits bekannter Gesetze auf synchronistische Beobachtungen zum Zwecke befasst, um daraus die der Praxis schon heute unentbehrlich gewordenen Wetter-Prognosen abzuleiten. Derselbe wird daher ganz richtig die praktische Meteorologie genannt.

627. Schließlich finde die Frage eine kurze Beantwortung, wie speciell die meteorologischen Central-Observatorien, Seewarten und ähnliche Institute bei der Aufstellung von Wetter-Prognosen zu Werke gehen. In der Reihenfolge als die Beobachtungs-Telegramme von den verschiedenen Stationen an der in der Centrale selbst sich befindenden Telegraphen-Abtheilung ankommen, wird ihr Inhalt und zwar meistens symbolisch in eine Umrisskarte, in welcher die Beobachtungs-Stationen durch kleine Kreise markirt sind, eingetragen. Sobald nur mehr wenige oder gar keine Telegramme ausständig sind, wird an die Construction jener Curven (Isobaren) gegangen, welche die Orte gleichen, auf das Meeres-Niveau reducirten Luftdruckes mit einander verbinden. So kommt allmählig die Wetterkarte zu Stande.

Ihr folgt die Wetter-Prognose, die meistens in wenigen Worten der allgemeinen Beschreibung des herrschenden Witterungszustandes beigefügt wird. Je nach dem Zwecke nun, welchem die Wetter-Prognose dienen soll, richtet sich die Form, in welcher dieselbe den verschiedenen Interessenten-Kreisen zukommt. Während das große Publikum sich damit begnügt, durch die Tagesblätter zur allerdings verspäteten Kenntnis der täglichen Witterungsnachrichten zu kommen, lässt sich beispielsweise der Landwirt, für welchen die Kenntnis des bevorstehenden Wetters besonders zur Zeit der Aussaat und Ernte von größter Wichtigkeit ist, telegraphisch wenigstens die Wetter-Prognose vom Central-Observatorium mittheilen. Den Seemann wieder interessiren vor allem die Sturmwarnungen, zu deren Bekanntmachung an vielen Küstenorten ein eigener Signalisirungs-Dienst [1] organisirt ist.

[1] Siehe die „Organisation des Systems und der Arbeit des Sturmwarnungs-Wesens und der Küsten-Meteorologie" im Archiv der Deutschen Seewarte, V. Jahrg. 1878. Unter den Leistungen der Privaten in dieser Hinsicht sind die bekannten Sturmwarnungen des New-York Herald hervorzuheben.

# XI. Abschnitt.

# Maritime Meteorologie.

## A. Vertheilung der Winde über den Meeren und den angrenzenden Küstengebieten.

### 1. Gesetze, durch welche die Vertheilung der Winde auf der Erdoberfläche bedingt ist.[1]

(Hiezu die Karte auf Tafel C.)[2]

628. Der Wind strömt immer von der „Region des höheren Luftdruckes nach jener des niederern, wobei er durch die Erd-Rotation sich auf unserer Hemisphäre nach rechts, auf der südlichen nach links dreht".

Diesem Gesetze gemäß, ist die Vertheilung der Winde auf der Erdoberfläche von der Vertheilung des Luftdruckes abhängig. Die erstere wird eine andere, sowie die letztere sich anders gestaltet.

Am regelmäßigsten entwickeln sich die Verhältnisse über den Oceanen; es erscheint daher zweckmäßig, zunächst ein allgemeines Bild der Vertheilung des Luftdruckes im Zusammenhange mit jener der Winde über den oceanischen Gewässern zu geben.

---

[1] Zusammengestellt nach Dr. Hanns „Bemerkungen zur Lehre von den atmosphärischen Strömungen" (Zeitschr. f. Met.) und Wojeikow, „Atmosphärische Circulation". (Geogr. Mitth., Petermann, Erg. Bd. VIII, 1873/74.)

[2] Beim Entwurf dieser Tafel lagen nachstehende Werke vor:

Die atmosphärische Circulation von Dr. A. Wojeikow. (Petermanns geogr. Mitth., Erg. Bd. VIII, 1873/74.)

Oscar Peschels physische Erdkunde, bearbeitet und herausgegeben von Gustav Leipoldt, 1880. — Stielers Handatlas, 1880.

Dr. Hann, Dr. Hochstetter und Dr. Pokorny, Allgemeine Erdkunde. Durch die Vereinigung der beiden Extreme — Jänner und Juli — auf einer Karte suchte man den Vergleich dieser Momente (gegenüber der Darstellung auf zwei Karten) zu erleichtern. Überdies mag auf diese Weise auch ein Mittel geboten sein, sich direct die Mittelwerte der Passatgrenzen u. s. w. zu bilden.

Die Namen der charakteristischen Landwinde sind durch eine von der übrigen abweichende Schriftart erkenntlich.

Wäre die Atmosphäre an der Erdoberfläche und in jeder Horizontal-Schichte gleichförmig erwärmt, so würde der Luftdruck an der Erdoberfläche, sowie in jeder Fläche gleichen Abstandes von derselben in allen Punkten derselben Schichte der gleiche sein.

Es wäre somit keine Veranlassung zu Bewegungen vorhanden, weil die Schwerkraft, wie auf einem ruhigen Wasserspiegel, überall senkrecht auf die Flächen gleichen Druckes stehen würde, wie es das Gleichgewicht verlangt.

Nun wird aber die Atmosphäre von den untern Schichten herauf constant ungleichmäßig erwärmt, am Äquator am stärksten und abnehmend gegen die Pole hin; es dehnt sich daher jede Schicht ungleichmäßig aus, die Ausdehnung wird Schichte für Schichte nach oben hin abnehmen, aber so weit reichen, als sich die ungleichmäßige Erwärmung hinauf erstreckt, am Äquator aber in jeder Schichte ein Maximum erreichen. Indem sich die Ausdehnung aller Schichten summirt, bekommen die obersten Schichten eine erhebliche Neigung gegen die Pole hin. Innerhalb jeder unserer angenommenen Schichten wird aber der Luftdruck constant geblieben sein, die Flächen gleichen Druckes folgen also der Ausdehnung, sie nehmen eine ellipsoidische Gestalt an, deren große Axe auf der Erdaxe senkrecht steht. Das Gleichgewicht der höheren Schichten ist demnach gestört, weil die Flächen gleichen Druckes nicht mehr Gleichgewichts-Flächen der Schwerkraft sind, d. h., weil die Richtungen der Schwerkraft nur schief, nicht mehr senkrecht auf ihnen stehen. Dadurch erlangt dieselbe eine wirksame Componente und die Lufttheilchen in der Höhe haben nun ein Gefälle gegen die Pole hin. Es entstehen demnach Strömungen in dieser Richtung, um das Gleichgewicht wieder herzustellen.

Das kann aber durch die oberen Strömungen gegen die Pole hin doch nicht erreicht werden, denn der Luftzufluss von oben steigert zunächst den Bodendruck in den höheren Breiten, während derselbe in den niederen Breiten, namentlich am Äquator abnimmt. Darum setzt sich nun auch die Luft an der Erdoberfläche von den höheren Breiten gegen den Äquator in Bewegung, und da die ungleichmäßige Erwärmung andauert, wird ein beständiger Kreislauf eingeleitet, wobei die Luft am Äquator durch Wärme und Feuchtigkeit ausgedehnt, in die Höhe strebt, während am polaren Ende des Kreislaufes die hiedurch bedingte obere Strömung zur Erde herabsinkt. Wäre die Erde ein Cylinder, der in seiner mittleren Peripherie stärker erwärmt würde, als an seinen Enden, so würde der obere wie untere Passat bis gegen diese Enden hinaufreichen. In Wirklichkeit sind aber diese Enden —

die Pole — nur Punkte, gegen welche die Luft längs der dorthin geneigten Flächen gleichen Druckes in der Höhe zuströmt, der Kreislauf muss daher früher ein Ende erreichen, die obere Strömung sinkt über den Meeren schon zwischen 30 und 40° Breite herab, das Barometer-Maximum entsteht hier, statt an den Polen und die Passate finden gleichfalls hier ihre Polargrenzen, indem die herabsinkende Luft zum Theile in den unteren Zweig des Kreislaufes aufgenommen wird*.

In den höheren Breiten wechseln nach den Polen gerichtete Luftströmungen mit von den Polen kommenden ab, doch sind — über den Oceanen — die ersteren (in Folge der Erd-Rotation als westliche Winde auftretenden Strömungen) vorherrschend. Die aus den Gebieten des maximalen Luftdruckes nach den Polen strömende Luft gelangt in kältere Regionen, sie wird abgekühlt und der Luftdruck sinkt, weil ein Theil des Wasserdampfes, welcher früher einen Druck ausgeübt hat, nun ausgeschieden ist, und weil bei der Condensation selbst Wärme frei wird, wodurch eine Ausdehnung, ein Aufsteigen der Luft verursacht wird.

Es findet demgemäß an der Erdoberfläche eine Abnahme des Luftdruckes von der Zone zwischen 30 und 40° Breite nach dem Äquator sowohl, als nach den Polen hin statt und gibt es zwei Regionen der Luftdruck-Maxima bei 30° Nord- und 30° Süd-Breite, in den Regionen der Calmen und veränderlichen Winde der Wendekreise — den Rossbreiten —, und drei Gebiete der Luftdruck-Minima: eines in der Nähe des Äquators in der Äquatorialen Calmzone, zwei solche in beiläufig 60° Nord- und 60° Süd-Breite.[1]

Dem eingangs angeführten Gesetze gemäß ist die allgemeine Luftströmung zwischen den Rossbreiten und der Äquatorialen Calmzone an der Erdoberfläche in der Nördlichen Halbkugel eine nordöstliche — NO-Passat, in der Südlichen Halbkugel eine südöstliche — SO-Passat. Im Bereiche der Calmzone des Äquators erhebt sich die Luft, um über den polaren Strömen an der Erdoberfläche als äquatoriale Winde (Gegenpassat), — in der Nördlichen Erdhälfte als SW in der Südlichen als NW-Winde — nach den Gebieten der Luftdruck-Maxima bei 30° N- und S-Breite zu ziehen.[2]

---

[1] Ob diese Vertheilung des Luftdruckes ausschließlich als ein Ergebniss der Wärmevertheilung oder als ein vorwiegend mechanisches Resultat der Erdumdrehung anzusehen ist, erscheint übrigens noch nicht ausgemacht. Köppen in der Zeitschr. d. öst. Gesellsch. f. Meteorologie, Dec., 1880.

[2] Dass diese Gegenpassate thatsächlich existiren, zeigt sich in dem Umstande, dass an Wolken der höhern Regionen der Passatzone eine entgegengesetzte Bewegungs-

Polwärts von den Gebieten der Luftdruck-Maxima sind die Winde an der Erdoberfläche über den Oceanen der Nord-Hemisphäre vorherrschend südwestliche, über den Oceanen der Süd-Hemisphäre nordwestliche Winde.

Wie sich die Verhältnisse über 60° hinaus in höheren Breiten im Seeklima gestalten, ist noch nicht festgestellt.

629. Andere verwickeltere Verhältnisse des Luftdruckes als über den Oceanen, ergeben sich über den Continenten.[1]

Diese werden im Winter stark erkalten und ihre unteren Luftschichten werden dichter werden. Durch diese Zunahme der Dichtigkeit der unteren Luftschichten wird in einiger Entfernung von der Erdoberfläche der Luftdruck über Gegenden großer Kälte geringer sein, als über warmen Gebieten und die Luft von diesen wird in höheren Regionen der Atmosphäre nach den kältesten Gebieten strömen; es entsteht demnach innerhalb dieser ein barometrisches Maximum, von welchem unten die Luft nach allen Seiten nach Gegenden niederen Luftdruckes abfließt, während von oben her dieser barometrische Pol Luftzuflüsse erhält, welche durch die zu große Dichtigkeit der unteren Luftschichten bedingt sind.

Wenn demnach ein ausgedehnter Continent, von höheren bis in niedere Breiten reichend, in der Nähe eines Oceans liegt, so müssen sich die Verhältnisse folgendermaßen gestalten: Im Winter hoher Luftdruck auf dem Continente, Abfluss der Luft von dort nach dem Äquator und nach den Gegenden niederen Luftdruckes in höheren Breiten des Seeklimas, also kalte Winde, heitere Luft und Regenlosigkeit; im

---

richtung beobachtet wird, als jene des Windes an der Erdoberfläche. — Auf hohen Bergspitzen in der Nähe der Tropen wurde eine entgegengesetzte Windrichtung zu jener des unten herrschenden Passates wahrgenommen, so z. B. auf dem Pic von Teneriffa und dem Mauna Kea von Hawai. Mit der Annäherung an den Äquator muss jedoch die Höhe, in welcher der Gegenpassat zu treffen ist, eine bedeutendere sein. Das Gleiche wird der Fall sein bei Gebirgskämmen, welche sich querüber der Richtung des untern Passates entgegenstellen, weil der sich stauende Passat zur Hebung veranlasst wird.

Im Mai des Jahres 1812 wurde die Bewohnerschaft der Insel Barbados durch einen mächtigen Aschenfall in Schrecken gesetzt. Die Asche rührte von einem Ausbruch des Vulcans der westlich gelegenen Insel Lucia her. Als im Jänner des Jahres 1835 eine Eruption des Vulcans Cosiguina in Mittelamerika erfolgte, ward Jamaica von einem Aschenregen heimgesucht. In beiden Fällen musste die Asche durch den untern Passat in den obern geschleudert worden sein.

[1] Wojeikow, Atmosphärische Circulation.

Sommer umgekehrt: Niedriger Luftdruck wegen der starken Erwärmung des Continents und Zufluss von dem Meere dorthin mit Regen.

Das großartigste Beispiel davon ist in Asien geboten.

Im Winter fließt die Luft aus dem Innern des Continents nicht nur als NO-Wind nach dem Äquator, sondern auch als NW-Wind nach der Gegend niederen Luftdruckes bei den Aleuten ab. Es ist der sogenannte Winter-Monsun, die heitere, regenlose Zeit des Jahres nicht nur auf dem Continente, sondern auch in geringer Entfernung davon auf dem Meere.

Im Sommer erwärmen sich die inneren Gegenden des Continents und es entsteht dort eine sehr bedeutende Auflockerung der Luft, während von dem nahen Meere zur Ausgleichung Luft zufließt. Dies ist der feuchte oder Regen-Monsun, die Zeit der Wolken und der Winde aus SW und SO.

Aus dem, was über die Verhältnisse des Luftdruckes über den Continenten gesagt worden, ergeben sich von selbst die Störungen, welche hiedurch in dem früher dargelegten Wind-Systeme über den Oceanen im Bereiche der Küstenmeere eintreten müssen.

Im Sommer wird die Auflockerung der Luft im Innern der Continente ein Heranziehen der Luftmassen über den Meeren gegen die Küste zur Folge haben, im Winter werden sich Landwinde geltend machen. So werden z. B. im Winter an der Ostküste des Nördlichen Amerika NW-Winde zur Herrschaft kommen, während im Sommer NW-Winde an den Nordsee-Küsten Europas auftreten.

Über den Oceanen bilden die Gegenden an den Polargrenzen der Passate die Scheidewände, welche die Tropengegenden vor dem Einfluss der Luft höherer Breiten schützen. Der NO- und SO-Passat haben ihren Ursprung in den Luftdruck-Maxima, welche sich über den Oceanen in der Nähe der Wendekreise stetig bilden, und relativ geringe Verschiebungen erleiden; die Passate sind daher keine wirklichen polaren Ströme. Solche werden aber im Winter aus den kalten Continenten kommend, bis in den Bereich der Tropen vordringen. So ist der NO-Monsun Chinas als ein Polar-Strom aufzufassen und sind die Nortes des Mexicanischen Meerbusens zu denselben zu zählen; die Herkunft beider charakterisirt sich in der abnormen Temperatur-Erniederung, welche sie hervorrufen. Noch in Belize, in Britisch-Honduras in $17^1/_2$° N-Breite bewirken die Nortes ein Fallen des Thermometers auf 15°. Die Temperatur Hongkongs im Jänner ist 12° C, jene Calcuttas auf gleicher Breite gelegen, doch gedeckt durch die Riesenmauer des Himalaya 19·8° C.

Ob ausschließlich herrschende, periodische Winde zu Stande kommen, hängt von der Veränderlichkeit der meteorologischen Elemente ab. Dieselbe ist am kleinsten in der Tropenzone, viel größer dagegen in den mittlern Breiten. Nicht allein die Temperatur, sondern auch der Luftdruck und daher die Winde sind in den Tropen wenig veränderlich. Es genügt also ein sehr kleiner Unterschied des Luftdruckes, um wichtige klimatologische Resultate hervorzurufen; so ruft z. B. der unbedeutende Unterschied zwischen der Äquatorial-Gegend und etwa dem dreißigsten Breitengrade die höchstwichtige Passatzone hervor — das Hauptglied der Luft-Circulation auf unserem Planeten.

In den mittleren Breiten können ausschließlich herrschende periodische Winde — Monsune — nur da zur Herrschaft gelangen, wo die Veränderlichkeit des Luftdruckes gering ist. In der Nördlichen Hemisphäre erfüllen nur Ostasien und ein Theil Central-Asiens, wie früher bemerkt, diese Bedingung vollständig, und ebenso contrastirt die Beständigkeit ihrer Winde und Witterung gegen die entsprechenden Erscheinungen in Europa, Westasien und dem östlichen Nordamerika.

In Ostasien ist das Gebiet des hohen Luftdruckes überall durch mehr oder weniger hohe Gebirgsketten von dem Meere und den äquatorialen Gegenden getrennt. Die kälteste, dichteste Luftschicht der Gegenden am Kältepol kann also nicht nach dem Meere abfließen.

Der Abfluss geschieht nur in höheren Schichten, von Jakutsch über den Stanowoi-Chrebet z. B. von etwa 1000 Meter an. Dies bewirkt, dass die untere Luftschicht ruhig über dem kalten Boden verharrt, trotzdem sich die Isobaren zwischen Jakutsch und dem Nördlichen Pacifischen Ocean so drängen; von einer gewissen Höhe an aber findet ein Austausch der Luftmassen zwischen dem Kältepol einerseits und den nördlichen Theilen des Pacifischen Oceans und den äquatorialen Gegenden andererseits statt. Unter diesen Bedingungen muss ein mäßig starker, aber sehr beständiger Polarstrom entstehen, was auch der Fall ist.

Da eine andere Gegend mit hohem Luftdruck in der Nähe der Küste Ostasiens fehlt, so lässt sich die Beständigkeit des Klimas erklären; denn diese Gegenden werden nur unter dem Einflusse eines vorwallenden Luftstromes stehen, der noch dazu trockene Witterung bringt. Niederschläge, welche örtliche Störungen des Gleichgewichtes verursachen können, finden keine statt.

Im Sommer, wo der Luftdruck im Innern Asiens bis unter 749 Mm. sinkt, strömt von allen Seiten Luft herbei um die entstandene Lücke auszufüllen.

Von Süden und Osten ist der Zufluss am stärksten, weil hier das Meer mit seinem höheren Luftdruck dem Auflockerungsgebiete am nächsten liegt. Aber die Lücke kann doch nicht ausgefüllt werden; denn wie im Winter die Gebirge den hohen Luftdruck vom Meere trennen, so trennen sie auch im Sommer den niedrigen Luftdruck davon. Durch das starke Zuströmen der feuchten Luft vom Meere fallen in Ostindien und China mächtige Regengüsse: es ist der Sommer- oder Regen-Monsum. Bis zur Mitte des Sommers sinkt regelmäßig der Luftdruck in Central-Asien und bis zu diesem Zeitpunkt gewinnt der Regen-Monsun an Kraft. Im Herbst, wenn bei abnehmender Wärme absteigende Luftströme an die Stelle aufsteigender treten, hat Central-Asien seine Anziehungskraft auf die benachbarten Gegenden verloren; es tritt der Monsun-Wechsel in Indien und China ein. Die Zeiten der Monsun-Wechsel sind die einzigen, wo die Witterung in Ostasien unbeständig ist.

Wenn man nun mit Ostasien das östliche Nordamerika vergleicht, so erklären die Beziehungen, in welchen letzteres zu den Gegenden hohen Luftdruckes und den Windbahnen steht, die Unbeständigkeit der Witterung im Winter.

Der höchste Luftdruck ist im Osten der Rocky Mountains zu vermuthen, aber ebenso herrscht ein hoher Luftdruck auf den Plateaux des Innern, im Norden des Mexicanischen Meerbusens und bei den Bermudas. Von dort aus setzt er sich quer durch den Atlantischen Ocean fort, und bezeichnet die Polargrenze des NO.-Passates. Schon dieses Verhältnis zu verschiedenen Gebieten hohen Druckes, anstatt zu einem einzigen wie in Ostasien, muss zu großen Variationen führen. Außerdem muss man die Eigenschaft der Luftströme berücksichtigen. In den Verein - Staaten nimmt die Temperatur von N nach S sehr rasch zu. Die Folge hievon ist, dass südliche Luftströme starke Niederschläge bewirken, und ein bedeutendes Sinken des Luftdruckes verursachen. Dies ist Veranlassung, dass die schweren kalten Polarströme mit furchtbarer Gewalt hereinstürzen und in wenigen Stunden außerordentliche Abnahmen der Temperatur herbeiführen. Hiezu kommt noch das wichtige Moment, dass die Gegend des hohen Luftdruckes in den kältesten Räumen Nordamerikas durch keine Bergkette vom Mississippi-Thal getrennt ist, dass mithin einerseits die warmen Luftströme kein terrestrisches Hindernis des Vordringens finden, und andererseits die kältesten, dichtesten Luftschichten aus der Region des Luftdruck-Maximums einen leichten Abfluss bewerkstelligen. Es ist daher im östlichen Nordamerika unmöglich, dass der Luftdruck eine solche Höhe erreicht wie in Ostasien, zumal mit Rücksicht auf die Dauer seines Bestandes; hingegen werden entgegengesetzte Einflüsse rascher sich geltend machen und Wechsel der Winde und Witterung hervorrufen. Mit Bezug auf den Sommer ist überdies speciell zu beachten, dass in Nordamerika die große Massen-Entwicklung fehlt, dass die dürren, erhitzten Plateaux-Länder nicht so groß und abgeschlossen sind. Daher ist auch die sommerliche Auflockerung bei weitem nicht so bedeutend, wie in Ostasien, nur auf den Plateaux von Neu-Mexico und in den Regionen des großen Salzsees ist selbe derart, um in Texas einen Monsun zu erzeugen, im Sommer aus SO, im Winter aus NW.

630. Nachdem im Vorigen versucht worden, die Gesetze darzustellen, nach welchen sich die Vertheilung des Luftdruckes über der Erdoberfläche und der hiedurch bedingte Austausch der Luftmassen regelt, finden nunmehr im Nachfolgenden, insoweit der Zweck dieses Werkes es erheischen mag, die Windverhältnisse über den Meeren, mit Ausnahme der außer dem Bereiche des großen Seeverkehres liegenden Polarmeere, eine eingehendere Darstellung.

## 2. Die Windvertheilung über den einzelnen Oceanen.

### I. Winde des Atlantischen Oceans und seiner Nebenmeere.

631. Im Atlantischen Ocean sind, von N nach S gerechnet, vier wichtige Windzonen zu unterscheiden, nämlich: Die Zone der Westwinde der N-Hemisphäre — die Nördliche Passatzone — die Südliche Passatzone und die Zone der West-Winde der S-Hemisphäre.

Zwischen diesen verschiedenen Windzonen gibt es Regionen der Calmen und variablen Brisen: Zwischen der Nördlichen und Südlichen Passatzone die Äquatorial-Calmzone; zwischen den Gebieten der östlichen Winde der Tropen und jenen der Westwinde die Calmzonen der Wendekreise.

Je nach der Declination der Sonne wird die Lage aller dieser Zonen in latitudinaler Richtung verschoben, indem die Zonen bei gleichzeitiger Änderung ihres Flächeninhaltes nordwärts, beziehungsweise südwärts der Sonne folgen.

Bezüglich des Ausdruckes „Zone“ muss übrigens hier bemerkt werden, dass derselbe, weil üblich, angewendet wird; doch ist unter demselben nicht ein, den Ocean in west-östlicher Richtung umspannender Gürtel, sondern ein Gebiet mit unregelmäßigen, veränderlichen Grenzen zu verstehen.

### *a)*. Winde innerhalb der Tropen. — Die Passate.

632. Nach **Wojeikow**[1] sind die mittleren äußeren (Polar-) Grenzen des NO-Passates.

| Meridiane | 65° W. | 60° W. | 55° W. | 50° W. | 45° W. | 40° W. | 35° W. | 30° W. | 25° W. | 20° W. | 17° W. |
|---|---|---|---|---|---|---|---|---|---|---|---|
| | N. | N. | N. | N. | N. | N. | N. | N. | N. | N. | N. |
| Jänner-März | 26½ | 25 | 23½ | 23 | 24½ | 26 | 26½ | 25½ | 25½ | 28½ | 30 |
| April-Juni | 28 | 24½ | 23 | 25 | 27 | 28 | 28 | 28 | 28½ | 32 | 33 |
| Juli-September | 27 | 27 | 26½ | 26 | 26½ | 27½ | 27½ | 28½ | 31 | 31½ | 32½ |
| October-December | 26 | 24 | 22½ | 22 | 22½ | 24½ | 25½ | 25½ | 26½ | 29 | 31 |

Für die mittleren inneren (äquatorialen) Grenzen des NO- und SO-Passates ergeben sich nach **Wojeikow** folgende Daten:

| Meridiane | | 40° W. | 35° W. | 30° W. | 25° W. | 20° W. | 17° W. |
|---|---|---|---|---|---|---|---|
| Jänner | NO.-Passat | 3 N. | 1½ N. | 2 N. | 4½ N. | 6½ N. | 8 N. |
| | SO. „ | 1 N. | ½ N. | 1 N. | 2 N. | 3 N. | 3 N. |
| März | NO. „ | 1½ N. | 0 | ½ N. | 2½ N. | 5 N. | 6 N. |
| | SO. „ | 1 S. | ½ S. | 1 S. | ½ N. | ½ N. | 1 N. |
| Mai | NO. „ | 3½ N. | 3 N. | 3½ N. | 5½ N. | 8½ N. | — |
| | SO. „ | ½ N. | 0 | 2 N. | 3 N. | 3½ N. | — |
| Juli | NO. „ | 8½ N. | 9 N. | 10 N. | 12 N. | 14 N. | — |
| | SO. „ | 4 N. | 4 N. | 3 N. | 3 N. | 3 N. | — |
| September | NO. „ | 11½ N. | 12 N. | 11½ N. | 11 N. | 12 N. | — |
| | SO. „ | 6 N. | 4 N. | 2 N. | 2 N. | 0 | — |
| November | NO. „ | 6 N. | 6 N. | 6 N. | 6½ N. | 9½ N. | — |
| | SO. „ | 4½ N. | 4 N. | 3½ N. | 3½ N. | 4 N. | — |

[1] Zeitschrift der österr. Gesellschaft für Meteorologie. April-Heft 1880.

Die mittleren äußeren (Polar-) Grenzen des SO-Passates sind nach Wojeikow zu finden bei:

| Meridiane | 30° W. | 25° W. | 20° W. | 15° W. | 10° W. | 5° W. | 0 | 5° O. | 10° O. | 15° O. |
|---|---|---|---|---|---|---|---|---|---|---|
| Jänner-März . . | 19 | 21 | 24 | 26½ | 28 | 29 | 30 | 31½ | 32½ | 33 |
| April-Juni . . . | 21½ | 23 | 24 | 25 | 25 | 27 | 28½ | 32 | 33½ | — |
| Juli-September . | 20½ | 22½ | 24 | 24½ | 27½ | 28½ | 29½ | 29½ | 30½ | — |
| October-December | 16½ | 18½ | 20½ | 21 | 22½ | 28 | 28½ | 29 | 30 | — |

Die mittleren Grenzen der Passate nach den Windkarten des Atlantischen Oceans, herausgegeben von der Deutschen Seewarte (1882), sind wie folgt:

### Die nördlichen Grenzen des NO-Passates.

| Geographische Längen | 65° W. | 60° W. | 55° W. | 50° W. | 45° W. | 40° W. | 35° W. | 30° W. | 25° W. | 20° W. | 15° W. |
|---|---|---|---|---|---|---|---|---|---|---|---|
| | °N. | °N. | °N. | °N. | °N. | °N. | °N. | °N. | °N. | °N. | °N. |
| Jänner, Februar, März . | 28 | 25 | 23½ | 26 | 28⅔ | 29½ | 29 | 28½ | 28¼ | 29¾ | 32¼ |
| April, Mai, Juni . . . . | 28 | 25 | 23¼ | 25¾ | 28⅓ | 28½ | 30½ | 32 | 32¼ | 34½ | 36¼ |
| Juli, August, September | 28¾ | 27½ | 26 | 28 | 29 | 29 | 28¾ | 30 | 30¾ | 31 | 33½ |
| October, November, December . . . . . . | 27 | 25¼ | 23½ | 22½ | 26¼ | 27 | 26¼ | 25½ | 25¾ | 28 | 29½ |

### Die südlichen Grenzen des NO-Passates.

| Geographische Längen | 45° W. | 40° W. | 35° W. | 30° W. | 25° W. | 20° W. |
|---|---|---|---|---|---|---|
| Jänner, Februar, März | 3½° N. | 2½° N. | 1¾° N. | 2 ° N. | 3 ° N. | 4¾° N. |
| April, Mai, Juni . . . | 4½ | 3¼ | 2¾ | 4 | 5 | 6 |
| Juli, August, September | 10¾ | 10½ | 10¾ | 12 | 12 | 12¼ |
| October, November, December . . . . | 6½ | 6 | 6¼ | 6½ | 6¾ | 8 |

## Die nördlichen Grenzen des SO-Passates.

| Geographische Längen | 40° W. | 35° W. | 30° W. | 25° W. | 20° W. |
|---|---|---|---|---|---|
| Jänner, Februar, März . . . . | 1° N. | ½° N. | ¾° N. | 1 ° N. | 1½° N. |
| April, Mai, Juni . . . . . . . . | 2 | 1½ | 1½ | 2 | 3 |
| Juli, August, September . . . . | 5 | 4½ | 4 | 3 | 2¾ |
| October, November, December . | — | 3¾ | 3¾ | 3⅓ | 3¾ |

## Die südlichen Grenzen des SO-Passates.

| Geographische Längen | 40° W. | 35° W. | 30° W. | 25° W. | 20° W. | 15° W. | 10° W. | 5° W. | 0 | 5° O. | 10° O. | 15° O. |
|---|---|---|---|---|---|---|---|---|---|---|---|---|
| | ° S. | ° S. | ° S. | ° S. | ° S. | ° S. | ° S. | ° S. | ° S. | ° S. | ° S. | ° S. |
| Jänner, Februar, März . . . . . | 22 | 21¾ | 24¼ | 25¾ | 26 | 27¼ | 28½ | 28½ | 27 | 26½ | 29 | 32½ |
| April, Mai, Juni . | 22½ | 22 | 22¾ | 24 | 21 | 21½ | 19¾ | 19 | 21½ | 25 | 28 | 32 |
| Juli, August, September . . . . | 23 | 22¼ | 24¾ | 25¼ | 23¾ | 21¾ | 20½ | 20½ | 21¾ | 21 | 26 | — |
| October, November, December . | 23½ | 20¾ | 21½ | 25¾ | 27 | 28¾ | 28½ | 26¾ | 24¾ | 25½ | 28¼ | |

633. Die obigen Angaben können nur Mittelwerte sein, denn wie sehr auch die Erscheinungen der Tropenzone regelmäßiger sind als diejenigen, welche man in mittleren Breiten beobachtet, so sind sie doch nicht so einförmig, als man häufig anzunehmen geneigt ist. Die Äquatorial - Calmzone — ein Gebiet von Windstillen und veränderlichen Winden — bleibt unter dem Einflusse der Continental-Massen und der warmen Ströme der Nord-Hemisphäre nördlich vom Gleicher, nur in der Nähe von Südamerika und von da bis etwa 28° W. überschreitet sie in den Monaten Februar bis April ein wenig den Äquator, in den anderen Monaten bleibt sie auch im westlichen Theile ganz nördlich vom Äquator, im östlichen aber das ganze Jahr; sie reicht hier im Juli bis 14° N. Sie ist überhaupt viel breiter im östlichen Theile

des Oceans (bis 12° im September) als im westlichen, wo sie in den Monaten Februar bis April fast verschwindet. Es ist schon oft geschehen, dass hier Schiffe von einem Passat gerade in den anderen segelten, ohne irgend eine Zwischenzone zu finden.

Die Passate sind in der Regel gute Brisen, doch sind Wechsel in Stärke und Richtung zu erwarten.

### α. Die Region des NO-Passates und die angrenzenden westlichen und östlichen Gebiete.

634. Wenn auch die Richtung des Passates im Nordatlantischen Ocean im allgemeinen ost-nordöstlich ist, so weht er doch manchmal aus NO und NNO, auch aus Ost, ausnahmsweise aus OSO.

Nach C. Adm. Bourgois erfahren Schiffe, welche, von Europa kommend, im östlichen Theile des Oceans der polaren Passatgrenze sich nähern, in der Regel einen Wechsel des Windes von W und NW über N nach NO ohne Unterbrechung; für die Schiffe, welche nach Europa segeln und im westlichen Theile des Oceans aus dem Passat treten, ist die gewöhnliche Änderung des Windes ohne Unterbrechung von NO und ONO zu SO, SW und West, daher geschieht der Windwechsel in beiden Fällen im Sinne des Zeigers einer Uhr und kann man wohl von einem Gebiete veränderlicher Brisen, aber nicht von einer eigentlichen Calmzone des Wendekreises des Krebses sprechen.[1]

Mehr östlich wird die Richtung des Passates vornehmlich im westlichen Theile des Atlantischen Oceans; hier erstreckt sich der Passat in die westindischen Gewässer; doch erleidet seine Regelmäßigkeit zwischen den Inseln und an den Küsten des Festlandes mannigfache Störungen.

Störungen, welche mit Regelmäßigkeit eintreten, sind in der trockenen Jahreszeit von Mitte September bis Mitte März im Mexicanischen Golfe die Nortes, nördliche Winde, welche im September und October schwach, im December, Jänner und Februar aber heftig und beständiger wehen. Sie reichen mitunter bis in die Gewässer von Jamaica nach Süd und bis zum alten Bahama-Canal nach Ost.[2]

---

[1] Labrosse: Routes maritimes Atlant. N.

[2] In der Zeit von September bis März wehen die Winde mäßig aus Ost, sie gehen nach SO, S und SW über, dann springen sie nach W um und werden sehr heftig, wenn sie aus NW und NNW kommen. Sie wechseln hierauf nach N und nehmen an Stärke ab, sowie sie aus NNO und NO zu wehen beginnen. Das Heran-

An und in der Nähe der Küsten Central-Amerikas herrschen im Sommer und Herbst westliche Winde vor.

In Lee der Kleinen Antillen kann man in jeder Jahreszeit Windstillen und leichte Brisen treffen.[1]

---

nahen der NNW- und NW-Stürme, welche besonders häufig von November bis Februar vorkommen, erkennt man an einer großen Zunahme der Feuchtigkeit und aus dem Steigen des bis dahin niederen Barometerstandes. Oft geht ihnen eine schwarze Wolke voraus, welche man Morgens und Abends in NW etwas über dem Horizont, manchmal 2 bis 3 Tage vor dem Sturme erblickt. (Labrosse, Rout. marit. Atl. N.)

[1] Die Windverhältnisse im Mexicanischen Golf und im Bereiche der Westindischen Inseln, sowie der Nordküste von Südamerika, sind aus nachstehenden, von Wojeikow herrührenden Tabellen zu ersehen.

Procentische Vertheilung der Winde im Sommer und Winter in nachstehenden Gebieten des Florida-Canales und des Mexicanischen Golfes. (Nach Wojeikow.)

| | Sommer | | | | | | | | Winter | | | | | | | |
|---|---|---|---|---|---|---|---|---|---|---|---|---|---|---|---|---|
| | N. | NO. | O. | SO. | S. | SW. | W. | NW. | N. | NO. | O. | SO. | S. | SW. | W. | NW. |
| Florida 29° bis 30° N. | 3 | 16 | 12 | 24 | 10 | 17 | 11 | 7 | 12 | 24 | 7 | 10 | 8 | 14 | 8 | 17 |
| SO-Florida S. von 29° N. | 1 | 13 | 34 | 24 | 15 | 4 | 7 | 2 | 13 | 20 | 17 | 17 | 11 | 4 | 4 | 14 |
| West-Florida | 8 | 11 | 6 | 14 | 12 | 26 | 10 | 11 | 20 | 18 | 9 | 11 | 6 | 9 | 6 | 21 |
| Florida Keys 24°—25° N. | 4 | 12 | 30 | 26 | 12 | 7 | 4 | 4 | 23 | 26 | 19 | 13 | 6 | 3 | 3 | 6 |
| Nördl. Bahamas | 1 | 20 | 20 | 46 | 7 | 4 | 1 | 1 | 4 | 33 | 14 | 22 | 4 | 7 | 2 | 12 |
| Alabama u. Missi. S von 31° N. | 13 | 12 | 8 | 16 | 17 | 13 | 12 | 10 | 29 | 12 | 8 | 11 | 12 | 9 | 6 | 12 |
| SO-Louisiana | 8 | 9 | 15 | 20 | 15 | 18 | 9 | 8 | 15 | 20 | 16 | 10 | 10 | 8 | 7 | 14 |
| SO-Texas | 4 | 5 | 12 | 31 | 37 | 5 | 2 | 5 | 27 | 10 | 8 | 12 | 19 | 6 | 6 | 12 |
| Matamoras | 0 | 5 | 17 | 52 | 16 | 8 | 1 | 1 | 16 | 11 | 13 | 20 | 15 | 5 | 4 | 15 |

(Aus der Zeitschr. f. Meteorol. Jänner-Heft, 1879.)

Im östlichen Theile des Nordatlantischen Oceans sind die Grenzen des NO-Passates östlich vom Meridian 18° W. von Gr. selbst annähernd schwer zu fixiren. In diesem Theile des Oceans von der Küste von Portugal bis zu den Canaren wechseln die Windrichtungen zumeist zwischen NW und NO.[1]

### β. Die Region des SO-Passates und die angrenzenden westlichen und östlichen Küstengebiete.

635. Die SO-Passat-Zone ist noch viel breiter als die des NO-Passates. Der SO-Passat bläst regelmäßig noch nördlich vom Äquator. Nur in der Nähe Südamerikas wird diese Passatzone ziemlich schmal

Mittlere Windrichtung im Bereiche der nachstehenden Westindischen Inseln.
(Nach Wojeikow.)

| | Frühling | Sommer | Herbst | Winter |
|---|---|---|---|---|
| Havana, Cuba . . . . . . . . . | N. 78 O. | N. 80 O. | N. 79 O. | N. 69 O. |
| Turks., Island, S.-Bahamas . . | N. 71 O. | S. 64 O. | S. 85 O. | N. 78 O. |
| Jamaica, Portorico, San Domingo und Sombrero-Insel . . . . | N. 73 O. | N. 81 O. | N. 83 O. | N. 73 O. |
| Barbados . . . . . . . . . . . | S. 85 O. | N. 88 O. | S. 86 O. | N. 76 O. |

Vertheilung der Winde an der Küste von Venezuela und Niederländisch-Guayana.
(Nach Wojeikow.)

| | Juni—August | | | | | | | | December—Februar | | | | | | | |
|---|---|---|---|---|---|---|---|---|---|---|---|---|---|---|---|---|
| | N. | NO. | O. | SO. | S. | SW. | W. | NW. | N. | NO. | O. | SO. | S. | SW. | W. | NW. |
| Nördl. Venezuela | 6 | 17 | 32 | 22 | 8 | 9 | 4 | 0 | 2 | 45 | 23 | 13 | 3 | 6 | 5 | 3 |
| Catherina Sophia (niederl. Guayana) | 3 | 11 | 22 | 24 | 5 | 4 | 0 | 1 | 4 | 68 | 13 | 11 | 1 | 0 | 2 | 10 |

(Aus der Zeitschr. f. Meteorol. Februar-Heft. 1879.)

[1] Labrosse: Rout. mar. Atl. N.

dadurch, dass die Polargrenzen nach Norden rücken. Auch in der Nähe von Südamerika sind Winde aus östlichen Strichen sehr vorwaltend noch viel weiter nach Süden, jedoch der Einfluss des Landes verwandelt sie theilweise in NO. Für die Südbrasilische Küste gibt Wojeikow folgende Windverhältnisse an.

Vertheilung der Winde an der Südbrasilischen Küste.
(Nach Wojeikow.)

| | Juni-August | | | | | | | | December-Februar | | | | | | | |
|---|---|---|---|---|---|---|---|---|---|---|---|---|---|---|---|---|
| | N. | NO. | O. | SO. | S. | SW. | W. | NW. | N. | NO. | O. | SO. | S. | SW. | W. | NW. |
| 19°—21° S., 37° bis 39° W. . . | 11 | 30 | 17 | 23 | 12 | 4 | 1 | 1 | 24 | 37 | 12 | 10 | 0 | 0 | 4 | 13 |
| 19°—21° S., 35° bis 37° W. . . | 15 | 15 | 24 | 34 | 4 | 2 | 0 | 5 | 31 | 35 | 17 | 10 | 3 | 0 | 1 | 3 |
| 20°—25° S., 37° bis 39° W. . . | 21 | 35 | 12 | 13 | 8 | 3 | 2 | 6 | 40 | 30 | 7 | 6 | 3 | 1 | 3 | 11 |

(Aus der Zeitschr. f. Meteorol. Februar-Heft, 1879.)

In der Nähe der Küste von Afrika, etwa vom Cap Palmas bis zur Walfisch-Bai, also von 5° N. Br. bis 22° S. Br. ist ein Gebiet vorwaltender, fast ausschließlich wehender SW-Winde.

Die Grenzen derselben nach West, d. h. gegen die Passate, durchschneiden (nach Wojeikow) im Jänner bis März den Parallel $2^1/_2$° N. Br. unter 10° W. Lg. — 7° S. Br. unter dem Meridian von Gr. — 10° S. bei 4° Ost — 20° S. bei 10° Ost. Die Zone der SW-Winde ist daher im Norden ziemlich schmal, verbreitert sich aber im Süden. Von Juli bis September erstrecken sich die SW-Winde mit häufigen Regen und Tornados unter 7° N. fast bis zur Mitte des Oceans — Afrikanicher Monsun, während südlich vom Äquator die Zone sich verengt.[1]

[1] Die Ursache dieser SW-Winde ist in der Wärme und Auflockerung der Luft über den Afrikanischen Continent in den betreffenden Breiten zu suchen. Dass das Gebiet der fraglichen SW-Winde der Süd-Hemisphäre in so hohe Breiten reicht, hat seinen Grund in der kalten Strömung, welche dort fließt, und über welcher der Luftdruck das ganze Jahr hindurch ein sehr hoher ist. Aus dem Umstande, dass eine breite Zone in Westafrika und über dem Atlantischen Ocean existirt, wo zwischen 5° N. Br. und 22° S. Br. nicht die Passate, sondern SW-Winde vorwalten, ergibt sich, dass der SO-Passat auf dem Ocean selbst, und zwar über der kalten Meeresströmung entsteht.

Nach Labrosse ist dieser Monsun im Juni, Juli, August und September vornehmlich zwischen 5 und 10° N. von der Küste Afrikas bis über den Meridian 30° W. von Greenwich herrschend.[1]

Für diese Monate empfiehlt daher Labrosse den Äquator etwas mehr östlich als in andern Jahreszeiten zu schneiden, weil man zwischen den Passatgrenzen von der Afrikanischen Küste bis 30° W. auf Süd- und SW-Winde zählen kann, westlich von diesem Meridian aber die Chancen auf Calmen zu treffen, sich mehren.

Während der übrigen Monate des Jahres findet man zwischen den äquatorialen Grenzen der Passate in der Regel östliche Brisen, wechselnd von NO zu SO und umgekehrt. Vorzüglich von November bis März kommen an den Küsten Senegambiens und Guineas kalte, trockene Winde aus Ost und ONO, bekannt unter dem Namen „Harmattan" vor. Sie wehen 3, 6 oder 9 Tage und sind mitunter sehr heftig an den Küsten von Senegambien, gewöhnlich schwach an den Küsten von Guinea.

Was schließlich den Windwechsel betrifft, welchen Schiffe erfahren, die aus dem SO-Passat in den Bereich der westlichen Winde der Süd-Hemisphäre treten, so geschieht derselbe nach C. Adm. Bourgois zwischen 20 und 28° S und 21 bis 40° W meistens ohne Unterbrechung von SO über NO zu NW; für Schiffe, welche aus dem Gebiete der westlichen Winde in die Region des SO einsegeln, wechselt der Wind in der Regel ohne Unterbrechung in 30 bis 20° S-Breite und zwischen den Meridianen von 2° Ost und 26° W. von NW über W und SW nach SO. Die Änderung der Windrichtung vollführt sich daher in beiden Fällen im entgegengesetzten Sinne eines Uhrzeigers. Auch in der Südlichen Halbkugel kann nicht wohl von einem eigentlichen Calmgürtel des Steinbocks die Rede sein; es nimmt vielmehr eine Region veränderlicher Brisen und Calmen dessen Stelle ein.[2]

---

Nahe seiner südlichsten Ursprungsstätte tritt er als südlicher Wind auf, sich dem Gleicher nähernd wird er einerseits nach Westen hin mehr und mehr östlich, an der Küste Südamerikas, zur Zeit als die Sonne in S des Gleichers steht, sogar nordöstlich anderseits nach Osten hin gegen die Westküste Afrikas südwestlich. (Wojeikow, Zeitschr f. Meteorol. April-Heft, 1880.)

[1] Nach Labrosse sind zwischen der Afrikanischen Küste und 15° W. zu erwarten: ungefür 67% SW-Winde und 33% SO-Winde;

zwischen 15 und 20° W. beiläufig 6% Calmen, 72% Südwinde, 22% SW;

zwischen 20 und 30° W. bei 8% Calmen, 48% Südwinde, 44% SW.

Zu derselben Zeit sind zwischen 0 und 5° N. und 20—30° W., Winde aus S und SO überwiegend: man kann auf 2 bis 3% Calmen, 52% Südwinde, 46% SO-Winde rechnen.

[2] Labrosse, Rout. marit. Atlant. S.

### *b)* Winde in den Gemäßigten Zonen.

#### Die Regionen der vorherrschenden Westwinde.

636. Was nun die Winde in den mittleren Breiten nördlich und südlich der Passate anbelangt, so wechseln polare Strömungen mit solchen aus den Gebieten der Wendekreise kommenden ab; es sind dort Regionen variabler Winde; doch überwiegen (von 40° N- und S-Breite an) westliche Winde — SW bis NW derart, dass man obige Regionen mit Recht Zonen westlicher Winde nennen darf. — Die polaren Winde sind kalt, trocken, häufig von Regenböen begleitet; die aus den Gegenden der Wendekreise kommenden Winde sind hingegen warm, feucht, regenreich. Erstere zeigen sich an durch ein Steigen des Barometers, eine Abnahme der Temperatur, durch ein Aufhellen in der Richtung polwärts und dadurch, dass Deck, Tau etc. sich rasch trocknen. Das Eintreten südlicher Winde in der Nord-Hemisphäre, nördlicher in der Süd-Hemisphäre lässt sich hingegen aus dem Fallen des Barometers, aus der Zunahme der Temperatur, aus der Verdüsterung des Horizonts südwärts, beziehungsweise nordwärts, und daraus erkennen, dass Deck, Taue, Wollkleider und dergleichen feucht werden.

Die Windwechsel erfolgen in den Regionen der westlichen Winde der Nord-Hemisphäre in der Regel im Sinne eines Zeigers einer Uhr von S über SW, W nach NW u. s. w.

In den bezeichneten Regionen der Süd-Hemisphäre im entgegengesetzten Sinne von N zu NW, W, SW und so fort.

Geschieht die Windänderung abweichend von den oben gegebenen Regeln, so ist dieselbe meistens mit stürmischem Wetter verbunden.

Der SW der Nördlichen Erdhälfte wird gewöhnlich erst nach längerem Wehen heftig; hingegen kommt es oft vor, dass starke SW-Winde plötzlich ohne Abnahme der Heftigkeit nach NW umspringen; es ist daher räthlich bei hartem SW-Winde mit Steuerbord-Halsen beizuliegen, um beim Umspringen des Windes nach NW nicht back zu bekommen.

In der Südlichen Erdhälfte werden der NW und im allgemeinen die nördlichen Winde erst nach längerer Dauer heftig, und es kommt häufig vor, dass der NW mit gleicher Stärke nach SW umspringt.

Demgemäß erscheint es empfehlenswert, bei heftigem NW mit Backbord-Halsen beizuliegen.[1]

---

[1] Labrosse, Rout. marit. Atlant. N. und S.

### a. Nord-Hemisphäre.

Um nun die Windvertheilung im Bereiche der Gemäßigten Zone und zwar zunächst im Gebiete der vorherrschenden Westwinde der Nördlichen Hemisphäre eingehender in Betracht zu ziehen, so ist in den höheren nördlichen Breiten des Atlantischen Oceans, bei der spärlichen Anzahl der Beobachtungen, namentlich an den Amerikanischen Küsten, nach den Windverhältnissen über Labrador der Schluss gestattet, dass die Nordwinde im Winter mehr NW, im Sommer zu N und NO neigend, bedeutend überwiegen. — In den östlichen Theilen des Oceans haben zwischen 50 und 60° N-Br. die SW-Winde ein bedeutendes Übergewicht, hiebei neigen sie im Winter mehr gegen S, im Sommer dagegen mehr gegen West. Im Winter haben die Winde in diesem Theile des Oceans eine große Stärke; der hohe Luftdruck auf den Continenten von Afrika und Europa in dieser Jahreszeit erzeugt eine Verstärkung der Winde aus SO und S. — Zwischen 40 und 50° N. walten Westwinde sehr stark vor, aber in der Nähe der Amerikanischen Küsten und überhaupt im westlichen Theile des Oceans sind sie im Sommer mehr SW, im Winter mehr W, zu NW neigend.[1]

---

[1] Für die Atlantische Küste Nordamerikas gibt Wojeikow die Windverhältnisse, wie folgt:

Windverhältnisse im Atlantischen Küstengebiet der Vereinigten Staaten.

| | Sommer | | | | | | | | Winter | | | | | | | |
|---|---|---|---|---|---|---|---|---|---|---|---|---|---|---|---|---|
| | N. | NO. | O. | SO. | S. | SW. | W. | NW. | N. | NO. | O. | SO. | S. | SW. | W. | NW. |
| Neu-England . | 5 | 10 | 8 | 10 | 12 | 24 | 14 | 16 | 9 | 11 | 4 | 7 | 7 | 14 | 15 | 33 |
| Mittl. Atlantische Staaten (New-York bis NO-Virginia) . . . | 8 | 10 | 6 | 11 | 14 | 19 | 16 | 15 | 9 | 12 | 5 | 6 | 7 | 14 | 19 | 28 |
| Südatl. Staaten (SO - Virginia bis Georgia) . | 7 | 12 | 8 | 12 | 17 | 26 | 11 | 8 | 13 | 13 | 7 | 6 | 11 | 18 | 14 | 17 |

(Aus der Zeitschr. f. Meteorol. Jänner-Heft. 1879.)

Im östlichen Theile des Oceans und in der Nord-See[1] ist die Tendenz die entgegengesetzte; die Winde sind im Sommer mehr NW, weil die Erwärmung und Auflockerung der Luft über Europa und Afrika neue Anziehungspunkte schafft, welche in der Nähe der Küsten schon theilweise stärker sind, als diejenigen im Norden des Oceans.[2]

Südlicher an den Küsten Portugals und in der Nähe der Azoren sind im Sommer NW- und N-Winde entschieden überwiegend und bilden einen Übergang zu den Erscheinungen der Passatzone.

Im westlichen Theile des Oceans, selbst noch unter 32° N. (Bermuda), sind die Winde im Sommer südlicher als im Winter. Im Osten hingegen auf der Insel Madeira sind die NO-Winde im Sommer

Mittlere Windrichtung in den vier Jahreszeiten nach Wojeikow an nachstehenden Küstenregionen.

| | Frühling | Sommer | Herbst | Winter |
|---|---|---|---|---|
| S John, New-Fundland . . . . | N. 44 W. | S. 61 W. | N. 62 W. | N. 65 W. |
| S-Nowa Scotia . . . . . . . | N. 66 W. | S. 72 W. | N. 78 W. | N. 60 W. |
| SW-Maine . . . . . . . . . | N. 65 W. | S. 54 W. | N. 74 W. | N. 59 W. |
| Rhode Island . . . . . . . . | N. 78 W. | S. 51 W. | N. 67 W. | N. 42 W. |
| SO-New-York . . . . . . . . | N. 80 W. | S. 43 W. | N. 77 W. | N. 60 W. |
| NO-Virginia . . . . . . . . | N. 82 W. | S. 76 W. | N. 82 W. | N. 63 W. |
| SO-Virginia . . . . . . . . . | S. 55 W. | S. 10 W. | N. 37 W. | N. 63 W. |
| N-Carolina S. von 35° . . . . | S. 33 W. | S. 25 W. | N. 13 W. | N. 55 W. |
| S-Carolina 33°—34° . . . . | S. 41 W. | S. 10 W. | N. 14 O. | N. 85 W. |
| Georgia 30—33° . . . . . . . | S. 55 W. | S. 14 W. | N. 19 O. | N. 56 W. |

(Aus der Zeitschr. f. Meteorol. Jänner-Heft, 1879.)

[1] Im Baltischen Meere erzeugt der Winter Winde vom Lande nach der See, der Sommer Winde von der See nach dem Lande. Doch überwiegen im ganzen westliche Luftströmungen und stellt sich die mittlere Windrichtung des Jahres auf SW. (Rykatchew, Zeitschr. f. Meteorol., Nov. 1880.)

[2] Bezüglich der Windverhältnisse über dem Atlantischen Ocean zwischen 40 und 55° N. gibt nachstehende, den Mittheilungen der norddeutschen Seewarte (1872) entnommene Windtafel Aufschluss:

so vorherrschend, dass die Grenze des Passates erreicht erscheint. Auch im Winter sind dort meistens nördliche Winde zu treffen, doch bei weitem nicht in dem Grade, wie im Sommer.[1]

In der Nähe der Meerenge von Gibraltar kommen von Jänner bis einschließlich März heftige Windstöße aus S mit raschem Wechsel nach W und NW vor. Diese Unwetter folgen sich in kurzen Intervallen; die stärksten Regenböen sind jene aus SW. Von April bis einschließlich Juni gibt es Winde aus SW und OSO, mitunter frisch wehend; selten sind Calmen. Von Juli bis einschließlich September sind Calmen häufiger; die Winde sind veränderlich, vorherrschend aber Winde aus NNO, seltener aus SO. — In den letzten Monaten des Jahres sind Calmen selten, westliche Winde häufiger als östliche. NO-Winde erzeugen Nebel an der Küste Afrikas.[2]

## Die Windverhältnisse im Mittelmeere.

637. In der Meerenge von Gibraltar sind die herrschenden Winde West- und Ost-Winde; erstere überwiegen im Winter und Herbst, letztere haben häufiger einen stürmischen Charakter.

| Länge W. | Breite N. | Zahl der Beobachtungen | Veränderlich | Calm. | NO. | O. | SO. | S. | SW. | W. | NW. | N. |
|---|---|---|---|---|---|---|---|---|---|---|---|---|
| 5°—35° | 55°—50° | 4244 | 45<br>1% | 140<br>3% | 250<br>6% | 364<br>9% | 443<br>10% | 558<br>13% | 712<br>17% | 828<br>20% | 562<br>13% | 322<br>8% |
| | 50°—45° | 25454 | 134<br>1% | 1078<br>4% | 2328<br>9% | 2495<br>10% | 2283<br>9% | 2906<br>11% | 3909<br>15% | 4220<br>17% | 3650<br>14% | 2451<br>10% |
| 35°—55° | 50°—45° | 5384 | 86<br>2% | 187<br>3% | 337<br>6% | 379<br>7% | 302<br>6% | 622<br>11% | 917<br>17% | 1067<br>20% | 864<br>16% | 623<br>12% |
| | 45°—40° | 8007 | 54<br>1% | 376<br>5% | 611<br>8% | 583<br>7% | 721<br>9% | 1047<br>13% | 1284<br>16% | 1399<br>17% | 1082<br>13% | 850<br>11% |
| 55°—74° | 45°—40° | 12641 | 180<br>1% | 555<br>4% | 1093<br>9% | 1124<br>9% | 914<br>7% | 1550<br>12% | 1900<br>15% | 2221<br>18% | 1744<br>14% | 1360<br>11% |
| | Totale . | 55710 | 499<br>1% | 2336<br>4% | 4619<br>8% | 4945<br>9% | 4663<br>8% | 6683<br>12% | 8722<br>16% | 9735<br>18% | 7902<br>14% | 5606<br>10% |

Die westlichen Winde überwiegen bis zu 33%.
Zunächst kommen südliche Winde, 23%,
nördliche „ 22%,
östliche „ 17%,
Calmen und veränderliche Winde, 5%.

[1] Wojeikow, Zeitschr. f. Meteorol. April-Heft, 1880.
[2] Labrosse, Rout. marit. Atlant. N.

„Im Mittelmeer ist seiner Lage und der Natur seiner Küstenbildung gemäß die Veränderlichkeit der Winde sehr groß. Im allgemeinen dürften sich die Windverhältnisse wie folgt darstellen lassen."

„Im Winter ist der höchste Luftdruck im Atlantischen Ocean bei den Canaren und in den nördlichen Theilen der Wüste, wenigstens bis Tripoli zu finden. Auf dem Mittelmeer ist er etwas niedriger. Daher entstehen überwiegende südliche und westliche Winde im westlichen Theile des Meeres. Im östlichen Theile desselben sind östliche Winde überwiegend, doch nicht ausschließlich herrschend."

„Im Sommer tritt in der Sahara Erhitzung und Auflockerung der Luft ein, während der Luftdruck auf dem Mittelmeere, vorzüglich in seinem westlichen Theile hoch ist. Daher entstehen nördliche Winde, welche im Sommer als vorherrschende Winde sich geltend machen.[1]

Die Etesien in den Gewässern Griechenlands haben einen monsunartigen Charakter. Sie wehen besonders regelmäßig von Mitte Juli bis Ende August. — Stürme des Mittelmeeres, welche sich durch ihre Heftigkeit auszeichnen, und welche besonders im Winter und zur Zeit der Äquinoctien häufig eintreten, sind: die Nordstürme — Tramontanas — im Ägeischen Meere, die NO-Stürme — Boras — im Adriatischen und Jonischen Meere, der Mistral im Golf von Lyon, endlich die SO-Stürme — Sciroccos, welche aus dem Ostbecken des Mittelmeeres in den Adriatischen Golf und ins Westbecken des Mittelmeeres vordringen.

Im letztern wird ihre Richtung OSO und Ost, und werden diese Stürme an den spanischen Küsten mit dem Namen „Solano", in Gibraltar mit dem Namen „Levante" bezeichnet.

### β. Süd-Hemisphäre.

638. Um nun von der Region der vorherrschenden westlichen Winde der Süd-Hemisphäre zu sprechen, so trifft man zwischen beiläufig 36—40° S. Breite auf ein Gebiet westlicher Winde, südlich von 40° sind dieselben überwiegend NW- und WNW-Winde. Die Zone der nordwestlichen Winde hat eine Breite von ungefähr 25°.[2]

Wegen des größeren Unterschiedes des Luftdruckes zwischen der Polargrenze des SO-Passates und den Gegenden in der Nähe des Südlichen Polarkreises und wegen der größeren Ausdehnung der

---

[1] Wojeikow, Petermanns Mitth. Erg. Bd. VIII, 73/74.

[2] Zeitschr. f. Meteorol. Nov.-Heft, 1880. Andries, „Die Winde in den mittleren und höheren Breiten der Südl. Halbkugel."

Oceane sind die Westwinde der Süd-Hemisphäre viel stärker, als die entsprechenden Westwinde der Nördlichen Halbkugel.[1]

Unter den Winden der Küstengewässer sind speciell zu erwähnen die „Pamperos“ genannten südwestliche Winde, welche an den Küsten Südamerikas zwischen 40—31° S-Breite, ja selbst noch in 28—27° S.Br. vorkommen und sich weit seewärts fühlbar machen. Besonders in den Monaten Juli, August und September sind diese stürmischen Winde häufig. Sie sind begleitet von Regen und Gewitter. Ihre Dauer ist gewöhnlich drei Tage, doch im Winter länger als im Sommer. In der letztern Jahreszeit sind sie auch seltener aber heftiger als in der erstern. Suestadas nennt man in den Regionen, wo Pamperos vorkommen, die Winde aus SO. Diese sind an der La Plata-Mündung am meisten zu fürchten. Sie bringen Regen und Nebel.[2]

Beim Cap Hoorn sind Winde aus SW, W und NW weit überwiegend. Sie sind meistens heftig, besonders aber zur Zeit der Äquinoctien. Auf östliche Winde wird man des ehesten im Mai und Juni treffen.

Die südlichen Stürme wechseln die Richtung nicht rasch; hingegen springen NW-Winde bei gleicher Stärke nach SW um.

Am Cap der guten Hoffnung sind von Jänner bis einschließlich April südöstliche Winde vorherrschend; im Mai beginnen sich Westwinde geltend zu machen; Windstöße aus W und O sind zu gewärtigen. Von Juli bis September überwiegen westliche Winde, welche mitunter sehr heftig sind. Von October bis December kommen längs der Afrikanischen Küste und in Ost des Cap SO-Winde vor, nicht selten mit einem stürmischen Charakter; Windstöße aus westlichen Quadranten sind zu erwarten. Weiter seewärts überwiegen west-südwestliche Winde, selbe wechseln zumeist mit Winden aus NW und SW.[3]

---

[1] Wojeikow, Zeitschr. f. Meteorol. April-Heft. 1880.

[2] Labrosse, Rout. marit. Atlant S.

Die Pamperos beschreibt Kerhallet in nachstehender Weise: „Dieselben zeigen sich durch große düstere Wolken an, welche über einander zu rollen scheinen, oder durch ein ungeheueres schwarzes Wolkengewölbe, welches den ganzen Himmel von W bis O zu überziehen scheint, während es in der Richtung, aus welcher der Wind kommen wird, d. h. in SW, hell bleibt.“ Nach Kerhallet „hat in den Pamperos des La Plata, wie in den Tornados der Küste von Senegambien der Wind eine Drehbewegung, und beide Arten Wirbel folgen demselben Drehungsgesetz, wie es der Hemisphäre zukommt, in der sie auftreten.“ Bezüglich der Pamperos wird übrigens dieser Ansicht von anderen Autoren widersprochen.

[3] Labrosse, Rout. marit. Atlant. S.

639. Von hoher Wichtigkeit erscheint es für die Schiffahrt, die Wahrscheinlichkeit der Calmen in den verschiedenen Theilen des Oceans je nach der Jahreszeit zu kennen.

Nachstehende Tabellen geben die Chancen der Calmen in Percenten ausgedrückt für das Gebiet des Atlantischen Oceans.

Dieselben sind dem Werke von Labrosse entnommen.

Tafel, die Chancen der Calmen in Percenten ausgedrückt.
Nordatlantischer Ocean.

| Breiten Nord | Längen westlich von Greenwich | | | | | | | | | | | | | | | | | | | Längen östlich von Greenwich | |
|---|---|---|---|---|---|---|---|---|---|---|---|---|---|---|---|---|---|---|---|---|---|
| | Westl. v. 90° W. | Von 85°—90° | Von 80°—85° | Von 75°—80° | Von 70°—75° | Von 65°—70° | Von 60°—65° | Von 55°—60° | Von 50°—55° | Von 45°—50° | Von 40°—45° | Von 35°—40° | Von 30°—35° | Von 25°—30° | Von 20°—25° | Von 15°—20° | Von 10°—15° | Von 5°—10° | Von 0°—5° W. | Von 0°—5° O. | Von 5°—10° O. |
| Jänner, Februar, März | | | | | | | | | | | | | | | | | | | | | |
| Von 50°—55° . . | | | | | | | | | | | | | 0 | 4 | 0 | 9 | 4 | | | | |
| „ 45 —50 . . | | | | | | | | | 3 | 1 | 4 | 5 | 4 | 5 | 3 | 2 | 7 | 9 | | | |
| „ 40 —45 . . | Vereinigte Staaten | | | | | 4 | 4 | 7 | 6 | 3 | 6 | 4 | 4 | 4 | 2 | 0 | 0 | | | | |
| „ 35 —40 . . | | | | | 4 | 4 | 6 | 3 | 5 | 2 | 3 | 3 | 7 | 11 | 6 | 2 | 3 | 0 | 0 | | |
| „ 30 —35 . . | | | | | 3 | 4 | 9 | 4 | 4 | 2 | 5 | 0 | 4 | 4 | 7 | 3 | 0 | | | | |
| „ 25 —30 . . | 0 | 4 | 7 | 5 | 5 | 5 | 8 | 11 | 4 | 5 | 7 | 7 | 5 | 5 | 5 | 3 | | | | | |
| „ 20 —25 . . | 7 | 4 | 5 | 12 | 3 | 4 | 5 | 5 | 4 | 7 | 2 | 7 | 3 | 3 | 5 | 4 | | Afrika | | | |
| „ 15 —20 . . | | 0 | 11 | 11 | 5 | 0 | 3 | 4 | 4 | 5 | 5 | 4 | 3 | 5 | 3 | 0 | | | | | |
| „ 10 —15 . . | | | | 0 | 0 | 0 | 4 | 4 | 0 | 2 | 3 | 3 | 3 | 2 | 2 | 5 | | | | | |
| 5 —10 . . | | | | | | | | 0 | 0 | 0 | 0 | 2 | 2 | 2 | 5 | 18 | 21 | | | | |
| 0 — 5 . . | | | | | | | | | | 8 | 6 | 6 | 9 | 16 | 21 | 35 | 10 | 5 | 0 | 7 | 5 |

| Breiten Nord | Längen westlich von Greenwich | | | | | | | | | | | | | | | | | | | Längen östlich von Greenwich | |
|---|---|---|---|---|---|---|---|---|---|---|---|---|---|---|---|---|---|---|---|---|---|
| | Westl. v. 90° W. | Von 85°—90° | Von 80°—85° | Von 75°—80° | Von 70°—75° | Von 65°—70° | Von 60°—65° | Von 55°—60° | Von 50°—55° | Von 45°—50° | Von 40°—45° | Von 35°—40° | Von 30°—35° | Von 25°—30° | Von 20°—25° | Von 15°—20° | Von 10°—15° | Von 5°—10° | Von 0°—5° W. | Von 0°—5° O. | Von 5°—10° O. |
| **April, Mai, Juni** | | | | | | | | | | | | | | | | | | | | | |
| Von 50°—55° . . | | | | | | | | | | | | 9 | 0 | 5 | 3 | 5 | 5 | | | | |
| „ 45 —50 . | | | | | | | | | 5 | 0 | 8 | 5 | 5 | 5 | 5 | 7 | 6 | 3 | | | |
| „ 40 —45 . . | Vereinigte Staaten | | | | | 5 | 4 | 4 | 5 | 5 | 5 | 2 | 2 | 3 | 2 | 3 | 3 | | | | |
| „ 35 —40 . . | | | | | 5 | 3 | 4 | 4 | 5 | 3 | 4 | 5 | 5 | 7 | 2 | 2 | 5 | 3 | 15 | | |
| „ 30 —35 . . | | | | | 3 | 5 | 3 | 9 | 2 | 11 | 6 | 6 | 3 | 10 | 4 | 2 | 0 | | | | |
| „ 25 —30 . . | 6 | 5 | 14 | 7 | 7 | 6 | 6 | 4 | 2 | 0 | 13 | 13 | 8 | 4 | 2 | 2 | | | | | |
| „ 20 —25 . . | 0 | 10 | 11 | 3 | 0 | 2 | 3 | 4 | 3 | 4 | 10 | 6 | 6 | 2 | 3 | 5 | | | | | |
| „ 15 —20 . . | | 0 | 9 | 4 | 4 | 0 | 3 | 3 | 3 | 2 | 3 | 3 | 2 | 0 | 3 | 0 | | Afrika | | | |
| „ 10 —15 . . | | | 0 | | | 0 | 0 | 9 | 2 | 0 | 0 | 0 | 3 | 4 | 4 | 16 | | | | | |
| „ 5 —10 . . | | | | | | | | 0 | 25 | 2 | 6 | 6 | 18 | 9 | 15 | 18 | 17 | | | | |
| „ 0 — 5 . . | | | | | | | | | | 7 | 7 | 10 | 10 | 20 | 22 | 18 | 8 | 7 | 11 | 0 | 13 |
| **Juli, August, September** | | | | | | | | | | | | | | | | | | | | | |
| Von 50°—55° . . | | | | | | | | | | | | | 8 | 0 | 13 | 5 | 8 | 6 | | | |
| „ 45 —50 . . | | | | | | | 0 | 0 | 7 | 6 | 5 | 7 | 4 | 6 | 5 | 2 | 2 | 4 | | | |
| „ 40 —45 . . | Vereinigte Staaten | | | | | 7 | 7 | 6 | 5 | 6 | 5 | 5 | 5 | 9 | 3 | 7 | 4 | | | | |
| „ 35 —40 . . | | | | | 6 | 7 | 4 | 4 | 5 | 4 | 3 | 3 | 5 | 8 | 3 | 4 | 4 | 9 | 21 | | |
| „ 30 —35 . . | | | | 0 | 4 | 4 | 7 | 12 | 0 | 5 | 9 | 7 | 5 | 7 | 6 | 2 | 3 | | | | |
| „ 25 —30 . . | 15 | 8 | 11 | 6 | 6 | 8 | 9 | 11 | 16 | 6 | 12 | 8 | 9 | 3 | 3 | 0 | | | | | |
| „ 20 —25 . . | 6 | 4 | 7 | 6 | 6 | 5 | 4 | 4 | 7 | 5 | 5 | 5 | 2 | 2 | 0 | 0 | | | | | |
| „ 15 —20 . . | | 8 | 0 | 14 | 6 | 0 | 0 | 0 | 0 | 2 | 2 | 2 | 2 | 3 | 5 | 0 | | Afrika | | | |
| „ 10 —15 . . | | | 0 | 14 | 0 | 3 | 0 | 4 | 5 | 2 | 11 | 7 | 8 | 13 | 11 | 3 | | | | | |
| „ 5 —10 . . | | | | | | | | 0 | 15 | 9 | 21 | 21 | 15 | 8 | 8 | 6 | 0 | | | | |
| „ 0 — 5 . . | | | | | | | | | | 0 | 4 | 2 | 4 | 2 | 3 | 2 | 2 | 0 | 3 | 2 | 3 |

| Breiten Nord | Längen westlich von Greenwich | | | | | | | | | | | | | | | | | | Längen östlich von Greenwich | |
|---|---|---|---|---|---|---|---|---|---|---|---|---|---|---|---|---|---|---|---|---|
| | Westl. v. 90° W. | Von 85°–90° | Von 80°–85° | Von 75°–80° | Von 70°–75° | Von 65°–70° | Von 60°–65° | Von 55°–60° | Von 50°–55° | Von 45°–50° | Von 40°–45° | Von 35°–40° | Von 30°–35° | Von 25°–30° | Von 20°–25° | Von 15°–20° | Von 10°–15° | Von 5°–10° | Von 0°–5° W. | Von 0°–5° O. | Von 5°–10° |
| October, November, December | | | | | | | | | | | | | | | | | | | | | |
| Von 50°—55° . . | | | | | | | | | | | | 0 | 7 | 5 | 2 | 8 | 5 | 5 | | | |
| „ 45 —50 . . | | | | | | | | | 5 | 5 | 4 | 5 | 3 | 4 | 2 | 3 | 4 | 3 | 3 | | |
| „ 40 —45 . . | Vereinigte Staaten | | | | | 4 | 5 | 3 | 5 | 2 | 4 | 7 | 6 | 8 | 1 | 5 | 4 | | | | |
| „ 35 —40 . . | | | | | 3 | 4 | 3 | 4 | 2 | 1 | 4 | 4 | 4 | 3 | 4 | 6 | 5 | 4 | 5 | | |
| „ 30 —35 . . | | | | | 5 | 6 | 9 | 2 | 4 | 5 | 4 | 7 | 2 | 14 | 13 | 9 | 7 | | | | |
| „ 25 —30 . . | 0 | 3 | 4 | 8 | 5 | 9 | 4 | 5 | 11 | 10 | 5 | 3 | 9 | 12 | 3 | 2 | | | | | |
| „ 20 —25 . . | 17 | 4 | 4 | 4 | 7 | 4 | 4 | 5 | 2 | 0 | 10 | 8 | 5 | 8 | 7 | 5 | | | | | |
| „ 15 —20 . . | | 13 | 7 | 7 | 13 | 4 | 0 | 3 | 5 | 6 | 6 | 8 | 4 | 5 | 3 | 0 | | | Afrika | | |
| „ 10 —15 . . | | | | 2 | 0 | 0 | 0 | 0 | 5 | 3 | 5 | 9 | 7 | 6 | 5 | 8 | | | | | |
| „ 5 —10 . . | | | | | | | | 0 | 6 | 14 | 7 | 11 | 15 | 17 | 25 | 27 | 35 | | | | |
| „ 0 — 5 . . | | | | | | | | | | 0 | 3 | 3 | 7 | 11 | 15 | 16 | 9 | 12 | 12 | 9 | 10 |

## Tafel, die Chancen der Calmen in Procenten ausgedrückt.
## Südatlantischer Ocean.

| Breiten Süd | Längen westlich von Greenwich | | | | | | | | | | | | | | | | | | Längen östlich von Greenwich | | | | |
|---|---|---|---|---|---|---|---|---|---|---|---|---|---|---|---|---|---|---|---|---|---|---|---|
| | Von 90°—85° | Von 85°—80° | Von 80°—75° | Von 75°—70° | Von 70°—65° | Von 65°—60° | Von 60°—55° | Von 55°—50° | Von 50°—45° | Von 45°—40° | Von 40°—35° | Von 35°—30° | Von 30°—25° | Von 25°—20° | Von 20°—15° | Von 15°—10° | Von 10°—5° | Von 5°—0° | Von 0°—5° O. | Von 5°—10° | Von 10°—15° | Von 15°—20° | Von 20°—25° |
| Jänner, Februar, März | | | | | | | | | | | | | | | | | | | | | | | |
| Von 0°— 5° | | | | | | | | | | | 0 | 0 | 2 | 2 | 0 | 0 | 0 | 0 | 0 | 5 | | | |
| „ 5 —10 | | | | | | | | | | | | 0 | 2 | 2 | 0 | 0 | 0 | 0 | 0 | 0 | 0 | | |
| „ 10 —15 | | | | | | | | | | | 0 | 0 | 0 | 3 | 1 | 1 | 2 | 2 | 0 | 0 | | | |
| „ 15 —20 | | | | | | | | | | | 5 | 5 | 3 | 0 | 1 | 1 | 2 | 2 | 3 | 0 | | | |

| Breiten Süd | Längen westlich von Greenwich | | | | | | | | | | | | | | | | | | Längen östlich von Greenwich | | | | |
|---|---|---|---|---|---|---|---|---|---|---|---|---|---|---|---|---|---|---|---|---|---|---|---|
| | Von 90°—85° | Von 85°—80° | Von 80°—75° | Von 75°—70° | Von 70°—65° | Von 65°—60° | Von 60°—55° | Von 55°—50° | Von 50°—45° | Von 45°—40° | Von 40°—35° | Von 35°—30° | Von 30°—25° | Von 25°—20° | Von 20°—15° | Von 15°—10° | Von 10°—5° | Von 5°—0° | Von 0°—5° O. | Von 5°—10° | Von 10°—15° | Von 15°—20° | Von 20°—25° |
| Von 20°—25° | | | | | | | | | | 13 | 7 | 6 | 3 | 7 | 8 | 4 | 2 | 2 | 2 | 2 | 12 | | |
| „ 25 —30 | | | | | | | | | 24 | 8 | 7 | 7 | 6 | 2 | 3 | 3 | 2 | 2 | 2 | 2 | 3 | | |
| „ 30 —35 | | | | | | | | 13 | 6 | 10 | 4 | 3 | 9 | 5 | 3 | 7 | 6 | 7 | 7 | 3 | 4 | 3 | 7 |
| „ 35 —40 | | | | | | | 4 | 3 | 4 | 2 | 4 | 0 | 3 | 4 | 4 | 6 | 3 | 2 | 3 | 3 | 5 | 3 | 3 |
| „ 40 —45 | | | | | | 3 | 4 | 3 | 2 | 4 | 3 | 3 | 5 | 7 | 9 | 0 | 0 | 3 | 4 | 3 | 4 | 0 | 2 |
| „ 45 —50 | | | | | | 3 | 3 | 3 | 2 | 3 | 7 | | | | | | | | | 5 | | 0 | 9 |
| „ 50 —55 | 1 | 5 | | | 12 | 6 | 3 | 3 | 0 | | 9 | | | | | | | | | | | | |
| „ 55 —60 | 0 | 0 | 4 | 6 | 3 | 5 | 0 | | | | | | | | | | | | | | | | |

April, Mai, Juni

| Breiten Süd | Von 90°—85° | Von 85°—80° | Von 80°—75° | Von 75°—70° | Von 70°—65° | Von 65°—60° | Von 60°—55° | Von 55°—50° | Von 50°—45° | Von 45°—40° | Von 40°—35° | Von 35°—30° | Von 30°—25° | Von 25°—20° | Von 20°—15° | Von 15°—10° | Von 10°—5° | Von 5°—0° | Von 0°—5° O. | Von 5°—10° | Von 10°—15° | Von 15°—20° | Von 20°—25° |
|---|---|---|---|---|---|---|---|---|---|---|---|---|---|---|---|---|---|---|---|---|---|---|---|
| Von 0°— 5° | | | | | | | | | | | 4 | 8 | 3 | 3 | 2 | 2 | 0 | 0 | 5 | 14 | | | |
| „ 5 —10 | | | | | | | | | | | | 0 | 3 | 3 | 2 | 2 | 0 | 0 | 0 | 0 | 15 | | |
| „ 10 —15 | | | | | | | | | | | 0 | 0 | 0 | 0 | 0 | 0 | 2 | 2 | 0 | 0 | 0 | | |
| „ 15 —20 | | | | | | | | | | | 8 | 7 | 3 | 0 | 0 | 0 | 2 | 2 | 0 | 0 | | | |
| „ 20 —25 | | | | | | | | | | 13 | 5 | 5 | 5 | 6 | 0 | 0 | 5 | 5 | 2 | 2 | 0 | | |
| „ 25 —30 | | | | | | | | | 23 | 11 | 4 | 3 | 4 | 3 | 4 | 0 | 5 | 5 | 2 | 2 | 3 | | |
| „ 30 —35 | | | | | | | | 15 | 7 | 4 | 3 | 5 | 3 | 0 | 0 | 0 | 2 | 5 | 5 | 0 | 3 | 6 | 4 |
| „ 35 —40 | | | | | | | 6 | 2 | 7 | 5 | 5 | 0 | 0 | 0 | 7 | 0 | 0 | 0 | 0 | 0 | 2 | 2 | 4 |
| „ 40 —45 | | | | | | 4 | 3 | 4 | 8 | 3 | 3 | | | | 0 | 0 | 0 | 0 | 0 | 0 | 0 | 0 | 3 |
| „ 45 —50 | | | | | | 9 | 3 | 2 | 5 | 9 | | | | | | | | | 0 | 0 | 0 | 0 | 0 |
| „ 50 —55 | 2 | 4 | 3 | | 0 | 3 | 1 | 3 | 11 | | | | | | | | | | | | | | |
| „ 55 —60 | | 2 | 3 | 4 | 4 | 4 | 10 | | | | | | | | | | | | | | | | |

| Breiten Süd | Längen westlich von Greenwich | | | | | | | | | | | | | | | | | | Längen östlich von Greenwich | | | | |
|---|---|---|---|---|---|---|---|---|---|---|---|---|---|---|---|---|---|---|---|---|---|---|---|
| | Von 90°—85° | Von 85°—80° | Von 80°—75° | Von 75°—70° | Von 70°—65° | Von 65°—60° | Von 60°—55° | Von 55°—50° | Von 50°—45° | Von 45°—40° | Von 40°—35° | Von 35°—30° | Von 30°—25° | Von 25°—20° | Von 20°—15° | Von 15°—10° | Von 10°—5° | Von 5°—0° | Von 0°—5° O. | Von 5°—10° | Von 10°—15° | Von 15°—20° | Von 20°—25° |
| **Juli, August, September** | | | | | | | | | | | | | | | | | | | | | | | |
| Von 0°—5° | | | | | | | | | | | 0 | 0 | 0 | 0 | 0 | 0 | 2 | 3 | 2 | 3 | | | |
| „ 5 —10 | | | | | | | | | | | | 0 | 0 | 0 | 0 | 0 | 0 | 0 | 0 | 0 | 0 | | |
| „ 10 —15 | | | | | | | | | | | 3 | 0 | 2 | 2 | 1 | 1 | 1 | 1 | 0 | 0 | 0 | | |
| „ 15 —20 | | | | | | | | | | | 4 | 5 | 2 | 3 | 1 | 1 | 1 | 1 | 0 | 0 | | | |
| „ 20 —25 | | | | | | | | | | 8 | 5 | 0 | 4 | 4 | 2 | 0 | 1 | 1 | 3 | 3 | 0 | | |
| „ 25 —30 | | | | | | | | | 15 | 8 | 2 | 2 | 4 | 2 | 4 | 5 | 1 | 1 | 3 | 3 | 2 | | |
| „ 30 —35 | | | | | | | | 7 | 8 | 13 | 3 | 3 | 3 | 3 | 2 | 2 | 2 | 3 | 4 | 4 | 5 | 3 | 3 |
| „ 35 —40 | | | | | | | 0 | 1 | 4 | 3 | 2 | 0 | 3 | 3 | 2 | 2 | 4 | 2 | 2 | 5 | 4 | 4 | 3 |
| „ 40 —45 | | | | | | 4 | 2 | 6 | 5 | 2 | 3 | 0 | | | 0 | 0 | 0 | 0 | 0 | 3 | 4 | 4 | 3 |
| „ 45 —50 | | | | | | 3 | 2 | 4 | 4 | 0 | | | | | | | | | 0 | 0 | 0 | 0 | 0 |
| „ 50 —55 | | 5 | 5 | | 0 | 3 | 0 | 2 | 0 | | | | | | | | | | | | | | |
| „ 55 —60 | | 5 | 5 | 5 | 3 | 3 | 0 | | | | | | | | | | | | | | | | |
| **October, November, December** | | | | | | | | | | | | | | | | | | | | | | | |
| Von 0°—5° | | | | | | | | | | | 0 | 0 | 0 | 0 | 0 | 0 | 0 | 0 | 8 | 0 | | | |
| „ 5 —10 | | | | | | | | | | | | 0 | 0 | 0 | 0 | 0 | 0 | | 0 | 0 | | | |
| „ 10 —15 | | | | | | | | | | | 1 | 0 | 1 | 0 | 0 | 0 | 0 | 0 | 0 | 0 | 0 | | |
| „ 15 —20 | | | | | | | | | | | 5 | 2 | 3 | 2 | 0 | 0 | 0 | 0 | 3 | | | | |
| „ 20 —25 | | | | | | | | | | 10 | 7 | 2 | 2 | 4 | 7 | 5 | 2 | 2 | 1 | 1 | | | |
| „ 25 —30 | | | | | | | | | 11 | 5 | 2 | 4 | 3 | 5 | 3 | 7 | 2 | 2 | 1 | 1 | 0 | | |
| „ 30 —35 | | | | | | | | 11 | 4 | 4 | 3 | 2 | 3 | 4 | 7 | 5 | 2 | 2 | 6 | 4 | 3 | 3 | 7 |
| „ 35 —40 | | | | | | | 16 | 6 | 2 | 3 | 4 | 0 | 4 | 5 | 4 | 3 | 2 | 2 | 4 | 2 | 3 | 3 | 2 |

| Breiten Süd | Längen westlich von Greenwich | | | | | | | | | | | | | | | | | | Längen östlich von Greenwich | | | | |
|---|---|---|---|---|---|---|---|---|---|---|---|---|---|---|---|---|---|---|---|---|---|---|---|
| | Von 90°–85° | Von 85°–80° | Von 80°–75° | Von 75°–70° | Von 70°–65° | Von 65°–60° | Von 60°–55° | Von 55°–50° | Von 50°–45° | Von 45°–40° | Von 40°–35° | Von 35°–30° | Von 30°–25° | Von 25°–20° | Von 20°–15° | Von 15°–10° | Von 10°–5° | Von 5°–0° | Von 0°–5° | Von 5°–10° | Von 10°–15° | Von 15°–20° | Von 20°–25° |
| Von 40°–45° | | | | | | 8 | 7 | 5 | 2 | 2 | 3 | 0 | 0 | 0 | 0 | 0 | 0 | 0 | 0 | 0 | 0 | 0 | 6 |
| „ 45 –50 | | | | | | 3 | 4 | 4 | 5 | 0 | 0 | | | | | 0 | 0 | 0 | 0 | 6 | 0 | 0 | 0 |
| „ 50 –55 | 1 | 2 | 3 | | 10 | 3 | 5 | 3 | 0 | | | | | | | | | | | | | | |
| „ 55 –60 | 0 | 0 | 3 | 4 | 5 | 5 | 3 | | | | | | | | | | | | | | | | |

**II. Winde im Indischen Ocean und in den angrenzenden Monsungebieten des Großen Oceans.**

640. Im Indischen Ocean sind im allgemeinen drei Wind-Regionen zu unterscheiden, und zwar von S nach N.

*a)* Eine Region vorherrschend westlicher Winde südlich von beiläufig 30° S-Breite,

*b)* eine Region des SO-Passates zwischen Madagascar und West-Australien beiläufig zwischen 10 bis 30° S, schließlich

*c)* eine Region der Monsune nördlich von 10° S-Breite.

Letztere greift über den Indischen Ocean hinaus, umfasst die Gewässer Ostasiens und erstreckt sich bis hinein in die Australische Inselwelt.

Wie im Atlantischen Ocean sind auch hier Regionen der Calmen und veränderlichen Brisen vorhanden, welche je nach den Jahreszeiten eine Verschiebung im Sinne der geographischen Breite erfahren und deren Ausdehnung und Gestaltung der Grenzen ebenfalls je nach der Jahreszeit ändert.

An der Südgrenze des SO-Passates ist die Zone der Calmen des Wendekreises des Steinbocks, und in der Nähe des Äquators sind Calmen zu treffen, welche vornehmlich zwischen den Grenzgebieten der verschiedenen Monsune hervortreten, und besonders in den Zeiten der Monsunwechsel sich geltend machen.

### *a)* Region der vorherrschenden Westwinde.

641. Um nun von der Zone der vorherrschend westlichen Winde auszugehen, so ist deren nördliche Grenze zwischen 28 und 30° S. anzunehmen. Dieselbe erfährt eine Verschiebung je nach der Declination der Sonne, und zwar nach Norden bei nördlicher, nach Süden bei südlicher Declination. Bezüglich des Charakters, der Anzeichen und der Wechsel der Richtung der Winde gilt dasselbe, was über die Winde der gleichen Zone im Südatlantischen Ocean gesagt worden ist.

Bezüglich der Windverhältnisse an der Südküste des Cap-Landes ist zu bemerken, dass von September bis Mai SO-Winde überwiegen, die zumal nahe dem Lande mitunter durch Heftigkeit sich auszeichnen. Von Mai bis September treten als vorherrschend westliche Winde auf, welche oft, besonders im Juni, Juli, August sehr heftig sind. Zu Anfang und Ende des Sommers sind starke Windstöße aus West nicht selten. Übrigens muss man stets auf rasche Windwechsel gefasst sein.

In der Nähe der Südküste Australiens, — etwa nördlich einer Linie von den Inseln De Recherche bis Cap Northhumberland — sind von Mitte Jänner bis Mitte April östliche Winde häufig.

### *b)* Region des SO-Passates.

642. Der SO-Passat herrscht von April bis October zwischen den Parallelen 5 und 26° S. beiläufig. Die ostwestliche Ausdehnung des Passates kann in der bezeichneten Jahreszeit im allgemeinen von der Küste West-Australiens bis zu jener von Madagascar angenommen werden. Für die Regionen, in welchen der Passat weht, ist dies die gute Jahreszeit. Der Passat ist zugleich in diesem Theile des Jahres stärker und regelmäßiger als während des Restes des Jahres. — Der Passat weht aus O und OSO, zwischen den Sunda-Inseln und NW-Australien auch aus ONO.

Von October bis April ist das Gebiet des Passates weniger gut bestimmt und viel weniger ausgedehnt. Die beiläufigen Grenzen sind die Parallele 10 und 27° S-Breite.

Die Winde sind weniger stark und regelmäßig. Ihre Richtung wechselt oft von SSO zu OSO, manchmal zu NO flaue, unbeständige Brisen unterbrechen den Passat; manchmal treten Orkane auf.

Die Zeit von October bis April ist auch die schlechte Jahreszeit für jene Regionen, in welchen der SO-Passat herrscht.

Die Grenzen des SO-Passates sind in nachstehenden Tabellen von Labrosse gegeben.

### Mittlere nördliche und südliche Grenzen des SO-Passates.

| Zeit, für welche die Grenze angegeben ist | Ostlängen von Greenwich | | | | | | | | | | | | |
|---|---|---|---|---|---|---|---|---|---|---|---|---|---|
| | 50° | 55° | 60° | 65° | 70° | 75° | 80° | 85° | 90° | 95° | 100° | 105° | 110° |
| | S. | S. | S. | S. | S. | S. | S. | S. | S. | S. | S. | S. | S. |
| April, Mai, Juni | 3° | 3° | 3° | 2° | 3° | 3° | 5° | 6° | 7° | | 7° | | 7° |
| | 28° | 28° | 27° | 27° | 27° | 26° | 26° | 26° | 26° | | 26° | | 28° |
| Juli, August, September | 2° | 1°30' | 2° | 2°30' | 3° | 4° | 5° | 4°30' | 4° | | 5° | | 4° |
| | 26° | 26° | 26° | 25°30' | 25° | 25° | 25° | 25° | 25° | | 25° | | 23° |
| November | | 10° | 9° | 7°30' | 7° | 7° | 7° | 7°30' | 7°30' | 8° | 9° | 10° | 13° |
| | . | 27° | 27° | 27°30' | 27°30' | 27°30' | 27°30' | 27° | 27° | 27°30' | 28° | 30° | 30° |
| December | . | 12° | 12° | 12°30' | 13° | 12°30' | 11° | 10° | 10° | 10° | 11°30' | 15° | 19° |
| | | 27° | 27° | 27°30' | 27°30' | 27°30' | 27°30' | 27° | 27° | 27°30' | 28° | 30° | 30° |
| Jänner, Februar, März | | 3° | 3° | 3° | 3° | 3° | 2°30' | 1°30' | 1° | 0°30' | 1° | 15° | 19° |
| | | 33° | 31° | 30° | 28° | 27° | 27° | 27° | 28° | 28°30' | 30° | 32° | 38° |

## c) Regionen der Monsune.

643. Im Norden der Region des SO.-Passates liegt das Gebiet der Monsune, welche sich von der Küste Afrikas über die Java- und China-See bis zu einer bedeutenden Entfernung in den Stillen Ocean hinein erstrecken, aber im nördlichen Theil des Chinesischen Meeres und östlich von den verschiedenen Inselgruppen nicht mehr so regelmäßig sind, als im Indischen Ocean.

Es sind zwei Monsun-Regionen zu unterscheiden: In der Süd-Hemisphäre die Region der SO- und NW-Monsune, nördlich von dieser in der Nord-Hemisphäre jene der NO- und SW-Monsune.

Nachstehende Tabelle enthält nach Labrosse die mittlern Grenzen der NW-Monsune.

### Mittlere, nördliche und südliche Grenze des NW-Monsuns.

| Zeit, für welche die Grenze angegeben ist | Ostlängen von Greenwich | | | | | | | | | | | | |
|---|---|---|---|---|---|---|---|---|---|---|---|---|---|
| | 55° | 60° | 65° | 70° | 75° | 80° | 85° | 90° | 95° | 100° | 105° | 110° | 120° |
| November | | N. 6°30' | N. 6°30' | N. 7°30' | N. 6° | N. 5° | N. 5° | N. 5° | N. 5° | . | . | . | . |
| | . | S. 4° | S. 4° | S. 4° | S. 5° | S. 3°30' | S. 5° | S. 6°30' | S. 7° | . | . | . | . |
| December | . | S. 1° | S. 1° | 0° | S. 0°30' | N. 0°30' | N. 1° | 0° | S. 0°30' | 0° | N. 3° | N. 8° | N. 5° |
| | | S. 7° | S. 6°30' | S. 7° | S. 7°30' | S. 7° | S. 8° | S. 7°30' | S. 7°30' | S. 1° | S. 11° | S. 12° | S. 15° |
| Jänner, Februar, März | S. 3°30' | S. 3° | S. 2° | S. 2° | S. 1°30' | N. 0°30' | N. 0°30' | N. 1°30' | N. 1° | N. 8° | N. 2° | 0° | 0° |
| | S. 8° | S. 8° | S. 8°30' | S. 8° | S. 9° | S. 8°30' | S. 8°30' | S. 7°30' | S. 7°30' | S. 9° | S. 10° | S. 12° | S. 15° |

Die südlichen Grenzen des NO-Monsuns für den Indischen Ocean gibt Labrosse wie folgt an:

Mittlere Grenze, nördlich welcher der NO-Monsun weht.

| Zeit, für welche die Grenze angegeben ist | Ostlängen von Greenwich | | | | | | | | | |
|---|---|---|---|---|---|---|---|---|---|---|
| | 50° | 55° | 60° | 65° | 70° | 75° | 80° | 85° | 90° | 95° |
| November . | . | N. 10° | N. 9° 30' | N. 10° 30' | N. 12° 30' | N. 12° | N. 9° | N. 7° | N. 7° | N. 8° |
| December . | S. 5° | S. 2° | 0° | N. 2° 30' | N. 3° | N. 3° | N. 4° | N. 5° | N. 7° | N. 7° |
| Jänner, Februar, März | S. 5° | S. 3° | 0° | N. 2° | N. 2° 30' | N. 2° 30' | N. 2° 30' | N. 2° 30' | N. 2° 30' | N. 5° |

Nach demselben Autor sind die südlichen Grenzen des SW-Monsuns:

Mittlere Grenze, nördlich welcher der SW-Monsun weht.

| Zeit, für welche die Grenze angegeben ist | Ostlängen von Greenwich | | | | | | | | | |
|---|---|---|---|---|---|---|---|---|---|---|
| | 50° | 55° | 60° | 65° | 70° | 75° | 80° | 85° | 90° | 95° |
| Mai . . . . | N. 7° | N. 7° 30' | N. 8° | N. 8° | N. 7° 30' | N. 5° | N. 3° | N. 3° | N. 3° 30' | N. 4° |
| Juni . . . | N. 1° | N. 1° | 0° | 0° | 0° | 0° | 0° | S. 1° | 0° | N. 3° |
| Juli, August, September | 0° | 0° | 0° | 0° | 0° | 0° | 0° | 0° | 0° | N. 5° |

## 1. Region des SO- und NW-Monsuns.

**644.** Die Monsune werden in den Annalen der Hydrographie Heft IX, 1878, wie folgt beschrieben:

Südlich vom Äquator, zwischen diesem und dem Gebiete des SO-Passates, sowohl im Indischen Ocean als auch in den von den Inseln eingeschlossenen Meeren weht in denjenigen Monaten, in welchen sich die Sonne in der Nördlichen Hemisphäre befindet, mithin das Asiatische Festland vorzugsweise erhitzt ist, der SO-Monsun. Die Zeit seines Eintritts fällt in die Mitte des April; sein Ende erreicht er im Indischen Ocean in der letzten Hälfte des September, während er zwischen den Inseln noch bis Mitte October weht. Derselbe kann zu dieser Zeit als eine Fortsetzung des SO-Passates angesehen werden, welcher dann bis zum Äquator reicht. Die Zeit des SO-Monsuns ist für die betreffende Gegend die trockene Zahreszeit, während welcher man fast immer schönes und klares Wetter antrifft. Besonders frisch und regelmäßig weht derselbe zwischen den Inselgruppen der Java-, Flores- und Arafura-See, sein Gebiet erstreckt sich aber auf die ganze Zone zwischen dem Äquator und 8—10° S.Br., vom Meridian von Madagascar bis weit in den Stillen Ocean hinein. Westlich von Madagascar zwischen diesem und der Küste Afrikas weht der Wind aus südlicher und süd-westlicher Richtung, auf diese Weise die beiden SW-Monsune des Canal von Mozambique und der Arabischen See verbindend.

Eine genaue östliche Grenze ist nicht anzugeben. Ebenso wie die Richtung des SO-Passates südlich von 10° S.Br. zu dieser Jahreszeit eine sehr östliche ist, weht auch der SO-Monsun meistens zwischen O und OSO, südlich von Java und den östlich liegenden Inseln, nimmt er sogar häufig eine ost-nordöstliche Richtung an.

Im October vollzieht sich in dem bezeichneten Felde der Übergang in den entgegengesetzten NW-Monsun. Derselbe geht allmählig vor sich, und ist von böigem, unruhigem Wetter begleitet, jedoch werden die Winde niemals übermäßig stark. Der NW-Monsun weht weder in seiner Stärke so gleichmäßig, noch in seiner Richtung so bestimmt, als der SO-Monsun. Seine Richtung schwankt zwischen NW und SW, und zwar ist er am frischesten, wenn er von nordwestlicher Richtung weht, wobei auch die meisten Böen und viel Regen angetroffen werden. Überhaupt ist die Zeit des NW-Monsuns in diesen Gegenden die nasse Jahreszeit und die Zeit des schlechten Wetters. Das Gebiet des NW-Monsuns ist nahezu dasselbe, wie dasjenige, in welchen während unserer Sommermonate der SO-Monsun weht. Im Westen reicht dieser Wind jedoch in der Regel nicht weiter als 60—70° O.L., während westlich von diesen Meridianen der Wind aus nördlicher und nordöstlicher Richtung weht und so die Verbindung des NO-Monsuns des Canals von Mozambique mit dem NO-Monsun in der Arabischen See herstellt. Zwischen 60° O. Lg. und der Westküste Sumatras nimmt der NW-Monsun ein keilförmiges Feld ein, dessen Spitze im Westen liegt.

Dieses Feld gewinnt mit dem Zurückweichen des SO-Passates nach Süden und der vollen Entwicklung des NW-Monsuns allmählig an Ausdehnung und erreicht sein Maximum im December und Jänner, in welchen Monaten es sich von 2—3° N. bis nach 8—10° S. Br. erstreckt.

Im Norden und Süden dieses Theiles des Monsungebietes findet man in der Regel schmale Gürtel der Windstillen und veränderliche Winde.

Im Osten erstreckt sich dieser Monsun über den ganzen Indischen Archipel durch die Java-, Flores-Arafura-See.

Ebenso weht er in der Torres-Straße und östlich von Neu-Guinea im Stillen Ocean bis etwa 160° O. Lg. Seine nördliche Grenze erstreckt sich in diesem Theile seines Gebietes ebenfalls bis zu 2—3° N. Br.

## 2. Regionen des NO- und SW-Monsuns.

645. α. Der NO-Monsun. — Um nun zur Darstellung der NO- und SW-Monsune überzugehen, so beginnt der NO-Monsun im nördlichen Theil des Chinesischen Meeres und in demjenigen Theile des Stillen Oceans, welcher zwischen Japan und den Philippinen liegt, in der Regel schon früher als in der eigentlichen China-See. — Er verdient aber in dem letztgenannten Meerestheil eher die Bezeichnung als Passatenwind, da er während des größten Theiles des Jahres, von October bis Juni dort vorherrschend ist.

In den Gewässern zwischen dem Asiatischen Continente und den sich von Japan nach Formosa erstreckenden Inselgruppen weht der NO-Monsun nur etwa von der Breite von Shangai an, nördlich davon findet man zwar auch periodisch wechselnde Winde, welche in den Monaten October bis Februar vorherrschend aus einer Richtung zwischen N und W, in den Monaten März bis Ende September aus südöstlicher Richtung wehen, die aber doch nicht regelmäßig genug auftreten, um den Namen „Monsun“ zu verdienen. Diese Winde erstrecken sich bis in den Golf von Petschili und Liantung.

Südlich von 30° N. Br. bis zur Pratas-Schoal und dem Nordende von Luzon weht der Monsun, sowohl östlich als westlich von Formosa, am stärksten und beständigsten. Hier ist es, wo er sich mitunter in seiner ganzen Kraft äußert und oft so stark weht, dass von Norden kommende Schiffe, besonders im Formosa-Canal, nicht mehr lensen können und beiliegen müssen.

Diese starken Winde sind dann von einer kurzen See, bedecktem Himmel und Regen begleitet.

Im Chinesischen Meere setzt der Monsun Ende September oder Anfangs October ein, und weht dann bis Ende März ziemlich regelmäßig und stetig über das ganze Feld bis an das Gebiet des NW-Monsuns im Indischen Archipel heran. Am stärksten tritt er in den Monaten December und Jänner auf. Im Februar nimmt die Stärke des Monsuns schon bedeutend ab und wird schwächer, je mehr er sich seinem Ende nähert.

Die Monate Februar und März sind unzweifelhaft die angenehmsten des ganzen Jahres in der China-See, da die Winde mäßig und das Wetter schön und beständig ist; überhaupt ist die Zeit des NO-Monsuns im allgemeinen die trockene Jahreszeit, wenn auch mitunter Regentage und unruhiges Wetter vorgefunden werden. Es hängt aber hauptsächlich von der Lage der betreffenden Küste ab, ob der Monsun als trockener oder feuchter Wind gefühlt wird, indem im NO-Monsun an den nach Osten zu gelegenen Küsten die von dem über das Meer herkommenden Winde mitgeführte Feuchtigkeit zum Niederschlage gelangt, während die nach Westen gelegenen Küsten trocken bleiben.

In Bezug auf die Richtung des NO-Monsuns ist zu constatiren, dass in den ersten Monaten des Jahres in der offenen See der Wind aus einer sehr nördlichen Richtung weht, die östlicher wird, je weiter die Entwicklung des Monsuns vorschreitet. Nach Verlauf des Jänner wird die allgemeine Richtung eine vorherrschend östliche und geht schließlich im März und April sogar in eine südöstliche über. Man hat diesen Theil des NO-Monsuns von Anfang Februar bis zum Wechsel auch wohl öfter als Ost-Monsun bezeichnet. Zu dieser Zeit treten an den Küsten Land- und Seewinde auf, welche im März und April am regelmäßigsten und frischesten sind. In der Nähe des Landes nimmt überhaupt während der Dauer des Monsuns der Wind in den verschiedenen Theilen des Meeres verschiedene Richtungen an, und folgt vorzugsweise dem Laufe der betreffenden Küste. So findet man an der Ostküste Chinas im Formosa-Canal die Winde vorzugsweise von Nord bis NNO, während an der Südküste von Breaker Point nach Westen der Wind bis zu einer Entfernung von 40—50 Meilen aus ONO und Ost weht. An der Ostküste von Cochinchina ist der Wind vorherrschend zwischen NNW und NNO, und westlich vom Cap Padaran an der Cambodja-Küste bis Pulo Obi in derselben Entfernung ONO bis Ost. An diesen Küsten pflegt es während des NO-Monsuns des Abends flau und still zu werden, und oftmals stellt sich eine Landbrise ein, die sich jedoch in der Regel nur einige Meilen weit von der Küste erstreckt.

An der Westküste von Luzon weht der NO-Monsun aus den Richtungen zwischen Ost und NNW, jedoch selten stark und fast immer von gutem Wetter begleitet. Der Monsun tritt aber hier erst im November ein, während es im October anhaltend still ist und eine hohe nördliche See läuft.

An der NW-Küste Borneos und bei der Insel Palawan sind die Winde veränderlich, jedoch meistens aus einer Richtung, welche den Schiffen erlaubt, ihre Reisen in nord-östlicher oder südwestlicher Richtung ohne besondere Schwierigkeiten auszuführen. Der NO-Monsun weht zwischen der Insel Borneo und der Ostküste der Malaiischen Halbinsel bis in die Nähe der Linie, ist aber localen Einflüssen mehrfach unterworfen.

In der Malakka-Straße herrschen zu der Zeit, wenn in der Bucht vor Bengalen und der China-See der NO-Monsun seinen Anfang nimmt, vorzugsweise NW-, West- und WSW-Winde mit Böen und unruhigem Wetter. Die Periode des schönen Wetters beginnt hier gewöhnlich erst mit Ende November, dauert aber dann bis in den Mai.

In den Monaten December, Jänner und Februar wehen die Winde vorzugsweise zwischen NNO und ONO, verändern aber mitunter bis NW oder werden für 1—2 Tage durch Westwinde unterbrochen. Im März und April werden die Winde flau und ziehen sich nördlich; Land- und Seewinde sind vorherrschend und wehen während der Nacht und bei Tages-Anbruch frisch, während sie bei Tage durch Windstillen unterbrochen werden. Man halte sich zu dieser Zeit stets an der Malaiischen Seite, weil hier bedeutend weniger Windstillen angetroffen werden, als an der Malakka-Seite.

In der Bucht von Bengalen beginnt der NO-Monsun im allgemeinen im October, jedoch kann man diesen Monat weder zum SW-Monsun, noch zum NO-Monsun gehörig bezeichnen, da sich in ihm der Wechsel derselben vollzieht. Er bildet einen Zeitraum, in welchem die Winde sehr veränderlich sind, am häufigsten aber aus nordöstlicher Richtung wehen.

Im October und November sind auch die meisten Stürme, und Orkane zu erwarten.

Der NO-Monsun setzt in der Bucht von Bengalen nicht an allen Punkten zugleich ein, vielmehr ergeben die Windbeobachtungen, dass die Monsune in den nördlichen Theilen der Bucht früher beginnen, aber auch früher aufhören. In der Mitte der Bucht, in der offenen See beginnt der NO-Monsun, wenn nicht Störungen durch Orkane eintreten, schon im October, ist aber noch schwach und veränderlich, meistens zwischen

NO und NNW. Im November nimmt er eine feste Richtung zwischen NNO und ONO an, und breitet sich weiter über die Bucht aus nach Süden.

In diesen beiden Monaten sind jederzeit Stürme mit vielen Regen zu erwarten. Im December und Jänner ist der Monsun vollständig ausgebildet, und weht frisch und regelmäßig bei schönem Wetter. Februar und März sind ebenso wie im Chinesischen Meere die angenehmsten Monate des Jahres; die Winde wehen stetig aus nordöstlicher Richtung, verändern aber, namentlich im März, schon ab und zu bis SO. Im südlichen Theil der Bucht werden sie sogar schon südlich und süd-südwestlich.

An den Küsten sind je nachdem dieselben an der Luv- oder Leeseite des Monsunfeldes liegen, die Wind- und Witterungs-Verhältnisse sehr verschiedenartig, so dass sie einer besondern Besprechung bedürfen.

Beginnen wir an der Luvseite, so finden wir, dass die Zeit des NO-Monsuns an den Küsten von Tenasserim und Martaban die trockene Jahreszeit und die Zeit des schönen Wetters repräsentirt. Der Monsun beginnt im October oder November mit Böen, welche in OSO anfangen und nach O, ONO und N umlaufen. Dieselben sind von heftigen Regengüssen begleitet. Von November bis Jänner weht der Monsun, bei meistens schönem Wetter, regelmäßig. Nach Mitte Februar wird der Wind leicht und Land- und See-Winde treten an Stelle des vorzugsweise nur aus einer Richtung wehenden Monsuns. Diese Winde verändern zwischen O über N bis NW. An der Küste von Tenasserim sind jetzt Windstillen häufig.

Auf den Andamanen und Nicobaren beginnt der Monsun in der Regel im November und bringt gutes Wetter.

Die Winde sind während der ganzen Zeit in der Nähe der Inseln nur schwach und werden durch Land- und Seewinde unterbrochen. Im December und Jänner während der vollen Stärke des Monsuns sind die Winde meistens sehr nördlich, wehen aber später und weiter ab, in der offenen See zwischen NO—ONO.

In dem nördlichsten Theil der Bucht von Bengalen, etwa nördlich von einer Linie, die vom Cap Negrais nach der Küste von Orissa führt, beginnt der NO-Monsun an den Küsten schon häufig in der ersten Hälfte des October, während er weiter nach Süden in der Bucht erst später zu bemerken ist. Im October sind die Winde noch sehr unbeständig und wehen an der NW-Seite der Bucht vielfach aus NW mit heftigen Regengüssen.

Böen und Stürme sind jetzt sehr häufig, besonders an der Küste von Orissa, wo die Zeit bis Ende December überhaupt viel schlechtes Wetter mit sich bringt. Diese Küste liegt jetzt an der Lee-Seite des Monsunfeldes. An der Ostseite der Bucht an den Küsten von Chittagong, Aracan und Pegu hören die heftigen Regen im October schon auf zu fallen, die Winde sind aber ebenfalls noch unbeständig und wehen bald frisch von NO, bald frisch aus SW. Erst im November entwickelt sich der NO-Monsun gleichmäßiger über die ganze Bucht und nimmt während der Monate December und Jänner an Stetigkeit und Kraft zu. Im Jänner wird an der Küste von Orissa das Wetter besser, es fällt nicht mehr so viel Regen, wie in den vorhergehenden Monaten, auch ist der Wind nicht mehr so stürmisch, vielmehr setzen im Februar Land und See-Winde ein, die, der eine von WNW, der andere von ONO wehen. Auch weiter ab in See ist der Monat Februar von schönstem Wetter begleitet. Die Winde sind mäßig und schwanken zwischen NNO und NNW, von welcher letzteren Richtung sie bis zum Wechsel des Monsuns vorzugsweise in dem Gebiete nördlich von 17° N. Br. wehen.

Auch an der Coromandel-Küste in ihrer Eigenschaft als Leeküste im NO-Monsun ist das Wetter in den ersten Monaten des Monsuns regnerisch und unruhig. Der Monsun beginnt aber hier nicht früher, als in der letzten Hälfte des October und weht anfangs sehr unregelmäßig, bald von NNW, bald von NO und ONO, in beiden Fällen von Böen, Regen und heftigen Gewittern begleitet. Obwohl die Luft mitunter sehr drohend aussieht, sind eigentliche Stürme hier doch selten.

Im November und December wird der Wind stetiger und die Regengüsse werden allmählig seltener. Die Winde wehen in der Regel des Morgens aus einer Richtung zwischen N bis NW, des Nachmittags aus nordöstlicher Richtung. Aus letzterer hält er mitunter mehrere Tage frisch an. Im Jänner und Februar ist das Wetter fast immer schön bei klarem Himmel und ruhiger See und die Böen werden sehr selten. Die Winde nehmen den Charakter der Land- und See-Winde an, und wehen bei Tage aus nordöstlicher, bei Nacht aus nordwestlicher Richtung. Der Monsun erreicht an dieser Küste schon in der letzten Hälfte des Februars sein Ende, und SO bis SW-Winde treten an seine Stelle, welche während des Monates März bei schönem Wetter anhalten.

In der Arabischen See setzt der NO-Monsun Ende October ein und weht während seiner ganzen Dauer mit großer Regelmäßigkeit. Er wird an den Küsten früher wahrgenommen, als in der offenen See, und zwar an den südlichen Theilen der Westküste Hindostans eher als in der Nähe Bombais und im Golf von Oman. Von November bis März weht der Monsun im offenen Meere ohne wesentliche Unterbrechung, und zwar erstreckt er sich bis zum Äquator und über diesen hinaus, indem NO-Winde bis in den Mozambique-Canal hineinwehen. Das Wetter ist während dieser Zeit anhaltend schön und wird nur ausnahmsweise durch Böen gestört. Im November und December ist der Monsun am frischesten, und zwar nimmt seine Stärke zu, je weiter westlich man kommt. Im Jänner und Februar sind die Winde mäßiger, als in den vorhergehenden Monaten. Im März und April hört der Monsun auf regelmäßig aus NO zu wehen; er nimmt vielmehr eine nordwestliche Richtung an, und wird häufig durch Stillen unterbrochen. An der Westküste von Vorder-Indien wehen, wenn der NO-Monsun in der Arabischen See vollständig eingesetzt hat und gleichmäßig weht, Land- und See-Winde mit großer Regelmäßigkeit, so dass durch diese die Schiffahrt für nach Norden bestimmte Schiffe sehr erleichtert wird. Die Landwinde sind während der Monate December und Jänner stärker als die Seewinde, verlieren nach dieser Zeit aber an Kraft und Regelmäßigkeit. Wenn diese sich täglich abwechselnden Winde gut eingesetzt sind, so beginnen die Landwinde des Abends bald nach Sonnenuntergang, wehen von NO—OSO und hören erst gegen Morgen auf. Dann folgt Windstille, und der Seewind beginnt gegen Mittag, und hält bis Sonnenuntergang an, indem er Nachmittags mitunter recht frisch von WSW bis NW weht. Hierauf tritt abermals kurze Windstille ein, bis der Landwind wieder durchholt.

646. β. Der SW-Monsun. Nachdem wir so den NO-Monsun in den Wintermonaten durch die verschiedenen Meere, welche in unserem Felde nördlich vom Äquator liegen, verfolgt und gesehen haben, dass sein Charakter im allgemeinen der eines trockenen, kühlen Schönwetter-Windes ist, kommen wir jetzt zu dem entgegengesetzten Monsun, welcher während der Sommermonate als SW-Wind dasselbe Gebiet einnimmt, aber im allgemeinen einen feuchten und stürmischen Charakter hat, wozu die starke Erwärmung der Luft den Hauptanlass gibt.

Indem wir diesmal in dem westlichen Meerestheile der Arabischen See beginnen, und später nach Osten vorgehen, finden wir, dass der SW-Monsun an der Küste Afrikas, nördlich vom Äquator schon im Monat März eintritt, und gegen Ende des Monats bereits bis an die Küste Arabiens vorgerückt ist. Dagegen findet man ihn bei Cap Comorin nicht vor dem Ende des April oder anfangs Mai eingesetzt, und an dem nördlich gelegenen Theil der Westküste Hindostans bei Bombai und im Golf von Bombai tritt er noch später ein.

Im offenen Meere macht sich der Monsun später bemerkbar, als an den Küsten, weht aber bereits anfangs Juni regelmäßig über das ganze Arabische Meer, von der Linie bis zu den Küsten des Continents. Seine Richtung schwankt in den ersten Monaten noch zwischen NW, W, SW; von Juni ab aber weht er vorherrschend aus WSW, bis SW und süd-südwestlicher Richtung (mit Intervallen von schönem Wetter bei mäßiger Brise) stark und stürmisch, begleitet von schwüler Luft, bedecktem Himmel und anhaltenden Regengüssen. Die Monate Juli und August sind die stürmischesten und diejenigen, welche den meisten Regen bringen. Im September bessert sich das Wetter, die Winde werden schwächer und veränderlich, gegen Ende des Monats hört der Monsun gänzlich auf zu wehen, und es treten anhaltende Windstillen und an den Küsten leichte Land- und Seewinde auf, welche die Schifffahrt zu dieser Zeit in diesen Gewässern sehr beschwerlich und langwierig machen.

An der Westküste Hindostans ist das Wetter bei Eintritt des Monsuns im Monat Mai sehr unbeständig und die Luft sieht sehr drohend aus. Heftige Böen stellen sich ein, namentlich während der Nacht.

Der Monsun pflegt dann gewöhnlich mit einem Sturme einzusetzen, der in SO beginnt und nach SSW bis SW umläuft, von welcher Richtung der Wind während der ganzen Dauer des Monsuns weht. Während der Monate Mai, Juni, Juli und August ist die Schifffahrt an diesen Küsten für alle Häfen, mit Ausnahme des Hafens von Bombai, so gut wie geschlossen, da die stürmischen Winde und die hohe See es nicht erlauben, auf den meistens offenen Rheden vor Anker zu liegen. Im September nehmen die Winde vorzugsweise die Richtung von W bis WNW an, das Wetter wird besser und die See ruhiger, obgleich noch immer Böen und regnerisches Wetter angetroffen werden. Im October findet hierauf der Wechsel der Monsune statt.

Zwischen der Süd- und West-Küste Ceylons und den Inselgruppen der Laccadiven und Maladiven, welche sich westlich von Vorder-Indien nach Süden erstrecken, weht der Wind während der Dauer des SW-Monsuns sehr stetig und frisch zwischen WSW—SSW. In der Nähe der Inseln nimmt er an Stärke zu und die Böen werden häufiger. In den Monaten, welche dem Einsetzen des SW-Monsuns vorhergehen, im März und April, sowie bei Abnahme des

Monsuns im September wehen die Winde vorzugsweise aus einer Richtung zwischen N—NW.

An den Küsten der Insel Ceylon verhalten sich die Monsune in ähnlicher Weise, wie an den correspondirenden Küsten Vorder-Indiens. Die Wind- und Witterungsverhältnisse der Westküste von Point de Galle nach Norden sind ganz ähnlich denen an der Küste von Malabar, während an der Ostküste der Insel dieselben Verhältnisse gefunden, werden, welche an der Küste von Coromandel, als deren Verlängerung diese Küste angesehen werden kann, beobachtet sind.

An der Westküste der Insel wird der SW-Monsun schon im April vorgefunden und weht während der Sommermonate von W bis SW, zeitweise stürmisch mit hoher See, vielen Regen und Gewittern, so dass es zu dieser Jahreszeit nicht möglich ist, den Hafen von Colombo zu besuchen. Dasselbe Wetter findet man bei Point de Galle und an der Südküste bis zu den Bassas. Überhaupt sind an dieser Küste Westwinde, und Land- und Seewinde fast das ganze Jahr hindurch, mit Ausnahme der Zeit, wenn der NO-Monsun in voller Kraft ist (December und Jänner) vorherrschend.

An der Ostküste der Insel zeigen sich die ersten Spuren des SW-Monsuns Ende März oder Anfang April, jedoch im nördlichen Theil erst Ende April oder Anfang Mai, indem die Winde eine Richtung annehmen, die zwischen SO und SW schwankt. Die Winde sind zu dieser Zeit nur mäßig und sehr veränderlich, und gleichen mehr den Land- und Seewinden, indem die angedeuteten Schwankungen von der Tageszeit abhängen. Im Mai sind die Winde ebenfalls noch abwechselnd, erst von Juni an, dann aber bis Mitte September geht der SW-Monsun stetig und ohne Unterbrechung.

In der Bucht von Bengalen weht der SW-Monsun von April bis September; er beginnt aber an der westlichen oder Luvseite der Bucht, d. h. an den Ostküsten Vorder-Indiens früher als an der östlichen oder Leeseite (an der Küste von Martaban und Tenasserim) und an den nördlich gelegenen Theilen dieser Küsten wieder beziehungsweise früher als an den südlich gelegenen.

Während er an der Küste von Orissa schon Anfang März zu fühlen ist, tritt er, wie schon oben gesagt, an der NO-Küste Ceylons nicht vor Ende April auf. Dagegen beginnt an der Ostseite der Bucht der SW-Monsun im Norden an der Küste von Aracan Ende März oder anfangs April, an den südlichen Küsten von Martaban und Tenasserim aber erst Mitte oder Ende Mai.

An der Luvseite der Bucht ist das Wetter jetzt schön und verhältnismäßig trocken, während es an der Leeseite stürmisch, böig und sehr feucht ist. Die Monate des Wechsels, April und Mai, namentlich der letztere Monat sind häufig von Stürmen heimgesucht, jedoch sind dieselben in diesen Monaten in der Regel nicht so schwer, als die Stürme im October und November zur Zeit des Herbstwechsels.

Ende Mai weht der Monsun über die ganze Bucht von der Linie bis zu den Küsten des Continents, er hört aber in der offenen See später auf als an den Küsten.

In der offenen See sind im März die Winde noch sehr veränderlich, auch kommen lang andauernde Stillen vor. Die Richtung des Windes wechselt zwischen NO und O. und SO bis S. Im April und Mai wehen die Winde schon vorherrschend aus SSW und SW, jedoch noch mit Unterbrechung durch südöstliche Winde und Windstillen. Im Juni, Juli und August ist der Monsun in seiner vollen Kraft und weht stetig aus einer SW- und westlichen Richtung, die im August in eine WNW- und nordwestliche Richtung übergeht. Im September findet man noch nahezu dasselbe Wetter wie in den vorhergehenden Monaten, jedoch werden die Winde schon bedeutend schwächer und sind nicht mehr so beständig in ihrer Richtung, indem sie häufig nach NNW und NNO umgehen.

An der Coromandel-Küste hat man während des SW-Monsuns meistens gutes und trockenes Wetter. Die Winde wechseln zwischen SO und SW, indem sie den Charakter von Land- und Seewinden annehmen.

Von Mitte April bis Mitte Mai kommen mitunter Stürme vor welche in NW beginnen und nach NO und Ost umlaufen. Dieselben wehen am heftigsten, wenn ihre Richtung NO ist, und werden in der Regel durch eine nach Land zulaufende hohe Flutwelle schon vorher angekündigt. Sobald sich die Anzeichen eines solchen Sturmes einstellen, muss man keine Zeit verlieren, um mit den NW-Winden rechtzeitig nach See zu stehen, ehe der Wind nach NO und Ost umgeht.

An der Küste von Orissa beginnt der SW-Monsun schon im März, er zeigt sich aber in den Monaten März, April und Mai vorzugsweise als Land- und Seewind mit gutem Wetter, indem die Winde während des Tages von SO und OSO, des Nachts aber von SSW bis SW wehen. Im Mai wird der Wind mitunter stürmisch von SW und der Himmel ist dick bewölkt. Während der Monate Juni, Juli und August weht der Monsun in seiner vollen Stärke meistens aus westlicher Richtung, mit häufigen Regen und Böen.

An den Leeküsten der Bucht von Bengalen weht der Monsun regelmäßiger und in der Richtung bestimmter als an den Luvküsten, das Wetter ist aber stürmisch und regnerisch. So findet man an den Küsten von Aracan, Martaban und Tenasserim den SW-Monsun stark und stürmisch mit vielen Regen, namentlich während der Monate Juli und August. Die Richtung schwankt nur wenig und weht der Wind sehr regelmäßig aus dem südwestlichen Quadranten.

In der Malakka-Straße sind auch während des SW-Monsuns die Winde sehr unregelmäßig, nur an den Küsten von Sumatra und der Malaiischen Halbinsel findet man Land- und Seewinde, aber auch häufige Windstillen während des Tages. In den Monaten Mai bis September sind die Winde in der Mitte der Straße meistens von südwestlicher Richtung, auch stellen sich zu dieser Zeit die sogenannten „Sumatras" ein. Es sind dies heftige Böen, welche fast regelmäßig des Nachts von den hohen Bergen Sumatras herabfallen, und gewöhnlich anfangs sehr stark mit Gewitter und Regen einsetzen. Sie wehen von der Richtung SWzS, halten aber selten länger als einige Stunden (höchstens 6—8 Stunden) an.

Im Chinesischen Meere weht der SW-Monsun von Mitte Mai bis Anfang October, er setzt aber ebenso wie in den Indischen Meeren nicht an allen Punkten zur selbigen Zeit ein. Im südlichen Theile des Chinesischen Meeres zwischen Borneo und der Malaiischen Halbinsel pflegt der SW-Monsun schon anfangs Mai durchzukommen, während er in der offenen See und an der Südküste Chinas nicht vor Ende des Monats regelmäßig auftritt. Ebenso zeigt er sich im Golf von Siam und an den westlichen Küsten der China-See früher, als an den Ostküsten derselben. Seine Richtung ist im offenen Meer in der ersten Hälfte der Saison bis Mitte Juli zwischen S und SW. Nach dieser Zeit pflegt er eine mehr westliche Richtung anzunehmen, ja sogar bis WNW herumzugehen. Das Wetter ist zu dieser Zeit sehr wechselnd, vorherrschend aber trübe, feucht und unruhig, jedoch werden die Winde nur selten stürmisch, aber oftmals böig, namentlich in der letzten Hälfte des Monsuns. Überhaupt weht der SW-Monsun in der China-See bei weitem nicht so beständig und stark, als in den vorher besprochenen Indischen Meeren, auch ist er größeren Veränderungen unterworfen, als der entgegengesetzte NO-Monsun in der China-See.

An den Küsten weht der SW-Monsun, ebenso wie der NO-Monsun in der entgegengesetzten Jahreszeit, meistens parallel mit denselben, so dass der Wind an der Küste von Süd-Cochinchina aus WSW, an der Ostküste von Cochinchina aus S—SSO weht. An der

Südküste Chinas weht er ebenfalls aus WSW, und an der Küste der Philippinen aus SSW, verändert aber hier bis NW. An denjenigen Küsten, von welchen der Wind nach See weht, findet man jetzt meistens schönes trockenes Wetter, auch treten, wenn der Monsun schwach ist, oftmals Land- und Seewinde auf. So finden wir an der Ostküste der Halbinsel von Malakka von April bis October vorherrschend gutes Wetter und die Winde wehen bei Tage aus südöstlicher, bei Nacht aus westlicher Richtung. Im Golf von Siam ist jetzt, an den westlichen Küsten ebenfalls meistens gutes Wetter, während an den östlichen Küsten, der Küste von Cambodja, der Wind stürmisch und das Wetter böig und regnerisch ist.

An der Küste von Luzon, Palavan und der NW-Küste von Borneo weht der SW-Monsun ziemlich frisch und zeichnet sich das Wetter hier ganz besonders durch große Feuchtigkeit aus, wobei der Himmel dicht bewölkt ist.

Im Canal von Formosa weht der SW-Monsun zu Zeiten sehr regelmäßig und frisch, zu andern Zeiten hingegen ist der Wind sehr veränderlich; ersteres ist vorzugsweise während der Monate Juni und Juli der Fall, auch werden zu dieser Zeit viele Böen mit Regen angetroffen. Letzteres tritt meistens im August ein, wobei auf der Strecke von Shanghai nach Hongkong noch Mitte August viele und langandauernde Windstillen gefunden werden.

Wie weit sich der SW-Monsun östlich von den Philippinen und Formosa erstreckt, ist nicht genau festzustellen; für gewöhnlich soll er sich bis zu den Pelew-Inseln, und ausnahmsweise nach den Mackenzie-Inseln ausdehnen; doch darf man hier nicht auf beständigen SW-Monsun rechnen, vielmehr wird man vorherrschend umlaufende Winde zwischen SO—SW und NW, sowie Böen und Wirbelwinde antreffen, so dass hier auch die Quelle der, die China-See heimsuchenden Taifune zu liegen scheint.

647. Nachstehende Tafeln von Cornelissen geben schließlich die Windverhältnisse des Indischen Oceans von 10° S- bis 20° N.Breite, und von 80—100° Ost-Länge.

## Windtafel des Indischen Oceans von 0 bis 10° Süd.
## (Nach Cornelissen.)[1]

**Von 80° bis 90° Ostlänge**

| Süd-Breite | Winde | Jänner | Februar | März | April | Mai | Juni | Juli | August | September | October | November | December |
|---|---|---|---|---|---|---|---|---|---|---|---|---|---|
| Von 0° bis 5° S. | Nord bis Ost | 15 | 18 | 14 | 10 | 12 | 3 | 6 | 7 | 20 | 11 | 6 | 7 |
| | Ost bis Süd . | 11 | 9 | 18 | 25 | 33 | 47 | 39 | 39 | 41 | 35 | 16 | 13 |
| | Süd bis West | 26 | 24 | 18 | 22 | 26 | 27 | 33 | 37 | 22 | 26 | 34 | 26 |
| | West bis Nord | 31 | 38 | 35 | 30 | 16 | 9 | 16 | 10 | 12 | 19 | 31 | 33 |
| | Calmen . . | 17 | 11 | 15 | 13 | 13 | 14 | 6 | 7 | 5 | 9 | 13 | 21 |
| Von 5° bis 10° S. | Nord bis Ost | 4 | 6 | 12 | 25 | 10 | 10 | 12 | 14 | 16 | 24 | 24 | 9 |
| | Ost bis Süd . | 35 | 19 | 25 | 40 | 72 | 67 | 73 | 76 | 69 | 65 | 38 | 20 |
| | Süd bis West | 25 | 33 | 26 | 13 | 8 | 14 | 7 | 7 | 7 | 6 | 9 | 22 |
| | West bis Nord | 22 | 26 | 24 | 13 | 5 | 4 | 7 | 3 | 7 | 4 | 23 | 35 |
| | Calmen . . | 14 | 16 | 13 | 9 | 5 | 5 | 1 | | 1 | 1 | 6 | 14 |

**Von 90° bis 100° Ostlänge**

| Süd-Breite | Winde | Jänner | Februar | März | April | Mai | Juni | Juli | August | September | October | November | December |
|---|---|---|---|---|---|---|---|---|---|---|---|---|---|
| Von 0° bis 5° S. | Nord bis Ost | 10 | 7 | 12 | 8 | 19 | 16 | 9 | 11 | 8 | 13 | 14 | 10 |
| | Ost bis Süd . | 15 | 13 | 16 | 21 | 29 | 31 | 14 | 22 | 23 | 24 | 13 | 23 |
| | Süd bis West | 18 | 29 | 23 | 27 | 21 | 27 | 29 | 32 | 37 | 25 | 26 | 27 |
| | West bis Nord | 39 | 41 | 38 | 29 | 16 | 16 | 38 | 29 | 28 | 26 | 29 | 28 |
| | Calmen . . | 18 | 10 | 11 | 15 | 15 | 10 | 10 | 6 | 4 | 12 | 18 | 12 |
| Von 5° bis 10° S. | Nord bis Ost | 12 | 4 | 11 | 14 | 10 | 11 | 13 | 10 | 6 | 9 | 7 | 9 |
| | Ost bis Süd . | 38 | 17 | 37 | 51 | 68 | 70 | 65 | 81 | 80 | 79 | 70 | 44 |
| | Süd bis West | 10 | 27 | 15 | 11 | 10 | 7 | 5 | 4 | 5 | 5 | 7 | 22 |
| | West bis Nord | 23 | 37 | 31 | 19 | 7 | 8 | 10 | 3 | 9 | 4 | 8 | 8 |
| | Calmen . . | 17 | 15 | 6 | 5 | 5 | 4 | 7 | 2 | . | 3 | 8 | 17 |

[1] Dampfer-Routen von Aden nach der Sunda-Straße und zurück. 1872.

## Indischer Ocean. — Winde zwischen 80 und 90° Ostlänge.
(Nach Cornelissen.)[1]

| Nord-Breite | Winde | Jänner | Februar | März | April | Mai | Juni | Juli | August | September | October | November | December |
|---|---|---|---|---|---|---|---|---|---|---|---|---|---|
| Von 15° bis 20° | Nord bis Ost | 63 | 43 | 23 | 6 | 5 | 2 | 1 | 3 | 7 | 37 | 74 | 68 |
| | Ost bis Süd . | 9 | 11 | 19 | 18 | 20 | 9 | 5 | 10 | 16 | 20 | 6 | 1 |
| | Süd bis West | 10 | 27 | 33 | 66 | 68 | 83 | 84 | 75 | 58 | 22 | 8 | 8 |
| | West bis Nord | 14 | 15 | 16 | 7 | 6 | 4 | 10 | 11 | 17 | 16 | 10 | 22 |
| | Calmen . . | 4 | 4 | 9 | 3 | 1 | 2 | | 1 | 2 | 5 | 2 | 1 |
| Von 10° bis 15° | Nord bis Ost | 79 | 67 | 50 | 17 | 7 | 1 | | 1 | 4 | 26 | 52 | 72 |
| | Ost bis Süd . | 11 | 18 | 22 | 35 | 20 | 8 | 5 | 11 | 9 | 25 | 23 | 16 |
| | Süd bis West | 3 | 7 | 10 | 31 | 59 | 80 | 85 | 64 | 73 | 29 | 8 | 4 |
| | West bis Nord | 5 | 6 | 10 | 9 | 9 | 7 | 6 | 23 | 13 | 12 | 16 | 6 |
| | Calmen . . | 2 | 2 | 8 | 8 | 5 | 4 | 4 | 1 | 1 | 8 | 1 | 2 |
| Von 5° bis 10° | Nord bis Ost | 72 | 76 | 58 | 25 | 4 | 1 | 1 | 1 | 1 | 16 | 31 | 47 |
| | Ost bis Süd . | 12 | 11 | 19 | 29 | 14 | 7 | 4 | 13 | 3 | 15 | 20 | 20 |
| | Süd bis West | 7 | 5 | 7 | 31 | 64 | 78 | 76 | 74 | 81 | 49 | 22 | 10 |
| | West bis Nord | 7 | 6 | 12 | 11 | 16 | 11 | 18 | 11 | 14 | 18 | 21 | 20 |
| | Calmen . . | 2 | 2 | 4 | 4 | 2 | 3 | 1 | 1 | 1 | 2 | 6 | 3 |
| Von 0° bis 5° | Nord bis Ost | 54 | 53 | 40 | 16 | 3 | . | . | . | 4 | 8 | 16 | 46 |
| | Ost bis Süd . | 12 | 14 | 17 | 21 | 16 | 25 | 16 | 19 | 17 | 8 | 10 | 8 |
| | Süd bis West | 11 | 7 | 10 | 33 | 49 | 59 | 65 | 56 | 58 | 48 | 35 | 26 |
| | West bis Nord | 21 | 22 | 23 | 24 | 25 | 15 | 17 | 22 | 20 | 35 | 35 | 19 |
| | Calmen . . | 2 | 4 | 10 | 6 | 7 | 1 | 2 | 3 | 1 | 1 | 4 | 1 |

[1] Dampfer-Routen von Aden nach der Sunda-Straße und zurück. 1872.

## Indischer Ocean. — Winde zwischen 90 bis 100° Ostlänge. (Nach Cornelissen.)[1]

| Nord-Breite | Winde | Jänner | Februar | März | April | Mai | Juni | Juli | August | September | October | November | December |
|---|---|---|---|---|---|---|---|---|---|---|---|---|---|
| 15° bis 20° | Nord bis Ost | 55 | 42 | 12 | 5 | 1 | . | . | 2 | 13 | 37 | 66 | 69 |
| | Ots bis Süd . | 3 | 4 | 7 | 7 | 10 | 12 | 2 | 1 | 8 | 18 | 15 | 2 |
| | Süd bis West | 8 | 12 | 14 | 44 | 65 | 80 | 91 | 90 | 61 | 12 | 4 | 4 |
| | West bis Nord | 29 | 36 | 60 | 33 | 17 | 5 | 6 | 6 | 13 | 28 | 14 | 24 |
| | Calmen . . | 5 | 6 | 7 | 11 | 7 | 3 | 1 | 1 | 5 | 5 | 1 | 1 |
| 10° bis 15° | Nord bis Ost | 78 | 53 | 42 | 29 | 7 | . | 2 | . | . | 22 | 53 | 83 |
| | Ost bis Süd . | 6 | 3 | 8 | 13 | 6 | 9 | 5 | 6 | 4 | 20 | 18 | 8 |
| | Süd bis West | . | 4 | 8 | 24 | 63 | 82 | 87 | 79 | 77 | 25 | 10 | 1 |
| | West bis Nord | 12 | 36 | 33 | 27 | 16 | 8 | 5 | 14 | 15 | 27 | 17 | 7 |
| | Calmen . . | 4 | 4 | 9 | 7 | 8 | 1 | 1 | 1 | 4 | 6 | 2 | 1 |
| 5° bis 10° | Nord bis Ost | 66 | 65 | 61 | 21 | 4 | 1 | 5 | 6 | 2 | 21 | 48 | 72 |
| | Ost bis Süd . | 12 | 8 | 11 | 22 | 12 | 17 | 18 | 14 | 11 | 16 | 22 | 12 |
| | Süd bis West | 4 | 3 | 7 | 22 | 67 | 71 | 68 | 63 | 56 | 33 | 9 | 2 |
| | West bis Nord | 15 | 20 | 12 | 24 | 11 | 10 | 8 | 11 | 27 | 26 | 16 | 13 |
| | Calmen . . | 3 | 4 | 6 | 8 | 6 | 1 | 1 | 6 | 4 | 4 | 5 | 1 |
| 0° bis 5° | Nord bis Ost | 34 | 28 | 27 | 11 | 5 | 4 | 8 | 5 | 3 | 11 | 15 | 22 |
| | Ost bis Süd . | 11 | 9 | 18 | 16 | 18 | 23 | 18 | 14 | 16 | 21 | 15 | 18 |
| | Süd bis West | 17 | 19 | 17 | 42 | 51 | 58 | 46 | 54 | 62 | 29 | 27 | 16 |
| | West bis Nord | 31 | 31 | 23 | 23 | 20 | 10 | 20 | 16 | 13 | 31 | 38 | 36 |
| | Calmen . . | 7 | 13 | 15 | 8 | 6 | 5 | 8 | 11 | 6 | 8 | 5 | 13 |

[1] Dampfer-Routen von Aden nach der Sunda-Straße und zurück, 1872.

Es gilt nunmehr noch die Windverhältnisse von zwei Nebenmeeren des Indischen Oceans darzustellen, von denen das eine in der Gegenwart für den Weltverkehr die höchste Wichtigkeit erlangt hat. Diese Nebenmeere sind: das Rothe Meer und das Persische Meer.

648. Windverhältnisse im Rothen Meere. — Nach Labrosse herrschen im Rothen Meere von October bis April, also zur Zeit des NO-Monsuns südliche Winde von der Straße Bab-el-Mandeb bis Jibbel-Teer, von da bis 19° N. Br. abwechselnd Brisen aus S und N, beide Winde weniger frisch als die Winde im südlichen und nördlichen Theil des Meeres. Von 21 bis 27° N. überwiegen nördliche Winde. Von 27° N. bis Suez wehen fast ausschließlich nördliche Winde.

In den Monaten Juni, Juli, August und September kommen die nördlichen Winde im Bereiche des ganzen Meeres zur Zeit des SW-Monsuns zur Herrschaft. Im Golf von Aden sind die Winde veränderlich; vornehmlich kommen im April und Mai Brisen aus ONO, SO und S vor. Von Ende Juni bis Ende August treten frische W- und SW-Winde auf. Im September trifft man Land- und Seebrisen. Eine Calmzone in Form eines Dreiecks, dessen Scheitel bei Guardafui, dessen Basis zwischen Ras-Rhemat und Ras-Kosair an der Arabischen Küste liegt, scheidet gewöhnlich in der Zeit des SW-Monsuns den Golf von Aden vom Gebiet dieses Monsuns. Zur Zeit des NO-Monsuns gibt es O- und ONO-Winde, welche von Jänner bis März, und in der Nähe der Straße Bab-el-Mandeb, stärker wehen.

Um noch die Angaben des k. k. Corvetten-Kapitän Wilhelm Kropp anzuführen, so sind nach demselben die hauptsächlich herrschenden und mit einander abwechselnden Winde des Rothen Meeres der NNW (Schemal) und SSO (Assiab). Einen großen Einfluss auf Richtung und Stärke der Winde, besonders im untern Theile des Meeres üben die NO- und SW-Monsune des nördlichen Indischen Oceans aus. Der NO-Monsun wird östlich im Golf von Aden und tritt dann als Südwind durch die Straße Bab-el-Mandeb in das Rothe Meer ein, wo er im südlichen Theile als SSO mit großer Heftigkeit bläst, während im nördlichen Theile des Meeres sich der NNW behauptet und besonders in der Straße von Jubal stark weht. Nur selten dringt der SSO bis an die nördlichen Ränder des Meeres vor.

Unter der Arabischen Küste bläst der NNW gewöhnlich weniger stark, als an der Africanischen; mit dem SSO scheint, soviel Corv. Kapitän Kropp wahrgenommen hat, das Umgekehrte der Fall zu sein. Der SSO nimmt je näher der Straße Bab-el-Mandeb, desto mehr an Stärke zu.

In den Sommermonaten zur Zeit des SW-Monsuns, der selten über Cap Guardafui hinausgeht, wehen im Golf von Aden größtentheils veränderliche, mitunter sehr heftige Winde; im Rothen Meere aber herrschen NNW-Winde vor, welche oft bis Bab-el-Mandeb reichen, jedoch nur im Golf von Suez, speciell in der Straße Jubal, steif wehen.

Im ganzen genommen kann man übrigens sagen, dass die NNW- und SSO-Winde sehr frisch sind.

Eine Region mehr veränderlicher Winde, zumal von October bis April findet sich zwischen 20° N. und Jibbel-Teer.

Außer den NNW- und SSO-Winden hat das Rothe Meer auch noch einige Winde aufzuweisen, die, mehr localer Natur, zu gewissen Jahreszeiten als Landwinde unter den Namen „Khamsin und Symum" auftreten. Mit dem Namen Khamsin bezeichnet man im Golf von Suez jenen warmen, staubführenden S-Wind, der gewöhnlich um die Frühlings-Tag- und Nachtgleiche beginnt und mit zeitweiliger Unterbrechung durch 50 Tage andauert.

Dicht unter der ganzen Arabischen Küste bis Bab-el-Mandeb sind vorzüglich im Frühjahr starke, heftige, jedoch nur kurz andauernde Land- oder Sand-Böen nichts seltenes. Dieselben treten bei dem klarsten Wetter sehr rasch, ohne irgend ein anderes Anzeichen, als die allenfalls am Lande aufwirbelnden Staubwolken ein. An der gegenüberliegenden Afrikanischen Küste sind ähnliche, den ganzen Sommer über vorkommende, heftige, unter dem Namen Symum bekannte Landwinde nichts ungewöhnliches.

649. Windverhältnisse im Persischen Golfe. — Im Persischen Meere sind nach Labrosse Calmen häufig. Der vorherrschende Wind ist der NW (Schemal). In den Wintermonaten kommen auch SO-Winde (Koss) vor.

650. Als Schluss der Darstellung der Winde des Indischen Oceans ist wie für den Atlantischen Ocean eine, den „Routes marit. l'Ocean Indien" von Labrosse entnommene Tabelle beigefügt, welche die Chancen der Calmen, in Percenten ausgedrückt, für den Bereich des Indischen Oceans angibt.

## Tafel der Chancen der Calmen, in Percenten ausgedrückt.
### Indischer Ocean.[1]

| | Breiten | Von 20°—25° | Von 25°—30° | Von 30°—35° | Von 35°—40° | Von 40°—45° | Von 45°—50° | Von 50°—55° | Von 55°—60° | Von 60°—65° | Von 65°—70° | Von 70°—75° | Von 75°—80° | Von 80°—85° | Von 85°—90° | Von 90°—95° | Von 65°—100° | Von 100°—105° | Von 105°—110° | Von 110°—115° | Von 115°—120° | Von 120°—125° | Von 125°—130° |
|---|---|---|---|---|---|---|---|---|---|---|---|---|---|---|---|---|---|---|---|---|---|---|---|
| | | Längen Ost von Greenwich | | | | | | | | | | | | | | | | | | | | | |
| | | Jänner, Februar, März | | | | | | | | | | | | | | | | | | | | | |
| | Von 25°—30° | | | 20 | | | | 13 | | | | | | | | | | | | | | 10 | 10 |
| Nordbreiten | „ 20 —25 | | | | 8 | | | | 13 | 12 | 3 | | | | 19 | 19 | | | | 8 | 0 | 0 | 5 |
| | „ 15 —20 | | | | | 6 | | | 8 | 5 | 0 | 12 | | | 12 | 0 | | | 0 | 6 | 5 | 0 | 0 |
| | „ 10 —15 | | | | | 7 | 13 | 10 | 13 | 4 | 4 | 14 | | 5 | 5 | 4 | 8 | 17 | | 0 | 4 | 0 | 0 |
| | „ 5 —10 | | | | | | | 0 | 4 | 5 | 8 | 13 | 22 | 14 | 8 | 6 | 5 | 14 | 5 | 0 | | 0 | 0 |
| | „ 0 — 5 | | | | | | 0 | 4 | 7 | 6 | 14 | 9 | 8 | 18 | 9 | 10 | 20 | | 5 | | | 0 | 5 |
| Südbreiten | Von 0°— 5° | | | | | 4 | 0 | 7 | 23 | 10 | 11 | 16 | 13 | 17 | 6 | 8 | 19 | | 10 | 14 | 14 | 8 | 16 |
| | „ 5 —10 | | | | | 17 | 19 | 9 | 15 | 13 | 13 | 12 | 17 | 8 | 7 | 10 | 13 | 8 | 12 | 8 | 6 | 8 | 11 |
| | „ 10 —15 | | | | | 25 | 8 | 12 | 13 | 17 | 14 | 9 | 5 | 8 | 7 | 7 | 14 | 24 | 6 | 7 | 6 | 6 | |
| | „ 15 —20 | | | | 20 | 19 | | 8 | 6 | 5 | 5 | 0 | 5 | 5 | 0 | 4 | 0 | 2 | 5 | 6 | 9 | | |
| | „ 20 —25 | Afrika | | | 6 | 15 | 8 | 7 | 7 | 5 | 5 | 0 | 5 | 0 | 0 | 0 | 0 | 0 | 0 | 0 | | | |
| | „ 25 —30 | | | | 0 | 6 | 4 | 5 | 8 | 4 | 0 | 7 | 4 | 4 | 9 | 6 | 6 | 0 | 0 | 0 | | | |
| | „ 30 —35 | | 8 | 5 | 7 | 0 | 5 | 7 | 5 | 0 | 5 | 5 | 5 | 7 | 7 | 8 | 8 | 0 | 0 | 0 | | | 0 |
| | „ 35 —40 | 4 | 8 | 4 | 0 | 0 | 0 | 0 | 0 | 0 | 0 | 0 | 0 | 0 | 0 | 3 | 0 | 0 | 0 | 5 | 5 | 0 | 4 |
| | „ 40 —45 | 4 | 6 | 0 | 4 | 0 | 0 | 0 | 0 | 0 | 4 | 4 | 5 | 6 | 4 | 6 | 3 | 0 | 0 | 0 | 0 | 3 | 0 |
| | „ 45 —50 | 8 | 0 | 0 | 0 | 0 | 0 | 0 | 0 | 0 | 5 | 0 | 0 | 0 | 0 | 0 | 0 | 0 | 0 | 0 | 0 | 0 | 0 |

[1] Labrosse: „Routes maritimes l'Ocean indien“.

| | Breiten | Längen Ost von Greenwich | | | | | | | | | | | | | | | | | | | | | |
|---|---|---|---|---|---|---|---|---|---|---|---|---|---|---|---|---|---|---|---|---|---|---|---|
| | | Von 20°—25° | Von 25°—30° | Von 30°—35° | Von 35°—40° | Von 40°—45° | Von 45°—50° | Von 50°—55° | Von 55°—60° | Von 60°—65° | Von 65°—70° | Von 70°—75° | Von 75°—80° | Von 80°—85° | Von 85°—90° | Von 90°—95° | Von 95°—100° | Von 100°—105° | Von 105°—110° | Von 110°—115° | Von 115°—120° | Von 120°—125° | Von 125°—130° |
| | **April. Mai, Juni** | | | | | | | | | | | | | | | | | | | | | | |
| Nordbreiten | Von 25°—30° | | | | | | | 18 | | | | | | | | | | | | | | 4 | 0 |
| | „ 20 —25 | | | | 13 | | | | 13 | 5 | 9 | | | | 16 | 12 | | | | 9 | 0 | 0 | 0 |
| | „ 15 —20 | | | | | 14 | | | 3 | 5 | 5 | 4 | | 14 | 6 | 0 | | | 0 | 7 | 0 | | 0 |
| | „ 10 —15 | | | | | 15 | 10 | 6 | 12 | 12 | 6 | 7 | | 13 | 7 | 7 | 13 | 0 | | 6 | 6 | | 0 |
| | „ 5 —10 | | | | | | | 0 | 7 | 7 | 7 | 14 | 8 | 13 | 8 | 6 | 16 | 0 | 6 | 0 | | | 0 |
| | „ 0 — 5 | | | | | | 14 | 11 | 14 | 10 | 12 | 9 | 0 | 8 | 9 | 17 | 10 | | 18 | | | 13 | 13 |
| Südbreiten | „ 0 — 5 | | | | | 0 | 7 | 16 | 13 | 14 | 12 | 4 | 9 | 11 | 10 | 10 | 13 | | 17 | | 17 | 11 | 13 |
| | „ 5 —10 | | | | | 4 | 4 | 0 | 5 | 0 | 3 | 4 | 0 | 12 | 9 | 13 | 5 | 8 | 9 | 9 | 5 | 5 | 8 |
| | „ 10 —15 | | | | | 4 | 4 | 0 | 0 | 0 | 0 | 0 | 0 | 0 | 0 | 0 | 0 | 0 | 0 | 7 | 10 | 7 | 8 |
| | „ 15 —20 | | | | 11 | 13 | | 4 | 0 | 4 | 4 | 6 | 0 | 0 | 0 | 0 | 0 | 0 | 0 | 0 | 4 | | |
| | „ 20 —25 | Afrika | | | 6 | 6 | 6 | 6 | 0 | 0 | 0 | 0 | 0 | 0 | 0 | 0 | 0 | 0 | 0 | 6 | | | |
| | „ 25 —30 | | | 4 | 8 | 5 | 5 | 5 | 10 | 0 | 4 | 0 | 0 | 0 | 0 | 4 | 9 | 9 | 4 | 4 | | | |
| | „ 30 —35 | 4 | 0 | 5 | 4 | 5 | 5 | 6 | 0 | 0 | 0 | 6 | 4 | 7 | 4 | 4 | 4 | 6 | 8 | 0 | | | 0 |
| | „ 35 —40 | 3 | 3 | 4 | 0 | 0 | 0 | 0 | 0 | 4 | 0 | 4 | 4 | 3 | 0 | 0 | 4 | 4 | 5 | 5 | 4 | 4 | 9 |
| | „ 40 —45 | 3 | 4 | 0 | 0 | 0 | 4 | 4 | 4 | 4 | 4 | 4 | 0 | 0 | 4 | 4 | 4 | 4 | 4 | 4 | 0 | 0 | 0 |
| | „ 45 —50 | 0 | 0 | 0 | 0 | 0 | 0 | 0 | 0 | 0 | 0 | 0 | 0 | 0 | 0 | 0 | 0 | 0 | 0 | 0 | 0 | 0 | 0 |
| | **Juli. August. September** | | | | | | | | | | | | | | | | | | | | | | |
| Nordbreiten | Von 25°—30° | | | | | | | 32 | | | | | | | | | | | | | | 4 | 0 |
| | „ 20 —25 | | | | 29 | | | | 27 | 5 | 8 | | | | 9 | 20 | | | | 6 | 4 | 4 | 0 |
| | „ 15 —20 | | | | | 26 | | | 0 | 0 | 0 | 9 | | 6 | 6 | 0 | | | 8 | 0 | 4 | 6 | 0 |
| | „ 10 —15 | | | | | 26 | 26 | 5 | 0 | 0 | 0 | 0 | | 0 | 0 | 0 | 0 | | | 5 | 0 | 0 | 5 |
| | „ 5 —10 | | | | | | | 0 | 0 | 0 | 0 | 0 | 0 | 0 | 0 | 0 | 12 | 0 | 10 | 0 | 0 | 6 | 7 |
| | „ 0 — 5 | | | | | | 0 | 0 | 4 | 3 | 11 | 15 | 7 | 6 | 4 | 5 | 10 | | 10 | | 3 | 9 | 9 |

| Breiten | Längen Ost von Greenwich | | | | | | | | | | | | | | | | | | | | | |
|---|---|---|---|---|---|---|---|---|---|---|---|---|---|---|---|---|---|---|---|---|---|---|
| | Von 20°—25° | Von 25°—30° | Von 30°—35° | Von 35°—40° | Von 40°—45° | Von 45°—50° | Von 50°—55° | Von 55°—60° | Von 60°—65° | Von 65°—70° | Von 70°—75° | Von 75°—80° | Von 80°—85° | Von 85°—90° | Von 90°—95° | Von 95°—100° | Von 100°—105° | Von 105°—110° | Von 110°—115° | Von 115°—120° | Von 120°—125° | Von 125°—130° |
| **Südbreiten** | | | | | | | | | | | | | | | | | | | | | | |
| Von 0°— 5° | | | | | 0 | 4 | 5 | 7 | 16 | 18 | 32 | 27 | 25 | 12 | 18 | 9 | | 5 | 0 | 8 | 7 | 8 |
| „ 5 —10 | | | | | 0 | 0 | 0 | 5 | 0 | 0 | 4 | 4 | 4 | 4 | 5 | 5 | 8 | 10 | 0 | 3 | 13 | 13 |
| „ 10 —15 | | | | | 10 | 10 | 4 | 0 | 0 | 0 | 0 | 0 | 0 | 0 | 0 | 0 | 0 | 0 | 0 | 4 | 5 | 5 |
| „ 15 —20 | | | | | 4 | | 0 | 0 | 0 | 0 | 0 | 0 | 0 | 0 | 0 | 0 | 0 | 0 | 0 | 8 | 0 | |
| „ 20 —25 | Afrika | | | 13 | 11 | | 11 | 10 | 0 | 5 | 0 | 8 | 4 | 4 | 0 | 0 | 10 | 5 | 5 | | | |
| „ 25 —30 | | | 4 | 4 | 4 | 5 | 6 | 6 | 10 | 5 | 8 | 5 | 7 | 7 | 12 | 6 | 4 | 4 | 5 | | | |
| „ 30 —35 | | 4 | 5 | 4 | 6 | 4 | 0 | 7 | 6 | 6 | 0 | 5 | 0 | 8 | 1 | 0 | 8 | 5 | 5 | | | |
| „ 35 —40 | 4 | 4 | 1 | 4 | 0 | 0 | 0 | 0 | 0 | 0 | 0 | 0 | 0 | 0 | 0 | 0 | 0 | 0 | 0 | 4 | 0 | 0 |
| „ 40 —45 | 4 | 0 | 0 | 0 | 0 | 0 | 0 | 0 | 0 | 0 | 0 | 0 | 0 | 0 | 0 | 0 | 0 | 0 | 0 | 0 | 0 | 0 |
| „ 45 —50 | 0 | 0 | 0 | 0 | 0 | 0 | 0 | 0 | 0 | 0 | 0 | 0 | 0 | 0 | 0 | 0 | 0 | 0 | 0 | 0 | 0 | 0 |
| **October, November, December** | | | | | | | | | | | | | | | | | | | | | | |
| **Nordbreiten** | | | | | | | | | | | | | | | | | | | | | | |
| Von 25°—30° | | | | | | | | | | | | | | | | | | | | | 7 | 5 |
| „ 20 —25 | | | | 21 | | | | 19 | 21 | 9 | | | | 35 | 32 | | | | 0 | 0 | 5 | 0 |
| „ 15 —20 | | | | | 14 | | | 13 | 13 | 8 | 22 | | 19 | 9 | 8 | | | 0 | 5 | 8 | 0 | 0 |
| „ 10 —15 | | | | | 19 | 22 | 9 | 11 | 9 | 18 | 26 | | 9 | 8 | 13 | 4 | | | 4 | 15 | 0 | 0 |
| „ 5 —10 | | | | | | | 5 | 15 | 9 | 22 | 21 | 21 | 22 | 20 | 26 | 20 | 21 | 17 | 17 | 20 | 18 | 14 |
| „ 0 — 5 | | | | | | 8 | 10 | 8 | 15 | 19 | 14 | 20 | 22 | 17 | 13 | 11 | 16 | 24 | 14 | 32 | 16 | 11 |
| 0 — 5 | | | | | 8 | 0 | 0 | 7 | 19 | 9 | 24 | 18 | 21 | 16 | 13 | 26 | | 23 | 19 | 32 | 17 | 15 |
| 5 —10 | | | | | 7 | 18 | 12 | 26 | 24 | 8 | 18 | 13 | 14 | 17 | 13 | 17 | 26 | 13 | 6 | 11 | 14 | 15 |
| 10 —15 | | | | | 22 | 9 | 8 | 6 | 5 | 4 | 13 | 5 | 5 | 9 | 8 | 0 | 9 | 9 | 4 | 8 | 20 | 9 |
| 15 —20 | | | | | 11 | | 0 | 5 | 0 | 4 | 0 | 0 | 0 | 0 | 0 | 0 | 0 | 0 | 0 | 9 | | |
| 20 —25 | Afrika | | | 6 | 8 | | 9 | 5 | 6 | 12 | 6 | 5 | 0 | 4 | 7 | 6 | 7 | 7 | 5 | | | |

| Breiten | Längen Ost von Greenwich | | | | | | | | | | | | | | | | | | | | | |
|---|---|---|---|---|---|---|---|---|---|---|---|---|---|---|---|---|---|---|---|---|---|---|
| | Von 20°—25° | Von 25°—30° | Von 30°—35° | Von 35°—40° | Von 40°—45° | Von 45°—50° | Von 50°—55° | Von 55°—60° | Von 60°—65° | Von 65°—70° | Von 70°—75° | Von 75°—80° | Von 80°—85° | Von 85°—90° | Von 90°—95° | Von 95°—100° | Von 100°—105° | Von 105°—110° | Von 110°—115° | Von 115°—120° | Von 120°—125° | Von 125°—130° |
| Südbreiten Von 25°—30° | | | 6 | 13 | 5 | 8 | 9 | 5 | 12 | 10 | 4 | 5 | 4 | 6 | 4 | 10 | 0 | 7 | 0 | | | |
| „ 30 —35 | | 9 | 14 | 5 | 7 | 13 | 5 | 5 | 6 | 6 | 5 | 5 | 6 | 4 | 4 | 4 | 0 | 5 | 5 | | | |
| „ 35 —40 | 5 | 3 | 4 | 0 | 4 | 4 | 4 | 4 | 4 | 4 | 4 | 4 | 4 | 4 | 4 | 4 | 4 | 5 | 5 | 4 | 0 | 4 |
| „ 40 —45 | 7 | 7 | 4 | 0 | 4 | 4 | 0 | 0 | 0 | 0 | 0 | 0 | 0 | 0 | 0 | 0 | 0 | 0 | 0 | 0 | 0 | 4 |
| „ 45 —50 | 0 | 0 | 0 | 0 | 4 | 0 | 0 | 0 | 0 | 0 | 0 | 0 | 0 | 0 | 0 | 0 | 0 | 0 | 0 | 0 | 0 | 0 |

### III. Die Winde im Großen Ocean.[1]

651. Im Großen Ocean trifft man wieder auf vier ausgedehnte Gebiete der Winde, und zwar von S nach N:

Die Region der vorherrschenden Westwinde in der Süd-Hemisphäre,

die Region des SO-Passates,

die Region des NO-Passates,

die Region der vorherrschenden Westwinde in der Nord-Hemisphäre.

Zu diesen Windzonen kommen noch jene der Monsune oder monsunähnlichen Winde in den westlichen und in den östlichen Grenzgebieten des Oceans. Über die Monsune im westlichen Theile des Großen Oceans wurde bereits im Anschluss an die Monsune des Indischen Oceans gesprochen; es erübrigt nur noch bezüglich ihres Eingreifens in den centralen Theil des Pacifischen Oceans nähere Daten an betreffender Stelle anzuführen. Zwischen dem NO- und SO-Passat ist die Zone der Äquatorialen Calmen, zwischen den Passaten und den Regionen der Westwinde sind die Gebiete der Calmen und veränderlichen Brisen der Wendekreise eingeschaltet.

---

[1] Den nachstehenden Darstellungen liegen zum größten Theile jene von Labrosse „Routes maritimes, l'Ocean Pacifique" zu Grunde.

### *a)* Die Regionen der Calmen.

652. Calmgebiete. — Bezüglich der Äquatorialen Calmen sind zwei Gebiete zu unterscheiden: eines im östlichen, eines im westlichen Theile des Oceans.

Das Calmgebiet im ersten Theile hat beiläufig eine Dreiecksform mit der Basis nach der Seite der Küste von Central-Amerika und Mexico, während die Spitze des Dreiecks westwärts liegt, und wie die Basis desselben je nach der Jahreszeit eine Verschiebung erfährt.

Von Jänner bis März dehnt sich das Calmgebiet an der Küste Amerikas vom Gleicher bis gegen 20° N. aus: in 110—130° Westlänge hat es eine Breite von 10°, westlich vom letztgenannten Meridian ist die Grenze nicht mehr angebbar.

Von April bis Juni ist die Calmregion deutlich ausgesprochen ostwärts von 120° W. Lg., doch nicht in demselben Maße westwärts davon. Von Juli bis September sind dauernde Calmen nördlich von 10° N. zu treffen von der Amerikanischen Küste bis zu 140° W. Lg. Man kann annehmen, dass östlich von 130° W. Lg. die Calmen bis über 30° N. reichen. Zwischen 130 und 140° W. beträgt die Breite der Calmregion etwa 10 Grade. Von October bis December dehnt sich das Calmgebiet an der Amerikanischen Küste von 10 bis 20 oder 25° N. aus, westwärts bis zu 120° W. Lg. Westlich von diesem Meridian kommen noch Calmen vor, doch von kurzer Dauer und ohne bedeutende Ausdehnung, um von wahrhaften Calmgebieten sprechen zu können.

Die Äquatorialen Calmen im westlichen Theile des Oceans zeigen sich vornehmlich zwischen dem Gleicher und 10° S. Br. Ihre Ausdehnung gegen den centralen Theil des Oceans kann positiv nicht angegeben werden, da die zahlreichen Archipele ohnehin Störungen in der Regelmäßigkeit der Luftströmungen verursachen.

Das Calmgebiet des Wendekreises des Krebses tritt im östlichen Theile des Oceans zwischen 30—40° N. Br. vornehmlich von April bis September fühlbar hervor. Im westlichen Theile des Oceans östlich von Japan und zwischen denselben Parallelen haben die Calmen mit Ausnahme der Zeit von October bis December eine größere Beständigkeit.

Die Calmregion des Wendekreises des Steinbocks dehnt sich in den Monaten October bis April zwischen 25—40° S. Br. mit geringen Unterbrechungen von West nach Ost über die ganze Südsee aus. Während des Restes des Jahres ist die Ausdehnung dieser Region weniger bestimmt anzugeben, doch ist zu bemerken, dass im östlichen Theile des Oceans zu jeder Jahreszeit das Gebiet der Calmen mehr ausgesprochea ist, und im Sinne der geographischen Breite weiter reicht, als im westlichen.

### *b)* Die Regionen der Passate.

653. *α* Der NO-Passat. — Um nun zur Betrachtung der einzelnen Windzonen überzugehen, und zwar zunächst jener innerhalb der Tropen, so ist der NO-Passat des Pacifischen Oceans im allgemeinen stärker, als jener des Atlantischen Oceans. Derselbe gewinnt seine größte Stärke bei südlicher Declination der Sonne. Es gilt übrigens für alle Passate als Regel, dass sie die größte Stärke entwickeln, wenn die Sonne in der entgegengesetzten Hemisphäre steht.

Die N- und S-Grenzen, zwischen welchen der NO-Passat weht, sind schwer anzugeben; es wird immerhin vorkommen, dass Unterschiede von mehreren hundert Seemeilen sich zwischen den hier unten gegebenen Grenzen, und den von einzelnen Schiffen thatsächlich angetroffenen herausstellen.

Labrosse gibt die beiläufigen Grenzen des NO-Passates für den Stillen Ocean wie folgt an:

| | |
|---|---|
| Jänner, Februar, März | 6° N. bis 25° N., |
| April, Mai, Juni | 7° 30′ N. bis 29° N., |
| Juli, August, September | 14° 30′ N. bis 28° N., |
| October, November, December | 9° N. bis 25° N. |

Was die östlichen Grenzen anbelangt, so trifft man den ständigen NO-Passat auf eine Entfernung von 300 bis 500 Seemeilen von der Nordamerikanischen Küste. Die westlichen Grenzen kann man genau nicht bezeichnen; denn es lässt sich keine bestimmte Grenze angeben, bis zu welcher der SW-Monsun ostwärts eingreift. Im allgemeinen kann man annehmen, dass der ständige NO-Passat bis zu den Inselgruppen der Marianen und Carolinen reicht. Es kommt vor, dass der NO bei den Carolinen erst im Jänner durchbricht, und dass im Norden dieses Archipels und bei der Marianen er bisweilen im November anfängt und bis Mai oder Juni weht. Der SW-Monsun tritt bei den Philippinen von Mai bis September, bei den Marianen von Juli bis October auf. Häufige SW-Winde trifft man von April bis Juli bei den Bonin-Inseln. Doch kann man im westlichen Theile des nördlichen Pacifischen Oceans nicht auf constante SW-Winde mit Sicherheit rechnen, daher die Bezeichnung „Monsun“ nur im Gegensatz zu dem

NO-Passat, welcher in diesen Gegenden während des Restes des Jahres regelmäßig weht, am Platze zu sein scheint.

654. β. Der SO-Passat. — Der SO-Passat kommt als beständiger Wind nur im östlichen Theile der Südsee zur Geltung, und zwar nach Labrosse innerhalb nachstehender Grenzen:

| | |
|---|---|
| Jänner, Februar, März . . | 4° N. bis 31° S., |
| April, Mai, Juni . . . . | 2° 30′ N. bis 27° S., |
| Juli, August, September . | 5° 30′ N. bis 25° S., |
| October, November, December | 3° N. bis 26° S. |

Auch diese Grenzen sind nur annähernd richtig; überdies ist im Großen Ocean die Regelmäßigkeit des SO-Passates geringer, als jene des NO-Passates.

Wenn man von den Küsten Südamerika's ausgeht, so trifft man den SO-Passat als ständigen Wind auf 240 bis 300 Seemeilen vom Lande. Bis 110 oder 120° W. Lg. behält er die Richtung SO, weiter westlich wechselt dieselbe gewöhnlich nach OSO und Ost bis beiläufig zu 140° W. Lg. Westlich von diesem Meridian wird der Wind sehr veränderlich. Von 140° W. Lg. bis ungefähr 170° Ost-Lg. und vom Äquator bis beiläufig 25° S. Br. kommen von October bis April östliche und westliche Winde vor. Westlich von 170° Ost-Lg. herrscht zur selben Jahreszeit der NW-Monsun vom Äquator oder 1° N. Br. bis 15° und auch 19° S. Br.; aber erst im Jänner und Februar gewinnt der NW Beständigkeit. Von April bis October hat der SO-Passat den NW verdrängt und werden östliche Brisen auch im westlichen Theile des Oceans in S der Linie herrschend. Der Passat wechselt die Richtung von SSO zu Ost, und selbst zu NO je nach den Gegenden. Auf ständigen SO-Wind kann man selbst in dieser Zeit-Epoche nur bei den Neuen Hebriden, den Salomon-Inseln, Neuguinea, kurz am westlichen Rande des Oceans während der Monate Juni, Juli, August zählen. In diesen Gegenden kann man mit Recht von einem SO-Monsun sprechen.

Nachstehende Tabelle gibt nach Kerhallet die mittlern Grenzen der Passate des Großen Oceans für die einzelnen Monate.

Großer Ocean. — Mittlere Grenzen der Passate. (Nach Kerhallet.)

| Monat | Nord-Grenze NO-Passat | Süd-Grenze NO-Passat | Nord-Grenze SO-Passat | Breite des Windstillen-Gürtels | Süd-Grenze SO-Passat |
|---|---|---|---|---|---|
| | Breite | | | | Breite |
| Jänner . . . | 20° 0′ N. | 6°30′ N. | 3° 0′ N. | 3°30′ | 33°25′ S. |
| Februar . . . | 26 28 | 4 1 | 2 0 | 2 1 | 28 51 |
| März . . . . | 29 0 | 8 15 | 5 50 | 2 25 | 31 10 |
| April . . . . | 30 0 | 4 45 | 2 0 | 2 45 | 27 25 |
| Mai . . . . . | 29 5 | 7 52 | 3 36 | 4 16 | 28 24 |
| Juni . . . . | 27 41 | 9 58 | 2 30 | 7 28 | 25 0 |
| Juli . . . . . | 31 43 | 12 5 | 5 4 | 7 1 | 25 28 |
| August . . . | 29 30 | 15 0 | 2 30 | 12 30 | 24 18 |
| September . . | 24 20 | 13 56 | 8 11 | 5 45 | 24 51 |
| October . . . | 26 6 | 12 20 | 3 32 | 8 48 | 23 27 |
| November . . | 25 0 | 10 0 | 5 10 | 4 50 | 28 39 |
| December . . | 24 0 | 5 12 | 1 56 | 3 16 | 22 30 |
| 1. Quartal . . | 25°29′ | 6°15′ | 3°37′ | 2°38′ | 31° 9′ |
| 2. „ . . | 28 55 | 7 32 | 2 42 | 4 50 | 26 56 |
| 3. „ . . | 28 31 | 13 40 | 5 15 | 8 25 | 24 52 |
| 4. „ . . | 25 2 | 9 11 | 3 33 | 5 38 | 24 52 |

### c) Winde in den Gemäßigten Zonen.

655. **Regionen der vorherrschenden westlichen Winde.** Bezüglich der Regionen der vorherrschenden Westwinde des Großen Oceans kann man sich auf das berufen, was über die betreffenden Regionen des Atlantischen Oceans gesagt worden ist. Was von den Westwinden im Nordatlantischen Ocean gilt, hat auch für jene des Nordpacifischen Geltung, und für die Westwinde der Südsee gilt analoges, wie über jene des Südatlantischen Oceans.

Nur betreffs der Windverhältnisse in der Nähe der Küste und in den Nebenmeeren, welche innerhalb der Gebiete der Westwinde liegen, mögen nachstehende Bemerkungen eine Stelle finden.

656. Im Japanischen Meere zwischen der Asiatischen Küste und den Japanischen Inseln sind die Windverhältnisse wenig bekannt. Es herrschen veränderliche Brisen. An den S. SO- und Ost-Küsten von Nipon weht der NO-Monsun von September bis April; der SW-Monsun von Juni bis September. Doch sind die Monsune in diesen Gegenden nicht regelmäßig.

Die herrschenden Winde östlich der Japanischen Inseln sind von Jänner bis März N, NW, W und WSW; von April bis Juni S und SW. Auf sehr veränderliche Winde, besonders aber innerhalb der Richtungen Ost, NO und NW, trifft man, wenn man sich von der Küste entfernt. Von Juli bis September wehen veränderliche Winde, doch überwiegend SO, dann NO und N in der Nähe der Inseln; weiter in See aber SW, S, SO und Ost. Von October bis December in einiger Entfernung von der Küste sind vorherrschend nördliche Windg, häufig sind auch SW- und S-Winde.

657. Im Ochotzkischen Meere herrschen im Winter nördliche, im Sommer südöstliche Winde vor.

Im Berings-Meere sind im Sommer außer Nordwinden auch südliche Winde häufig. In der Berings-Straße wechseln N- mit S-Winden.

Die Aleuten sind im Winter sehr heftigen Stürmen von N. und S ausgesetzt, ohne dass die eine oder andere Windrichtung entschieden vorwaltet; im Sommer sind Südwinde häufiger.

658. Im nördlichen Aliaska wehen die Winde vom Lande (NO) im Winter, vom Meere (SW) im Sommer.

Bei Sitka sind im Sommer die süd-westlichen und westlichen, im Winter die östlichen Winde überwiegend. An den Westküsten Nordamerikas vom Cap Mendocino bis 50° N. Br. sind die Winde veränderlich, doch vorherrschend NNW, im Winter SW und SO.

Die Winde Californiens sind im Winter ziemlich mäßig, vorwaltend von SW; im Sommer herrschen Westwinde vor, viel beständiger und stärker als im Winter und aus einer nördlichen Richtung.[1]

Nordwestliche Winde sind überhaupt die am häufigsten wehenden Winde von Cap Mendocino bis Cap Carrientes (20° 30′ N.).

---

[1] Wojeikow. Zeitschr. für Meteorol. Jänner 1879.

659. Was die Windverhältnisse an den Küsten anbelangt, welche in der Süd-Hemisphäre das Gebiet der westlichen Winde begrenzen, so sind an der Ostküste Australiens bis Cap Sandy von Mai bis September westliche Winde vorherrschend, von October bis April sind SO-Winde die häufigsten.[1]

660. Am Cap Hoorn herrschen westliche Winde während des ganzen Jahres vor; östliche Winde wehen nur in den Wintermonaten und alsdann heftig; im Sommer sind sie sehr selten. Nordwinde beginnen mäßig, drehen nach NW, nehmen an Stärke zu und es regnet viel. Der NW dauert 12 bis 15 Stunden, worauf oft plötzlich der Wind in den SW-Quadranten überspringt, von wo er heftiger als vorher bei klarem Himmel weht. — SW- und S-Winde treten ebenso plötzlich als heftig auf; mächtige Wolkenmassen, weiß mit scharfen Kanten, in den erwähnten Richtungen sind sichere Vorboten.

Von der Magellan-Straße bis Chili überwiegen NW-Winde mit stürmischem Charakter, welche nach W und SW drehen. Ein nach NW zurückdrehender Wind hat stets schlechtes Wetter im Gefolge. Nach Fitz-Roy wehen NW- und SW-Winde abwechselnd oft wochenlang. Das Umspringen von NW nach SW geschieht fast immer plötzlich und wird durch das Öffnen der Wolken in SW angedeutet.[2]

Von der Insel Chiloë bis 35° S. Br. gibt es veränderliche Winde, doch sind westliche Winde vorwaltend.

### d) Winde an der Westküste Amerikas von 35° S. bis 20° N. Br. — Gebiete zum Theil monsunartiger Winde.

661. Es erübrigt noch die Windverhältnisse an dem östlichen Rand des Großen Oceans zwischen 35° S. und 20° N. Br. in Betracht zu ziehen, wo zum Theil monsunartige Erscheinungen vorkommen. Dies ist der Fall an den Küsten Chilis und im Golf von Panama.

---

[1] In den Gewässern der Ostküste Australiens hat man auf der Hut gegen die bogenförmigen Böen zu sein, welche „Southerly bursters“ oder „Brickfielders“ genannt werden. Sie kommen vornehmlich im südlichen Sommer vor. Anzeichen sind: Fallen des Barometers, schwarze Wolken in SW Blitz und Donner in dieser Richtung plötzliche Windstille. Nach wenigen Minuten setzt der Wind mit Orkangewalt aus S ein. Er wechselt nach SO, dann O und verliert die Kraft, worauf sich die gewöhnliche Brise wieder einstellt. Manchmal weht es 2 oder 3 Tage heftig aus S; in der Regel hat der orkanartige Wind nur eine Dauer von 2 bis 12 Stunden.

[2] Wetter und Wind, 1879.

Von 35 bis 25° S. Br. hat man von Ende Mai bis September Calmen, veränderliche Brisen und nördliche Winde zu erwarten, wenn auch südliche Winde sehr häufig sind zumal von 30 bis 25° S. Während der übrigen Monate des Jahres sind Winde aus SO bis SW herrschend.

In den Gewässern von 25° S. bis Cap Blanco und Guajaquil sind auf gewisse Entfernung vom Lande die herrschenden Winde südliche, die Windrichtungen wechseln zwischen SSW und OSO. Je entfernter man sich vom Lande befindet, desto fester wird die Richtung des Windes aus SO. In Süd von 10° S.-Breite erlangen diese Winde ihre größte Stärke. Innerhalb 300 bis 400 Meilen von der Küste sind die Winde veränderlich, besonders von April bis August; in dieser Jahreszeit sind besonders zwischen 20—25° S., Brisen von N und NW sowie Calmen nicht selten.

An der Küste von Ecuador herrschen von Cap Blanco bis Cap St. Francisco im allgemeinen südliche Brisen.

An den Küsten Columbias sind in der Nähe des Landes zwischen dem Cap St. Francisco und Guascamas (südwestlich der Insel Gorgona) die Winde veränderlich, doch überwiegend aus SW und W, von Jänner bis März auch häufig aus nördlichen Compassstrichen.

Zwischen Guascamas und Cap Corrientes herrschen veränderliche Brisen; meistens wehen sie aus SW, von Jänner bis März auch häufig aus Nord bis NO. — Calmen sind oft zu treffen. Von Cap Corrientes bis Panama wehen die vorherrschenden Winde aus NW; — von Juni bis December kommen SW-Winde oft vor.

Im Golf von Panama hat man von December bis April Winde aus ONO; von Juni bis October herrschen S- und SW-Winde, bisweilen unterbrochen durch NW-Winde.

Vom Golf von Panama bis Cap Blanco bei 10° N. Br. sind die Winde von Jänner bis März veränderlich, doch sind die Hauptrichtungen der Winde S und SO; während des Restes des Jahres herrschen Winde aus SW bis SO.[1]

662. Vom Cap Blanco bis Cap Corrientes (20° 30′ N.) wechseln vom Jänner bis März die Winde vornehmlich zwischen NO

---

[1] Wojeikow gibt hingegen über die mittleren Windrichtungen im Pacifischen Ocean in den Gewässern Amerikas von 45° S. Br. bis 10° N. Br. für die verschiedenen Jahreszeiten nachstehende Daten:

und NW, vom April bis Juni sind Calmen häufig und dauernd, die Brisen leicht und veränderlich.

Vom Juli bis September gibt es überwiegend süd-östliche und östliche Winde bis zu 15° N. Br. Weiter nördlich sind die Winde veränderlich, vornemlich wehen sie aus NW., doch nicht selten kommen auch Winde aus dem II. und III. Quadranten vor. Die SW-Winde sind oft von gefährlicher Heftigkeit. Von October bis December herrschen NO-, N- und NW-Winde; zwischen dem Golf von Tehuantepek und Acapulco auch Westwinde.

---

Mittlere Windrichtung an der Westküste Amerikas von 45° S. bis 10° N. je nach den Jahreszeiten. (Nach Wojeikow.)

| Breiten | Längen | März bis Mai | Juni bis August | September bis November | December bis Februar |
|---|---|---|---|---|---|
| | | Mittlere Richtung | | | |
| 40—45° S. | 75—80° W. | N. 81 W. | N. 77 W. | N. 78 W. | S. 78 W. |
| 30—35 | 71—75 | S. 37 W. | S. 62 W. | S. 22 W. | S. 25 W. |
| 25—30 | 70—85 | S. 28 W. | S. 8 W. | S. 6 W. | S. 5 O. |
| 20—25 | 70—80 | S. 17 O. | S. 2 O. | | S. 27 O. |
| 15—20 | 70—75 | S. 32 O. | S. 22 O. | . | S. 41 O. |
| 10—15 | 76—80 | S. 43 O. | S. 40 O. | S. 37 O. | S. 40 O. |
| 5—10 | 78—85 | S. 43 O. | S. 36 O. | S. 46 O. | S. 42 O. |
| 0—5 | 80—85 | S. 33 O. | S. 14 O. | S. 17 O. | S. 24 O. |
| 0—5 N. | 75—80 | S. 39 W. | S. 32 W. | S. 31 W. | S. 27 W. |
| 5—10 | 75—90 | S. 22 W. | S. 47 W. | S. 42 W. | N. 28 W. |

(Aus der Zeitschr. für Meteorol. Februar-Heft, 1879.)

längen von Greenwich

| Breite | Von 135°—130° | Von 130°—125° | Von 125°—120° | Von 120°—115° | Von 115°—110° | Von 110°—105° | Von 105°—100° | Von 100°—95° | Von 95°—90° | Von 90°—85° | Von 85°—80° | Von 80°—75° | Von 75°—70° |
|---|---|---|---|---|---|---|---|---|---|---|---|---|---|
| | | 4 | | | | | | | | | | | |
| | | 1 | | | | | | | | | | | |
| | 2 | 1 | 1 | | | | | | | | | | |
| | 2 | 1 | 1 | 12 | | | Amerika | | | | | | |
| | 2 | 1 | 1 | 2 | 2 | | | | | | | | |
| | 2 | 1 | 1 | 2 | 2 | 2 | | | | | | | |
| | 0 | 1 | 1 | 1 | 1 | 6 | 6 | 8 | 8 | | | | |
| | 0 | 1 | 1 | 1 | 1 | 6 | 6 | 8 | 8 | 0 | | | |
| | 3 | 4 | 4 | 4 | 4 | 4 | 4 | 3 | 3 | 5 | 5 | 5 | |
| | 3 | 4 | 4 | 4 | 4 | 4 | 4 | 3 | 3 | 5 | 5 | 3 | |
| | 2 | 3 | 5 | 0 | 1 | 1 | 0 | 3 | 0 | 5 | 4 | | |
| No. 20—25 | 4 | 4 | 2 | 2 | 1 | 1 | | | | | | | |
| 15—20 | 1 | 1 | 2 | 2 | 2 | 2 | 0 | | | | | | |
| 10—15 | 1 | 1 | 2 | 2 | 2 | 2 | 2 | | | | | | |
| 5—10 | 3 | 3 | 2 | 2 | 3 | 3 | 4 | 12 | | | | | |
| 0—5 | 3 | 3 | 2 | 2 | 3 | 3 | 5 | 2 | | | | | |
| 0°—5° S. | | | | | | | | | | | | | |
| Südbreiten 5—10 | | 30 | | | | | | | | | | | |
| 10—15 | | | | | | | | | | | | | |
| 15—20 | | | | | | | | | | | | | |
| 20—25 | | | | | | | | | | | | | |
| 25—30 | | | | Australien | | | | | | | | | |
| 30—35 | | | | | | | | | | | | | |
| 35—40 | 3 | 1 | | | | | | | | | | | |
| 40—45 | 1 | 1 | | | | | | | | | | | |
| 45—50 | 2 | 0 | | | | | | | | | | | |

1 Labrosse, Routes maritimes, Ocean pacifique.

— Großer Ocean.[1]

| estlängen von Greenwich | | | | | | | | | | | | | | |
|---|---|---|---|---|---|---|---|---|---|---|---|---|---|---|
| | Von 140°—135° | Von 135°—130° | Von 130°—125° | Von 125°—120° | Von 120°—115° | Von 115°—110° | Von 110°—105° | Von 105°—100° | Von 100°—95° | Von 95°—90° | Von 90°—85° | Von 85°—80° | Von 80°—75° | Von 75°—70° |
| 4 | 3 | 3 | | | | | | | | | | | | |
| 4 | 3 | 3 | | | | | | | | | | | | |
| 2 | 3 | 3 | 3 | 3 | | | | | | | | | | |
| 2 | 3 | 3 | 3 | 3 | | | | | | | | | | |
| 3 | 4 | 4 | 5 | 5 | | | | Amerika | | | | | | |
| 3 | 4 | 4 | 5 | 5 | 16 | | | | | | | | | |
| 2 | 1 | 1 | 4 | 4 | 6 | 6 | 11 | | | | | | | |
| 2 | 1 | 1 | 4 | 4 | 6 | 6 | 6 | | | | | | | |
| 2 | 7 | 7 | 8 | 8 | 18 | 18 | 6 | 0 | | | | | | |
| 2 | 7 | 7 | 8 | 8 | 18 | 18 | 0 | 23 | | 0 | | | | |
| 2 | 1 | 1 | 0 | 0 | 0 | 0 | 0 | 0 | 5 | 5 | 1 | 1 | 18 | |
| 2 | 1 | 1 | 0 | 0 | 0 | 0 | | 0 | 5 | 5 | 1 | 1 | 3 | |
| 0 | 0 | 0 | 0 | 0 | 0 | 0 | 0 | 0 | 0 | 0 | 0 | 1 | | |
| 0 | 0 | 0 | 0 | 0 | 0 | 0 | 0 | 0 | 0 | 0 | 1 | 1 | 0 | |
| 0 | 0 | 1 | 0 | 3 | 0 | 0 | 0 | 0 | 0 | 0 | 0 | 0 | 2 | |
| 0 | 0 | 0 | 0 | 6 | | 9 | 0 | 0 | 0 | 0 | 0 | 0 | 0 | 6 |
| 3 | 0 | 0 | 0 | 0 | 40 | 18 | 4 | 15 | 3 | 1 | 8 | 2 | 2 | 10 |
| 0 | 0 | 6 | 0 | 0 | | 0 | 9 | 0 | 10 | 2 | 10 | 12 | 6 | 6 |
| 4 | 0 | 0 | 25 | 3 | 0 | 1 | 0 | 2 | 5 | 5 | 2 | 4 | 4 | 4 |
| 2 | 0 | 15 | 0 | 0 | 0 | 1 | 0 | 0 | 4 | 1 | 2 | 4 | 3 | 5 |
| 9 | 0 | 0 | 3 | 0 | 0 | 0 | | 0 | 0 | 8 | 4 | 0 | 3 | 3 |
| 0 | 0 | 0 | 0 | 0 | 0 | 0 | 0 | 0 | 0 | 0 | 1 | 2 | 1 | |
| | | | | | | | | | | | | | | |
| 3 | 0 | 0 | 0 | 0 | | | | | | | | | | |
| 3 | 0 | 0 | 0 | 0 | | | | | | | | | | |
| 2 | 2 | 2 | 5 | 5 | | | | Amerika | | | | | | |
| | 2 | 2 | 5 | 5 | 4 | | | | | | | | | |
| | | 1 | 3 | 3 | 3 | 3 | | | | | | | | |

## Der mittlere Barometerstand über dem Atlantischen, Indischen und Großen Ocean.

(Anhang zur Vertheilung der Winde über den Meeren.)

663. Im Anschluss an die Darstellung der Vertheilung der Winde sind Tabellen eingefügt, welche die mittleren Barometerstände über den obbenannten Meeren enthalten. Dieselben sind den Werken von Labrosse entnommen.

### Nordatlantischer Ocean.

**Mittlere Barometerhöhe nach den Pilot-Karten der englischen Admiralität.**

| | Breiten | Jänner | Februar | März | April | Mai | Juni | Juli | August | September | October | November | December |
|---|---|---|---|---|---|---|---|---|---|---|---|---|---|
| Östlich vom Meridian 40° W | 50–45° N. | 766 | 765 | 759 | 761 | 760 | 762 | 763 | 763 | 762 | 760 | 764 | 763 |
| | 45–40 | 766 | 765 | 764 | 762 | 762 | 763 | 766 | 764 | 763 | 762 | 761 | 763 |
| | 40–35 | 767 | 767 | 766 | 763 | 764 | 767 | 767 | 766 | 765 | 764 | 762 | 763 |
| | 35–30 | 768 | 766 | 767 | 766 | 765 | 767 | 768 | 767 | 766 | 766 | 763 | 766 |

| Breiten | Längen | Frühling | Sommer | Herbst | Winter |
|---|---|---|---|---|---|
| N. 25°–30° | W. 105°–125° | N. 28° W. | N. 10° W. | N. 25° W. | N. 24° W. |
| 20°–25° | 105°–115° | N. 56° W. | N. 67° W. | N. 37° W. | N. 23° W. |
| 15°–20° | 110°–120° | N. 20° O. | N. 20° W. | N. 33° O. | N. 32° O. |
| 15°–20° | 90°–110° | N. 46° W. | N. 66° O. | N. 26° W. | N. 16° W. |

[1]) Mittlere Windrichtung an den Westküste n Amerikas von 15 bis 30° N. (Nach Wojeikow.)

(Aus der Zeitschr. für Meteorol. Februar-Heft 1879.)

| Breiten | Jänner | Februar | März | April | Mai | Juni | Juli | August | September | October | November | December |
|---|---|---|---|---|---|---|---|---|---|---|---|---|
| 30°—25° N. | 768 | 766 | 765 | 766 | 767 | 768 | 767 | 766 | 764 | 765 | 763 | 766 |
| 25°—20° | 764 | 765 | 764 | 764 | 765 | 766 | 764 | 764 | 763 | 764 | 762 | 763 |
| 20°—15° | 762 | 763 | 763 | 762 | 763 | 763 | 762 | 762 | 762 | 762 | 761 | 762 |
| 15°—10° | 761 | 761 | 762 | 761 | 762 | 761 | 761 | 760 | 760 | 761 | 761 | 761 |
| 10°— 5° | 759 | 760 | 760 | 760 | 760 | 760 | 761 | 761 | 761 | 760 | 760 | 760 |
| 5°— 0° | 759 | 760 | 759 | 759 | 760 | 760 | 761 | 761 | 761 | 761 | 760 | 760 |

## Südatlantischer Ocean.

| Breiten | Jänner | Februar | März | April | Mai | Juni | Juli | August | September | October | November | December |
|---|---|---|---|---|---|---|---|---|---|---|---|---|
| 0°— 5° S. | 759·2 | 759·7 | 759·7 | 760·0 | 760·5 | 760·5 | 761·7 | 762·0 | 762·2 | 761·0 | 760·5 | 760·2 |
| 5°—10° | 760·7 | 760·5 | 760·7 | 760·5 | 761·7 | 762·2 | 762·5 | 762·7 | 762·7 | 762·5 | 761·7 | 761·0 |
| 10°—15° | 761·2 | 761·5 | 761·0 | 761·7 | 763·0 | 763·2 | 763·2 | 763·5 | 764·2 | 763·7 | 763·0 | 762·0 |
| 15°—20° | 762·5 | 762·2 | 762·2 | 762·7 | 764·2 | 764·2 | 764·2 | 765·2 | 764·7 | 764·2 | 763·2 | 763·2 |
| 20°—25° | 763·5 | 763·2 | 763·7 | 763·2 | 763·5 | 765·5 | 764·7 | 766·0 | 766·2 | 766·5 | 764·0 | 764·0 |
| 25°—30° | 763·7 | 763·2 | 763·5 | 762·7 | 765·5 | 764·2 | 765·2 | 766·5 | 765·2 | 766·0 | 764·0 | 764·0 |
| 30°—35° | 763·2 | 763·2 | 763·0 | 762·7 | 764·5 | 763·0 | 765·0 | 764·5 | 764·0 | 764·0 | 764·2 | 762·0 |
| 35°—40° | 761·5 | 763·0 | 762·5 | 749·5 | 759·5 | 759·5 | 763·0 | 760·5 | 760·7 | 763·2 | 763·2 | 761·2 |
| 40°—45° | 760·0 | 760·7 | 761·7 | 760·7 | 759·0 | 759·2 | 760·7 | 760·2 | 761·0 | 762·5 | 760·5 | 760·7 |
| 45°—50° | 754·7 | 756·5 | 756·2 | 756·0 | 755·0 | 753·2 | 757·5 | 757·7 | 758·7 | 756·2 | 754·5 | 753·7 |
| 50°—55° | 747·2 | 748·0 | 749·2 | 748·0 | 747·2 | 749·0 | 750·2 | 751·0 | 751·2 | 749·0 | 744·7 | 747·7 |
| 55°—60° | 743·2 | 742·7 | 743·2 | 742·0 | 743·5 | 744·0 | 743·2 | 744·0 | 744·2 | 739·5 | 739·7 | 742·2 |
| Cap Hoorn[1] (Nach Maury) . . . . | 745 | 743 | 741 | 741 | 743 | 746 | 740 | 743 | 746 | 745 | 737 | 740 |

[1] Das fallende Barometer deutet auf NW-Winde. So lange NW anhält, fällt das Barometer stetig und oft bis auf 715 Mm., das Thermometer steigt, der Himmel ist nordwärts wolkig; doch sind dies noch keine Anzeichen von Sturm. Dreht der Wind nach SW, so steigt das Barometer stetig und oft bis 779 Mm., das Thermometer fällt, die Luft wird, besonders südwärts, klar, was wieder nur dauernden SW anzeigt. Nur bei plötzlichem und lebhaftem Steigen und Fallen über oder unter den, der Jahreszeit entsprechenden mittleren Stand ist stürmisches Wetter zu erwarten. (Wetter und Wind.)

## Indischer Ocean.

Mittlere Barometer-Höhe (bei mittlerer Temperatur der Atmosphäre). Nach Labrosse.[1]

### Jänner, Februar, März.

Im Meer von Oman und im Golf von Bengalen: 764 Mm.

Im Südlichen Indischen Ocean zwischen 0 und 30 oder 35° S.: 764 Mm.

Zwischen 30 und 35° S., 85 bis 105° Ost: 767 Mm.

In 40° S.: 761 Mm.

In 50 bis 55° S.: 750 Mm.

### April. Mai. Juni.

Im Meer von Oman und im Golf von Bengalen: 761 Mm.

Zwischen 5° N. und 10° S.: 763 Mm.

Von 10 bis 35° S.: 765 Mm. Eine Region hohen Drucks gibt es zwischen 20 bis 27° S. und 85 bis 105° O., wo die mittlere Barometerhöhe wechselt zwischen 767 und 768 Mm.

Zwischen 35 und 40° S.: 761 oder 762 Mm.

In 50° S.: 750 oder 751 Mm.

### Juli, August, September.

Im Meer von Oman und im Golf von Bengalen: 761 Mm.

In 5° N.: 762 Mm.

In 15° S.: 765 Mm.

In 20° S.: 767 Mm.

Zwischen 22 und 32° S.: 769 Mm.

In 35° S.: 767 Mm.

In 37° 30′ S.: 764 Mm.

In 39° S.: 761 Mm.

In 50° S.: 749 Mm.

### October, November, December.

Im Golf von Bengalen und östlichen Theil des Meeres von Oman: 763 Mm.

Im westlichen Theil des Meeres von Oman: 766 Mm.

Zwischen 5 und 15° S.: 766 Mm.

---

[1] Der tägliche, regelmäßige Wechsel des Barometerstandes im größten Theil des Indischen Oceans in N von 30° S. beträgt im Mittel 1·6 Mm.

Zwischen 20 und 35° S.: 767 Mm. Eine Region hohen Luftdruckes gibt es zwischen 30 und 35° S. und 80 bis 95° O., wo die mittlere Barometerhöhe wechselt zwischen 769 und 770 Mm.

In 40° S.: 763 Mm.

Von 40 bis 45° S.: 761 Mm.

Von 50 bis 55° S.: 750 Mm.

## Mittlere Temperaturen der Luft.

(Nach Labrosse.)

### Jänner, Februar, März.

Im Meer von Oman und Golf von Bengalen: 25° C.

Zwischen 10° N. und 20° S.: 27° C.

Zwischen 20° und 25° S.: 25° C.

In 30° S.: 21° C.

In 40° S.: 15° C.

In 50° S.: 10° C.

Zwischen 55 und 62° S.: 0° C.

Im Rothen Meer: Zwischen 16° bis 27° C.

### April, Mai, Juni.

Im ganzen Indischen Ocean nördlich von 15 oder 10° S.: 28° C.

Zwischen 15 und 25° S.: 25° C.

Zwischen 25 und 30° S.: 21° C.

Zwischen 35 und 40° S.: 16° C.

Zwischen 42 und 46° S.: 10° C.

In 55° S.: 0° C.

Im Rothen Meere: Zwischen 28° und 29° C.

### Juli, August, September.

Im Meer von Oman und Golf von Bengalen: 28° C.

In der Nähe des Äquators: 27° C.

In 10° S.: 25° C.

In 22° S.: 21° C.

In 30° S.: 16° C.

Zwischen 40 und 45° S.: 10° C.

Zwischen 50 und 55° S.: 0° C.

Im Rothen Meere: 32·5° C.

### October, November, December.

Im Meer von Oman und Golf von Bengalen: 27 bis 28° C.
Zwischen 10° N. und 20° S.: 25 bis 27° C.
Zwischen 20 und 25° S.: 21 bis 25° C.
In 30° S.: 21° C.
In 35° S.: 16° C.
Von 40 bis 50° S.: 10° C.
Von 55 bis 60° S.: 0° C.
Im Rothen Meere: 30° C.

## Pacifischer Ocean.

Innerhalb der Passat-Region ist der mittlere Barometerstand zwischen 758 bis 761 Mm.; doch hält er sich nicht innerhalb dieser Grenzen, besonders im westlichen Theile des Oceans, wo westliche Winde ins Passatgebiet eindringen. Man kann annehmen, dass die Niveau-Unterschiede im Barometerstande zwischen 744 bis 764 Mm. fallen. — Beiläufig ist:

| | |
|---|---|
| bei 30° N. der mittlere Barometerstand . . . . | 757 Mm. |
| „ 35° „ . . . . . . . . . . . . . . . . . | 754 „ |
| „ 40° „ . . . . . . . . . . . . . . . . . | 751 „ |
| „ 40°—45° N. sehr veränderlich . . . . . | 748—770 „ |
| „ 30° S. . . . . . . . . . . . . . . . . . | 762 „ |
| „ 35° „ . . . . . . . . . . . . . . . . . | 759 „ |
| „ 40° „ . . . . . . . . . . . . . . . . . | 755 „ |
| „ 45° „ . . . . . . . . . . . . . . . . . | 753 „ |
| „ 50° „ . . . . . . . . . . . . . . . . . | 751 „ |
| „ 55° „ . . . . . . . . . . . . . . . . . | 750 „ |
| „ 57° „ . . . . . . . . . . . . . . . . . | 748 „ |

Nach Linienschiffs-Kapitän Prouhet müssen in den Regionen der Westwinde südlich von 42° S. Br. die Wechsel des Barometerstandes viel bedeutender sein, um schlechtes Wetter anzudeuten, als nördlich des erwähnten Breitengrades.

Als allgemeine Regel ist festzuhalten: dass ein auffallend rascher Fall des Barometers, überhaupt jede auffallend rasche Änderung im Stande desselben stets auf stürmisches Wetter schließen lässt.

In N-Breiten wird das Steigen des Barometers auf den Eintritt nördlicher, das Fallen auf jenen südlicher, in S-Breiten das Steigen auf den Eintritt südlicher, das Fallen auf jenen nördlicher Winde deuten.

Innerhalb der Tropen ist die tägliche Bewegung des Barometers sehr regelmäßig; umsomehr sind Störungen im Gange des Barometerstandes zu beachten.

Die tägliche Oscillation ist übrigens am Äquator am größten und nimmt ab mit der Entfernung von demselben. Am Äquator beträgt sie 2 bis 3 Mm. in 30° Breite 1·6 Mm., unter 48° Breite etwa 1 Mm.[1]

## *B.* Die Vertheilung der Regen über den Meeren und den angrenzenden Küstenländern.[2]

### *a)* Gesetze, welche die Vertheilung der Regen auf der Erdoberfläche bedingen.

(Hiezu Karte VII.)[3]

664. Regen können entstehen, wenn an einer Stelle, in Folge großer Erwärmung eine Hebung, Auflockerung der Luft stattfindet, und diese, mehr minder reichlich, Wasserdampf enthält, welcher in der Höhe eine Ausscheidung erfährt. Solchen Ursprungs sind die Regen der Äquatorialen Calmen der Oceane und jener Regionen, wo die Regenzeit mit der Zeit des höchsten Sonnenstandes zusammenfällt.

Außerhalb der Tropen werden auf die beschriebene Art ebenfalls Regen entstehen können, wenn die angeführten Wärme- und Feuchtigkeits-Verhältnisse vorhanden sind, doch haben sie stets einen mehr localen Charakter, und werden sie nicht nur räumlich wenig ausgedehnt sein, sondern auch eine beschränkte Dauer haben. Anders verhält es sich mit den Regen, welche in den Winden ihre Ursache finden.

665. Winde, welche aus wärmeren Gegenden in kältere treten, bringen Regen. Winde, welche aus kälteren Gegenden in wärmere gelangen, werden ihren Dampfgehalt als Regen dann abgeben, wenn sie auf Gebirgszüge stoßen, an denen sie sich stauen und erheben.

Die Regen werden desto ergiebiger sein, je mehr Dämpfe die Winde mit sich führen, was wieder davon abhängt, ob die Winde früher über ausgedehnte Gewässer gestrichen sind oder nicht.

---

[1] Dr. Hann, Dr. Hochstetter und Dr. Pokorny: Allgemeine Erdkunde.

[2] Zusammengestellt nach Wojeikows „Atmosphärische Circulation". (Petermanns geogr. Mittheilungen. Erg. Bd. VIII, 73—74. — Dr. Hann, Dr. Hochstetter und Dr. Pokorny: „Allgemeine Erdkunde".

[3] Diese Karte ward nach Dr. Wojeikows Regenkarte (Petermanns geogr. Mittheilungen. Erg. Bd. VIII. 1873—74) entworfen.

Gebirgszüge, welche den Winden den Weg verlegen, sind von großem Einfluss auf die Regenverhältnisse der Länder. Dieselben sind oft die Scheidewände zwischen Gebieten übergroßen Niederschlags und übermäßiger Feuchtigkeit, und solchen des Regenmangels und der Dürre. Je beträchtlicher die Gebirgskämme sind, desto auffallender gestalten sich die eben berührten Einwirkungen.

In Südamerika trennt der Gebirgszug der Anden in den Breiten des SO-Passates das große Flussgebiet des Maranhon mit der üppigen Vegetation Brasiliens von der wasserarmen, theilweise dürren Küste Perus und Bolivias.

Im Gebiete der westlichen Winde Südamerikas hingegen ist am Westabhange der Cordilleren Patagoniens Überfluss an Niederschlag, während die Gegenden östlich derselben regenarm und trocken sind.

Im erstern Fall ist die östliche, im letztern die westliche Seite der Gebirge die Windseite (Luv-Regenseite); die entgegengesetzten Seiten der Gebirge und die daranliegenden Gegenden befinden sich im Windschatten.

In Nordamerika trifft man zwischen den Felsengebirgen im Osten, und der Sierra Nevada und den Küstengebirgen im Westen auf das Wüstenbecken des großen Salzsees. In Asien ist nördlich der Himalaya-Kette das trockene, zum großen Theil öde Hochland Tibet, südlich derselben das reiche Hindostan. Der SW-Monsun bringt Regen für Indien, er gibt jedoch seinen Wassergehalt an der Südseite der riesigen Scheidewand ab, welche das Thal des Ganges vom Tibetanischen Hochland trennt.

Ost-Turkestan und die Mongolei sind ein Wüstengebiet, weil der hohe Gebirgswall, welcher diese Länder allenthalben umkränzt, den Winden die Feuchtigkeit raubt, bevor sie in die centrale Niederung herabsteigen.

In Südafrika benehmen die Gebirge im Westen und Osten dem Innern die Feuchtigkeit der Seewinde, und sind auf diese Weise Ursache der dort vorkommenden Wüsten (Kalahari).

Das Innere Australiens hat einen wüstenartigen Charakter, denn die östlichen Winde setzen ihren Wassergehalt an den Gebirgszügen der Ost-Küste ab.

Wenn auch, insofern oceanische Regionen in Betracht kommen, der Satz richtig ist, dass der Feuchtigkeitsgehalt der Luft vom Äquator gegen die Pole zu abnimmt, und man daher innerhalb der Tropen Gebiete reichen Niederschlags in den Äquatorial-Calmen und in den Gebieten der Regen bei höchstem Sonnenstande zu suchen hat, so werden innerhalb wie außerhalb der Tropen die größten Regenmassen in jenen Gegenden niederfallen, wo Bergkämme Regenwinden sich entgegenstellen.

Die regenreichsten Gegenden der Erde sind demnach nebst den sogenannten Äquatorialen Calmgürteln jene Theile Indiens, wo der SW-Monsun auf ein Gebirge trifft, — speciell die Gegend nördlich und östlich vom Bengalischen Meerbusen, wo z. B. an den Cassia-Bergen, schon über 15000 Mm. Regen in einem Jahre gefallen sind, dann die Ostseite der Anden Brasiliens, die Westküste NW-Amerikas, Patagoniens, Neu-Seelands, Großbritanniens, Norwegens, der Südfuß der Alpen.

666. Noch ist ein Resultat der neuern Forschungen zu erwähnen, welches besonders mit Rücksicht auf die Regenverhältnisse der Tropenländer wichtig erscheint, es ist die Abnahme der Temperatur mit der Höhe, welche bei bewölktem Himmel und großer Feuchtigkeit langsamer erfolgt, als bei umgekehrten Verhältnissen. Als Anwendung auf die Tropenzone ergibt sich Nachstehendes.

Oft ist die Temperatur an der Oberfläche der Continente hoch, weil bei der trockenen Luft fast alle Sonnenwärme zur Erde gelangen kann, in feuchten Gegenden, wie in Wäldern und auf dem Meere, können die höhern Schichten der Atmosphäre wärmer sein als die entsprechend hohen über trockenen Gegenden. Auf der Äquatorialen Zone mag das Maß der Wärme größer sein, als auf Continenten in der Nähe der Tropen, wenn man die ganze Luftschicht berücksichtigt. Daher wird, wenn ein Wind von einer äquatorialen unten kältern Meeresgegend auf einen wärmeren Continent weht, Regen eintreten, denn in der Höhe von etwa 3000 bis 5000 Meter mag schon die Luft über dem Continente kälter sein, also Condensation bewirken. Dies ist gerade der Fall, welcher bei Monsunen eintritt. Kommt ein Monsunwind von einem Meere niederer Breite auf einen Continent höherer, so wird Regen erfolgen, wenngleich in den unteren Luftschichten der Continent wärmer sein mag. Wenn jedoch ein Wind von einem Meere höherer Breite auf einen Continent niederer Breite weht, so erfolgt kein Regen, weil der ursprüngliche Temperatur-Unterschied so groß ist, dass er sich auch auf höhere Luftschichten ausdehnt. Zum Beispiele südlich von 17° N. Br. erhält Nordafrika im Sommer Winde vom Guinea-Golf, wobei Regen erfolgt, obgleich in der unteren Luftschicht Sudan wärmer ist, als die äquatorialen Gegenden, aus welchen die Winde stammen. Nördlich davon kommt der Wind vom Mittelmeer, wo der Unterschied der Temperatur zu groß ist, um Regen zu ermöglichen.

Der große Wüsten- und Steppen-Gürtel, der Nordafrika zwischen 18 und 30° N. Br. als Sahara und Lybische Wüste durchzieht, dann über Arabien, Syrien, Mesopotamien nach Persien hinüber reicht, und an den sich die ausgedehnten Steppen in den Niederungen am Caspischen Meere und Aral-See anschließen, haben ihre Ursache im Vorherrschen nördlicher und nordöstlicher Winde, die selbst dort, wo sie vom Mittelmeer herkommen, über dem erhitzten Festland keine Niederschläge liefern können. Gebirge machen übrigens auch in diesen Regionen eine Ausnahme.

### *b)* Die verschiedenen Regengebiete.

667. Die ganze Regenmenge, welche auf ein Gebiet jährlich herabfällt, kann entweder über die einzelnen Monate mehr minder gleichmäßig vertheilt sein, oder es regnet in bestimmten Monaten. Man unterscheidet daher Regionen, in welchen es in jedem Monat regnet, und solche, in welchen die Regen periodisch eintreten. In den erstern Regionen, welche den Gemäßigten Zonen angehören, gibt es wieder Gegenden, welche sich, in einer bestimmten Jahreszeit durch große Regenmengen auszeichnen; daher die Bezeichnungen: Region vorwiegender Frühlings-, Sommer-, Herbst-, Winterregen.

Die Regionen periodischer Regen sind der Tropischen Zone und den anstoßenden Grenzgebieten der Gemäßigten Zonen eigenthümlich. Innerhalb der Tropen sind im Bereiche der Meere und ihrer Küstenländer bezüglich der Regenvertheilung nachstehende Gebiete zu unterscheiden.

1. Eine Äquatoriale Regenzone, dem Äquatorialen Calm-Gürtel entsprechend, mit reichlichen täglichen Regen, welche meistens Nachmittags eintreten, und ihre Ursache in der sich hebenden Luftmasse haben, deren bedeutender Dampfgehalt in der Höhe zu Regen condensirt wird. Insofern mit diesen täglichen Regen auch tägliche Wolkenbildungen verknüpft sind, kann auch von einem äquatorialen Wolkengürtel gesprochen werden.

2. Eine regenlose, oder vielmehr regenarme Passatzone, der Region des ständigen Passates entsprechend. Die Passate als Winde, welche aus kältern Gegenden in wärmere gelangen, können keine Regenwinde sein. Doch ist das Vorkommen von Regenfall auch in diesem Gebiete nicht ausgeschlossen.

3. Regionen tropischer, zenitaler Regen im Bereiche der Inseln und Küstenländer zur Zeit des höchsten Sonnenstandes. Jene Gegenden, wo die Sonne zweimal ins Zenit tritt, werden auch zwei

Regen-Perioden haben. welche durch eine Zeit relativer Trockenheit geschieden sind.

Diese Regenzeiten sind übrigens durch secundäre, locale Ursachen bedingt. Sie finden ihre Erklärung darin, dass theilweise die Passate selbst Regenwinde werden, indem sie an hohen Küsten aufsteigen müssen, dass ferners an den Berührungspunkten von Festem und Flüssigem manche Gegensätze von Temperatur und Luftdruck bestehen, welche einer örtlichen Condensation günstig sind. In der Nähe von Continenten und Inseln wird das Wehen des Passates häufig unregelmäßig und unterbrochen, es entstehen zur Zeit des höchsten Sonnenstandes locale Calmen, wo ein aufsteigender Luftstrom und Regen ebenso häufig herbeigeführt werden, als in der Äquatorialen Zone über dem Meere.

4. Die Regionen der Monsun-Regen. Die höhere Erwärmung und Verdünnung der Luft über den Continenten während des Sommers bringt jahreszeitliche Seewinde, Monsune, hervor. Wenn diese aus kälteren und feuchteren, nach wärmeren, aber trockeneren Gegenden wehend, hier Verhältnisse der Temperatur-Vertheilung in den verschiedenen Luftschichten vorfinden, wie früher beschrieben worden, so werden sie Regenwinde.

Die Monsun-Regen, durch die räumliche Ausdehnung der sie erzeugenden Winde bedingt, überschreiten an den Ostküsten Asiens weit die Grenzen der Tropenzone, und reichen da bis in die Region der Regen zu allen Jahreszeiten hinein.

Während die Monsun-Regen nur an der Ostküste Asiens unmittelbar ins Gebiet der Regen zu allen Jahreszeiten eingreifen, finden sich in allen Oceanen zwischen den regenlosen Passat-Zonen einerseits und dem eben erwähnten Gebiete anderseits Zonen Subtropischer Regen eingekeilt.

Diese Zonen entstehen dadurch, dass im Sommer entweder der Passat selbst, oder wenigstens kältere polare Winde, und zwar ausschließlich herrschen. Im Winter bringen warme Winde, aus entgegengesetzten Richtungen wehend, Regen.

Zum Zustandekommen dieser Zonen ist daher nothwendig, dass das Maximum des Luftdruckes, welches die Polargrenze des Passates bezeichnet, eine jahreszeitliche Verschiebung erfährt, und zwar dass es in der Nord-Hemisphäre im Sommer nach Norden, im Winter nach Süden rückt, was auf den Oceanen und an den Westküsten der Continente thatsächlich der Fall ist.

Die Subtropische Zone ist daher eine wesentlich oceanische Erscheinung, denn im Innern und an den Ostküsten der Continente ist im Winter der Luftdruck hoch, und die Luft fließt nach dem Osten als kalter Polarstrom ab, im Sommer aber bei der Erwärmung und Auflockerung im Innern der Continente fließt die Luft der angrenzenden Meere dorthin, und gibt ihren Dampfgehalt in Regengüssen ab. Die großen Continente bewirken also in den Breiten von 28 bis 40° Erscheinungen, welche das gerade Gegentheil der subtropischen Zone sind.

### c) Die Vertheilung der Regengebiete.

## I. Atlantischer Ocean.

668. Um nun zur Darstellung der beschriebenen Regen-Districte in den einzelnen Oceanen überzugehen, und mit dem Atlantischen Ocean selbe zu beginnen, so hält sich die Äquatoriale Regenzone meistens zwischen 0—10° N. Br., doch dehnt sie sich im Sommer und Herbst in der Nähe von Afrika bis 12° N. und in unserm Frühling und Winter an der Südamerikanischen Küste bis 5° S. aus. Die Äquatoriale Regenzone erleidet, wie das Äquatoriale Calmgebiet, im Laufe des Jahres eine Verschiebung, doch kann sich diese nordwärts nicht bis zum Wendekreise erstrecken, weil das Meer sich nicht so schnell erwärmt wie die Luft, und die Sonne zu kurze Zeit senkrecht über den Gegenden des Wendekreises des Krebses steht, als dass die dortigen Gewässer eine gleiche Temperatur erlangen könnten, wie jene in der Nähe des Äquators. Dass aber die in Rede stehende Calmen- und Regenzone fast beständig nördlich vom Äquator verharrt, rührt davon her, dass die Südliche Erdhälfte bis zu 40° S. Br. kälter ist als die Nördliche, und dass der SO-Passat eine größere Ausdehnung und Stärke (nach Maury wie 4 : 3) hat, als der NO-Passat. Auf dem offenen Ocean gibt es übrigens keine Stelle in der Zone der Calmen und veränderlichen Winde, welche das ganze Jahr hindurch Regen hätte. Die Pilot-charts des meteorological office geben als nördliche Grenze der Regen in unserem Winter etwa $4^1/_2$° N., und als südliche im Sommer etwa 7° N. Br. an.

Nördlich und südlich von dieser Zone Äquatorialer Regen sind im Bereiche des offenen Oceans die zwei regenlosen, oder vielmehr regenarmen Passatzonen, sich bis zu beiläufig 24° N. und 25° S. Br. erstreckend.

Der Norden Südamerikas, die Westindischen Inseln, die Ostküste Mexicos, ein großer Theil Floridas, Südamerika östlich der Anden von etwa 5 bis 25° S. Br. liegen im Bereiche tropischer Regen.

Die Ostküste Mittelamerikas (Yucatan ausgenommen) ist feuchter Urwald, das ganze Jahr mit Regen gesegnet; denn im Winter führen die beständig herrschenden Nord- und Ostwinde die warme Luft der Meere auf die Ostküste, wo sie sich über den feuchten Urwäldern condensirt; im Sommer lässt die Kraft des Passatwindes nach und Regen des aufsteigenden Luftstromes sind häufiger. — An der Küste Brasiliens von beiläufig 10 bis 25° S. Br. sind östliche Winde das ganze Jahr herrschend, welche auf die Küstenkette treffen und Regen bringen, doch ist noch immer die wärmere Jahreszeit regenreicher.

An der Westküste Afrikas, an der Küste Guineas sind SW-Winde herrschend; doch scheint im Winter nur auf sehr beschränktem Raum eine Circulation zu bestehen; die SW-Winde stellen einen etwas verstärkten Seewind dar, und werden durch Einfälle des aus dem Innern kommenden trockenen Harmattan unterbrochen. Der Winter ist die trockene Jahreszeit. Im Sommer aber erstrecken sich die SW-Winde bis zur Südgrenze der Sahara, von reichlichen Regen und Gewittern begleitet. Auf dem Atlantischen Ocean herrschen sie über ein bedeutendes Gebiet, welches von den Seeleuten „Regen- oder Donnersee" genannt wird.

Die Subtropische Regenzone tritt im nördlichen und südlichen Theile des Atlantischen Oceans auf. Im nördlichen Theile erstreckt sich die Subtropische Regenzone (nach Wojeikof) östlich von den Bermudas bis Vorder-Asien, den größten Theil des Mittelmeeres begreifend. Nirgends dringt die Subtropische Zone so tief ins Innere eines Continents, als es bei den Mittelmeer-Ländern der Fall ist, ebenso steigt sie nirgends so hoch nach Norden als hier. Die Ursache ist in den gegenseitigen Beziehungen des Mittelmeeres zur Sahara zu suchen.

Im Winter ist der höchste Luftdruck im Atlantischen Ocean bei den Canaren und in den nördlichen Theilen der Wüste bis Tripolis, daher überwiegen südliche und westliche Winde im westlichen Becken des Mittelmeeres, welche reichliche Regen bringen. In dem östlichen Becken des Mittelmeeres machen sich östliche Winde geltend, doch sind sie nicht ausschließlich herrschend.

Im Sommer tritt in der Sahara Erhitzung und Auflockerung der Luft ein, während der Luftdruck über dem Mittelmeere, vorzüglich in seinem westlichen Theil, hoch ist. Daher treten nördliche Winde ein. Sie können als die nördlichste Ausdehnung des Passates gelten, und sind auch von Regenlosigkeit begleitet, soweit sie über ein ebenes Land oder eine Meeresfläche wehen. Die Mittelmeer-Länder sind aber so reich gegliedert, dass im Sommer völlige Regenlosigkeit doch nicht vorkommen kann, am wenigsten in den nördlichen Theilen. Doch lässt die Seltenheit der Regen, der heitere Himmel über dem ganzen Meeresgebiet die Ausdehnung der Subtropischen Zone bis etwa 43 und 44° N. Br. als gerechtfertigt erscheinen.

Die Subtropische Zone der Süd-Hemisphäre dehnt sich wie jene der Nord-Hemisphäre nach Osten aus und berührt die Afrikanische Küste, während sie das Amerikanische Littorale nicht erreicht.

Nördlich und südlich von den Subtropischen Zonen breiten sich die Regionen der Regen zu allen Jahreszeiten aus. An den Küsten von Norwegen und Schottland sind Regen im Herbste und anfangs Winter überwiegend.

An der West- und Nordküste Frankreichs, an der Südseite der Alpen sind Herbstregen vorherrschend. In Irland und an der Westküste Englands treten Winterregen hervor, im östlichen England Herbstregen. Weiter ostwärts gegen das Innere Europas werden mehr und mehr Sommerregen häufig. An der Ostküste Nordamerikas von Virginien bis Florida überwiegen die Sommerregen.

Zum Schluss der Darstellung der allgemeinen Regenverhältnisse des Atlantischen Oceans mag noch das Hauptresultat der diesbezüglichen Untersuchungen von D. W. Köppen und D. A. Sprung einen Platz finden, insoweit es sich um Abweichungen von dem bisher Angenommenen handelt.[1]

1. Die Zahl der Tage mit Niederschlägen ist auf dem Atlantischen Ocean im allgemeinen, und namentlich in den Passatgebieten und an deren äußern Grenzen größer, als man gewöhnlich annimmt. Innerhalb eines Raumes, der durch die vier Punkte: Oporto, — 55° W. in 15° N. — Cap S. Roque und Cap der guten Hoffnung abgegrenzt wird, scheint es keine Gegend mit ununterbrochener Regenzeit zu geben. Außerhalb des besagten Raumes kommen Monate, in welchen die normale Regenwahrscheinlichkeit unter 0·20 liegt, auf dem Ocean nicht vor, außer vielleicht in der Nähe von Patagonien.

2. Die Tropischen Zenith- und Solstitial-Regenzeiten haben auf dem Ocean eine viel beschränktere Verbreitung, als bisher angenommen wurde, sie erstrecken sich wenig über das vom Calmgürtel periodisch berührte Gebiet hinaus. Jenseits 5° südlicher und 20° nördlicher Breite ist bis nach den Polarkreisen hin auf dem Ocean fast überall der Sommer die regenärmste Jahreszeit.

---

[1] Annalen der Hydrographie, Mai-Heft, 1880.

3. Eine durchgreifende Analogie zwischen den Gegenden südlich und nördlich von 5° N. Br. lässt sich für die beiden angrenzenden, je 10 Breitegrade umfassenden Zonen mit tropischen Regen verfolgen; darüber hinaus treten Analogien nur strichweise hervor, und findet namentlich das Gebiet der Winterregen des Nordatlantischen Oceans außerhalb der Tropen auf dem Südatlantischen Ocean sein Analogon nur in der Umgebung des Caplandes. Hingegen trifft man über dem größern mittleren Theil des Südatlantischen Oceans am häufigsten Regen zur Zeit der Äquinoctien und in den unmittelbar folgenden Monaten, und zwar ist dies nördlich und südlich vom Wendekreise ziemlich gleichmäßig der Fall, doch scheinen sich, je weiter südwärts, die Regenzeiten etwas zu verspäten.

4. Im Becken des Atlantischen Oceans lässt sich vielfach eine allmählige Verspätung der Regen- und Trockenzeiten mit zunehmender Entfernung vom Äquator bemerken. Das auffallendste Beispiel dieser Verschiebung bietet die Trockenzeit in der östlichen Hälfte des Nordatlantischen Oceans und an der Westseite der Alten Continente.

Dieselbe fällt:

| | | | | | | | |
|---|---|---|---|---|---|---|---|
| zwischen | 5 | und | 10° N. | auf | Jänner | bis | April |
| „ | 10 | „ | 15° N. | „ | Februar | „ | Mai |
| „ | 15 | „ | 20° N. | „ | „ | „ | Juni |

nördlich von 20° N. über dem Ocean auf Mai bis September. — In Europa ist im Mittelmeer-Gebiet der trockenste Monat der Juli, im mittleren Frankreich der August, im südwestlichen Deutschland der September, in Norddeutschland der October; auf der Nord- und Ost-See endlich sind alle Monate, besonders die der zweiten Jahreshälfte ziemlich gleich regnerisch.[1]

---

[1] In der Karte der Regenvertheilung auf dem Atlantischen Ocean, wie dieselbe im Atlas des Atlantischen Oceans der deutschen Seewarte enthalten ist, sind folgende Regengebiete unterschieden:

1. Die Region der tropischen Zenithal-Regen. Diese umfasst beiläufig die Äquatorial- und Tropische Regenzone der Karte Wojeikows. An dieselbe grenzt nördlich und südlich ein

2. Übergangsgebiet mit Regen im Winter und Spätsommer. Dieses hält sich in der Nord-Hemisphäre über dem Ocean zwischen beiläufig 15 bis 20° N. Etwa von der Mitte des Oceans nach Westen hin erweitert sich dieses zugleich nach NW abbiegende Regengebiet, wobei die Südgrenze die großen Antillen berührt. — In der Süd-Hemisphäre sind die Grenzen des fraglichen Gebietes folgende: Beiläufig die von Wojeikow gegebenen polaren Grenzen der Äquatorial- und Tropischen Regen, der

## II. Indischer Ocean.

669. Die Vertheilung der Regenzonen im Indischen Ocean hat nur im Gebiete des ständigen SO-Passats und in den Regionen südlich von demselben Ähnlichkeit mit jener im Atlantischen Ocean.

Östlich von Madagascar bis in die Nähe der NW-Küste Australiens ist die regenarme Passatzone. An der Ostküste Afrikas wird der Pasaat selbst ein Regenwind, indem er auf höheres Terrain hinaufweht, vorzüglich in der wärmeren Jahreszeit. Nach Grant und Baker dauert in den Hochländern in der Nähe des Äquators die Regenzeit zehn Monate. In höheren Breiten ist die Scheidung in eine nasse und trockene Jahreszeit viel schärfer. Die tropischen Sommerregen erstrecken sich wenigstens bis 30° S. Br. Auf Madagascar ist die Nord- und Ostküste regnerisch. An die regenarme Passatzone reiht sich südlich die Subtropische Regenzone, welche vom Cap der guten Hoffnung bis Victoria-Land sich erstreckt, die Australische Westküste und zu einem großen Theil auch die Südküste bestreichend.

In den Gegenden der Monsune im Indischen und Pacifischen Ocean wird die Vertheilung der Regen vom jedesmaligen Monsun bestimmt, und ward darüber bereits gesprochen, als die Monsun-Winde zur Darstellung kamen.

Es mag noch hinzugefügt werden, dass in den südlichen Theilen Indiens und in Süd-China beim SW-Monsun sich zwei Regen-Maxima ergeben, und zwar am Beginn und gegen das Ende des Monsuns. Dies dürfte mit der Verschiebung des Gebiets größter Auflockerung im Zusammenhange stehen, welches anfangs gegen N vorrückt und im Spätsommer wieder nach S zurückkehrt. An den Küsten Japans ist der

---

Meridian 10° W., der Parallel 29° S., und die auch von Wojeikow bezeichnete Grenze eines regenarmen Gebietes an der Westafrikanischen Küste.

3. Die Region der Regen in den Äquinoctial-Zeiten. Diese beschränkt sich auf die Süd-Hemisphäre. Ihre Grenzen sind in W und N beiläufig die von Wojeikof angesetzten Grenzen der Tropischen und Äquatorial-Regen, im Osten der Meridian 10° W.; nach Süden erstreckt sich dieses Gebiet in einem großen Bogen bis etwa 50° S.

4. Eine kreisförmig gestaltete Region von Winter-Regen zwischen Cap St. Roque und Bahia, seewärts bis etwa 27° W. reichend.

5. Außertropische Gebiete in beiden Erdhälften mit vorherrschenden Winterregen.

6. Regenlose Gegenden. Diese beschränken sich in Bezug auf den Ocean auf ein kleines Gebiet an der Küste von Nordafrika, wo die Sahara bis an die See reicht, und ein kleines Gebiet in Südafrika von Cap Negro bis 29° S., wo am Lande die Wüste Kalahari sich ausdehnt.

Winter schon regenreicher als in China, weil der NW nicht ausschließlich weht, und ein Seewind bedeutende Niederschläge bewirken muss, da zwischen der Luft-Temperatur in Japan und jener über dem warmen Kuro-Siwo ein beträchtlicher Unterschied besteht. In Ajan am Ochotzkischen Meere sind die Niederschläge im September am heftigsten, weil das genannte Meer bis in den Hochsommer Eis hat, so dass noch im Juli der Continent wärmer ist, als das Meer. Erst im August und September tritt das Gegentheil ein.

Um noch der Regenverhältnisse im Rothen Meere zu erwähnen, so sind Regen in demselben sehr selten. Corv, Kapt. Kropp erlebte während eines fast einjährigen Aufenthaltes in diesen Gewässern nur zweimal kurz andauernde Regen. In den unteren Küstenländern wird die Regenzeit von November bis März gerechnet; doch vergehen oft Jahre ohne Regen. Die Thaubildung ist hingegen sehr stark während der Nächte, besonders in den Sommermonaten.

## III. Großer Ocean.

670. Was die Regenvertheilung im Pacifischen Ocean außerhalb der ostasiatischen und ostaustralischen Monsun-Gebiete betrifft, von deren Regenverhältnissen bereits früher gesprochen worden ist, so ergibt sich im Großen ein ähnliches Bild, wie im Atlantischen Ocean.

Eine Äquatoriale Regenzone entspricht den Äquatorialen Calmen.[1] An der Westküste Central-Amerikas findet man monsunartige Regenverhältnisse. Im Winter herrscht der Passat, da die Gebirge nicht hoch genug sind, um zu verhindern, dass er von der Ostküste nach der Westküste gelangt. Im Sommer erwärmen sich die Plateaus der Westküste, der Passat hört auf, und ein SW-Monsun, der Regen bringt, wird vom Stillen Meere ins Land gezogen.

Die Regionen der beständigen Passate ergeben zwei regenlose oder vielmehr regenarme Passatzonen. Das regenarme Gebiet des SO-Passates wird nicht allein durch die Monsun-Region im westlichen Theile des Oceans, sondern auch durch ein Gebiet tropischer

---

[1] Im centralen Theile des Oceans in der Nähe des Äquators, wo man annimmt, dass die äquatorialen Grenzen der Passate sich am meisten einander nähern, gibt es (zwischen 149° W und 172° O) niedrige Inseln mit Guanolager, welche regenarm sind. Dies legt den Schluss nahe, dass hier die Passate in einander übergehen, und die Inseln der regenarmen Passatzone angehören. Zeitschrift der österr. Gesellschaft für Meteorol. April-Heft, 1880.

Taf. VII.

# Die Regenzonen der Erde

Gebiete mit einer Regenhöhe von mehr als 1200 mm.

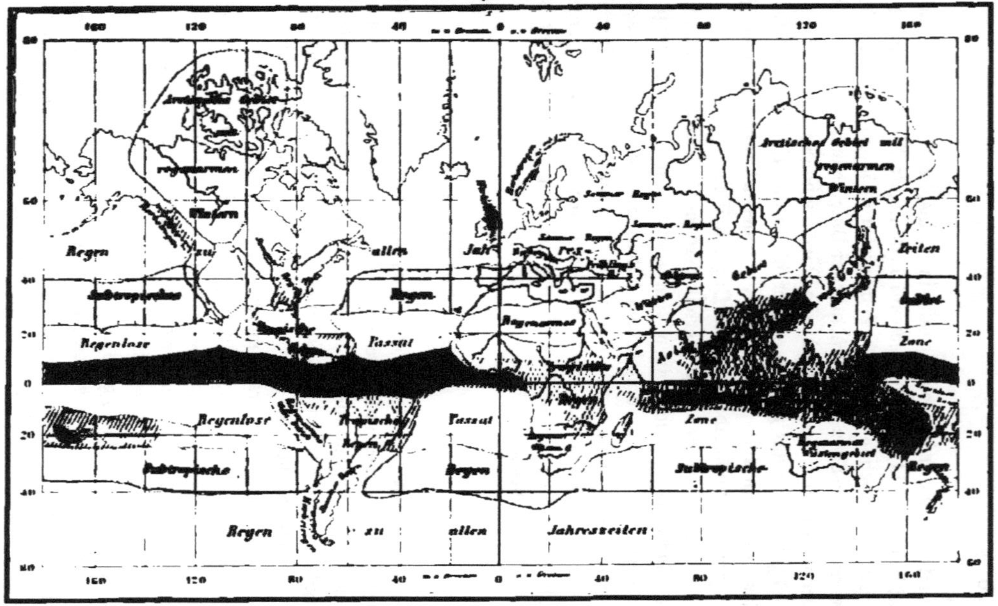

Regen im centralen Theile des Oceans beschränkt. Die Polinesischen Inseln haben meistens ihre Regenzeit im Sommer, jedoch erhalten die Ostseiten hoher Inseln auch Regen im Winter, während der Herrschaft des Passates. Hingegen greift die regenarme Zone der Süd-Hemisphäre ostwärts bis ins Küstengebiet von Südamerika. An den Küsten von Bolivia und Peru bis 4° S. Br. regnet es fast niemals. Dicht an dieser Küste geht der sehr kalte Peruanische Meeresstrom und die Temperaturen in Peru sind so niedrig, wie sie nicht wieder in Tropengegenden vorkommen. Der kalte Strom bewirkt bei der eigenthümlichen Lage dieser Küste auch Regenlosigkeit. Über dem Meere ist der Luftdruck hoch und der Wind kommt von dort als S- und SW-Wind an die Küste. Die Anden verhindern aber den Austausch der Luft mit den jenseitigen Gegenden im Osten. Es findet also ein mäßiges Zuströmen der Luft zur Küste statt, welche etwas höher erwärmt ist, und niedrigeren Luftdruck hat. Doch der Küstenstrich ist zu schmal, um einen großen Einfluss auszuüben, um z. B. Luft von jenseits des kalten Meeresstroms anzuziehen, die ihrer höhern Temperatur wegen auch Regen bringen würde. Wo der kalte Peruanische Strom die Küste verlässt, treten wieder Regen, und zwar, wie es scheint, Zenithal-Regen bei höchstem Sonnenstande ein.

Südlich und nördlich von den regenarmen Passatzonen sind Gebiete der Subtropischen Regen. Diese Gebiete halten sich wieder in ihren westlichen Grenzen ferne vom Festland, berühren aber im Osten die betreffenden Küstenländer Westamerikas. Besonders deutlich treten sie in Nord- und Central-Chili hervor.

An die Gebiete der Subtropischen Regen reihen sich polwärts in der Nord- und Süd-Hemisphäre, jene der Regen zu allen Jahreszeiten an. In diesen Gebieten trifft man wieder Regionen vorzüglich reichen Regenfalles, und zwar an den Küsten Amerikas. Die Küsten von Süd-Chili und Patagonien gehören zu den regenreichsten Gegenden der Erde. Auf Chiloë ward eine Regenmenge von 3349 Mm. gemessen. Die Umgegend des Cap Hoorn ist durch heftige und häufige Regengüsse ebenso, wie durch Stürme verrufen. Auch das Herunterrücken der Gletscher an der Westküste Patagoniens in 45—46° S. Br. fast bis ans Meeres-Niveau ist ein Beweis für die Reichheit des Niederschlags, vorzüglich in der kälteren Jahreszeit. Derselben Ursache entspringt auch das tiefe Herabgreifen der Gletscher Neu-Seelands an dessen Westküste. Die Küste Nordamerikas im Bereiche der in Rede stehenden Regenzone bis 60° N. Br. ist reich an Niederschlag, und kann mit der Westküste Patagoniens verglichen werden.

An der Küste Oregons vollzieht sich der Übergang in das hier oben angeführte Gebiet der Subtropischen Regen des Nordpacifischen Oceans.

## C. Wettersäulen. — Bogenförmige Böen, See-Tornados. — Cyclonen.

671. Im Nachstehenden sollen jene meteorologischen Processe zur Darstellung gelangen, welche mit den Namen „Wettersäulen" „bogenförmige Böen", „See-Tornados", „Cyclonen" bezeichnet werden.

In manchen äußeren Erscheinungen zeigt sich zwischen denselben eine engere Verwandtschaft.

Nach der Ansicht gewiegter Männer finden sie in gleichen Ursachen ihren Ursprung. Es mag daher als gerechtfertigt gelten, diese Phänomene in einem gemeinsamen Abschnitt zu behandeln.

In Anbetracht der großen Gefährlichkeit dieser Processe für die Schiffahrt muss das Studium ihres Entstehens und ihres Verlaufes als eine hochwichtige Aufgabe aller gebildeten Seeleute anerkannt werden.

### I. Wettersäulen (Wasser - Landhosen, Tromben.)[1]

672. Die äußere Form der Wettersäulen ist sehr mannigfaltig. Die Landhosen werden oft als ungeheure Trichter geschildert, deren Spitze nach unten gekehrt ist, noch häufiger wohl als langgestreckte Schläuche oder Säulen, die meistens etwas geneigt oder gekrümmt zum Himmel emporsteigen. Bei den Wasserhosen wird gewöhnlich ein aus dem Meere sich erhebender Fuß, ein gerader oder gekrümmter Schlauch und die Wolke unterschieden, in welche der letztere oben übergeht. Das Ganze pflegt sich durch seinen wässerigen oder wolkenartigen Inhalt scharf gegen die umgebende Luft abzugrenzen. Manchmal fehlt der mittlere Theil des Schlauches, oder vielmehr er wird nicht wahrgenommen, weil er durchsichtig ist; die Wasserhose scheint dann aus zwei, mit ihren spitzen Enden einander zugewendeten Schläuchen oder Kegeln zu bestehen. Zuweilen fehlt der Fuß gänzlich, dann gleicht die Erscheinung

---

[1] Aus dem Werke Reyes „Die Wirbelstürme, Tornados und Wettersäulen" entnommen.

wohl einem aus der Wolke herabhängenden, spitz zulaufenden Horne. Baussard endlich hat oft bei fast wolkenfreiem Himmel wahrgenommen, dass Wasserhosen sich zuerst aus dem Meere erhoben und erst hernach die zugehörigen Wolken, aus denen es hernach manchmal regnete und blitzte, erzeugten oder doch vergrößerten. Bald sieht man übrigens den Fuß zuerst sich bilden, bald das obere Ende des Schlauches, bald wieder beide zugleich. Der Fuß der Wasserhosen ist meistens von Dünsten und aufspritzendem Wasser umgeben, das untere Ende der Landhosen häufig von Staubwolken. Horner schreibt den Wasserhosen einen Durchmesser von $^2/_3$ bis 60 Meter und eine Höhe von 9 bis 450 Meter zu. Nach Örstedt wird den meisten Wettersäulen eine Höhe von 450 bis 600 Meter beigelegt, einige konnten jedoch wegen der Entfernung, aus der sie gesehen wurden, nicht unter 1500 bis 1800 Meter hoch gewesen sein, und wenn sie manchmal nur zu 9 Meter geschätzt wurden, so muss der Fuß für die ganze Säule angesehen worden sein.

Verschiedenartige Bewegungen wurden bei allen gut beobachteten Wettersäulen wahrgenommen. Die Geschwindigkeit der fortschreitenden Bewegung derselben ist sehr verschieden, denn sie schwankt zwischen derjenigen eines Fußgängers und der umgehener großen von 900 Meter in der Minute. Ganz stillstehende Tromben sind äußerst selten. Die Geschwindigkeit ist veränderlich und häufig im unteren und oberen Theile verschieden, weshalb auch die Neigung der Axe sich ändert. Die vom Fuße durchlaufene Bahn ist bald geradlinig, bald gekrümmt, selten zickzackförmig. Manchmal überspringen die Landhosen in ihrem Laufe ganze Strecken Landes. Eine Drehbewegung, oft eine ungemein heftige, ist in vielen Wettersäulen beobachtet worden. Dieselbe scheint bald im Sinne des Zeigers einer Uhr, bald im entgegengesetzten Sinne vor sich zu gehen. Dazu kommt eine starke, verticale Bewegung der Luft in der Säule, so dass die Drehbewegung vielfach als eine schraubenförmige bezeichnet wird. Eine aufsteigende Bewegung ist aber viel häufiger als eine niedersteigende. Vielfach hat man ein von allen Seiten gegen den Fuß der Trombe gerichtetes Heranströmen der Luft direct wahrgenommen oder ein solches doch aus den zurückgelassenen Spuren deutlich erkannt. Elektrische Erscheinungen begleiten häufig die Wettersäulen. Heftige Regengüsse werden oft bei Tromben erwähnt; es ist bemerkenswert, dass selbst dann, wenn man geglaubt hatte, das Seewasser deutlich zu den Wolken aufsteigen zu sehen, der nachfolgende Regen süß war. Wiederholt sind mehrere Tromben gleichzeitig gesehen worden, auch folgen nicht selten mehrere aufeinander.

Über Änderungen des Luftdruckes während des Auftretens von Wettersäulen liegen sehr wenige directe Beobachtungen vor. Ein Fallen des Barometerstandes wird jedoch wiederholt berichtet.

Eine Art Saugwirkung, die auf eine Luftverdünnung im Innern der Trombe hinweist, ist öfters constatirt worden. So liest man z. B. von Fenstern und Hausmauern, die nach außen herausgeworfen wurden und dergleichen.

Als häufiger Begleiter der Wettersäulen wird ein, manchmal betäubendes Lärmen, ein Rollen, wie von Lastwagen, ein Donnern, Rasseln, oder (besonders bei Wasserhosen) ein Sausen und Pfeifen angegeben.

Die mechanischen Wirkungen der Wettersäulen sind groß. Die Landhosen scheinen gefährlicher, als die Wasserhosen zu sein. Wettersäulen treten vornehmlich in den wärmeren Monaten und bei Windstille auf.

Als Vorläufer von Tromben wird nicht selten eine drückende, schwüle Luft angeführt.

673. Man hat die Wettersäulen durch zwei entgegengesetzte Luftströme erklärt, die sich treffen oder an einander hinfließen, und einen derartigen Wirbel erzeugen, dass in demselben durch die Fliehkraft eine Luftverdünnung entsteht, und dass diese von unten und oben einen Luftstrom ansaugt. Dass zwei in Bezug auf Richtung verschiedene Luftströmungen kurz andauernde Wirbelwinde hervorbringen, mag sein; allein abgesehen davon, dass an der Stelle, wo zwei entgegengesetzte Luftströme sich treffen, eine Stauung, daher Luftverdichtung eintreten wird, nicht eine indirect hervorgerufene Luftverdünnung, und abgesehen von manchen andern Bedenken wider die obige Theorie, spricht schon der Umstand dagegen, dass Wettersäulen vorzugsweise bei Windstille oder doch schwachen, wechselnden Winden entstehen.

Peltier und andere halten dafür, dass die Wettersäulen in der Elektricität ihre Ursache haben. Auch diese Erklärung dürfte einer ausreichenden Begründung ermangeln. Die Wettersäulen sind als verticale Luftröme anzusehen, welche die warme, feuchte Luft von der Erdoberfläche strudelnd emporführen, oder auch kalte Luft von oben zu ihr herabbringen. Diese verticalen Luftströme haben wieder ihre Ursache in einem labilen Gleichgewicht der Luft, das durch allmählige Erwärmung der untersten Luftschichten bei Windstille und an sonnigen Tagen erzeugt wird. Wenn die Umstände günstig sind, können hiebei die untersten Luftschichten örtlich in solchem Grade erwärmt werden, dass sie specifisch leichter werden, als die über ihnen lagernden. Dass solche

Verhältnisse vorkommen, hiefür zeugen die Phänomene der Luftspiegelungen in den Wüsten. Bei der geringsten Störung des Gleichgewichts erfolgt dann ein gewaltsames Aufsteigen der untern erhitzten Luftmassen. Ein labiler Gleichgewichts-Zustand der Luft kann aber nicht nur zu aufwärts gerichteten Luftströmen, sondern auch zu abwärts gerichteten führen. Wenn die aufsteigende Bewegung viel häufiger in Tromben beobachtet wird, so liegt die Ursache wohl in der Anwesenheit des atmosphärischen Wasserdampfes. In niedersinkenden Luftströmen behält dieser Dampf seine Gasform bei. In aufsteigenden Luftströmen dagegen verdichtet er sich zu Nebel und seine bedeutende, hiebei frei werdende latente Wärme dehnt die Luft aus und treibt sie noch schneller empor. Während sie sich aufwärts bewegt, wächst ihr Auftrieb und damit zugleich ihre Geschwindigkeit, unter ihr bildet sich ein luftverdünnter Raum, nach welchem von allen Seiten die angrenzenden Luftmassen heranströmen, um ihr dann aufwärts zu folgen. Die Luftverdünnung dehnt sich, weil auch von unten die Luft hinzufließt, bis auf den Boden hin aus. Ist die Unterlage eine Wasserfläche, so peitschen die ringsum herandringenden Luftmassen dasselbe zu Schaum oder Dunst; während die schwereren Tropfen zurückfallen, geht der mitgerissene Schaum allmählig in unsichtbaren Dampf über, zugleich durch Abkühlung die Geschwindigkeit des Aufsteigens vermindernd. Die Säule erscheint wie ein langer, oben zugespitzter Schlauch, dessen Fuß von Spritzwasser und Dünsten umgeben, über der glatten Wasserfläche dahinschreitet. Weiter oben aber verdichtet sich wieder der Dampf zu Nebel, einen zweiten Schlauch bildend, der wie ein Trichter oben gegen die rasch zunehmende Wolke sich erweitert. Je schneller die Luft unten zuströmt, desto mehr nähern sich die beiden spitzen Schlauch-Enden, bis sie sich vereinigen zu einer einzigen, an die Wolke reichenden Säule. Die Erscheinung löst sich und verschwindet, sowie die überhitzten unteren Luftschichten erschöpft, vielleicht auch durch niederströmenden Regen abgekühlt sind. Reye sagt weiters bezüglich der Ortsveränderung der Tromben, dass dieselbe nach jener Richtung geschehe, von welcher die Luft mit der geringsten Geschwindigkeit heranströmt. Je schneller das Fortschreiten der Wettersäulen vor sich geht, desto schwächer ist das Entgegenströmen jener Luftschichten, welchen der Fuß der Säule zueilt, und desto schneller folgen der Trombe die hinten nachströmenden Luftmassen, welche viel länger als jene der Saugwirkung ausgesetzt bleiben. Hiebei muss die seitlich andringende Luft, weil das luftverdünnte Centrum selbst fortrückt, krumme Bahnen beschreiben, deren hohle Seite nach derselben Richtung gekehrt ist, wohin die Wettersäule sich bewegt. Die Richtungen, in welche von derlei Phänomenen entwurzelte Bäume gefallen sind, entsprechen der eben angeführten Theorie. Rotirt eine aufsteigende Wettersäule, und ist diese Drehbewegung eine schnelle, so strömt die Luft in Spiralwindungen ihrem Fuße zu. Die leichtern Gegenstände vor der Trombe werden dann, wenn die Drehung im entgegengesetzten Sinne jener eines Uhrzeugers vor sich geht, mehr oder weniger nach links, die schwereren hinter ihr nach rechts fortgerissen, zugleich werden die rechts von der Bahn befindlichen Objecte nach vorne, die links befindlichen nach hinten aus ihrer centralen Sturzrichtung abgelenkt. Diese Ablenkung wird rechts stärker hervortreten als links, weil im angenommenen Falle auf der rechten Seite die fortschreitende Bewegung der Luftmassen durch die Drehbewegung vergrößert, auf der linken Seite verkleinert wird. Auch für diese Sätze geben Beobachtungen größerer Wirbel, wie jene der nordamerikanischen Tornados Zeugnis.

Dr. Andries findet die Ursache der Tromben, Tornados und Cyclonen in heftigen obern Luftströmungen, welche in relativ ruhige Luft einbrechen, und Wirbel erzeugen. (Siehe Ursachen der Cyclonen.)

## II. Bogenförmige Böen, See-Tornados.

674. Die bogenförmigen Böen kommen in den Grenzgebieten der Passate und in Gegenden vor, wo die Monsune mit geringer Stärke und mit Unterbrechungen wehen.

Kerhallet beschreibt die bogenförmigen Böen (arched squalls, grains arque's)[1] folgendermaßen: Sie erheben sich über den Horizont, indem sie am untern Theil von Wolkenmassen einen düstern schwarz gefärbten Bogen zeigen: dies deutet auf große Regenmengen und große elektrische Entladungen. Manchmal haben sie die Form einer mächtigen schwarzen Wolke, die am unteren Theil bogenförmig verlauft. Oft kommen diese Böen mit großer Geschwindigkeit heran und lassen kaum die Zeit, um die Segel zu vermindern, ehe der Wind sich fühlbar macht; dies tritt ein, wenn die Wolken sich dem Zenith nähern, bisweilen auch bevor sie diese Höhe erreicht haben. Andere Male bewegen sich die Wolken langsam und theilen sich, ohne dass der Wind genügende Stärke erreicht hätte, um bis zum Schiffe zu gelangen. Man hat beobachtet, dass, wenn zuerst Regen sich einstellt, man bald darauf einen sehr hef-

[1] Guide du marin.

tigen Windstoß zu erwarten hat, hingegen ist der Wind, wenn er zuerst sich geltend macht, selten heftig, und endigt mit wenig Regen.

Kapitän Schück beschreibt die bogenförmigen Böen im Atlantischen Ocean, wie folgt:[1]

„An irgend einer Stelle windwärts vom Beobachter wird der Dunst über dem Wasser dichter, es bilden sich nicht nur unmittelbar über dieser Stelle compacte Wolkenmassen, sondern in ihrer Nähe vereint sich auch der Wasserdampf zu leichterem Gewölk, das nach ihr hinzieht; das Aussehen der ganzen Erscheinung wird aber nicht einer Wasserhose, d. h. einem Trichter ähnlich, sondern einem Pilz mit sehr hoher Kappe ohne Stiel, aber mit einem Untersatz von äußerst lockerer Masse. Die Farbe der Wolken ist bei Tage und bei Nacht oben ein helles, fast grelles Weiß, sie geht nach unten allmählig in tiefes Schwarz über, und wird an der Grenze des Ober- und Untertheiles wieder ein schmutziges Dunkelgrau. Aus dem zerrissenen Dunst bricht am Tage die Sonne stechend hervor, bei Nacht unheimlich funkelnd die Sterne; ein leichter Luftzug fächelt täuschend nach jener Masse hin, unter ihr wird es dunkler und immer dunkler, die Luft wird kalt, der Schall scharf und rein, zuletzt zeigt sich über dem Wasser eine schwarze Linie an der inneren Grenze der Wolkendecke, ein schwacher violetter Blitz zuckt zwischen ihr und der Meeresfläche hin, und nun scheint ein mächtiger Ring, der sich mehr und mehr erweitert, und über welchem sich eine gewaltige Wolkenmasse höher und höher aufthürmt, nach dem Beobachter hin sich auszudehnen. In geringer Entfernung von diesem Ring wird es todtenstill, dann bricht ein Gewitter los, dessen Blitze außer dem grellen, einen Zickzack beschreibenden Strahl, noch phosphorähnlich leuchtende Funken durch die ganze Atmosphäre zu sprühen scheinen, Donner lässt sich in betäubenden Schlägen hören, und selbst ein etwa $1/2$ Stunde anhaltender Sturm vermag den Sturzregen nicht vor sich herzujagen."

Von weniger Wind begleitet, ohne Gewitter und manchmal auch ohne Regen sind diese Böen, wenn leichtes Gewölk eine dunklere compacte Masse umgibt, und einen Ring mit einem scheinbar umgebogenen Rand bildet. Solche Wolkenanhäufungen ziehen höher über dem Wasser wie die vorigen, unter ihnen zeigt sich der Dunst schwärzlichgrau mit gelblicher Schattirung; fällt Regen, so verursacht er ein dumpfes Rauschen und gibt dem Wasser eine eigenthümlich hüpfende Bewegung. Kommt der Ring näher, so sieht man, wie leichtes Gewölk das

[1] Annalen der Hydrographie, 1877.

schwerere umkreist, man hört in der Takelage ein sonderbares Sausen und Heulen, der Wind erreicht aber höchstens die Stärke „6" und hält länger an, wie bei der erstern Art der Erscheinung. Viel großartiger und heftiger sind diese Phänomene in den tropischen Gewässern Ostasiens, ganz besonders im südlichen Theil der China-See, einschließlich des Golfs von Siam und der Sulu-See; südlich von Java lösen sie sich oft in Wasserhosen auf; unweit der Küste ist das Eintreten der Landbrise häufig von Ringböen der zweiten Art begleitet."

„Berichten gemäß trifft man auch in Westindien, in dem Golf von Guinea, dem Arabischen Meer, im Golf von Bengalen und in den Monsungegenden des Stillen Oceans auf ganz ähnliche Erscheinungen."

675. Die deutsche Bark „Ino" aus Hamburg (Kapt. J. H. Bannau) gerieth am 20. Jänner 1872 in 2° 53′ S. B. und 19° 49′ W. Lg. in den Bereich einer bogenförmigen Bö, deren Verlauf folgender war. „Der SO-Passat hatte schon am Morgen des 20. Jänner aufgehört; veränderliche Winde und böiges Wetter hatten sich eingestellt. Nachmittags gegen 2 Uhr wehte mäßige Brise aus SSW bei bedecktem Himmel, voraus zog sich Gewölk dicht zusammen, man erwartete deshalb von dort, oder bei Annäherung an die Wolkenmasse stärkeren Wind und traf die nöthigen Vorsichtsmaßregeln. Sobald man in dies regenströmende Gewölk gelangte, kam der Wind plötzlich von N mit Stärke 5, darauf folgte ein etwa 10 Minuten anhaltender Windstoß von NO bis Ost mit Stärke 7 und trieb das Schiff schnell nach NW. Als diese Bö vorüber war, wurde es flau und ganz still, der Regen hörte auf, eine dichte, dunkle, sehr niedrige und scheinbar stillstehende Wolke bedeckte den Himmel, rund herum beschränkten dichte Nebel und Dunstmassen, welche mit großer Schnelligkeit über N, O, S und West dicht über dem Wasser das Schiff umkreisten, nach obenhin an Geschwindigkeit abnahmen, und sich anscheinend mit der obern Wolke vereinigten, den Gesichtskreis auf 1 bis 1½ Seemeilen.

Die Ino lag regungslos in Windstille, augenscheinlich in der Mitte eines Wirbelwindes, dessen innerer sichtbarer Theil einen Durchmesser von 2 bis 3 Seemeilen haben mochte. Der Beobachter erwartete, der Wirbel solle über ihn fortziehen, dieser schien aber keine Fortbewegung zu haben, daher musste versucht werden, aus ihm herauszukommen. Ein leichter östlicher Luftzug gab dem Schiffe Steuerkraft und man segelte West; während man sich dem Wirbel auf dieser Seite näherte, nahm die Stärke des Windes zu, seine Richtung änderte zu SO, S, SSW, man segelte mit großer Geschwindigkeit nach NW in die schnell vorüberjagenden Dunstmassen hinein, es wurde sehr finster, dann kam der Wind etwa 5 Minuten lang mit Stärke 8 aus SW, er nahm wieder ab und es fiel starker Regen. Gegen 3 Uhr hörte der Regen auf. Stille trat ein und bald nach 3 Uhr leichter östlicher Wind. Die ganze Erscheinung hatte kaum eine Stunde gedauert, die dunkle schwarze Bö blieb am südöstlichen Horizont sichtbar. Nach der Zeit zu urtheilen, welche das Schiff brauchte, um den Ring oder Gürtel des Wirbelwindes zu durchschneiden, kann jener höchstens eine Seemeile breit gewesen sein. der Durchmesser des ganzen Meteors mag 4 bis 6 Seemeilen betragen haben.

Die von der Ino durchsegelte, ringförmige Bö scheint mit Rücksicht auf das Umgehen des Windes eine solche gewesen zu sein, welche man mit dem Namen „Tornado" bezeichnen darf.

Über die See-Tornados sagt Kerhallet:

„Die Tornados, welche vorzüglich an den Westküsten von Afrika, im Antillen-Meer, in einigen Theilen des Großen und Indischen Oceans vorkommen, sind die meist zu fürchtenden unter den bogenförmigen Böen. Der Wind ist ebenso heftig und hat eine ebenso rasche, drehende Bewegung wie bei Wasserhosen oder Cyclonen, ohne jedoch einen vollen Kreis zu beschreiben. Im allgemeinen ist die Amplitude der Änderungen, innerhalb welcher die Richtungen der heftig wehenden Winde fallen, nicht größer als 8 Strich. Die Tornados kündigen sich lange Zeit im voraus durch blaße oder kupferfarbige Wolken bei Tag, durch außerordentlich schwarze Wolken bei Nacht an. Diese Wolken sind gewöhnlich Cumulus oder Cummulo-stratus, welche sich in N und NO anhäufen und im allgemeinen in einer dem herrschenden Winde entgegengesetzten Richtung ziehen. Fast immer begleiten die Tornados elektrische Erscheinungen. Allmählig flaut die herrschende Brise, dann lullt sie ganz ein. Bald darauf breiten sich rasch düstere und schwarze Wolken am Horizonte aus, sie erheben sich langsam, indem sie einen ungeheuren und regelmäßigen Kreis bilden, alle Augenblicke von Blitzen durchfurcht; immer mehr tritt der Bogen hervor, immer mehr muss man darauf gefasst sein, einen heftigen Windstoß zu empfangen. Ein paar Secunden der Stille treten ein, dann mit einem Male springt der Wind (aus NO) auf, mit rapider Geschwindigkeit das Gewitter vor sich hertreibend, welches in seiner ganzen Stärke losbricht, sowie es eine Höhe von 30 bis 40° über dem Horizont erreicht hat.

Im Gegensatz zu den andern bogenförmigen Böen sind die Tornados, bei welchen der Wind dem Regen vorausgeht, meistens die heftigsten. Die Dauer der Tornados ist nicht größer als 1 oder 1½ Stunden, aber sie ähneln kurz dauernden Sturm-Cyclonen in der Heftigkeit des Windes".

Der berühmte Dampier sagt über die afrikanischen Tornados: „In unsern Sommermonaten gibt es dort nur Windstillen und Wirbelwinde, welche im Spanischen Tornados[1] heißen. Diese sind Windstöße, die sich gewöhnlich gegen den regelmäßigen Wind erheben und sich plötzlich bilden, aber nicht lange andauern. Sie sind so heftig, dass ein Schiff unter vollen Segeln, welches diese Windstöße auszuhalten hat, große Gefahr läuft zu kentern oder wenigstens die Masten zu verlieren. Es ist schon viel, wenn ein Schiff eine Seemeile zurücklegt, ehe der Wind sich auf einmal legt und nach Süden dreht. Man weiß nicht einmal, ob er nur drei Minuten anhält, ehe er umspringt, und manchmal dreht er sich schneller, als das Schiff." „Diese Tornados beginnen gewöhnlich zu Anfang April, und die Goldküste ist bis zum Anfang Juli selten von ihnen befreit. Manchmal kommen 3 oder 4 an einem Tage, aber sie gehen sogleich vorüber. Höchstens dauern sie zwei Stunden, und der stärkste nicht selten nur eine Viertel- oder Halbe Stunde. Diesen Wirbelwind begleiten schreckliche Donnerschläge, Blitze und Regen, und der Wind ist so rasend, dass er manchmal das Blei mit dem die Häuser gedeckt sind, heruntergerissen und es so fest aufgerollt hat, wie nur die Kunst der Menschen es vermocht hätte."

Piddingtons Hornbook enthält eine Schilderung westafrikanischer Tornados von M. Goldsberry, von welchen nachstehender Auszug hier einen Platz finden möge.

„Die Luft ist klar, seit mehreren Stunden herrscht Windstille bei schwüler, drückender Luft. Plötzlich in der höchsten Region der Atmosphäre gewahrt man eine kleine, runde, weiße Wolke; diese Wolke, scheinbar fast stehend und ganz bewegungslos, ist das Anzeichen eines Tornados. Anfangs ganz allmählig wird die Luft unruhig, und erhält eine kreisförmige Bewegung. Die Blätter und Pflanzen, mit denen das Land immer bedeckt ist, erheben sich mehrere Fuß vom Boden, sie sind in beständiger Bewegung und kreisen um dieselbe Stelle. Die Wolke, die Verkünderin des Phänomens, hat nun an Größe zugenommen, sie fährt fort, sich auszubreiten, und senkt sich langsam herab in die untere Region der Atmosphäre, zuletzt wird sie dick und dunkel, und bedeckt einen großen Theil des sichtbaren Horizonts. Währenddem hat der Wirbelwind an Stärke gewonnen, die Schiffe in der Bai verdoppeln ihre Vertäuung oder lassen Anker nahe dem Lande fallen; der Tornado

[1] Bei den Portugiesen heißen sie „Travados".

wird heftig und furchtbar. Oft reißt die Vertäuung, und die Schiffe gerathen aneinander.

Gar manche Negerhütte wird weggerissen. Bäume werden entwurzelt, und wenn diese Wirbelwinde ihre volle Heftigkeit erreichen, hinterlassen sie beklagenswerte Spuren ihres Fortschreitens.

Zum Glück dauern diese Meteore nur $^1/_4$ Stunde, sie endigen mit schwerem Regen".

Nach Kerhallet sind die Pamperos auch Tornados, eine Anschauung, mit der andere Autoren nicht übereinstimmen.

Über die Tornados der Amerikanischen Westküste berichtet Professor Seebach:[1] „Sie sind von der Westküste Central-Amerikas während unserer Sommermonate sehr gemein und werden dort Chubasco genannt.

Sie reichen nur wenige Meilen von der Küstenlinie, pflegen aus WNW einzusetzen und sind besonders häufig um Sonnenuntergang. Sie kommen in etwa 30 Minuten, wehen meistens ebenso lange mit der vollständigen Stärke eines Orkans und sind dann ebenso schnell spurlos verschwunden. Von dem begleitenden Regen und der Gewalt der gleichzeitigen elektrischen Entladungen lässt sich kaum eine Beschreibung machen. Sie sind nur ganz local, denn schon unmittelbar darauf ist die See wieder glatt. Der Wind springt meist nach SW um. Wenn die Axe überhaupt fortschreitet, so ist es doch nur auf wenige Meilen."

Die See-Tornados scheinen in Bezug auf Ausdehnung die Mitte zu halten zwischen den Land-Tornados der Vereinigten Staaten, welche übrigens mitunter bei östlicher Bahnrichtung die See erreichen, und den Cyclonen mit Orkangewalt. Die Land-Tornados überschreiten einen Ort in selten mehr als einer Minute, die See-Tornados gehen oft in wenigen Minuten über ein Schiff hinweg; doch gibt es auch sehr heftige von $^1/_4$ bis $^1/_2$ Stunde Dauer und bis zu 2 Stunden hinauf. Die noch länger anhaltenden nennt Piddington Tornado-Cyclonen, im allgemeinen wird man zu ihrer Bezeichnung wohl den Namen Orkan oder Taifun gebrauchen.

Bezüglich der Entstehung der Tornados dürfte man, insoferne es sich um solche geringsten Durchmessers handelt, auf das über Wettersäulen Gesagte hinweisen können; was Tornados von größerem Umfange betrifft, welche nach der Erdhälfte, in der sie vorkommen, eine Drehbewegung in einem bestimmten Sinne wie die Cyclonen haben, so wird für sie auch das Gleiche gelten, was über die Entstehung der letzteren in der folgenden Darstellung angeführt werden wird.

---

[1] Reye: „Die Wirbelstürme".

## III. Cyclonen.

(Hiezu die Taf. *D.*)[1]

676. **Die Cyclonen oder Wirbelstürme — Drehstürme, Drehorkane** — sind Wirbelwinde, welche sich durch Heftigkeit auszeichnen und weit über die Erdoberfläche ausdehnen. Dieselben entstehen besonders häufig innerhalb der Wendekreise, kommen aber auch in den Gemäßigten Zonen nicht selten vor.

Die Theile der Erde, welche Wirbelstürmen zumeist ausgesetzt erscheinen, sind: Der Nordatlantische Ocean, zumal die Gewässer Westindiens, der Indische Ocean, besonders der Golf von Bengalen und die Gewässer in der Nähe der Mascarenen, schließlich die China und Japan begrenzenden Meere[2]. In letzteren Meeren bezeichnet man die Wirbelstürme auch mit dem Namen Taifune[3]. Nicht beobachtet

---

[1] Dem Entwurfe der Karte der Sturmbahnen lagen als Quellen vor: die diesbezüglichen Arbeiten von Piddington, Meldrum, Reye, die Annalen der Hydrographie, die Mittheilungen aus dem Gebiete des Seewesens, das Werk über die Weltumseglung S. M. Fregatte „Novara".

[2] Von einzelnen Männern ward es schon früh erkannt, dass Stürme mit einer vollständigen Drehbewegung vorkommen. So z. B. beschreibt Dampier die Taifune des Chinesischen Meeres als Stürme dieser Gattung. Doch erst Oberst Capper der ostindischen Compagnie machte am Schlusse des vorigen Jahrhunderts die Stürme der Indischen Gewässer zum Ziel seiner Forschungen, deren Ergebnis war, dass die Orkane der Indischen Meere Wirbelstürme seien. Seine Veröffentlichung (1801) blieb jedoch unbeachtet. Im Jahre 1828 zeigte Dove, dass der Sturm, welcher zu Weihnachten 1821 Europa traf, ein Wirbelsturm war. Fast gleichzeitig mit Dove und unabhängig von ihm entdeckte Redfield, dass die Stürme an den Küsten der Vereins-Staaten meistens Wirbelstürme seien, deren Drehung entgegengesetzt jener des Zeigers einer Uhr vor sich gehe, dass ferners in der Mitte dieser Stürme der Stand des Barometers auffallend niedrig sei und die luftdünne Mitte derselben fortschreite. Oberst Reid endlich erwies, dass die Wirbelstürme der Süd-Hemispäre im Sinne des Zeigers einer Uhr rotiren. Die genannten drei Männer sind die Begründer unserer Kenntnisse über die Natur der Wirbelstürme.

Denselben reihen sich zunächst Piddington und Thom an, welche sich große Verdienste um die Erweiterung dieser Kenntnisse erworben haben. Vom ersteren rührt der Name „Cyclone" her, unter welcher Bedeutung Piddington Winde begreift, welche um einen Mittelpunkt kreisen. Die Worte Brise, Kühlte, steife Kühlte, Sturm, Orkan, bezieht er hienach, wie früher, nur auf den Grad der Stärke des Windes.

[3] Nach Dr. Hirth stammt das Wort t'ai-fung in seiner zweiten Silbe von dem chinesischen Worte fung = Wind her, in seiner ersten Silbe von der Sprache der alten Bewohner von Formosa, bei denen t'ai die Bedeutung „außergewöhnlich" hatte. Die Bezeichnung t'ai wurde von den Chinesen auf Formosa selbst übertragen; t'ai-fung heißt daher eigentlich „Wind von Formosa". (Annalen der Hydrographie, 1881.)

wurden bisher Drehorkane in der Nähe des Aequators, im Südatlantischen Ocean bis 25° S. Br. und im östlichen Theile des Südlichen Stillen Oceans im Bereiche des ständigen SO-Passates.

677. Um nun die Gesetze und eigenthümlichen Erscheinungen der Cyclonen in Betracht zu ziehen, ist vor allem hervorzuheben, dass in den Cyclonen der Sturmwind sich um einen Mittelpunkt bewegt, und dass diese Drehbewegung in einem bestimmten Sinne erfolgt. In beiden Erdhälften geschieht nämlich die Rotation gegen die Sonne: Auf der Nördlichen Hemisphäre von S über O, N und W, auf der Südlichen Halbkugel, wo die Sonne von O über N nach W sich bewegt, von S über W nach N und O. Auf der Nordhälfte der Erde rotirt also der Wirbel im entgegengesetzten Sinne des Zeigers einer Uhr, auf der Südhälfte im gleichen Sinne wie der Zeiger einer Uhr.

Der Beweis für die Richtigkeit dieses Gesetzes wird hergestellt, indem man für einen und denselben Zeitpunkt und für versiedene Orte im Bereiche eines Sturmes die Windrichtungen ermittelt und auf einer genügend großen Karte an den betreffenden Orten verzeichnet. So hat Redfield für den Cuba-Orkan, welcher vom 4. bis 7. October 1844 dauerte, 165 Berichte von Schiffen und Plätzen, welche von dieser Cyclone betroffen worden sind, gesammelt und dann für zwanzig verschiedene Zeitpunkte die Windrichtungen, wie sie sich an verschiedenen Orten ergaben, in seine Karten eingetragen.

Aus dieser Art der Darstellung der Cyclonen ward aber ersichtlich, dass die Rotations-Bewegung der Luftmassen nicht völlig einem Kreise entspricht, sondern dass zugleich eine Bewegung der Luft gegen die Mitte stattfindet. Diese Abweichung des Windes von der Richtung der Tangente gegen das Centrum wurde von Redfield bis zu zwei Compassstrichen geschätzt; selbe erscheint aber zu gering geschätzt und dürfte bei verschiedenen Stürmen verschieden sein. Einen zweifellosen Beleg für das eben Gesagte bietet unter anderen der Fall, welchen Piddington anführt. Die Brigg „Charles Heddle" gerieth den 22. Februar des Jahres 1845 etwa 210 Seemeilen NzO von Mauritius in eine Cyclone. Durch fünf Tage lenste derselbe vor Topp und Takel, nachdem am ersten Tage das dichtgereffte Vormarssegel fortgeweht war. Piddington verzeichnete nach den Angaben des Schiffs-Journal den Weg des „Charles Heddle" und fand, dass die Brigg die Mitte der Cyclone fünfmal, und zwar im Sinne eines Zeigers einer Uhr, umkreiste und sich hiebei mehr und mehr der Mitte näherte: — durch die erstere Thatsache erhält das Gesetz der Drehung des Windes, wie es von Reid für die Südhälfte der Erde aufgestellt worden, seine Bestätigung, während der letztere Umstand die eben erwähnte Abweichung der Windrichtungen von der Richtung der Tangenten gegen das Centrum bezeugt.

Ein interessantes Beispiel derselben Art führt Meldrum an. In dem Orkan, welcher am 16. Mai 1863 im Südindischen Ocean zwischen 5—15° südl. Br., 75—87° östl. Lg. von Gr. herrschte, umkreiste der „Earl Dalhousie“ zu wiederholten malen den Focus der Cyclone.

678. Die Art der Drehung des Windes innerhalb der Cyclonen, jenachdem sie in der Nord- oder Süd-Hemisphäre vorkommen, hat sich als ausnahmsloses Gesetz erwiesen; anders verhält es sich bezüglich der Bahnen der Wirbelstürme.

Die Cyclonen (Vergl. Tafel *D*) sind nämlich nicht stationär, sondern verändern ihren Ort. Dieses Fortschreiten geschieht, wenn eine Cyclone, aus tropischen Gegenden kommend, in eine Gemäßigte Zone übertritt, auf einer Bahn, welche einer Parabel ähnlich ist, und zwar ist die Richtung der Bahn innerhalb der Tropen eine westliche und gegen die Wendekreise geneigte; zwischen 20—35° Breite ist der Scheitel der Bahn, welche hierauf eine von Ost mehr oder minder polwärts abweichende Richtung einschlägt.

So ist im allgemeinen der Verlauf der Bahn solcher Cyclonen in der Nordhälfte der Erde innerhalb der Wendekreise eine nordwestliche, außerhalb derselben eine nordöstliche; in der Südhälfte der Erde im Bereiche der Passat-Regionen eine südwestliche, außerhalb derselben eine südöstliche.

Die für die einzelnen Zonen gegebenen Bahnrichtungen bleiben im Durchschnitt dieselben, wenn Drehorkane sich auf die eine oder andere Zone beschränken. Die Sturm-Cyclonen verfolgen innerhalb der Tropen und nördlich vom Äquator eine Richtung zwischen N und W, südlich von demselben eine Richtung zwischen W und S. Cyclonen, welche in der Gemäßigten Zone ihren Ursprung haben, bewegen sich in den nördlichen Meeren in einer Richtung zwischen N. und Ost, in den südlichen zwischen O und S.

Es kommen Abweichungen mehr oder weniger oft und in größerem oder geringerem Grade vor, je nach der Oertlichkeit, wo der Orkan auftritt. Besonders häufig sind Abweichungen z. B. im Caraibischen Meere, in der China-See, im Theil des Indischen Oceans zwischen NW-Australien und dem Ostindischen Archipel, kurz in den Binnenmeeren. Bezüglich des Vorschreitens der Orkane auf ihrer Bahn ist schließlich zu bemerken, das Redfield der Orkanmitte eine oscillirende Bewegung zuschreibt, indem der Focus des Wirbelsturmes nicht in gerader Linie vorzuschreiten, sondern von Seite zu Seite schwankend eine Wellenlinie zu beschreiben scheint.

## Die Cyclonenbahnen in den einzelnen Oceanen.[1]

679. Die Bahnrichtung der Orkane im Nordatlantischen Ocean im Bereiche der niederen Breiten bis in die Nähe des Wendekreises des Krebses ist west-nordwestlich, nordwestlich, nord-nordwestlich; doch gibt es unter den bisher untersuchten Orkanen auch solche, deren Bahnen von obiger Regel abweichen. So z. B. bewegte sich ein Orkan Ende August 1842 (11) vom Atlantischen Ocean westwärts über die Bahamas nach der Mexicanischen Küste; ein Orkan im October desselben Jahres (12) hatte seine Richtung aus dem Busen von Vera Cruz (Campeche) nordöstlich über Florida in das Atlantische Meer; eine mehr nord-nordöstliche Richtung hatte die Bahn eines Orkans im October des Jahres 1844 (13), der von den Küsten von Honduras ausgehend über Cuba und die Bahamas bis über Neu-Fundland reichte; im October 1847 (15) traf ein Orkan mit west-südwestlicher Bahnrichtung die Küste von Venezuela.

Die von Redfield verzeichneten Orkane vom Juni 1831 (10) und August 1835 (16), laufen, eine gerade Linie verfolgend, mit west-nordwestlichem Curse gegen die Küsten Mexicos.

Bezüglich der Stelle des Ursprungs der Cyclonen südlich des 30. Breitengrades lässt sich nach den bisher vorhandenen Beobachtungen und gegebenen Erfahrungen nur sagen, dass die Drehstürme nördlich des 10. Breitengrades entstehen.

Wenngleich die meisten Orkane, deren Bahnen bestimmt sind, dem westlichen Becken des Atlantischen Meeres angehören, so gibt es auch solche, von denen nachgewiesen ist, dass ihre Bahnen bis nahe an die Afrikanische Küste reichen. Dies gilt z. B. bezüglich des von Redfield verzeichneten Orkans Ende August bis Mitte September 1853 (2), sowie bezüglich des Wirbelsturmes, welcher anfangs September 1850 (8) die Capverdischen Inseln heimsuchte. Reid bestimmte die Bahn einer Cyclone von der Höhe der Canarischen Inseln bis gegen die Küste Spaniens (9). Die Bahn des Orkans vom August 1873 (5) ward bis östlich von 40° W. nachgewiesen. Meistens mag aber die Ursprungsstätte der verheerenden Cyclonen, welche die Atlantischen Gewässer innerhalb der Tropen aufwühlen, östlich von den Kleinen Antillen zu suchen sein.

---

[1] Nachstehende Angaben sind, zum größten Theil Piddingtons Hornbook, sechste Auflage, 1876, entnommen. — Vgl. hiezu die Taf. *D*, in welcher die einzelnen Sturmbahnen leicht aufzufinden sind.

Die Bahnen der Cyclonen nördlich des 30. Breitengrades laufen nordöstlich, nord-nordöstlich oder ost-nordöstlich. In der Nähe der Britischen Inseln fand Reid Orkane mit nordöstlicher und solche mit südöstlicher Bahnrichtung. Die große Ausdehnung, welche die Cyclonen in höheren Breiten häufig erlangen, dürfte die Ursache sein, dass die Stürme dieser Regionen seltener als Cyclonen erkannt werden. Dies mag daher auch bezüglich der Cyclonen Geltung haben, welche aus dem Atlantischen Ocean gegen Westeuropa herankommen.[1]

Dass auch im Mittelmeer Cyclonen vorkommen, hat zuerst Reid dargethan. Der Sturm, welchen im December 1840 im Ostbecken des Mittelmeeres die englische Flotte zu überstehen hatte, erwies sich als eine Cyclone (17), deren Bahnrichtung O½N war. Piddington bestimmte die Bahn eines Drehsturmes (18), welcher Ende December 1848 im Canal von Malta wüthete; die Richtung desselben war SOzO. Piddington glaubt, dass der Sturm, welcher am Anfange des nächsten Monates verheerend zu Konstantinopel auftrat, die Fortsetzung der eben erwähnten Cyclone gewesen sei.

Verlässliche und ausreichende Daten über Cyclonen im Südatlantischen Ocean sind bisher nicht reichlich vorhanden; doch ist es immerhin als sicher anzusehen, dass auch im Südatlantischen Ocean Wirbelstürme vorkommen. Nach den wenigen von Piddington angeführten Berichten zu schließen, dürften südlich des Wendekreises des Steinbocks die Cyclonenbahnen eine östliche bis südöstliche Richtung einhalten. Reid gibt an, dass die Stürme in den Gewässern zwischen Cap Hoorn und dem Cap der guten Hoffnung, analog wie an den Küsten der Britischen Inseln, aus Richtungen zwischen NW und SW kommen.

Das Capland liegt im Bereiche von Cyclonen, welche, von ONO anlangend, dasselbe auf ihrer west-südwestlichen Bahn durchstreifen. Meistens westlich vom Cap wenden sich die Cyclonen ost- und südostwärts. In der Nähe des Cap hat demgemäß die Bahn dieser Orkane ihren Scheitel.[2]

680. Zwischen dem Cap der guten Hoffnung und Vandiemens-Land werden Cyclonen mit östlicher Bahnrichtung gemeldet. Die heftigen Winde, welche in den Südaustralien bespülenden Gewässern aus NW einsetzen und dann auf W und SW übergehen, dürften Nordhälften von Cyclonen angehören, deren Bahn östlich verläuft. In der Nähe der Bass-

[1] Nach Prof. Loomis passiren übrigens die Bahnen der Nordatlantischen Orkane meistens nördlich von Schottland. (Annalen der Hydrographie, 1879.)

[2] Nach Bourgois und andern Autoren sind die am Cap häufigen Stürme keine Cyclonen.

Straße mag manchmal die Bahn mehr nach NO abweichen oder auch in Anbetracht des hohen Landes, dem der Sturm begegnet, eine Verzögerung der Geschwindigkeit der Cyclone in ihrer Bahnbewegung eintreten.

Im Theile des Indischen Oceans zwischen Natal und der Südspitze Madagascars trifft man nach Piddington bisweilen auf Cyclonen mit west-südwestlicher Bahn. Im Canal von Mozambique ist nach den wenigen verfügbaren Daten die Bahnrichtung der Cyclonen WSW.

Im Indischen Ocean südlich vom Gleicher zwischen der Ostküste von Madagascar und der West- und der Nordwest-Küste von Australien ist im Durchschnitt die Bahn der Cyclonen eine west-südwestliche; in der Nähe der Mascarenen biegt dieselbe südwärts ab, um alsdann im Bereiche der Gemäßigten Zone einem östlichen bis ost-südöstlichen Curse zu folgen. Ausnahmen von der Regel sind aber auch in den besagten Regionen nicht selten, zumal im östlichen Becken von 10—20° südl. Breite. Hier kommen Cyclonen vor, welche stationär sind oder doch eine sehr geringe Ortsveränderung zeigen. — Piddington hat die Bahn einer Cyclone verzeichnet, welche sich anfangs von SO nach NW bewegte und erst dann nach SW wendete. In der Timor-See ist die gewöhnliche Bahn ONO — WSW; doch Piddington verzeichnet auch eine Bahn, welche von S ausgehend nach NW verlief.

An der Westküste Australiens findet man auf der von Piddington entworfenen Sturmkarte des Indischen Oceans die Bahn eines Orkans (28) mit der Richtung SW — vom Land seewärts — eingetragen; andere hingegen (südlich von ersterer (20) mit der Bahnrichtung östlich und ost-südöstlich) von der See landwärts.

Wenn man nun die Bahnen der Cyclonen im nördlichen Theil des Indischen Oceans in Betracht zieht, so sind in der Arabischen See zweierlei Hauptrichtungen zu unterscheiden: die eine nach WNW und NW, die andere (bei den Laccadiven beginnend) nach NNW. Doch ist auch auf diese Regel mit völliger Sicherheit nicht zu bauen, und muss man auf mehr oder minder große Abweichungen gefasst sein. So bewegte sich beispielsweise im Monat April 1847 eine Cyclone (37) mit NO-Curs gegen die Südküste von Malabar.

In der Bai von Bengalen, und zwar im nördlichen Theile derselben, sind die Bahnrichtungen; W, WNW, NW und NNW bis NzW, am häufigsten sind die Bahnrichtungen W und NW.

Zwischen den Andamanen und der Küste Coromandel wechselt die Bahnrichtung zwischen W und NW; doch wenn Cyclonen in beiläufig 6 oder 8° nördl. Breite und östlich bis zu 90° Länge vorkommen, so scheinen sie zuerst nach NNW oder NW vorzurücken und dann eine mehr westliche Richtung einzuschlagen. In den Gewässern des Andaman-Archipels mag man (nach Piddington) Drehorkanen seltener begegnen; die Bahnrichtungen zweier Orkane, deren Bahnen bestimmt worden, waren WNW und NWzN. Eine auffallende Ausnahme bezüglich der Bahnrichtung bildet die Cyclone, welche der englische Dampfer „Pluto" im April 1854 im Golf von Martaban zu bestehen hatte; dieselbe bewegte sich von SW nach NO.

681. Im Chinesischen Meere haben die Cyclonen in der Regel eine Bahnrichtung, welche innerhalb der Grenzen NW und SW sich hält. Abweichungen bis NzW und SzW treten vornehmlich im Monat September, solche bis zu SzW im October auf.[1] Abnorme Bahnen sind sehr häufig. So z. B. zeigt Piddingtons Cyclonenkarte dieses Meeres Bahnen, welche verschieden gestaltete Curven verfolgen: ein Taifun (September 1803) (48) bewegte sich anfangs nordwestlich, dann westlich, endlich nach WzN; ein anderer (November 1837) (47) west-nordwestlich, dann südwestlich; ein dritter Taifun (November 1847) ging (wahrscheinlich aus dem Großen Ocean kommend) von der Westküste Luzons aus, bog zuerst nordwärts, dann ostwärts ab, um durch die Bashee-Straße in das Stille Meer zu verlaufen; ein vierter (September 1846) (46) hatte anfänglich einen südwestlichen Curs und wendete sich dann nordwestlich gegen das Land, ein fünfter Taifun (51) mit auffallend abnormer, wenn auch gerader Bahnrichtung ist auf der erwähnten Karte mit NNO-Curs gegen Formosa angegeben. Sr. M. Fregatte „Novara" begegnete im August 1858 einem Taifun (52), der sich anfangs beiläufig ost-südöstlich bewegte, und dann bei den Liu-Tschus nach NW wandte. Cyclonen in niederern Breiten als 9° N sind jedenfalls selten, doch liegen Berichte vor, welche den Schluss gestatten, dass auch diese Gewässer von derartigen Stürmen nicht frei sind.

682. Im Großen Ocean ist in N des Äquators bis ungefähr 30° nördl. Breite die Bahnrichtung eine nordwestliche. Je näher dem Wendekreise man sich befindet, desto eher sind Abweichungen von obiger Hauptrichtung zu erwarten. So wird von Cyclonen in 19—20° nördl. Breite berichtet, deren Bahnen, aus O kommend, zuerst nord-, dann nordostwärts verliefen. Die französische Corvette „La Bayonnaise" hatte unter der Küste von Guam einen Taifun zu bestehen, für dessen

---

[1] Nördlich von 20° nördlicher Breite herrscht die Bahnrichtung zwischen W und NW vor; südlich von 20° nördlicher Breite jene zwischen W und SW. Am unregelmäßigsten sind die Taifunbahnen nördlich von Formosa zwischen China und Japan. (Annalen der Hydrographie, 1878.)

Bahn sich eine nord-östliche Richtung ergibt. — In der Nähe des Landes erfahren die Bahnrichtungen häufig Abweichungen. Hierauf wird man auch in den westlichen wie östlichen, die Continente begrenzenden Gewässern des großen Oceans zu achten haben. So ist an den Küsten Mexicos die nahe liegende Möglichkeit einer Abweichung in nordöstlicher, daher in der Richtung landwärts ins Auge zu fassen. — Im nördlichen Theile des großen Oceans polwärts vom Wendekreise des Krebses kann als Durchschnittsrichtung der Cyclonenbahnen eine nordöstliche angenommen werden. Der Ursprung dieser Cyclonen ist zunächst innerhalb der Tropenregion zu suchen, aus welcher sie in die gemäßigte Zone übertreten. Der Scheitel der Cyclonen liegt in denselben Breiten, wie im Nordatlantischen Ocean. Auch die Japanischen Gewässer sind übrigens des öfteren der Platz, wo die Wendung der Bahn aus der nordwestlichen in die nordöstliche Richtung vor sich geht. Diese letztere Richtung ist aber ebenfalls nur als Mittelrichtung anzusehen, und man hat Abweichungen von mehr oder minder großem Belang zu gewärtigen. So z. B. verfolgte der Taifun (59), welcher die k. k. Fregatte „Donau" am 18. November 1869 in 34° 20′ nördl. Breite und 148° 38′ östl. Länge von Gr. erfasste, anfangs eine nordwestliche Richtung; später dürfte sich die Bahn nach SO gewendet haben. Der Orkan (60), welchen die genannte Fregatte am 28. November desselben Jahres in 36° nördl. Breite und 180° östl. Länge zu bestehen hatte, verfolgte aber die normale Richtung NO. — Dass Drehorkane der gemäßigten Breiten, gleichwie derartige Stürme des Nordatlantischen Beckens, auch in dieser Zone selbst ihren Ursprung finden mögen, dürfte eine begründete Ansicht sein, und sowie Wirbelstürme, aus dem Nordamerikanischen Festland kommend, sich über das Nordatlantische Meer verbreiten, wird es sich auch ereignen, dass Cyclonen, welche das nördliche Becken des Großen Oceans durchziehen, innerhalb des Asiatischen Continentes entstanden sind. Bezüglich des Vorkommens von Cyclonen im Großen Ocean südlich vom Äquator berechtigen die vorhandenen Erfahrungen zum Schlusse, dass das ganze Gebiet der Australischen Inseln von der Ostküste Australiens bis zum Niedrigen Archipel nicht frei von Drehorkanen ist.

So wird von Orkanen berichtet, welche — zweifellos Cyclonen — die Samoa- und Fidji-Inselgruppe mit südwärts gerichteter Bahn durchstreiften. In den Gewässern zwischen den Schiffer- und Freundschaftsinseln wüthen nicht selten orkanartige Stürme.[1] Dasselbe gilt von den Neu-Hebriden und Neu-Caledonien.

---

[1] So wurde z. B. vom Kapt.-Lieutenant v. Ahlefeld des kais. deutschen Schiffes „Gazelle" die Bahn eines Drehorkanes (68) bestimmt, welcher im November des

Bei Neu-Seeland kommen Drehstürme vor, und ward z. B. die Bahn eines solchen mit der für diese Breiten abnormen Richtung NO bestimmt. Bezüglich der Gewässer zwischen Vandiemens-Land und dem Cap Hoorn sind Nachrichten vorhanden, welche das Vorkommen von Cyclonen zu vermuthen gestatten. Endlich lassen die bisher gegebenen Daten betreffs der schweren Stürme, welche sich an der Westküste Südamerikas polwärts vom Wendekreise des Steinbocks ereignet haben, die Folgerung zu, dass sie mitunter Cyclonen sind, welche die Bahnrichtungen von W nach O oder von NW nach SO, daher von See gegen Land einhalten.

Eine allgemeine Regel für die Orkanbahnen im Bereiche des in Rede stehenden Theiles des Großen Oceans lässt sich mit Sicherheit dermalen noch nicht aufstellen. Denn wenn auch die Annahme nicht unbegründet ist, dass bezüglich der Bahnrichtungen der Cyclonen im Süd-indischen Ocean und im Großen Ocean derselben Breiten eine Analogie bestehe, so dürften doch die zahlreichen Archipele des letzteren Oceans nicht ohne Einfluss auf die Bahnrichtungen der Wirbelstürme desselben erscheinen.

683. Wenn man die Gestaltungen der Cyclonenbahnen überblickt und jene Regionen der Oceane ins Auge fasst, wo sie besonders häufig auftreten, so drängt sich die Wahrnehmung auf, dass der allgemeine Verlauf derselben jenem der oceanischen warmen Ströme folge, dass im Bereiche warmer Gewässer die Häufigkeit solcher Orkane größer ist, als über relativ kalten Meeresflächen, dass endlich der Umfang und die Verbreiterung der Wirbelstürme mit der Breitenausdehnung und der räumlichen Erweiterung der warmen Meeresströme in einem Zusammenhange zu stehen scheint.

Es mag weiters die Annahme nicht als grundlos gelten, dass die Verrückung der Polargrenzen der Passate Einfluss auf die Örtlichkeit des Bahnscheitels übe, und dass die geographische Breite des Ursprungs der tropischen Orkane je nach der Lage der äquatorialen Grenzen der Passate eine Verschiebung erfahre.

### Fortschritts- und Wind-Geschwindigkeit in den Cyclonen.

684. Die Geschwindigkeit, mit welcher die Ortsveränderung der Cyclonen vor sicht geht, ist bei verschiedenen Cyclonen verschieden und auch bei einer und derselben Cyclone nicht stets die gleiche. Im allge-

---

Jahres 1875 Tongatabu berührte. Der Orkan verfolgte anfangs eine beiläufig süd-südwestliche Richtung bis gegen 19° südlicher Breite und nahm dann bei seiner Annäherung an Tongatabu eine mehr östliche Richtung an. (Annalen der Hydrographie, 1877.)

meinen bewegt sich der Sturmkörper zwischen 10 und 25° Breite mit einer Geschwindigkeit von 5—20 Seemeilen; im Scheitel der Bahn nimmt die Geschwindigkeit ab, wird bisweilen sehr gering; nach dem Umbiegen wächst die Geschwindigkeit sogar bis 60 Meilen in der Stunde. Die Geschwindigkeit der westindischen Orkane wird zu 14 bis 20 Seemeilen per Stunde angegeben. Die Orkane des Atlantischen Oceans in höheren Breiten haben hingegen nach Reid bisweilen auch eine Geschwindigkeit von 50 Meilen erreicht. Nach Mohns Untersuchungen ist die Geschwindigkeit der europäischen Wirbelstürme 24 bis 30 Seemeilen. Im Indischen Ocean wechselt die Geschwindigkeit der Cyclonen zwischen 3 und 10 Meilen,[1] im Golf von Bengalen zwischen 3 und 15, im Chinesischen Meere zwischen 7 und 24 Meilen. Im östlichen Becken des Südindischen Oceans innerhalb der Tropen kommen Cyclonen vor, welche keine Ortsveränderung zeigen oder doch eine sehr unbedeutende Bahnbewegung haben. So z. B. ward die Geschwindigkeit einer Cyclone in den besagten Gewässern für den Verlauf eines Tages zu etwa 17 Seemeilen berechnet.

Den gegebenen Erfahrungen gemäß geschieht, wie bereits bemerkt, die Vorrückung der Orkane auf ihrer Bahn innerhalb der Tropen langsamer als in den gemäßigten Zonen, und findet an den Biegungsstellen — den Scheiteln — der Bahnen eine Abnahme der Geschwindigkeit des Vorschreitens statt.

So hat Redfield ermittelt, dass der sogenannte C. Hatteras-Orkan vom August 1853 an der Biegungsstelle nur eine Geschwindigkeit von 13 Meilen hatte, während selbe innerhalb der Tropen 22 Meilen betrug und in den höheren Breiten 50 Meilen erreichte.[2]

685. Die Geschwindigkeit des Windes innerhalb eines Wirbelsturmes beträgt 70 bis 100 und mehr Seemeilen per Stunde. Da der

---

[1] Bridet gibt die Geschwindigkeit der Cyclonen auf ihrer Bahn im Indischen Ocean an, wie folgt:

Von 1 bis 5 Meilen zwischen 5 und 10° südl. Breite,
„ 5 „ 10 „ „ 15 „ 25° „ „
„ 12 „ 18 „ in den höheren Breiten.

[2] Bezüglich der Geschwindigkeit der Orkane auf ihrer Bahn sagt Knipping: „Jeder atmospärische Wirbel bedarf zu seinem Fortbestehen einen ununterbrochenen Zufluss von trockener kalter und feuchter warmer Luft. Bei Wirbeln von geringer Tiefe, kleinem Durchmesser und relativ niedriger Windstärke ist das zur fortwährenden Erneuerung nöthige Material, welches die Umgebung zu liefern hat, nicht so schnell erschöpft, als bei solchen mit bedeutender Tiefe, großem Durchmesser und der höchsten Windstärke, so dass im allgemeinen große Wirbel schneller voranschreiten müssen als kleine". (Annalen der Hydrographie, 1881.)

Orkan unten an der Meeres-Oberfläche den Widerstand riesenhafter Wellen zu überwinden hat, „deren Gipfel er zu Schaum peitscht und in deren Thälern er sich fängt," so muss seine Geschwindigkeit an der Basis immerhin geringer sein, als in einer höheren Region, wo er diesen Widerstand nicht findet. — Infolge der Ortsveränderung der Orkane wird die Geschwindigkeit des Windes an der Seite der Bahn, an welcher die Rotation im Sinne der Bahnrichtung geschieht, um den Betrag der Geschwindigkeit der Cyclone auf der Bahn vergrößert. — Die Geschwindigkeit und Heftigkeit des Windes wächst von außen nach innen. Je mehr sich daher ein Schiff von der Orkanmitte entfernt, desto mehr nimmt der Wind an Stärke ab, bis es in Gegenden gelangt, in welchen allerdings eine Rotationsbewegung der Luftmassen noch stattfindet, die Geschwindigkeit derselben aber die volle Benützung der Segel gestattet.

Kleinere Wirbelstürme sind in der Regel heftiger als solche, die weit sich ausdehnen: die Cyclonen der Tropenregionen sind heftiger als jene der Gemäßigten Zonen.

Der Sturmwind in einer Cyclone bläst übrigens nicht gleichmäßig stark, sondern meistens in heftigen Böen und Stößen, deren Richtung mehr oder weniger schwankt.

Reye erklärt dieses stoßweise Wehen des Windes dadurch, dass aufsteigende Luft die Regentropfen gleich nach ihrer Bildung zunächst mit sich emporträgt, bis sie in solcher Menge sich anhäufen, dass sie mit Gewalt sich einen Weg nach unten bahnen. Diese fallenden Wassermassen drängen unten die Luft nach allen Seiten, sie verstärken die Sturmgewalt an der einen Seite zu der eines plötzlichen Winkstoßes, während sie auf der entgegengesetzten Seite dieselbe mäßigen, auf den übrigen Seiten aber die Richtung des Windes mehr oder weniger ändern. Auf diese Weise erklärt es sich auch, wenn von kalten Windstößen und kalten Regen selbst in Berichten über Orkane die Rede ist, welche im Bereiche der Tropen vorgekommen sind.

In Nachrichten über bengalische Cyclonen geschieht auch geradezu heißer Windstöße Erwähnung. Diese hält Reye für einen Theil der Luftmassen, welche vom Lande her in die Cyclone einströmten. J. Elliot[1] sagt bei Besprechung der Cyclonen von Vizapatam und Backergunge (1876) über das stoßweise Wehen des Windes:

„Da die Condensation nicht beständig wirkt, sondern in unregelmäßigen Intervallen auftritt und dann mit einer reißend schnellen Entbindung großer Wärmemengen verbunden ist, so muss auch die beglei-

[1] Zeitschrift der österr. Gesellschaft für Meteorologie, 1877.

tende mechanische Wirkung in ihrem Charakter der wirkenden Ursache ähnlich sein. Dies scheint der Grund für den übereinstimmenden Charakter der Cyclonen, in welchen auf die heftigsten Windstöße wieder Perioden der Ruhe folgen."

Zum Theil mögen die Windstöße und die Wechsel in der Richtung auch dadurch eine Erklärung finden, dass die Geschwindigkeit, mit welcher die Luftschichten um die Orkanmitte kreisen, eine verschiedene ist. Hieraus können Reibungen unter den Schichten entstehen, und mag ein gegenseitiges „Mitsichfortreißen" verursacht werden. Mehrere angrenzende Schichten mögen sich vereinen oder zusammenstoßen und Störungen hervorrufen.

Übrigens dürfte die Ansicht begründet sein, dass die Ungleichmäßigkeit des Windes in Stärke und Richtung überhaupt in der Ungleichförmigkeit der Isobaren in ihrer Lage um den Focus und in dem steten Wechsel dieser ihrer Lage eine Ursache habe.[1]

Nach Piddington hat es sich in Cyclonen des Bengalischen Golfes und des Chinesischen Meeres ereignet, dass der Wind völlig nachließ, um nach einer Frist von 1, 2 und mehr Stunden aus derselben Richtung, wie früher, mit erneuerter Kraft loszubrechen. Nicht selten, besonders in Winterstürmen und solchen, welche über Land oder längs einer Küste wehen, sind die Winde auf verschiedenen Seiten der Cyclonenaxe sehr ungleich an Heftigkeit und Ausdehnung. Andere Unregelmäßigkeiten entstehen dadurch, dass manchmal zwei oder mehrere Stürme zugleich herrschen und dabei theilweise ineinander übergreifen und dieselbe Fläche bedecken oder überstreichen. So z. B. scheint das britische Truppen-Transportschiff „Golkonda" im September des Jahres 1840 in einem Orkan zu Grunde gegangen zu sein, in welchem zwei Taifune, der eine mit nord-nordwestlicher, der andere mit west-nordwestlicher Bahnrichtung, zusammentrafen.

686. Wenngleich die Stärke des Windes ihr Maximum nahe der Orkanmitte erlangt, so herrschen doch im Centrum selbst entweder schwächere, unregelmäßige Winde oder völlige Windstille. Eine völlige Windstille im Inneren von Drehorkanen scheint nur in niederen Breiten vorzukommen.

---

[1] Knipping bemerkt bezüglich der Vertheilung der Windbahnen und Windstärken um das Centrum:

„In einem und demselben Taifun liegen die Windbahnen und Windstärken je nach der geringeren oder größeren Geschwindigkeit des Centrums mehr oder weniger symmetrisch". Annalen der Hydrographie, 1881.

Die Größe des Raumes, wo ein solcher Wechsel in der Stärke und Richtung des Windes oder ein völliges Einlullen des Windes eintritt, ist bei verschiedenen Cyclonen verschieden. Die Dauer des erwähnten Zustandes der Atmosphäre hängt auch vom Grade der Geschwindigkeit ab, mit welcher der Orkan auf seiner Bahn vorschreitet. Redfield sagt, dass die innere Fläche, auf welcher eine Abnahme des Windes stattfindet, sich gewöhnlich stark vergrößert, während der Sturm zu höheren Breiten fortschreitet. In Cyclonen, welche sich sehr weit ausbreiten, soll diese Fläche schwächerer und unregelmäßiger Winde, um welche der eigentliche Sturmwind mit aller Gewalt wüthet, bisweilen bis zu einem Durchmesser von mehreren hundert Seemeilen zunehmen. Auch wo in der Mitte des Wirbels gänzliche Windstille herrscht, scheint der Sturmwind in der Regel durch eine Abnahme der Windstärke oder auch durch häufige Windstöße in dieselben überzugehen.

### Form, Ausdehnung und Art der Luftbewegung in den Cyclonen.

687. Was die räumliche Ausdehnung der Orkane, d. h. den Raumumfang anbelangt, innerhalb dessen eine Cyclone die Stärke eines Orkans hat, so sagt darüber Piddington: „Wir mögen annehmen, dass die Verschiedenheiten in der Größe der Cyclonen eine vollständige Kette bilden: von der Wasserhose, welche ein Wirbelwind wird, wenn sie das Ufer erreicht, zum Tornado von einigen 10 oder 100 Yards Durchmesser, und bis zu den großen Orkanen des Atlantischen oder Indischen Oceans; und insofern ist dieses gewiss, als wir einerseits nicht sagen können, wie klein wahre Cyclonen sein mögen, da wir sie bis zu muthmaßlich weniger als 100 Seemeilen und möglicherweise bis zu 50 Seemeilen Durchmesser herab in den Indischen Meeren verfolgt haben. Wenn wir andererseits zu den kleinen, Tornadogleichen Cyclonen unter etwa 50 Seemeilen Durchmesser kommen, so haben wir bis jetzt keinen guten Beweis dafür, dass sie sich unveränderlich in demselben Sinne drehen, wie die größeren Stürme auf derselben Erdhälfte.

„Für den Seemann mag es genügen, zu wissen, dass man Cyclonen, welche sich nach dem gewöhnlichen Gesetze drehen, in allen Größen, von 50 zu 500 und selbst bis zu 1000 Seemeilen im Durchmesser, erwarten kann, dass ferners Orkane von sehr großem und sehr kleinem Umfang beziehungsweise selten — die letzteren oft plötzlich und heftig auftreten.“

Um nun die Größe der Sturm-Cyclonen nach den bisherigen Erfahrungen für einzelne Theile der Erde näher anzugeben, so haben nach Redfield und Reid die Orkane in den Westindischen Gewässern bei ihrer Annäherung an die Inseln und im Bereiche derselben manchmal Durchmesser zu nur 100 bis 150 Seemeilen, während sie sich im Atlantischen Ocean nach Ueberschreitung des Wendekreises zu Durchmessern von 600 bis 1000 Seemeilen erweitern. Im Indischen Ocean südlich vom Gleicher schreibt Thom den Orkanen bei ihrem ersten Auftreten einen Durchmesser von 400 bis 600 Seemeilen zu, während nach Piddington auch solche zu 150 Seemeilen Durchmesser vorkommen. — In der Arabischen See mag der Durchmesser der Wirbelstürme selten mehr als 240 Seemeilen betragen; im Golf von Bengalen ist derselbe gewöhnlich 300 bis 350 Seemeilen, doch kommt oft eine Verkürzung des Diameters bis zu 150 Seemeilen vor, und selbst geringere Durchmesser wurden festgestellt. Die Durchmesser der Taifune liegen zwischen 60 und 240 Seemeilen. Bei allen genauer untersuchten Cyclonen wurden übrigens Zusammenziehungen und Erweiterungen des Orkanumfangs im Verlaufe derselben constatirt. So ward z. B. von einem Orkan, welcher im Mai 1863 im Indischen Ocean zwischen 8 und 15° südl. Breite und 87 bis 77° östl. Länge wüthete, jener Theil desselben, an dessen Umfang mindestens die Windstärke 9 nach Beauforts Scala herrschte, für den 12. Mai auf 50, für den 14. auf 180, für den 16. und 18. auf 400 und für den 19. Mai wieder auf 150 Seemeilen Durchmesser angegeben, während der Durchmesser der ganzen Cyclone zu 1000 Seemeilen bestimmt worden ist.

Fig. 69.

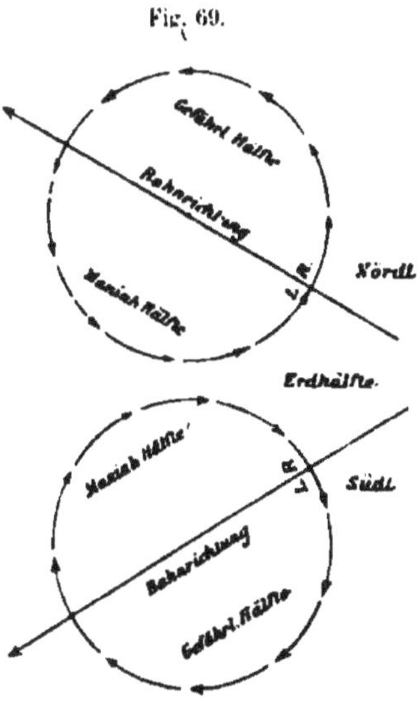


688. In Anbetracht des Umstandes, dass die Cyclonen fortschreiten, lassen sich verschiedene Seiten — rechte, linke, vordere und hintere Seite — unterscheiden.

In beiden Hemisphären geschieht der Windwechsel im Sinne der Bewegung eines Uhrzeigers, wenn die rechte Seite einer Cyclone — im entgegengesetzten Sinne, wenn die linke Seite einer Cyclone über einen

Ort hinwegfegt. In den Drehstürmen der Nördlichen Erdhälfte ist die Richtung des Windes auf der rechten Seite mehr oder weniger dieselbe, wie jene der vorrückenden Orkanmitte, an der linken Seite aber mehr oder weniger die entgegengesetzte: die erstere Seite ist die gefährliche, die letztere die maniable Seite des Orkans. Auf der Südlichen Erdhälfte ist der gefährliche Theil des Orkans links von der Bahn, der maniable rechts von derselben. Auf beiden Erdhälften fällt die gefährliche Seite innerhalb, die maniable außerhalb der parabelähnlichen Bahncurve. Wenn man die äußere Gestalt der Cyclonen als kreisförmig annimmt und die Halbkreise rechts und links der Bahn in Quadranten theilt, so wird der vordere, innere Quadrant als der gefährlichste gelten müssen.

Die vordere Seite eines Drehsturmes soll von längerer Dauer, beziehungsweise von größerer Ausdehnung sein als die hintere. So bestimmte Piddington die Entfernung des Focus vom vorderen Rande einer bengalischen Cyclone für den 12. und 13. October 1848 zu 140 und 115 Seemeilen, die Entfernung des Focus von hinteren Rande nur zu 90 und 65 Seemeilen.

In Bezug auf die rechte und linke Seite ward ebenfalls eine excentrische Lage der Axe von Wirbelstürmen festgestellt: der Antje-Orkan, welcher am 2. und 3. September 1842 auf den Bahama-Inseln wüthete, erstreckte sich nach Norden viel weiter als nach Süden.

Was soeben bezüglich der Verschiedenheiten der Ausdehnung von Cyclonen vor und hinter dem Focus derselben und zu den Seiten der Bahn gesagt worden ist, sowie auch, was früher über die Abweichung der Cyclonen-Winde von der Kreislinie gegen die Mitte der Orkane Erwähnung gefunden, spricht entschieden dagegen, dass die Gestaltung des äußeren Umfanges solcher Stürme jene eines Kreises sei.

Es mag kaum bestritten werden, dass Inseln und Festland, zumal hohes Land, auf welches ein Orkan bei seinem Fortscheiten trifft, nicht nur auf die Geschwindigkeit der Bewegung in der Bahn, sondern auch auf die Gestaltung der Cyclone rückwirken.

Allein wiederholte Untersuchungen verschiedener Orkane haben dargethan, dass die Luftbewegung in denselben in einer Art stattgefunden hat, welche in derartigen Einflüssen ihren Ursprung nicht haben kann.

689. Meldrum fand, dass der in den Gewässern der Mascarenen vom 6. bis 7. Februar 1860 wüthende Orkan eine mehr elliptische Form hatte, indem sich die nördlichen und südlichen Winde über viele Breitengrade erstreckten. Die Scheibe des Drehorkans, welcher vom 8. bis 22. Mai 1863 dieselben Regionen heimsuchte, war ein Wirbel, dessen westliche Seite sich der Kreisform näherte, während auf der östlichen der

Wind mehr oder weniger direct gegen das Centrum blies. Die Westwinde bogen scharf und rasch nach N und NO ab, die östlichen Winde wehten gegen das Centrum.

Diese und die weiteren Ergebnisse seiner Untersuchungen bestimmten Meldrum zur Annahme, dass die Bewegung der Luftmassen in den Drehstürmen des Südindischen Oceans in Spirallinien gegen das Centrum erfolge, indem die südlichen Winde vor dem Centrum nach Durchkreuzung der Bahn in kurzen Bogen nach W, N und NO gegen die Orkanmitte abbiegen, die östlichen Winde hinter dem Centrum aber in leichten Bogen diesem folgen. (Fig. 70).

Fig. 70.

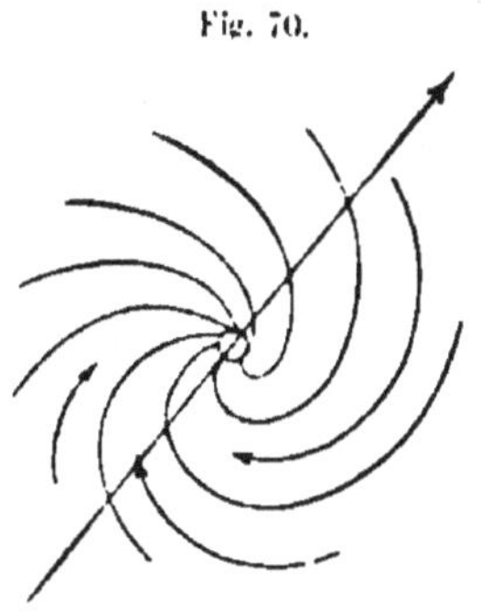

Meldrum ist jedoch der Ansicht, dass nahe dem Centrum der Wind, wenn nicht in einem Kreise, doch wenigstens annähernd in einem solchen wehe — eine Ansicht, welcher übrigens von Kapt. Toynbee widersprochen wird, der bei seinen Untersuchungen des Nordatlantischen Orkans vom August 1873 gefunden hat, dass je näher dem Centrum, desto mehr die Curven der atmosphärischen Strömungen von der Kreisform abweichen.

Meldrum seinerseits sagt: „Ein gutes Beispiel hievon ist durch den „Earl Dalhousie" geboten, welcher den Focus des Orkans vom Mai 1863 umkreiste. Am Mittag befand sich das genannte Schiff in 8° 55' südl. Breite und 84° 32' östl. Länge. Nachstehend ist ein Auszug aus dem Bord-Journal desselben.

„Um $1^h$ a. m. schwerer Wind aus O. Curs W, 10 bis 11 Knoten Um $2^h$ Wind SO. Curs NW. 10 bis 11 Knoten. Regen in Strömen. Um $3^h$ Wind S, Curs N, 10 Knoten, der Lärm des Windes ist etwas Grauenhaftes und die dichte Finsternis wahrhaft erschreckend. Um $4^h$ Wind SW, Curs NO. 10 Knoten. Barometer 29.70. Um $5^h$ Wind WNW, Curs OSO. 10 bis 11 Knoten. Um $6^h$ Wind NNW, Curs SSO, 10 Knoten. Um $7^h$ Wind N Curs S. 11 Knoten, es bläst mit furchtbarer Wuth. Regen in Strömen. Barometer 29·45. Um $8^h$ Wind NNO. Curs SSW. 11 Knoten. Um $9^h$ Wind NOzO. Curs SWzW. 11 Knoten. Um $10^h$ Wind

O, Curs W, 11 Knoten. Barometer 29·35, dasselbe Wetter und gleiche See, immer lensend. Es scheint demnach, dass der „Earl Dalhousie" neun Stunden brauchte, um den Kreislauf um das Centrum zu vollenden, und da die durchlaufene Distanz 95 Meilen war, so würde unter der Voraussetzung, dass der Wind in einem Kreise wehte und dass der Sturm stationär war, der Durchmesser, innerhalb welchem sich der „Earl Dalhousie" bewegte (with the Earl Dalhousie), nahezu 30 Meilen betragen haben. Der Sturm war aber nicht stationär, sondern bewegte sich mit einer Geschwindigkeit von 3·3 Meilen südwestwärts. Während der 2 Stunden, deren es bedurfte, um den Wind von O nach S zu bringen, wird demnach das Centrum annähernd 7 Meilen vorgeschritten sein und sich dem Schiffe genähert haben, wie dieses sich an der SW-Seite des Sturmes befand. Doch als das Schiff an die Nord- und Ostseite herumkam, musste sich seine Entfernung vom Centrum vergrößern. Dies mag zum Theil die Thatsache erklären, dass in der westlichen Hälfte des Sturmes der Wind rasch wechselte, indem es nur $3^1/_2$ Stunden beanspruchte, um den Uebergang von O nach W zu bewerkstelligen, hingegen $5^1/_2$ Stunden, um den Wind von W nach O zu bringen. Allein es ist Grund zu vermuthen, dass selbst bei dieser geringen Distanz vom Centrum der Wind an der NO-Seite des Sturmes gegen das Centrum einbog, denn es bedurfte nur einer Stunde, um den Wind von SW nach WNW umzusetzen, was offenbar, wie bereits bemerkt, ein scharfes Einbiegen in diesem Theile des Sturmes zeigt, während es eine ganze Stunde brauchte, um den Wind von WNW nach NNW zu bringen, und es ist zu ersehen, dass der Wind zwei Stunden zwischen N und NOzO verblieb, während er an der Westseite in einer Stunde um vier Strich sich veränderte. — Im Verlaufe dieser ganzen Zeit näherte sich das Schiff allmählig dem Centrum; denn mit den nordöstlichen und östlichen Winden gewann es mehr, als es früher verloren hatte.

„Der nächste Rundlauf um das Centrum wurde in etwas mehr als acht Stunden vollführt. Da der Gegenstand von Interesse erscheint, so mag es angezeigt sein, das Logbuch vollinhaltlich wiederzugeben, an der Stelle beginnend, wo wir mit dem Wind O dasselbe unterbrochen haben.

„Um $11^h$ a. m. Wind SOzO, Curs NWzW, 11 Knoten, das Schiff arbeitet schwer. Mittag Wind SzO, Curs NzW, 10 bis 11 Knoten, der Himmel dicht überzogen, derselbe furchtbare Orkan, Regen in Strömen, Barometer 29·25, um $1^h$ p. m. Wind SWzW, Curs NOzO, 10 bis 11 Knoten, dichte obere Wolken und leichte untere Sturmwolken nach verschiedenen Richtungen fliegend. Um $2^h$ Wind WNW, Curs ONO, 10 bis 11 Knoten. Um $3^h$ Wind NWzW, Curs SOzS, 10 Knoten, es bläst ein äußerst heftiger Sturm mit beständigem schweren Regen. Um 4$^h$ Wind N. Curs S, 11 Knoten. Barometer 29·20, Um 5$^h$ Wind NO, Curs SW, 11 Knoten. Um 6$^h$ Wind OzN, Curs WzS, 12 Knoten. Um 7$^h$ Wind OzS, Curs WzN, 12 Knoten.

„Von 10$^h$ a. m. bis ungefähr 6$^1/_2{}^h$ p. m. wechselte der Wind rund um den Compass, indem das Schiff hiebei 92 Meilen zurücklegte, und es ist zu entnehmen, dass, wie früher, der Wind scharf von SWzW nach WNW abbog, sehr langsam hingegen von WNW zu NWzN.

„Es wäre ein Leichtes, viele andere Beispiele anzuführen, welche zeigen, dass wenigstens auf gewisse Entfernung vom Centrum die Form der Cyclonen im Südindischen Ocean durch concentrische Kreise nicht richtig dargestellt wird und dass die gewöhnliche Regel zur Bestimmung der Peilung des Centrums oft unanwendbar ist. Doch wir müssen hier vorläufig einhalten und daran gehen, in Kürze die Schlüsse darzulegen, zu welchen wir gelangt sind.

„Wenn wir die Ergebnisse vergleichen, welche in den letzten 20 Jahren, insbesondere in den letzten 12 Jahren gewonnen worden, so stehen wir nicht an, zu sagen, dass im allgemeinen (wir sagen nicht immer) vollkommen entwickelte Cyclonen im Südlichen Indischen Ocean dieselbe Form haben, wie die Cyclonen vom 25. Februar 1860 und vom 16. Mai 1863.

„Die Formen dieser zwei Cyclonen sind daher als Beispiel dessen gegeben, was im allgemeinen zu erwarten ist. Man wird ersehen, wie bereits bemerkt, dass der SO-Passat um die westliche Seite des Sturmes kreist, indem er demselben in diesem Theile ein mehr oder weniger kreisförmiges Aussehen verleiht, dass aber der Wind scharf abbiegt von W zu NW und N, und dass die östlichen Winde, besonders von ONO bis zu OSO, nahezu direct gegen das Centrum blasen, ausgenommen nahe demselben.“ — So weit Meldrum.

Bezüglich des besprochenen Orkans möge hier noch speciell bemerkt werden, dass beim ersten Kreislaufe, welcher 9 Stunden dauerte, die Winde für 4 Stunden als östliche angegeben werden, und dass beim zweiten Kreislauf, welcher 8 Stunden beanspruchte, für 5 Stunden östliche Winde verzeichnet sind. Während des letzteren Kreislaufes wechselte der Wind von S bis NO, d. i. durch 20 Striche in beiläufig 4 Stunden.

Es dürfte die Folgerung gestattet sein, dass im Bereiche des SO-Passats innerhalb der Cyclonen die östlichen Winde gegenüber den westlichen vorherrschen, und dass in der östlichen Hälfte der Cyclonenscheibe ein mehr oder minder directes Einströmen der Luft gegen den Focus stattfinde. Die östliche Hälfte ist aber hier, d. h. innerhalb der

Passatzone, bei gewöhnlichem Verlaufe der Bahn die Rückseite des Orkans, das fragliche Einströmen geschieht daher an der Rückseite der Cyclone. — Es fragt sich nun, ob dieses Vorherrschen der östlichen Winde und das mehr directe Einströmen an der Ostseite auch außerhalb der Passatregion stattfinde oder nicht. Meldrum bekennt sich zu ersterer Ansicht. Es scheint jedoch die Annahme nicht völlig haltlos zu sein, dass im Bereiche der westlichen Luftströmungen bei südöstlicher Bahnrichtung abermals an der Rückseite, daher in der westlichen Hälfte, das eintrete, was früher an der Ostseite geschehen, dass nämlich in diesem Falle westliche Winde mehr direct gegen den Focus wehen. Im Scheitel der Bahn dürfte sich hingegen ein Uebergang vollziehen und mögen nördliche Winde vorherrschen. (Vgl. die Figur auf Tafel *D.*) Überträgt man das eben Gesagte auf die Nördliche Erdhälfte, so würde sich für die Cyclonen dieser Erdhälfte — innerhalb der Tropen — ebenfalls ein Vorherrschen der östlichen Winde und ein mehr directes Einströmen der Luft an der Ostseite ergeben, während die Westwinde in scharfem Bogen in südliche Winde übergehen.

Ist ferner die obige Annahme bezüglich der außertropischen Cyclonen in der Süd-Hemisphäre richtig, so würde selbe für die gleichen Regionen der Nord-Hemisphäre dahin lauten, dass in den Drehstürmen derselben westliche Winde vorherrschen, dass an der Westseite ein mehr directes Einströmen stattfinde, und dass die östlichen Winde in scharfem Bogen in Nordwinde übergehen. (Vgl. die Figur auf Tafel *D.*) Für beide Hemisphären würde alsdann das supponirte Gesetzt allgemein wie folgt lauten:

In einem Orkan herrschen die östlichen oder westlichen Windrichtungen vor, je nachdem sich der Orkan in einer Zone bewegt, in welcher die eine oder andere der beiden Richtungen die herrschende ist. Ein mehr oder weniger directes Einströmen der Luft gegen die Orkanmitte findet vornehmlich an der Rückseite des Orkans statt. Die scharfen Abbiegungen aus einer Richtung in eine andere — die raschen Wechsel der Windrichtungen — kommen stets an der maniablen Seite der Orkane vor.

Kapitän Toynbee hat gezeigt,[1] dass auch im Orkan, welcher von Mitte bis Ende August 1873 im Atlantischen Ocean wüthete, die Bewegung der Luftmassen in Spirallinien geschehen ist.

Auf Basis von 108, im Laufe des Vormittags des 24. und während des 25. August gemachten Beobachtungen — Ort des Orkans südlich

---

[1] Nautical magazine, 1877.

von Neu-Fundland — hat er eine Tabelle zusammengestellt, aus der hervorgeht, dass:

für die Orkan-Quadranten . . . . . NO. SO. SW. NW
und für die Winde . . . . . . . . . SO. SW. NW. NO
auf Grund von Beobachtungen . . . 25, 11. 41. 31.
der Winkel zwischen der Richtung
des Windes und jener des Centrums 131°. 116°. 110°. 120°.
daher im Mittel 118° betragen hat.

Toynbee weist demgemäß darauf hin, dass das Einströmen der Luft im NO-Quadranten des Orkans stärker gewesen ist, als in den anderen Quadranten, und sagt — nachdem er Meldrums Worte angeführt hat: „Denn wir wissen jetzt, dass die nordöstlichen und östlichen Winde oft, wenn nicht immer, gegen das Centrum wehen“: — „Man wird sich erinnern, dass die nordöstlichen Winde eines Orkans der Süd-Hemisphäre den südöstlichen einer Cyclone der Nord-Hemisphäre entsprechen.“ Demzufolge schließt sich auch er, da sich der besagte Orkan in den erwähnten Tagen innerhalb der gemäßigten Zone bewegte, der Ansicht Meldrums an, nach welcher ebensowohl in wie auch außer dem Bereiche der Tropenregionen vornehmlich an der Ostseite der Orkane das Einströmen der Luftmassen gegen das Centrum vor sich gehe. (Fig. 71.)

Fig. 71.

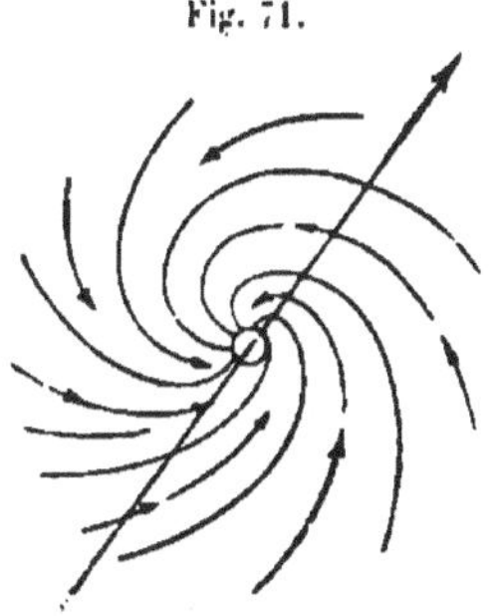

Linienschiffslieutenant W. Polocnik von Sr. M. Corvette „Fasana“ hat eine Skizze des Taifun geliefert, welcher am 25. August 1872 über Jokohama hinwegging. Die Corvette befand sich in der Bahnlinie, deren Richtung ONO war. Aus dieser Skizze ist ersichtlich, dass die Bewegung der Luftmassen vor dem Centrum nahezu kreisförmig geschah, dass die östlichen Winde scharf nach Nord abbogen und dass das mehr directe Einströmen der Luft gegen den Focus an der Westseite des Orkans stattfand (Vgl. die umstehende Fig. 72).

Nach Knippings Untersuchungen mehrerer Taifuns der chinesischen Gewässer „charakterisirt sich der Einfluss der Fortbewegung des Centrums jedenfalls durch Zunahme der Windstärke und des Richtungswinkels (Winkel zwischen Richtung des Centrums und jener des Windes, das Gesicht gegen den Wind gekehrt) hinter dem Centrum.“ Es ergäbe sich demnach ein directeres Einströmen der Luft nach dem Focus auf der Rückseite des Orkans. Die von Knipping auf Grund von beiläufig 300 einzelnen Beobachtungen zusammengestellte Tabelle der besagten Richtungswinkel im großen Taifun vom September 1878 weist hinter dem Centrum größere Winkel auf, als vor demselben. Vor dem Centrum nähern sie sich einem rechten Winkel, hinter demselben wachsen sie bis zu 13 Strich.

Nach Knipping ist die Bewegung der Luft fern vom Centrum, am äußern Umfang des Orkans, mehr oder weniger direct gegen den Focus gerichtet; auf ihrem weitern Weg nimmt dieselbe mit zunehmender Geschwindigkeit eine Spiralform an: mit der Annäherung ans Centrum nähert sich dieselbe an der Vorderseite des Orkans der Kreisform, während an der Rückseite der Cyclone die Bewegung der Luftmassen mehr direct gegen das Centrum gerichtet bleibt. (Fig. 73.)

Fig. 72. Fig. 73.

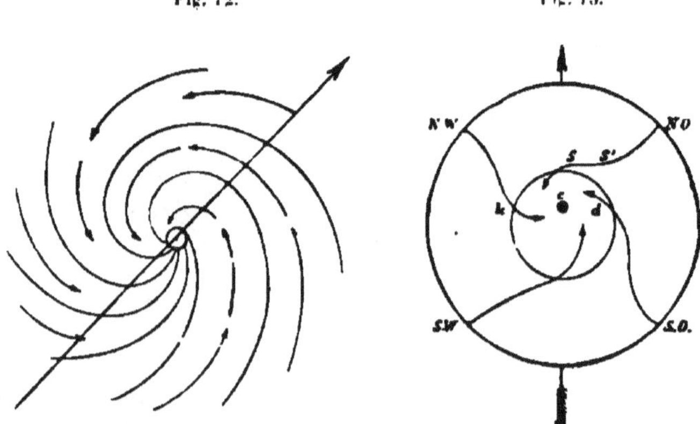


Kapt. Schück[1] wirft nachstehende drei Fragen auf:

1. Ist die Windrichtung in größerer Entfernung vom Centrum eine mehr nach diesem gekehrte, und wird die Bewegung der Luftmassen erst in der Nähe des Centrums eine der Kreisform sich nähernde; oder

2. ist umgekehrt die Bewegung der Luftmassen in größerer Entfernung vom Focus eine mehr kreisförmige, und wird die Windrichtung erst näher dem Centrum eine mehr nach diesem zugekehrte?

---

[1] Kapitän Schück: „Die Wirbelstürme", 1881.

3. Wie groß sind die Curven, welchen die Luftmassen folgen, bis sie ins Centrum gelangen? Durchlaufen sie nur bestimmte Theile der Windrose?

Die endgiltige Beantwortung dieser Fragen ist derzeit wohl nicht möglich und dürfte nicht so bald zu erwarten sein, doch mag die Annahme nicht allzu gewagt scheinen, dass bei Orkanen, welche in voller Stärke sind und sich rasch fortbewegen, in Folge der Centrifugal-Wirkung die Bewegung der Luft nächst dem Centrum eine der Kreisform sich nähernde sei, dass aber bei Abnahme der Kraft des Orkans und seiner Geschwindigkeit auf der Bahn, mehr und mehr ein directes Einströmen der Luft gegen den Focus platzgreife.

Nach Knipping [1] kommen innerhalb des eigentlichen Taifungebietes bei großer Geschwindigkeit des Centrums sogar anticyclonale Winde vor.

Es ist für die Praxis von höchstem Belang, dass die in Rede stehenden Fragen über die Vertheilung der Winde in den Cyclonen und ihr Einströmen gegen die Orkanmitte in einer Weise eine Lösung finden, welche dem Seemann eine thunlichst sichere Orientirung betreffs seiner Position zum Focus eines Orkans gestattet.

Den Kriegsmarinen und Kriegsschiffen liegt es in erster Linie ob, diesem Gegenstande die vollste Aufmerksamkeit zuzuwenden.

690. Bezüglich der Höhe, bis zu welcher sich Wirbelstürme erstrecken, sagt Redfield:

„Die gewöhnliche Höhe der großen Schichtenwolke, welche einen Sturm deckt, in jenen Theilen der Vereins-Staaten, welche nahe dem Atlantischen Ocean liegen, kann nicht viel von einer Meile abweichen und ist vielleicht öfter unter als über dieser Erhöhung. Diese Schätzung, die auf vieler Beobachtung und Vergleichung beruht, scheint wenigstens die Grenze oder die Dicke des eigentlichen Orkans zu begreifen, welcher den kreisenden Sturmwind ausmacht.

„Es ist jedoch nicht anzunehmen, dass diese scheibenähnliche Schichte des kreisenden Windes in ihrer ganzen Ausdehnung von gleicher Höhe sei, noch dass sie immer zum Hauptheil der Schichtenwolke reiche: sie ist wahrscheinlich höher mehr gegen die Mitte des Sturmes, als an seinen äußeren Grenzen, in den niederen Breiten, als in den höheren, und mag sich völlig verdünnen gegen die äußersten Enden, ausgenommen nach jenen Richtungen, wo sie mit einer gewöhnlichen Strömung zusammentrifft.“

---

[1] Annalen der Hydrographie, VIII, 1881.

Piddington meint, „dass die Höhe (Dicke ist ein zutreffenderes Wort) der Scheibe nie mehr als 10 Meilen beträgt und gewöhnlich unter diesem Ausmaß bleibt.“

Oberst Reid gibt an: „Während eines Sturmes im Nordatlantischen Ocean, beiläufig in 40° Breite, lag ein Schiff bei; nachdem die Wolken sich genügend weit zertheilt hatten, um durch die niedereren durchblicken zu können, schienen die oberen leichten Wolken in einem Ruhezustande zu sein, als wenn der Sturm sich wenig über die Erdoberfläche erheben würde.“

Wie zu ersehen, ist ein Orkankörper mit Rücksicht auf das Verhältnis seines Durchmessers zur Höhe eher mit einer Scheibe, als mit einer Säule zu vergleichen. Diese Anschauung bleibt aufrecht, auch dann, wenn man mit Reye die Höhe bis zu 10—15 Seemeilen annimmt. Dieses Höhenausmaß stimmt mit der Thatsache mehr überein, dass die den Orkan charakterisirende, denselben auf seiner Bahn begleitende Wolkenbank auf so große Entfernungen sichtbar ist.

Übrigens wird die Höhe für verschiedene Orkane auch eine verschiedene sein. So z. B. scheint die Höhe der Cyclone von Backergunge (30. und 31. Oktober 1876) keine bedeutende gewesen zu sein, da die Tipperah-Hügel nicht allein den Wirbelsturm auflösten, sondern auch die allgemeine atmosphärische Störung selbst, von der die Cyclone nur die bemerkenswerteste Erscheinung war.

### Erscheinungen während der Cyclonen. — Rückwirkung derselben auf den Zustand der See. — Zeit ihres häufigeren Auftretens.

691. Es wurde oben gesagt, dass eine Schichtenwolke den Sturm begleite.

Dichte Wolken und starke Regengüsse sind unzertrennliche Begleiter der Wirbelstürme. Nahezu alle Schiffs-Tagebücher und andere Berichte, welche Reid über die Cyclonen zur Veröffentlichung gebracht hat, sprechen von starken Regengüssen. Thom sagt, dass die Cyclonen des Indischen Oceans regelmäßig von heftigem Regen begleitet sind, und dass die aus den bewegten Luftmassen niederstürzenden Wassermassen Erstaunen erregen müssen.

„Hunderte von Meilen weit auf allen Seiten des Wirbels lagert eine dichte Wolkenschicht, welche in Strömen und ohne Unterbrechung Regen ausgießt. Dieser Process dauert Wochen lang und ist anscheinend charakteristisch für den Orkan in allen seinen Phasen. Das Nahen eines solchen Sturmes kann beinahe vorausgesagt werden an dem ununterbrochenen Wolkenlager, welches langsam den Himmel überzieht, zuerst in großer Höhe, allmählig aber zu untern Schichten niedersteigend und von zunehmendem Dunkel begleitet, bis es zuletzt auf der Erde ruht und zu regnen anfängt. Diese Anzeichen werden auf eine Entfernung von 200 bis 300 Seemeilen von dem Wirbel wahrgenommen und dürften zu dem Schlusse führen, dass die Bewegung der Luft in den oberen Regionen ausgedehnter ist, als in den unteren.“ Thom bemerkt überdies an anderer Stelle, dass der Niederschlag viel weiter über die vordere, als über die hintere Seite der Cyclonen sich verbreite.

Was Thom von den Orkanen des Indischen Oceans sagt, gilt auch von jenen des Westatlantischen Oceans. Auch in diesem erstreckt sich der Regen- oder Schneefall häufig in irgend welcher Richtung weit über die beobachteten Grenzen des Sturmes hinaus; nicht selten jedoch kommt nur in einem Theile dieser Cyclonen-Niederschlag vor, während in einem anderen schönes, heiteres Wetter herrscht. Redfield bemerkte schon 1833, dass in höheren Breiten die letzte Hälfte dieser Stürme meistentheils von gebrochenem oder klarem Wetter begleitet ist. Die graue Wolkenschichte, welche den Theil des Orkans überdeckt, wo Regen herrscht, steigt bei Annäherung des Orkans als düstere Wolkenbank am Horizonte auf. Zwischen dieser großen Schichtenwolke, welche den Sturm überdeckt, und der Erdoberfläche bewegen sich in verhältnismäßig geringer Höhe — Redfield schätzt sie auf 500 bis 2500 Fuß (150—760 Meter) — die eigenthümlichen fliegenden Wolken (storm scuds), und zwar nach Redfields Beobachtungen nach außen hin, daher im entgegengesetzten Sinne, als die Winde an der Basis des Wirbels. Redfield gibt auf Grund von 60 Beobachtungen den Grad der Abweichung nach außen auf beiläufig zwei Striche an. Hieraus ergibt sich, dass, während unten der Wind spiralförmig nach innen strömt, er oben die Sturmwolken in Spiralwindungen nach außen jagt und von der Cyclonenaxe entfernt. Hiedurch ist die Erklärung des Umstandes nahe gelegt, dass in der Wolkenregion die Anzeichen des Sturmes oft viele Stunden früher wahrgenommen werden, als unten an der Erde ein Wechsel im Zustande der Luft ihn ankündet. Auch dürfte in der eben beschriebenen Bewegung der oberen Luftmassen die Ursache zu finden sein, warum manchmal im Centrum eines Wirbelsturmes der Himmel sich aufklärt, während ringsherum schwere Wolken sich aufthürmen.

Blitz und Donner begleiten meistens Drehstürme; nicht selten kommen auch eigenthümliche elektrische Erscheinungen vor.

„Während bei der Cyclone von Barbados und bei manchen anderen eine ungemeine Menge von Elektricität sich entwickelte, scheint dieselbe bei den meisten Wirbelstürmen auf offener See nur in Form gewöhnlicher Blitze sich zu äußern. Die Seeleute notiren solche Blitze oft nur, wenn sie auffallend stark sind, und der Donner ist ohnehin im heftigsten Theile einer Cyclone schwerlich hörbar. Thom bemerkt, dass in Mauritius während der Orkane Donner und Blitz so selten seien, dass manche ihr Vorhandensein gänzlich leugnen; doch treten gemeiniglich an der Aequatorseite der dortigen Orkane elektrische Erscheinungen auf. Auch bei den Cyclonen der Bai von Bengalen und der Chinesischen Meere geschieht, wie Piddington hervorhebt, des Blitzes und Donners selten Erwähnung. Bei der äußerst heftigen Cyclone vom Juni 1842, deren Centrum über Calcutta hinwegschritt, war selbst während der Nacht nichts von Blitz und Donner zu bemerken. Bei der bengalischen Cyclone vom 12. bis 14. Oktober 1848 waren in der Vorderhälfte Donner und Blitz nicht der Rede wert, aber in der hinteren gab es schwere elektrische Entladungen. Dagegen herrschte in der Mauritius-Cyclone vom Jahre 1786 Donner und Blitz „beinahe unaufhörlich überall in diesem schrecklichen Sturm", auch zeigte sich eine Feuerkugel von der halben Größe des Mondes. In Santa Cruz wurden während des großen westindischen Orkans von 1772 ähnliche Feuerkugeln wahrgenommen, welche allein die „zehnfache Dunkelheit" unterbrachen".

Nicht unerwähnt darf schließlich bleiben, was Piddington über die Rückwirkung von Sturm-Cyclonen auf die Compasse sagt. Er führt eine Anzahl Fälle an, in welchen während der Dauer des Orkans die Compasse in Folge heftiger Schwankungen den Dienst versagten.

692. Aus der Bewegung der Sturmwolken lässt sich, wie schon bemerkt worden, auf ein Übergreifen des Sturmes in den oberen Regionen schließen. Dies wird auch durch das Barometer angezeigt, welches gewöhnlich, nicht immer,[1] zu fallen beginnt, ehe noch andere Vorerscheinungen eines herankommenden Orkans bemerkbar sind. Ein ungewöhnlich niedriger Barometerstand wird in allen Drehstürmen beobachtet, und zwar fällt das Barometer desto mehr, je näher man dem Centrum des Orkans kommt. Während gegen den luftdünnen Focus des Wirbels ein Einströmen der umgebenden Luftschichten stattfindet, ergibt sich in den oberen Regionen eine centrifugale Bewegung der spiralförmig auf-

[1] Taifune treten oft plötzlich auf. Besonders schönes Wetter mit sehr klarer Luft, anhaltende Windstille bei übergroßer Hitze und ein ungewöhnlich hoher Barometerstand bei südwestlichem Monsun sind in der Regel sichere Anzeichen eines herannahenden Taifuns. (Annalen der Hydrographie, 1878.)

steigenden Luftmassen. Demgemäß nimmt der Luftdruck von dem Umfang eines Orkans gegen dessen Mitte ab und muss das Übergreifen des Sturmes in den höheren Schichten weithinaus den Stand des Barometers im Sinne einer Depression afficiren. Hiezu kommt noch, dass in jedem Orkan eine außerordentliche Condensation, daher Ausscheidung von Wasserdampf platzgreift. Der Einfluss des letzteren Factors zeigt sich deutlich darin, dass nach Mohns Untersuchungen über die europäischen Cyclonen das Maximum der Feuchtigkeit und der Wolkenbildung mit dem Minimum des Luftdrucks zusammenfällt, welches auch nach Redfields und Thoms Bemerkungen etwas vor der Mitte liegt, oder meistens, wie Knipping sich ausdrückt, an der vordern Grenze des centralen Raumes sich befindet.

Bezüglich des Verhaltens des Barometers vor und während eines Orkans ist noch Folgendes nicht außeracht zu lassen.

Das Übergreifen des Orkans in den höheren Regionen findet nach allen Seiten statt; während in der Wirkungssphäre des Orkans dies ein Fallen des Barometers erzeugt, wird es außerhalb derselben ein Steigen des Barometers zur Folge haben, und so wie häufig Stürmen Kalmwetter vorausgeht, so tritt oft nahe dem Sturmfeld, insbesondere vor einem Orkan (vor im Sinne der Bahnrichtung) oder je nach der Richtung und Stärke der außerhalb der Orkanwirkung herrschenden Luftströmung, eine Erhöhung des Barometerstandes ein. Eine auffallende Erhöhung des Barometerstandes mag manchmal auch ihre Ursache in dem Umstande haben, dass zwei Orkane sich in kreuzenden oder entgegengesetzten Bahnrichtungen begegnen. Desgleichen wurde ein Steigen des Barometers gemeldet innerhalb des Orkans, ehe die Gewalt des Sturmes abgenommen hat. Dies erklärt Redfield durch ein Überneigen des Wirbels nach der Seite der Bahnrichtung, indem die Basis der Sturmscheibe in ihrem Vorschreiten auf der Bahn an der Erdoberfläche gegenüber dem oberen Theile derselben eine Verzögerung erfährt.[1]

---

[1] K. Ley hingegen ist der Ansicht, dass die Cyclonenaxen nach rückwärts geneigt sind, da ihm Beobachtungen gezeigt hatten, dass in der Mehrzahl der Fälle über den Depressionscentren Strömungen vorkommen, welche nahezu mit jenen übereinstimmen, die früher an der Erdoberfläche geherrscht haben. Er führt zugleich die Ergebnisse von Beobachtungen an, welche in Nordamerika gemacht worden sind und nach welchen die Passage der Luftdruck-Minima in höher gelegenen Orten später eintrete, als in tiefer situirten. Ley ist zugleich der Anschauung, dass die Bewegung der Luftdruck-Minima nach Osten hin ihre Ursache darin habe, dass die Depression sich

Ein starkes Schwanken des Barometers vor und während eines Orkans wurde nicht selten beobachtet. Solche Schwankungen des Barometers wurden völlig unabhängig von den Bewegungen des Schiffes constatirt. Selbe dürften insbesondere häufig in größerem Maßstabe dann vorkommen, wenn Orkane sich gegen Land oder über Land bewegen. So wurde z. B. zu Key West während des Orkans vom 5. Oktober 1844, welcher über Cuba hinwegging, von 6 Uhr früh bis 11 Uhr vormittags abwechselnd ein beträchtliches Steigen und Fallen des Barometers beobachtet. Die Vertheilung des Luftdruckes um das barometrische Minimum ist überhaupt nicht als eine gleichmäßige

Fig. 74.

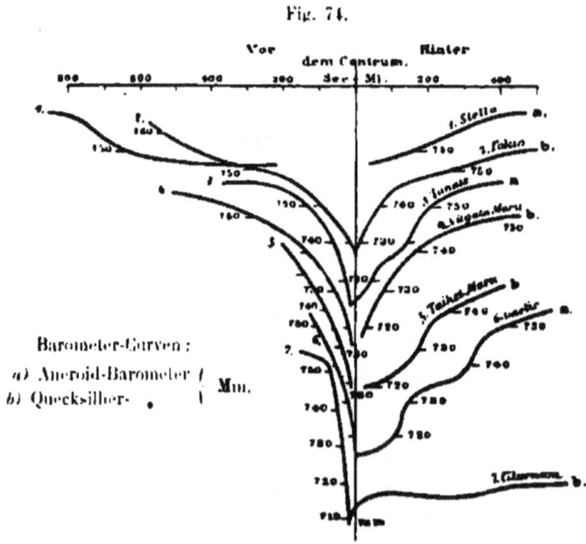


---

beständig selbst erzeuge, und zwar in den unteren Schichten der Atmosphäre und ostwärts von ihrer früheren Lage. (Quarterly Journal of the meteorol. Society.)

Knipping bemerkt über den Taifun, der vom 10. bis 16. September 1879 in den japanischen Gewässern wüthete: „Nach den zu Gebote stehenden Beobachtungen wurde auf 35—36° N. Br. das Minimum des Druckes erst nach dem Passiren des Centrums, auf 38—44° N. etwa beim Passiren des Centrums, von 47—52° N. aber vorher beobachtet. Giebt man die Neigung der gedachten Taifun-Axe mit Bezug auf die Richtung an, in welcher das Centrum fortschreitet, so könnte man sagen, in niedriger Breite war die Axe rückwärts geneigt, in mittlerer gerade, in höheren Breiten vorwärts geneigt.“ (Annalen der Hydrographie, 1880.)

anzusehen; die Isobaren bilden keine regelrechten Kreise um das Centrum; ihre Lage zu einander wird Verschiebungen und Änderungen erleiden, es können sich auch innerhalb der Cyclone vereinzelte Stellen mit relativem Barometer-Minima ausbilden.

Figur 74 veranschaulicht die Veränderungen in der Luftdruck-Vertheilung im großen October-Taifun 1880 in den Gewässern Japans. Die Curven sind von unten nach oben der Zeit und Breite nach geordnet mit Angabe des Luftdruckes in Millimetern.[1]

Der Seemann hat daher stets Vorsicht walten zu lassen, und während er einerseits stets das Verhalten des Barometers im Auge hat, muss er andererseits alle anderen Anzeichen mit in Rechnung bringen. Wenn auch ein Steigen des Barometers sich bemerklich macht, so darf dies den Seemann nicht bestimmen, alsbald Segel beizusetzen und die Gefahr als beseitigt zu betrachten, sondern er wird den Zustand der Atmosphäre und See zu Rathe ziehen; denn dem Steigen des Barometers kann in kürzester Frist wieder ein Fallen desselben folgen, und man kann nicht sicher sein, dass nicht dem überstandenen Orkan ein zweiter nachkomme oder dass eine Änderung in der Bahnrichtung denselben Orkan wieder dem Schiffe näher bringt.

Das Fallen des Barometers in einem Orkan findet nicht immer im Verhältnis zur Annäherung des Centrums, beziehungsweise zur Stärke des Windes, statt.

Dies wird besonders dann sich ereignen, wenn das Centrum des Orkans seitlich vom Beobachtungsort passirt, da die Abnahme der Entfernung des ersteren vom letzteren anfangs rascher erfolgt als später, wenn die Orkanmitte auf Nahdistanz vom Observationspunkt gelangt ist.

Bei verschiedenen Drehstürmen kann der stündliche Barometerfall ein verschiedener sein, gegebenen Beobachtungen gemäß selbst insofern, als in der einen Cyclone bei größerer Windstärke ein geringerer Barometerfall, in der anderen bei geringerer Windstärke ein größerer Barometerfall eintritt.

Solches wird beispielsweise von den zwei Orkanen berichtet welche Sr. M. Fregatte „Donau" im Großen Ocean betroffen haben. Bezüglich der Bewegung der Quecksilber-Säule des Barometers ist zu berücksichtigen: die Intensität des Sturmes, bei gleichem Totalbetrag des Barometerfalls die Verschiedenheit der Ausdehnung der Cyclone.

---

[1] Knipping: „Der große October-Taifun 1880." (Annalen der Hydrographie, VIII. 1881.)

außerdem die Geschwindigkeit, mit welcher sich der Wirbelwind auf der Bahn bewegt. Es ist in Anschlag zu bringen: der ursprüngliche Barometerstand, die Zeit, innerhalb welcher das Fallen des Barometers erfolgt, endlich bei Schiffen die Position derselben zum Centrum mit Rücksicht auf die Richtung der Bahnbewegung und des Wechsels des Schiffsortes im Verlaufe des Orkans. Die Position der Schiffe zum Centrum mit Rücksicht auf die Richtung der Bahnbewegung mag ebenfalls von Einfluss sein, insofern als, wie Piddington meint, das Sinken des Barometers in einer Lage vor dem Centrum bedeutender sein mag, als hinter demselben. Dies würde vielleicht auch das Verhalten des Barometers auf der Fregatte „Donau“ während der zwei Orkane einigermaßen erklären. Im Orkan vom 18. November 1869 war der Wind stärker, der Barometerfall aber geringer als in jenem vom 28. November. Im letzteren Orkan, der beiläufig ost-nordöstlich fortschritt, befand sich anfangs bei Südwind die Fregatte in der vorderen Hälfte desselben. Der erstere Drehsturm wechselte aus einer nordwestlichen Bahnrichtung in eine beiläufig östliche, und die Fregatte befand sich mit Rücksicht auf die Bahn des Orkans in der Einbuchtung ihres Scheitels und beiläufig seitlich vom Centrum.

Damit das Verhalten des Barometers vom Moment des Eintrittes des Orkans bis zum Focus desselben und dann wieder bis zum Ende des Sturmes mit Sicherheit festgestellt werden könne, um einen Schluss auf eine Gesetzmäßigkeit zu begründen, sind Beobachtungen in fixer Position, daher auf dem Festlande nothwendig, wobei die Orkanmitte über den Observationsposten hinweggegangen sein muss. Piddington hat nun die Ergebnisse der Barometer-Beobachtungen während sieben Orkanen (vier Orkane des Bengalischen Golfes, ein Mauritius-Orkan, zwei westindische Orkane), bei welchen die eben erwähnten Bedingungen erfüllt waren, gesammelt und die Barometer-Curven auf einer Karte verzeichnet. (Vgl. die Figur auf Taf. *D*.)[1] Die Entfernungen vom Focus in Zeit geben die Abscissen, die Barometerstände die Ordinaten. Aus dieser Karte ist nun ersichtlich, dass der Verlauf der besagten

---

[1] Erklärung zur Figur der Barometer-Curven auf Taf. *D*:
Curve 1: Madras, October 1836.
„ 2: Mauritius, März 1836.
„ 3: Calcutta, Juni 1842.
„ 4: Madras, Mai 1841.
„ 5: St. Thomas, August 1837.
„ 6: Havanna, October 1846.
„ 7: Duke of York, Kedgeree Hoogly-Mündung, 1833.

Curven in der Nähe des Centrums auffallende Unterschiede zeigt, indem bei drei der fraglichen Orkane die Curven nächst dem Centrum sich scharf abbiegen und tief senken, bei den vier übrigen aber eine relativ sanfte Einbuchtung bilden. Dieser Umstand veranlasste Piddington, zwei Classen von Drehorkanen zu unterscheiden: solche mit extremem Fall des Barometers in und nahe dem Centrum und solche, in welchen das Fallen des Barometers mehr oder weniger allmählig erfolgt. Weiters ergab sich, dass das rasche Fallen des Barometers 3 bis 6 Stunden vor der Passage des Centrums zu beginnen scheint, und dass vor dieser Zeit in allen Cyclonen das Fallen des Barometers mehr gleichmäßig vor sich geht.[1]

Diese letztere Gleichmäßigkeit führte Piddington zum Schluss, dass auf gewisse Entfernungen vom Centrum, und zwar solche Entfernungen wo der Seemann noch thatsächlich sein Schiff zu manövriren vermag, der Barometerfall als Distanzmesser dienen kann.

Indem nun Piddington den Entfernungen vom Centrum in Zeit nach annähernder Schätzung solche in Seemeilen substituirte, entwarf er eine Tabelle, welche zur Beurtheilung der Distanz vom Centrum einen Anhaltspunkt bieten soll; denn er ist fern davon, für selbe eine Richtigkeit für jeden Fall zu beanspruchen.

| Mittlerer Fall des Barometers per Stunde. | Distanz des Centrums vom Schiffe in Seemeilen. |
|---|---|
| Von 0·020″ (0.5 Mm.) zu 0·060″ (1·52 Mm.) | Von 250 zu 150 |
| „ 0·060″ (1.52 Mm.) „ 0·080″ (2 Mm.) | „ 150 „ 100 |
| „ 0·080″ (2 Mm.) „ 0·120″ (3 Mm.) | „ 100 „ 80 |
| „ 0·120″ (3 Mm.) „ 0·150″ (3·8 Mm.) | „ 80 „ 50 |

Die höhere Anzahl Meilen mag für die Zeit des Beginns, die niederere für die letzte Zeit der Beobachtungen als geltend angenommen werden. Der stündliche Fall wird um so eher eine richtige Schätzung ermöglichen, je geringer die Zahl der Stunden ist, für welche derselbe bestimmt wurde.

Nachstehend mögen auch Bridets barometrische Tabellen Raum finden. Bridet gibt zwei Distanz-Tabellen: Tabelle I je nach dem Barometerstand, Tabelle II je nach dem Barometerfall.

[1] Als ungefährer Maßstab für die Annäherung des Centrums kann angenommen werden, dass das Barometer für jede 4 Seemeilen Annäherung 1 Mm. fällt. Dies würde jedoch nur bis zu einem Abstande von 50—60 Seemeilen vom Centrum gelten können, da alsdann die Unterschiede bedeutend größer werden. (Annalen der Hydrographie, 1878.)

Die erstere Tabelle ist nach Beobachtungen von drei Orkanen sehr verschiedenen Durchmessers entworfen.

Die letztere Tabelle kann als Anhalt zur Beurtheilung der Distanz vom Orkan-Centrum nur dann dienen, wenn man sich auf oder nahe der Bahn einer Cyclone befindet, und ist überdies der in ihr gegebene Schätzungswert nur dann annähernd richtig, wenn der Drehsturm äußerst heftig ist.

Es ist schließlich zu bemerken, dass der Gebrauch der fraglichen Distanz-Tabellen beschränkt erscheint, insofern, als selbe auf Grund von Beobachtungen in Orkanen der Tropenregionen zusammengestellt sind, daher auch nur auf solche anwendbar sein mögen.

Tabelle I.

| Bei großem Durchmesser des Orkans Distanz vom Centrum in | | Für eine Barometerhöhe in Millimeter | Bei geringem Durchmesser des Orkans Distanz vom Centrum in | |
|---|---|---|---|---|
| Stunden | Meilen | | Meilen | Stunden |
| 72 | 540 | 759·0 | 270 | 36 |
| 66 | 493 | 758·5 | 247 | 33 |
| 60 | 450 | 758·0 | 225 | 30 |
| 54 | 405 | 757·0 | 202 | 27 |
| 48 | 360 | 756·0 | 180 | 24 |
| 42 | 315 | 754·5 | 157 | 21 |
| 36 | 270 | 753·0 | 135 | 18 |
| 30 | 225 | 751·0 | 112 | 15 |
| 24 | 180 | 748·0 | 90 | 12 |
| 18 | 135 | 744·0 | 67 | 9 |
| 12 | 90 | 738·0 | 45 | 6 |
| 6 | 45 | 729·0 | 22 | 3 |
| 0 | 6 | 713·0 | 0 | 0 |

Tabelle II.

| Fall per Stunde | Distanz vom Centrum | Fall per Stunde | Distanz vom Centrum |
|---|---|---|---|
| Millimeter | Stunden | Millimeter | Stunden |
| 0·3 | 24 | 1·5 | 9 |
| 0·5 | 21 | 2·0 | 6 |
| 0·6 | 18 | 3·0 | 3 |
| 0·7 | 15 | 4·5 | 0 |
| 1·0 | 12 | — | — |

Kapt. Toynbee gibt nach Beobachtungen der Cyclone, welche im August 1873 im Nordatlantischen Ocean gewüthet hat, folgende Durchschnittsgrößen.

| Entfernung vom Centrum | Nahe dem Centrum | Seemeilen 50 | 100 | 150 | 200 | 250 | 300 | 350 | 400 | 450 | 500 | Anmerkung |
|---|---|---|---|---|---|---|---|---|---|---|---|---|
| | | Millimeter | | | | | | | | | | |
| Durchschnittlicher Barometerstand | 709·92 | 720·08 | 728·16 | 736·84 | 743·70 | 748·78 | 752·59 | 755·13 | 757·67 | 759·45 | 760·72 | |
| Unterschied für je 50 Seemeilen . . | - | 10·16 | 8·38 | 6·85 | 6·86 | 5·08 | 3·81 | 2·54 | 2·54 | 1·78 | 1·27 | |
| Durchschnittliche Windstärke . . | 12 | 10·8 | 9·8 | 8·9 | 8·2 | 7·6 | 7·1 | 6·6 | 6·2 | 5·8 | 5·6 | Nach Beauforts Scala |

Es ist nicht erst zu wiederholen, dass auch diese Angaben nicht für alle Fälle entsprechen können, denn zweifellos herrscht große Verschiedenheit in der Größe des Barometer-Gradienten und der Windstärke in verschiedenen Orkanen.

Piddington gibt bezüglich der Barometer-Beobachtungen in einer Sturm-Cyclone nachstehende Regeln:

1.) Beim Hereinbrechen schlechten Wetters soll das Barometer sorgfältig jede Stunde beobachtet werden, insbesondere bei Nacht. Wenn es möglich ist, jede halbe Stunde zu beobachten, desto besser. Der Stand ist jedesmal ins Logbuch einzutragen.

2.) Nach Verlauf von je 2—3 Stunden ist der stündische Fall des Barometers thunlichst genau zu bestimmen.

3.) Es ist Rücksicht zu nehmen auf die gewöhnlichen Wendestunden des Barometerstandes, insofern hienach der Betrag des Falles als bedeutender oder geringer zu veranschlagen ist.

4.) Es ist im Auge zu behalten, ob sich das Schiff vermöge seines Curses dem Centrum nähert oder entfernt.

5.) So wie das Barometer einen bedeutenderen Fall hat, als der bisher beobachtete stündliche Fall beträgt, so ist anzunehmen, dass man sich dem Centrum näher befindet, als man bisher vorausgesetzt hat.

Fig. 75.

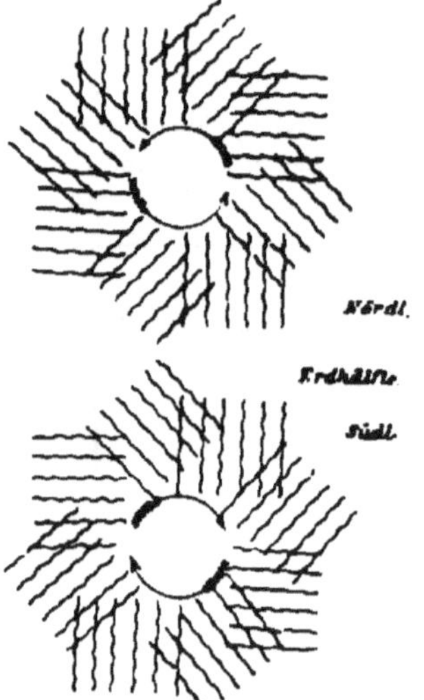


6.) Die Nähe des Landes afficirt die Barometeranzeichen. Dies ist ebenfalls nicht außeracht zu lassen.

7.) Es scheint, dass Passat und Monsune auf den Barometerstand Einfluss nehmen, wenigstens an jener Seite des Sturmfeldes, auf welcher sie, entweder in gleicher oder entgegengesetzter Richtung zu jener der Sturmbahn, wehen.

693. Die Rückwirkungen der Wirbelstürme auf den Zustand der See sind dreifacher Natur: hoher Wellengang, Erzeugung von Strömungen, Erhöhung des Wasserstandes innerhalb des Orkans (Cyclonen-Welle).

Die Natur der Orkanbewegung bedingt das Entstehen einer schweren Kreuzsee, welche besonders im Bereiche des windstillen Centrums den Schiffen furchtbar werden kann. Die Wogen erzeugen sich unter dem Impulse des Windes, welcher eben zur Stelle die See aufwühlt. Da nun aber die Windrichtungen in einem Drehsturm so mannigfache sind, so ergibt sich eine Kreuzung der Wellen, welche den Wogengang um so verwickelter gestaltet, je näher man dem Focus des Orkans kommt (Fig. 75). Während aber in jenen Theilen des Orkans, in welchen der Sturmwind mit der vollsten Kraft wüthet, die Wellenkämme in Wasserstaub sich auflösen, kann sich im Centrum der Wellenschlag in seiner vollen Höhe und Mächtigkeit entfalten. Die Ortsveränderung des Orkans auf seiner Bahn ist endlich wieder ein Factor, welcher nicht ohne Einfluss auf die Wellenbildung sein kann, indem an einer und derselben Stelle die Impulse, durch welche die Wellen verursacht werden, in ihrer Richtung wechseln, während die vorhandene Wogenbewegung in der bisherigen Richtung zu verharren sucht.

Thom sagt gelegentlich des Rodriguez-Orkans: „In rotirenden Stürmen ist am meisten die See zu fürchten. Sie wird geschildert als fürchterlich, sich kreuzend, wirr, unmäßig, vom Winde aus jeder Himmelsgegend in pyramidalen Massen gehoben, und ist mit der Brandung an Felsen-Riffen verglichen worden. In der Nähe des Centrums ist ein Schiff immer unlenkbar."

Die Wellenbewegung eines Orkans pflanzt sich über den Bereich desselben hinaus fort, nach Thoms Angaben sogar 300 bis 400 Seemeilen weit. Die vom Orkan erzeugte Dünung mit ihren Rollern und ihrer Brandung macht sich manchmal 24 Stunden vor dem Eintreten des Sturmes fühlbar. Reid hörte sogar drei volle Tage, bevor der Orkan vom September 1839 die Bermudas-Inseln erreichte, die Wogen laut an den südlichen Ufern sich brechen.

Starke Strömungen begleiten die Orkane. Sie bewegen sich unter der Einwirkung der Winde im Sinne der Rotation des Drehsturmes. Innerhalb der parabelförmigen Bahn der Cyclonen ist daher ihre Mittelrichtung im Sinne der Bahnrichtung des Wirbels, außerhalb derselben im entgegengesetzten Sinne, vor und hinter dem Orkan mehr oder weniger senkrecht zur Bahn. Tagelang nach dem Sturm machen sich diese Strömungen noch fühlbar.

Während die Strömungen der Rotationsrichtung des Orkans sich fügen, folgt die Cyclonen-Welle dem Orkan in der Richtung, in welcher er auf der Bahn vorschreitet.

Von den Wogen, welche der Sturmwind innerhalb einer Cyclone erzeugt, ist die meilenbreite Cyclonen-Welle zu unterseiden, welche in Folge der Verminderung des Luftdruckes über der ganzen vom Wirbelsturme bedeckten Meeresfläche sich erhebt. Für jede 25 Mm. (1 Zoll), welche das Barometer fällt, steigt das Wasser an der betreffenden Stelle um etwas mehr als 0·3 Meter; selten mag daher auf dem offenen Ocean die Höhe der eigentlichen Cyclonen-Welle mehr als 0·6 Meter betragen. Doch bei ihrer Breite von mehreren hundert Seemeilen enthält sie eine ungeheuere Wassermasse. Wenn nun das Orkan-Centrum in eine allmählig sich verengende Bucht eintritt, so kann sie daselbst eine verheerende Sturmflut von mehreren Metern Höhe verursachen. Zahlreiche Thatsachen zeigen von gewaltigen Verheerungen, welche sie an Küsten speciell unter den angeführten Umständen anzurichten vermag

Unter den zahlreichen Beispielen möge hier nur eines Platz finden. Die Cyclonen-Welle des Orkans von Backergunge (22° 29' nördl. Breite, 90° 18' östl. v. Gr.)[1] überschwemmte am 31. October 1876 im Bereiche der Mündungen des Brahmaputra und Ganges ein Areal von ca. 7800 Quadrat Kilometer (3000 englische Quadratmeilen), und verloren nach Schätzung mehr als 200,000 Menschen ihr Leben.[2]

694. In der Nordhälfte der Erde ist es die Zeit vom Juni bis November, in der Südhälfte der Erde die Zeit vom December bis Mai, in welcher Orkane am häufigsten vorkommen. Im Nördlichen Indischen Ocean sind übrigens Orkane besonders häufig zur Zeit der Monsun-Wechsel. Im allgemeinen fällt die Zeit der Orkane in die heißen Monate des Jahres. Nachstehende Tabelle ist Reyes Werk über Wirbelstürme entnommen.

| Ort und Beobachtungsjahre | Autorität | Anzahl der Orkane im Monat | | | | | | | | | | | | Gesammtzahl der Orkane |
|---|---|---|---|---|---|---|---|---|---|---|---|---|---|---|
| | | Jan. | Febr. | März | April | Mai | Juni | Juli | Aug. | Sept. | Oct. | Nov. | Dec. | |
| Westindien, Nordatlantischer Ocean, 1493—1855 | Poey, Chronological table | 5 | 7 | 11 | 6 | 5 | 10 | 12 | 96 | 80 | 69 | 17 | 7 | 355 |
| Nördlicher Indischer Ocean | Dove Gesetz der Stürme | 1 | 2 | 4 | 9 | 14 | 6 | 3 | 5 | 11 | 17 | 11 | 5 | 88 |
| Chinesisches Meer, 1780—1845 | Piddington, Hornbook | — | — | — | — | — | 2 | 5 | 5 | 18 | 10 | 6 | — | 46 |
| Südlicher Indischer Ocean, 1809—1848 | Piddington, Hornbook | 9 | 13 | 10 | 8 | 4 | — | — | — | 1 | 1 | 4 | 3 | 53 |
| Mauritius 1820—1844 | Labutte, Trans. Roy. Soc. of Mauritius 1849 | 9 | 15 | 15 | 8 | — | — | — | — | — | — | — | 6 | 53 |

[1] Zeitschrift der österreichischen Gesellschaft für Meteorologie, 1867.

[2] „Nicht selten hat man auch erlebt, dass, während eine Cyclone mit niedrigem Luftdruck über die Erde hinging, unterirdische Kräfte frei wurden und Erderschütterungen veranlassten." — „Ein Phänomen, welches bisweilen das Erdbeben begleitet, wenn dieses seinen Mittelpunkt im offenen Meer hat, ist die große Meereswelle, welche mit der Geschwindigkeit der Flut von dem Herde der Erschütterung nach allen Seiten hin sich ausbreitet. Trifft diese Welle das Land, so sind ihre zerstörenden Wirkungen außerordentlich. Ihre Fortpflanzungs-Geschwindigkeit ist geringer, als die des eigent-

Unter den Orkanen, welche Kapt. Schück in seinem Werke über Cyclonen in der Zahl von 892 verzeichnet hat, fallen von 786 in der Nördlichen Erdhälfte vorgekommenen 552 auf die Monate Juli bis einschließlich October, und von 106 in der Südlichen Erdhälfte beobachteten 96 auf die Monate Jänner bis einschließlich April.

Taifune treten vorzugsweise zur Zeit des SW-Monsuns auf, kommen aber auch noch häufig in den ersten Monaten des NO-Monsuns vor. Die gefährlichsten Monate sind jene, in welchen der Wechsel der Monsune im Herbst stattfindet, also September und October. Im Golf von Bengalen sind Cyclonen ebenfalls häufiger am Schluss des Sommer-Monsums — zu einer Zeit, wo im Golf ein niedriger Luftdruck herrscht, — als bei seinem Anfang, wo der Luftdruck relativ höher ist. (Annalen der Hydrographie 1878.)

In Bezug auf die Anzahl der Orkane in verschiedenen Jahren ergeben Meldrums Untersuchungen, dass die Jahre der Sonnenflecken-Maxima durch die Häufigkeit der Cyclonen sich auszeichnen.[1]

## Schilderung von Cyclonen.

695. Um das Bild eines Orkans zu vervollständigen, möge nachfolgend der Beschreibung des großen Orkans vom Jahre 1780 und jener des Taifuns, welcher am 18. November 1869 die Fregatte „Donau" traf, ein Platz eingeräumt werden.

Der sogenannte große Orkan[2] im Oktober 1780, der alle Schrecken dieser großartigen Naturerscheinung in sich vereinigt zu haben scheint, umfasste die äußersten Grenzen der Antillen, Trinidad und Antigua, während sein Centrum über Barbados am 10. nach St. Lucia fortrückte, wo Admiral Hotham mit „Vengeance", „Montagu", „Egmont", „Ajax", „Alkmene" und „Amazone" lag. Darauf traf er an der Südküste von Martinique den französischen Convoi, der unter Führung der Fregatten „Ceres" und „La Constante" aus 50 Kauffahrern und Transportschiffen mit 5000 Mann Truppen an Bord bestand. Nur sechs oder sieben Schiffe retteten sich hier: „les bâtiments du convoi disparûrent" heißt es lakonisch im Berichte des Intendanten von Martinique. Von hier ging das

———

schen Erdbebens, und sie trifft daher auch später ein als dieses." — „Diese Erdbeben-Welle, welche bisweilen den Orkan begleitet, darf nicht mit den Wellen, welche der Sturm aufpeitscht, verwechselt werden; am meisten Ähnlichkeit hat sie, wenigstens ihren Wirkungen nach, mit der Sturmflut." (Grundzüge der Meteorologie von Mohn.)

[1] Zeitschrift der österreichischen Gesellschaft für Meteorologie, 1873.

[2] Die hier gegebene Schilderung dieses Orkans ist von Dove.

Centrum des Orkanes über Portorico, wo der „Deal Castle" scheiterte, nach der Insel Mona und traf hier am 15. Morgens den englischen Convoi unter dem „Ulysses" und der „Pomona", der davon hart mitgenommen wurde. Darauf rückte er nach den Silver Keys, wo der „Stirling Castle" unterging. An welcher Stelle der von St. Lucia nach Jamaica segelnde „Thunderer", auf welchem der Commodore Walsingham seine Flagge führte, verloren gegangen, ist nie ermittelt worden. Nun wendete der Orkan sich unter 26 Grad Breite nach NO und traf die durch den Savanna la mar-Orkan entmasteten Schiffe des Geschwaders unter Admiral Rowley, bestehend aus dem „Trident", „Ruby", „Bristol", „Hector" und „Grafton", die unglücklicherweise gerade von der Westseite des Sturmes in seine Mitte hineinsteuerten. Hierauf wandte er sich nach den Bermudas, in seiner größten Breite wohl beide Küsten des Atlantischen Oceans umfassend, und holte den vom ersten Sturm unbrauchbar gewordenen „Berwick" auf seinem Rückwege nach England ein. 50 Fahrzeuge wurden hier am 18. October auf den Strand getrieben.

Nicht minder verderblich wüthete der Orkan auf den Inseln. In Martinique kamen 9000 Menschen um, 1000 allein in St. Pierre, wo kein Haus stehen blieb, da das Meer gegen 8 Meter hoch anschwoll, 150 Häuser am Ufer in einem Augenblicke zerstörte und die hintenstehenden größtentheils eindrückte. Auch das 120jährige Fort St. Pierre wurde zerstört, mit Ausnahme der Magazine. Im Fort Royal wurden die Kathedrale, 7 Kirchen und 1400 Häuser umgestürzt und unter den Ruinen des Hospitals 1600 Kranke und Verwundete begraben, so dass nur wenige sich retteten. In Domenica wurden fast alle am Ufer stehenden Häuser weggerissen, die königliche Bäckerei, die Magazine und ein Theil der Kasernen zerstört. In St. Eustach wurden 7 Schiffe an dem Felsen von Northpoint zerschellt, und von 19 vom Anker gerissenen Schiffen kehrte nur eines zurück. In St. Lucia, wo 6000 Menschen ihren Tod fanden, wurden die festesten Gebäude bis in ihre Fundamente verwüstet; die See schwoll so hoch an, dass sie das Fort zerstörte und die großen Kanonen viele Yards weit von der Plattform fortriss. Der Kopf des Molo wurde fortgeschwemmt und die Korallendecke des Meeresbodens, dieses Werk von Jahrhunderten, wurde aufgerissen und Grate von Korallenfelsen aufgeworfen, die nachher über dem Wasser sichtbar blieben. Der Hafen selbst wurde bis zu zwei Meter, an manchen Stellen noch mehr, ausgetieft. Von 600 Häusern in Kingstown auf St. Vincent blieben nur 14 übrig; die anderen waren rasirt. Die französische Fregatte „Juno" scheiterte dort. „Unmöglich ist die grässliche Scene zu schildern, welche Barbados darbietet", sagt Sir George Rodney in seinem amtlichen

Berichte. „Nur meine eigene Anschauung hat mich von der Möglichkeit überzeugen können, dass der Wind eine so gänzliche Zerstörung einer so blühenden Insel hervorbringen kann. Ich bin fest überzeugt. dass die Heftigkeit des Sturmes die Einwohner verhindert hat, das Erdbeben zu fühlen, welches ohne Zweifel den Sturm begleitet hat: denn nur ein Erdbeben vermag die massivesten Gebäude bis in ihre Grundvesten zu zerstören. So vollständig ist die Verwüstung, dass keine Kirche, kein Haus ihr entgangen ist."

In Barbados war noch der Abend des 9. October merkwürdig ruhig, aber der Himmel erstaunlich roth und feurig. Während der Nacht fiel reichlicher Regen, auch am Morgen des 10. viel Regen mit Wind aus NW. Um 10 Uhr morgens nahm das Unwetter sehr zu, und schon um 1 Uhr nachmittags kamen die Schiffe in der Bai ins Treiben. Um 4 Uhr gingen alle Schiffe in See: um 6 Uhr hatte der Wind schon viele Bäume ausgerissen und niedergeweht. Im Gouverneurs-Hause wurden Thüren und Fenster verbarricadirt ohne sonderlichen Erfolg; denn um 10 Uhr Abends brach der Wind aus NNW durch das Haus. Die Familie flüchtet in die durch $^{9}/_{10}$ Meter dicke Mauern geschützte Mitte des Gebäudes unter wachsendem Sturme; um $11^{1}/_{2}$ Uhr treibt der Wind, der überallhin sich Bahn gebrochen und das Dach größtentheils abgerissen hat, sie in den Keller. Bald verjagt sie auch hier das um mehr als einen Meter gestiegene Wasser. Überall stürzen Trümmer auf sie herab. Der Gouverneur sucht unter den Kanonen Zuflucht: eine traurige Situation, da viele Kanonen sich bewegten und sie fürchten mussten, dass die sie schützende aufgehoben werde und sie im Fall zerdrücke, oder dass die umherfliegenden Trümmer ihrem Leben ein Ende machen. Auch das Arsenal war dem Boden gleich gemacht und die Waffen umhergestreut. Bei Tagesanbruch stand kein Gebäude mehr; die Bäume waren, wenn nicht ausgerissen, ihrer Blätter und Zweige beraubt und der üppigste Frühling in dieser einen Nacht in den schrecklichsten Winter verwandelt. Die Anzahl der Umgekommenen wurde in Barbados auf einige Tausend geschätzt.

„Solcher Aufregung der Elemente gegenüber — sagt Dove — verstummt der Kampf der Menschen. Als die „Laured" und „Andromeda" bei Martinique scheiterten, schickte der Marquis de Bouillé die 25 Engländer, welche dem Tode entronnen waren, dem englischen Gouverneur von St. Lucia mit dem Bemerken, er könne diese Opfer einer allgemeinen Katastrophe nicht als Gefangene behalten."

Das k. k. Commando der ostasiatischen Expedition beschreibt den Orkan, welcher Sr. M. Fregatte „Donau" in 34° 20′ nördl. Breite, 148°

38' östl. Länge am 18. November 1869 erfasst hatte, in nachstehender Weise:

„Den 17. hatte das Wetter schon ein sehr drohendes Aussehen angenommen, der SO wurde im Verlaufe des Nachmittags zum Sturme; das Großmars-Segel musste um 3 Uhr nachmittags, das Vormars-Segel um 5 Uhr nachmittags geschlossen werden. Da das Fallen des Barometers und die steigende See für den nächsten Tag noch mehr versprachen, so ließ ich die Bramstengen streichen, was, wiewohl mit einiger Mühe, noch vor Dunkelheit zuwege gebracht wurde. Das Schiff lag jetzt unter dicht gereeften Gaffelsegeln bei, der Sturm hatte nachts etwas abgenommen, das Barometer fiel jedoch langsam. Um 4 Uhr morgens den 18. begann der Wind über Süd zu drehen; das dreifach gereefte Vormars-Segel ward gesetzt und wir steuerten wieder im Curse. Um 8 Uhr morgens war der Wind westlich in der Stärke 8—9, die See hoch, der Himmel heiter, nur im Norden etwas düster, das Barometer fiel noch immer sehr langsam. Ich wollte eben um halb 9 Uhr vormittags das Focksegel setzen lassen, um die günstige Kühlte zu benützen, als in einigen rasch aufeinander folgenden Böen der West zum wüthenden Sturme ward, welcher schon um 9 Uhr die unwiderstehliche Gewalt eines Orkans angenommen hatte. Das Vormars-Segel und der Sturm-Klüver flogen mit kanonendonnerähnlichen Schlägen in Fetzen weg, das schnell gehisste Fockstag-Segel war in wenigen Sekunden aus den Leiken geblasen; die Gefahr, dass die sehr luvgierige Fregatte in den Wind schieße, war augenscheinlich; das dicht gereefte Vorgaffel-Segel ward zwar augenblicklich gesetzt, doch stand zu befürchten, dass es kein anderes Schicksal, als die früher gesetzten Segel erfahren werde. Die doppelte Gaffel-Geerding riss sogleich; das Segel, in Jokohama neu erzeugt, legte sich jedoch in die Wanten und hielt vorderhand; es reichte zusammen mit dem hart in Lee befindlichen Ruder hin, das Schiff etwas vom Winde zu halten. Mittlerweile hatte der Orkan seine volle Stärke erreicht. Es konnte nicht mehr von Böen die Rede sein; eine einzige, zusammenhängende, wüthende Böe raste daher. Das Getöse des Windes übertraf jede Vorstellung; nur mit großer Mühe konnte man sich von Mund zu Ohr verständlich machen. Die Luft war derart von Gischt und Sprühregen erfüllt, dass zeitweilig vom Quarter-Deck aus das Vorder-Castell nicht gesehen werden konnte. Die Masten bogen sich wie Gerten, die Leewanten wehten in Bogen hinaus; das beschlagene, ganz neue Focksegel flog in Fetzen weg, den ganzen Mast erschütternd, für welchen, wie für die Vormars-Stenge, die ernstlichsten Befürchtungen gehegt wurden.

„Die Richtung des Windes veränderte sich langsam gegen N und war um 10 Uhr vormittags WNW.

„Das Barometer fiel rasch; so viel man durch den dichten Gischt erkennen konnte, war der Himmel in nördlicher Richtung viel schwärzer und drohender, als gegen Süden, alles ebenso viele Anzeichen dafür, dass sich die Fregatte in einer Cyclone befinde; die ersten Böen hatten die Fregatte nach Backbord anluven lassen, und sie lag jetzt mit Backbord-Halsen bei, was verderblich werden konnte, da sie sich gegen das Centrum der nach unbekannter Richtung reisenden Cyclone bewegte, anstatt sich von diesem zu entfernen; gleichzeitig entbehrte man aber ganz und gar der Manövrirfähigkeit, denn die vorderen Stagsegel waren weggeblasen, und neue anzuschlagen war ein Ding der Unmöglichkeit. — Die Fregatte lag zwar gut bei, arbeitete wie gewöhnlich sehr tief, aber nicht besonders schwer, wozu wohl auch der Umstand beitragen mochte, dass die See durch die Gewalt des Orkans niedergedrückt und verhindert wurde, eine gewisse Höhe zu überschreiten; aber es konnte der Fall eintreten, dass abgefallen werden musste. Das Barometer fiel, das Centrum konnte sich, obgleich es südöstlich zu gehen schien, auf uns zu bewegen; das Vorgaffel-Segel, welches nach und nach vom Maste und theilweise von der Gaffel gerissen war und nur noch in Fetzen in den Wanten lag, konnte ganz wegfliegen. Der Fockmast oder wenigstens die Stenge konnte über Bord gehen, und in jedem dieser Fälle wäre Abfallen unbedingt geboten gewesen. Ich ließ daher alles bereiten, um den Kreuzmast sogleich kappen zu können, und ein Kabel auf Deck bringen und bereiten, um durch Nachschleppen desselben die Wirkung des Steuers zu unterstützen. Dieses war bisher verlässlich gewesen, und ich konnte hoffen, mit Zuhilfenahme der oben erwähnten Maßregeln jeder Eventualität begegnen zu können. Spätere Ereignisse haben an den Tag gelegt, dass dem nicht so gewesen wäre und dass das Schiff sein Heil dem zähen Lappen des Vorgaffel-Segels zu verdanken hatte. — Es war 11 Uhr vormittags und noch immer nicht die geringste Abnahme in der Wuth des Orkans zu bemerken. Das Barometer stand seit 10 Uhr vormittags auf 29''17 (740·9 Mm.) corrigirt, und es konnte ein Fallen oder Steigen folgen. Die Richtung des Windes war NW, das Centrum hatte sich bisher ost-südöstlich bewegt, convergirend zwar mit der Richtung des NO anliegenden Schiffes, aber bei der viel größeren Geschwindigkeit der Cyclone stand zu hoffen, dass sich deren Entfernung von der Fregatte stets vergrößern und eine baldige Abnahme der Heftigkeit des Windes resultiren werde. In der That begann das Barometer gegen Mittag zuerst langsam, dann immer rascher zu steigen. Das Firmament wurde in der dem Centrum entgegengesetzten Richtung, in SW, heller, und obzwar noch immer wüthende Böen die Fregatte auf die Seite warfen, so waren diese doch durch etwas ruhigere Momente getrennt; ein Nachlassen des Orkans war unverkennbar. Es war hiezu höchste Zeit, denn die Bemastung hatte durch den ungeheuren Druck gelitten."

## Entstehung der Cyclonen.

696. Bezüglich der atmosphärischen Zustände unmittelbar vor Entstehung einer Cyclone gibt Piddington Auszüge aus den Logbüchern zweier Schiffe, welche allem Anscheine nach sich zur Stelle befanden, wo Cyclonen in ihrer Bildung begriffen waren. — Über den Zustand von Luft und See wird in dem einen Fall (Brig „Algerine") in folgender Weise berichtet:

Dichte dunkle Wolkenmassen bilden sich, Sturmwolken (scuds) laufen nach verschiedenen Richtungen NO, SO, WSW, der Wind ist leicht, die See hebt sich in Blasen, als wenn der Wind von allen Seiten wehen würde. Außerordentliches Sinken des Barometers.

Im zweiten Fall (Schiff „Vernon") wird der Zustand von Luft und See in ähnlicher Weise angegeben, doch auch von Windstößen aus NO und O gesprochen. In Peltiers Buch über die Tromben wird ein Sturm beschrieben, der am 2. September 1804 in der Nähe von Gambia einen französischen Kreuzer überfiel. Der Tag vorher war sehr heiß; am Morgen des Sturmtages bedeckte sich der Himmel mit zahlreichen dicken Wolken, es herrschte völlige Windstille. Da erhob sich eine Trombe und der Sturm war entfesselt. Der große Antigua-Orkan vom August 1837 scheint, nach dem Berichte des Kapitäns Seymour zu schließen, der sich mit dem Schiffe „Judith und Esther" den gegebenen Anzeichen gemäß am Entstehungsorte der besagten Cyclone befand, ebenfalls aus einer großen Wasserhose entstanden zu sein.

Nach Kapt. Schücks Schilderung des Extrems vom Verlaufe eines Orkans zwischen 10—25° Breite (mit einigen Abweichungen auch für dem Pol nähere Gegenden geltend) lassen sich die Zustände der Atmosphäre und der See vor Beginn des Sturmes in kurzem folgendermaßen charakterisiren.

Außergewöhnliche Formen der Wolken und Färbung derselben, hellweiß, schmutziggrau oder braun. Die Wolkenränder sind scharf markirt, oder zerrissen, einzelne Wolken sind massig geballt, wieder andere hängen flockenartig nieder.

Die Gestaltung und Gruppirung der Wolken wechselt rasch, der Zug derselben wird unregelmäßig. Das Meer wird unruhig, die Wellen verlieren ihre gleichmäßige Bewegung, einzelne Wogen durchbrechen den herrschenden Seegang. Die Luft ist schwül und drückend. Die Sonnenstrahlen wirken stechend, manchmal scheint ihr Licht flimmernd zu sein; die Sonne ist oft von einem blassen Ringe umgeben. Besonders beim Untergang und Aufgang der Sonne stellen sich ungewöhnliche Färbungen des Firmamentes ein. Nachts flimmern die Sterne. Hofbildungen sind häufig, in der Richtung, aus welcher der Orkan kommen wird, gewahrt man heftiges Blitzen und Wetterleuchten. Am Morgen röthet sich der Himmel zuerst hoch am Zenith. Dunstmassen lagern sich über dem Meere, und verschwinden alsbald. Wie die Sonne höher steigt, wird die Durchsichtigkeit der Luft außerordentlich groß, das Aussehen des Himmels bleiartig, und eine schwere, drohende Wolkenbank zeigt sich am Horizont. Der Seegang ist indessen höher, hohl und wirr geworden, die Vögel suchen Schutz auf dem Schiffe, und fliehen wieder. Der Wind, bisher unbeständig, nimmt an Stärke zu, gewinnt eine feste Richtung, wird zum Sturm, die einzelnen Regenschauer werden zu Regengüssen.

Nach J. Elliot[1] war im Golf von Bengalen vor Entstehung der Cyclone von Backergunge vom 20 bis 23. October eine fast gleichförmige Druckvertheilung über der Bai und Nordindien. „... Der Druck nahm zu nach Norden und war wahrscheinlich hoch im Süden. Der SW-Monsun, statt nach Süden zurückzuweichen, fuhr fort über der See nahe dem Eingange des Golfes zu herrschen. Die Windrichtungen waren nördlich und nord-östlich an der Westseite der Bai und westlich bis südlich an deren südlichen und östlichen Grenzen. Ein Gebiet verminderten Luftdruckes begann sich am 23. zu bilden. Anhaltender Regenfall begleitete auf der SO-Seite diesen Vorgang und nahm an Stärke allmählig zu. Das Depressions-Gebiet verbreitete sich nordwärts, und am 26. und 27. ließen die Winde in der Umgebung dieser Depression eine Wirbelbewegung erkennen und waren von beträchtlicher Intensität. Das Gebiet verminderten Druckes verbreitete sich während der folgenden zwei Tage weiter nordwärts, während zu gleicher Zeit die Wirbelbewegung in gleicher Richtung langsam vorrückte. Mit der Fortdauer dieses cyclonischen Witterungs-Charakters breitete sich die Area verminderten Druckes nicht allein weiter aus, sondern auch die Größe der Depression im Centrum nahm zu, und am Abend des 29. hatte der Sturm schon den Charakter einer Cyclone und nahm rasch an Heftigkeit zu, so dass er mit der Zeit eine Cyclone von größter Intensität darstellte.“

[1] Zeitschrift der österr. Gesellschaft für Meteorologie, 1877.

Nach Meldrums Untersuchungen entstehen die Cyclonen gewöhnlich zwischen östlichen und westlichen Luftströmen und enden zwischen nördlichen und südlichen. Bei ihrem Beginne sei die Nord- und Südseite des Sturmfeldes, bei ihrem Ende die Ost- und Westseite desselben verflacht.

697. An die Erscheinungen in der Atmosphäre vor und beim Entstehen einer Cyclone dürfte folgerichtig sich die Erklärung der Ursachen anschließen, welche Drehstürme erzeugen und ihre Bewegungen bestimmen.

Piddington neigt sich entschieden den Ansichten Peltiers zu, wonach die Wettersäulen und ebenso die Stürme durch Elektricität hervorgerufen werden, während Thom (bezüglich der südindischen Orkane) die ununterbrochene Rotation und die fortschreitende Bewegung dem Einflusse des SO-Passats und des NW-Monsuns beimisst, welche in entgegengesetzten Richtungen an den gegenüberliegenden Seiten der in den Sturm verwickelten Luftmasse wehen.

Dove erklärt die Drehstürme durch das Hereinbrechen äquatorialer Luftströme in polare. Der aus SW (in der Süd-Hemisphäre aus NW) kommende Äquatorial-Strom trifft auf den Widerstand des NO-Passats (beziehungsweise SO-Passats) — des Polar-Stroms. Der erstere erfährt dadurch an seinem östlichen Rande eine Ablenkung nach N, beziehungsweise S, während die inneren und westlichen Theile des Stromes die frühere Tendenz behalten. Es ergibt sich daher für die Nördliche Erdhälfte eine Rotation im entgegengesetzten Sinne eines Uhrzeigers, in der Südlichen eine Drehung im gleichen Sinne eines Uhrzeigers.

Innerhalb der Tropen werden die so entstandenen Cyclonen nach NW, beziehungsweise SW fortschreiten, außerhalb der Tropen aber nach NO, beziehungsweise SO, weil alsdann auf der Ostseite der Widerstand in Wegfall kommt. — Was speciell die westindischen Orkane betrifft, so ist Dove der Ansicht, dass die über dem Afrikanischen Continent in die Höhe gestiegene heiße Luft, nach Westen abfließend, dem oberen Passat seinen Rückweg nach den Wendekreisen versperrt und ihn zwingt, nach unten zu gehen, wo dann die Wirbelstürme auf die oben beschriebene Weise entstehen.

Diese Erklärung verschafft, abgesehen von anderen Bedenken, keinen Aufschluss darüber, woher die außerordentlichen mechanischen Wirkungen der Drehstürme rühren. Reye erklärt die Sturm-Cyclonen, wie folgt:

Durch große Hitze können die unteren Schichten weniger dicht werden als die oberen. Darüber lagern nun die oberen kälteren, schwereren Schichten in labilem Gleichgewicht, d. h. eine geringfügige Störung reicht hin, die warme Luft zu raschem Aufsteigen zu bringen. Wenn sie nun zugleich mit Dampf nahezu oder ganz gesättigt ist, der in den höheren Regionen sich verdichtet und seine gebundene Wärme abgibt, so hält auch in den höheren Regionen die Erwärmung und damit die aufsteigende Bewegung an. Auf diese Weise entsteht unter dem aufsteigenden Strome ein Gebiet geringen Luftdruckes — ein barometrisches Minimum. Nach diesem Gebiete strömt die Luft der Umgebung infolge der Erd-Rotation in wirbelnder Bewegung ein. Hiedurch wird der Process im Innern des Orkans fortwährend genährt, indem sich die einströmenden Luftmassen ihres Dampfgehaltes entledigen, andererseits tritt zugleich mit der wirbelnden Bewegung die Wirkung der Centrifugal-Kraft ein: die Verdünnung im Centrum hält an. Im Anfange ist also das barometrische Minimum Ursache des Wirbels, hernach der Wirbel Ursache des barometrischen Minimums.

Im Nachstehenden findet die Ansicht Reyes eine ausführlichere Darlegung. Es ward schon früher bemerkt, dass nicht bloß von den Wirbelwinden und Wasserhosen bis zu den größeren Tornados, sondern auch von diesen bis zu den eigentlichen Wirbelstürmen eine vollständige Reihenfolge bezüglich ihrer Größe sich aufstellen lässt. Wirbelwinde und Wettersäulen haben ihren Ursprung in einem labilen Gleichgewicht der Luft, indem vom erwärmten Boden aus an windstillen, sonnigen Tagen den unteren Luftschichten ganz allmählig eine höhere Temperatur mitgetheilt wird, so dass sie sich langsam ausdehnen. Unter günstigen Verhältnissen können die untersten Luftschichten örtlich so stark erwärmt werden, dass sie trotz des auf ihnen lastenden größeren Luftdruckes sogar specifisch leichter werden, als die über ihnen befindlichen Luftschichten, es können Verhältnisse eintreten, wie man sie für die Erklärung der Luftspiegelungen in den Sandwüsten annimmt. Bei einer zufälligen Störung des Gleichgewichtes setzt sich dann die allmählig angesammelte Wärmemenge plötzlich in Bewegung um, und in heftigem Auftrieb steigt die heiße Luft empor. Wie in den Wirbelwinden und Wettersäulen der verticale, in den meisten Fällen aufsteigende Luftstrom das Ursprüngliche ist, indem er das Heranströmen der Luft zum Fuße, die Abnahme des Luftdruckes, die rasche Bildung von Regen- und Gewitterwolken verursacht und die größten mechanischen Wirkungen hervorruft, so auch in den Wirbelstürmen. Doch wenn man bei ersteren von der Voraussetzung eines labilen Gleichgewichts-Zustandes in der Atmosphäre ausgehen durfte und musste, so wird diese Voraussetzung für die vielen tausend Quadrat-Seemeilen der Meeresfläche, welche zugleich oder nach und nach von einem großen Wirbelsturme betroffen werden, nicht ausreichen. Hingegen ist die weitere Voraussetzung zutreffend, dass die untersten Luftschichten in einem Wirbelsturme und rings um denselben stark mit Wasserdämpfen geschwängert und in den Sommermonaten auch verhältnismäßig stark erwärmt sind. Wenn man nun den Process, wie er sich in einem Orkan entwickelt, näher ins Auge fasst und von der Thatsache ausgeht, dass im Inneren der Wirbelstürme ein sehr umfangreicher und starker Luftstrom gegen Himmel steigt, so ergibt sich, dass die Luft bei diesem Aufsteigen, weil sie zugleich um die Cyclonenaxe rotirt, mehr oder weniger steile Schraubenwindungen beschreiben muss.

„Da der Luftdruck nach oben hin abnimmt, so dehnen diese Luftmassen sich allmählig aus und kühlen sich zugleich ab; ihr Wasserdampf muss daher, sobald der Sättigungspunkt erreicht ist, sich nach und nach zu Nebel und Wolken verdichten. Wahrscheinlich zeigen uns die losen fliegenden Sturmwolken unten die zuerst gebildeten nebelartigen Niederschläge, weiter oben aber verdichten sich immer größere Mengen des mitgerissenen Wasserdampfes zu compacten Wolkenmassen, welche selbst in großer Ferne wie eine düstere, unheilvolle Bank erscheinen. Die zugleich frei werdende latente Wärme des Dampfes verlangsamt die Abkühlung der aufsteigenden Luft, dehnt diese aus und beschleunigt hiedurch ihr Emporsteigen. Zugleich erweitert sich der schon unten breite Luftstrom nach allen Seiten, wie auch aus der Thatsache hervorgeht, dass die fliegenden Sturmwolken (scuds) sich in Spiralwindungen von der Cyclonenaxe entfernen. In einer uns unbekannten Höhe fließen diese aufsteigenden Luftmassen nach Verlust des größten Theils ihres Dampfgehaltes, der als Regen zu Boden fällt, seitlich ab und breiten so den durch sie gebildeten und stets erneuerten Wolkenteppich aus bis weit über die Grenzen der Cyclone. An der Meeres-Oberfläche unter der emporsteigenden Luftsäule, in welcher durch die freigewordene Wärme des verdichteten Wasserdampfes eine höhere Temperatur herrscht, als in ihrer Umgebung, muss der Luftdruck niedriger sein als ringsherum. Zu dieser Verdünnungsstelle strömt von allen Seiten, jedoch den vorhandenen Spiralwindungen des Sturmwindes folgend, die Luft heran, anfangs langsam, dann immer schneller, weil von außen her der höhere Luftdruck sie treibt. Die Thatsache, dass der Sturmwind um so stärker wüthet, je näher man dem luftdünnen Centralraum kommt, wird hiedurch verständlich. Zugleich dehnt die einströmende Luft allmählig sich aus, z. B. bis um ein Zwanzigstel ihres anfänglichen Volumens, wenn das Barometer in der Cyclone um 1½ Zoll (38 Mm.) gefallen ist. So kommt es, dass ihr Dampfgehalt manchmal schon an der Meeresfläche anfängt, sich zu verdichten; die Wolken hängen im Inneren der Cyclonen tief auf das Meer hernieder, „Meer und Wolken scheinen sich zu verschlingen". Diese Ausdehnung der Luft und die mit ihrer Geschwindigkeit und Annäherung an das Centrum doppelt rasch wachsende Centrifugal-Kraft bewirken, dass die einströmende Luft, noch ehe sie die Cyclonenaxe wirklich erreicht hat, aufzusteigen beginnt, so einen windstillen oder nur von schwächeren Winden erfüllten Central-Raum sturmfrei lassend. Über einer weiten ringförmigen Fläche, nicht über einer vollen Kreisfläche steigt die Cyclonen-Luft allmählig, durch ihre Dampfwärme beschleunigt, empor. Die rings um das stille Centrum aufsteigenden Luftströme werden so lange fortdauern, als genügende Mengen Wasserdampf mitgerissen werden, um bei ihrer Verdichtung die Luft zu erwärmen und so emporzutreiben. Denn die bewegende Kraft in den Wirbelstürmen ist diejenige der Wärme, welche durch Condensation atmosphärischen Wasserdampfes frei wird. Alle Thatsachen sprechen für diese Erklärung der Cyclonen, durch welche vor allem die rasende Gewalt der Orkane und die ungeheuren Regenmengen, die in ihnen zur Erde fallen, unserem Verständnisse näher rücken. Sie macht auch begreiflich, weshalb die Cyclonen vorzugsweise in den Sommermonaten und am heftigsten über Oceanen und in der Heißen Zone auftreten; denn hier und in jenen Monaten enthalten die unteren Luftschichten die größte Menge Wasserdampf. Die Abnahme des Luftdruckes und die Zunahme der Windgeschwindigkeit nach innen hin, sowie die centrale Windstille sind erklärt."

J. Elliot sagt über das Entstehen der Cyclonen im Golf von Bengalen[1] bei Gelegenheit der Besprechung der Orkane von Vizapatam und Backergunge: „Die entgegengesetzten Winde an den gegenüberliegenden Seiten der Bai zugleich mit den variablen Winden und Calmen in der Mitte derselben zeigen eine Periode des Übergangs an, einen Durchgang durch den Zustand eines labilen Gleichgewichts. Während einer solchen Periode beginnt über der ungeheuren Fläche der Bai von Bengalen bei hoher Temperatur eine enorme Verdampfung des Wassers. Die Windvertheilung ist zugleich eine derartige, dass die gebildeten Wasserdämpfe nicht horizontal durch Luftströmungen weggeführt werden. Die Folge dieser Ansammlung von Wasserdämpfen über einem gleichsam geschlossenen Becken muss der Beginn einer Condensation in höheren Schichten sein, weil der Wasserdampf sich

[1] Zeitschrift der österr. Gesellschaft für Meteorologie, 1877.

nicht in das natürliche Gleichgewicht setzen kann in Folge der Wärmeabnahme mit der Höhe. Diese Condensation beginnt zuerst im südöstlichen Theil der Bai, weil hier vom Indischen Ocean her noch ein separater Zufluss von Wasserdampf besteht, und verbreitet sich dann allmählig nordwärts.

„Der feuchte Südwest und die starken Niederschläge im südöstlichen Theil der Bai sind daher (nach Elliot) nicht die wahre erste Ursache der Entstehung einer localen Depression, sondern selbst wieder die natürliche Folge der oben geschilderten Verhältnisse. Bei dem Condensationsprocess wird eine enorme Menge Wärme frei, vollständig äquivalent, sei es als Temperatur-Steigerung oder mechanische Energie der Sonnenwärme, welche während des Processes der Verdampfung absorbirt worden ist.

„Das Resultat davon ist eine weitere Expansion nach aufwärts jener Schichten, in und über welchen die Condensation begonnen hat, eine Steigerung des Regenfalles und ein continuirlicher Zufluss von den umgebenden unteren Schichten der Atmosphäre gegen die Stelle, wo der aufsteigende Luftstrom sich nun ausgebildet hat. Dieser Zufluss erzeugt dann einen Luftwirbel, begünstigt und gesteigert durch die schon früher bestandene Vertheilung der Winde rings um die Küsten. Die große Wärmemenge, welche während der Condensation frei wird, liefert die zur Bewegung der Luft der Umgebung in den unteren Schichten nöthige mechanische Kraft. Diese Wirkung, ein secundärer Effect der Verdampfung und Condensation, muss eine Größe derselben Ordnung sein mit der mechanischen Energie der Sonnenwärme über der großen centralen Area der Bai von Bengalen.

„Der niedere Luftdruck im Centrum der Cyclone wird hervorgebracht durch folgende Ursachen: Die vorausgehende Barometerdepression, die Bildung einer relativ kleinen cylindrischen Säule von emporsteigender Luft und Wasserdampf und endlich durch den Umstand, dass der Druck der bewegten Luft stets geringer ist, als der Druck der ruhenden Luft unter ähnlichen Bedingungen der Temperatur und der Dichte."

Hann[1] spricht sich über die Entstehung der Drehorkane, wie folgt, aus:

„Über die erste Ursache der Entstehung jener bedeutenden Verminderung des Luftdruckes über einer Stelle der Erdoberfläche, welche zu einem Sturm-Centrum wird, wissen wir noch wenig. Die

---

[1] Allgemeine Erdkunde von Dr. Hann, Dr. Hochstetter und Dr. Pokorny.

andauernden barometrischen Minima über erhitzten Continenten oder warmen Meeren entstehen durch das Abfließen der Luft in der Höhe über einer größern Fläche. Vielleicht entstehen die Sturm-Centren in manchen Fällen über abnormal erwärmten Stellen der Erdoberfläche, oder in Folge ausgedehnter starker Niederschläge des atmosphärischen Wasserdampfes. dessen latente Wärme die höhern Luftschichten über der Temperatur ihrer Umgebung erhält. Hat sich einmal ein Luftdruck-Minimum gebildet, so muss die Luft von allen Seiten herbeiströmen. und bekommt hiebei in Folge der Erd-Rotation (die Äquatorialzone bis 10° etwa ausgenommen, wo die Ablenkung noch zu gering ist) ein Drehungs-Moment. welches einen Wirbel erzeugen muss. Die dabei auftretende Centrifugal-Kraft verhindert die Luftmasse rasch die Barometer-Depression auszufüllen, und muss so eine weitere Ursache werden. dass der Druck im Mittelpunkt noch mehr abnimmt. So erklärt sich wohl die außerordentliche Luftverdünnung im Mittelpunkte der tropischen Cyclonen bei sehr gesteigerter Drehungsgeschwindigkeit und kleinen Durchmesser des Wirbels.

Dr. Andries[1] gibt auf Grundlage von Versuchen folgende Erklärung für die Entstehung der Cyclonen:

„Zur Erklärung der Enstehungsweise der Cyclonen nehme ich in der Höhe der Atmosphäre heftige Luftströmungen an. die je nach der geographischen Breite in verschiedenen Richtungen dieselbe durchfurchen.“ Solche Luftströmungen existiren. „Bricht sich nun ein solcher Strom von einer gewissen Breite und Tiefe Bahn, so erzeugt er an seinem vordern Ende und an beiden Seiten bei seinem Vorwärtsdringen eine wirbelnde Bewegung in der relativ ruhigen Luft. die ihn begrenzt. Mit seinem Fortschreiten schreitet auch die wirbelnde Bewegung voran. die sich allmählich nach unten hin trichterförmig erweitert. fortpflanzt.

Nur derjenige der beiden Wirbel (auf der Nördlichen Halbkugel) dessen Drehungsrichtung der Bewegungsrichtung des Uhrzeigers entgegengesetzt ist. kommt zur Ausbildung. der andere mit anticyclonaler Drehung erschöpft sich meist, ehe er die Erdoberfläche erreicht.

Der erstere wird in seiner drehenden Bewegung unterstützt durch die Rotationsdifferenz der Luftmassen an seinem nördlichen und südlichen Ende. die von der Umdrehung der Erde und damit von der Breite abhängig ist. Der zweite wird in demselben Maße in seiner Bewegung gelähmt. Erst nachdem der erstere Wirbel die Erdoberfläche erreicht

[1] Zeitschrift der österr. Gesellschaft für Meteorologie, 1882, p. 307 etc. und 385 etc.

hat, beginnen die eigentlichen Erscheinungen, wie sie bei Cyclonen aufzutreten pflegen, also die spiralförmige Bewegung der Luftmassen nach dem Centrum hin, die Einbiegung oder Neigung, das Aufsteigen der Luft im Innern und Abfließen oben nach den Seiten etc." „Was die Luftdruck-Verminderung im Innern der Cyclonen betrifft, so ist dieselbe einfach eine Folge der mechanischen Wirbelbewegung der Luft." „Die durch mechanische Wirkung hervorgerufene Verminderung des Luftdruckes im Innern der Cyclonen hat aber zur nothwendigen Folge ein Aufsteigen der Luft und ein Abfließen in der Höhe." „Die in der Höhe anfänglich entstehenden Wirbel werden eine sehr nahe kreisförmige Bahn beschreiben. Ehe diese Wirbel sich bis an die Erdoberfläche fortgepflanzt haben, muss schon der Luftdruck unten abnehmen."

„Was nun die Bahnen der Cyclonen betrifft, welche die Sturm-Centra oft mit großer Regelmäßigkeit einzuhalten pflegen, so liegt der Grund dieser Regelmäßigkeit eben in den obern Strömen."

Das Einbrechen eines obern Luftstromes dürfte den Anlass zu Sturm-Cyclonen geben, wenn die atmosphärischen Zustände für die Entstehung solcher günstige sind.

698. Wenn man nun das Gesetz in Betracht zieht, nach welchem Drehstürme je nach der Erdhälfte, in der sie auftreten, rotiren, so ist es das Ergebnis der Einflüsse des Gradienten und der Drehung unseres Erdkörpers.[1]

Die Wirbelbewegung befördert das Andauern und Wachsen der centralen Luftverdünnung und damit zugleich die oft wochenlange Dauer der Cyclonen. Könnte die Luft ohne Wirbelbewegung direct von allen Seiten der Verdünnungsstelle zuströmen, so würde daselbst ein um 25 bis 51 Mm. (bis zu 2 Zoll) unter dem Mittel sich befindlicher Barometerstand wohl nicht lange erhalten können; auch würden die feuchten unteren Luftschichten bis auf große Entfernungen hin bald erschöpft sein und die latente Wärme des Dampfes würde aufhören, in Wirksamkeit zu treten. Die amerikanischen Tornados und wohl auch die kleinen See-Tornados bieten uns Beispiele von derartigen, wenn auch heftigen, doch nach wenigen Seemeilen Weges endenden kleineren Orkanen, in denen die Drehbewegung weit weniger merklich ist, als in großen Cyclonen. Dass sie schwächer ist, rührt daher, dass der Einfluss der Erd-Rotation auf die Bewegung der zuströmenden Luft um so geringer wird, je kleiner der Durchmesser der Verdünnungsstelle ist. Die See-Tornados treten zudem vornehmlich in der Nähe des Äquators auf, wo jener

---

[1] Siehe den X. Abschnitt des Werkes „Elemente der Meteorologie".

Einfluss ohnehin schwächer ist. Denn befände sich z. B. das Centrum der Verdünnung auf dem Äquator selbst, so würde in den zuströmenden Luftmassen gar keine Tendenz zur Drehung vorhanden sein, vielmehr würden die sowohl von Norden als auch die von Süden aus 120 Seemeilen Entfernung zuströmenden Luftmassen nach Westen zu hinter dem Centrum zurückbleiben, jedoch nur mit der unbedeutenden Geschwindigkeits-Differenz von $^4/_7$ Seemeilen per Stunde. Auch die bekannte Thatsache, dass innerhalb der ersten fünf Grade nördlicher wie südlicher Breite kaum jemals Cyclonen, sondern nur Wasserhosen und allenfalls Tornados beobachtet worden sind, findet in diesem mangelnden Antrieb zur Drehbewegung eine ebenso einfache wie ausreichende Erklärung." [1]

699. Ein Orkan wird nach jener Richtung fortschreiten, nach welcher jedesmal das Minimum des Luftdruckes fällt. Nach M. Möller ist die fortschreitende Bewegung der Depression durch den allgemeinen mittleren obern Gradienten bedingt.[2]

Hann setzt seine Erklärung der Drehorkane in nachstehender Weise fort:

„Die Dauer eines solchen Wirbels könnte demnach keine sehr lange sein, wenn nicht fortwährend eine Ursache thätig wäre, welche das barometrische Minimum beständig unterhält. In der That dauern aber die Wirbelstürme oft über eine Woche lang, und legen Hunderte von Meilen zurück. Manche Physiker[3] suchen die Ursache der fortwährenden Erneuerung des barometrischen Minimums und dadurch des Wirbelsturmes in der starken Condensation des Wasserdampfes, welche alle Wirbelstürme begleitet. Diese Niederschläge finden in den mittlern und höhern Breiten in der vordern Partie des Wirbels statt, wo die von S (in der S-Hemisphäre, von N) herbeigezogenen Luftmassen emporsteigen, und erkalten.

Diese Erkaltung wird aber sehr vermindert durch die latente Wärme des Wasserdampfes, so dass die Luft mit einer höhern Temperatur in den höhern Schichten anlangen kann, als die der Umgebung beträgt. Dadurch bekommt sie einen weitern Impuls zum Emporsteigen, und es entsteht so in der vordern Partie des Wirbels fortwährend eine Verminderung des Druckes, welche ihrerseits wieder Veranlassung zu erneuertem Herbeiströmen der Luft von allen Seiten, also zur Fortdauer des Wirbels, wird. So würde sich erklären, warum die Wirbelstürme vorzugsweise den warmen Meeresströmen folgen; denn über deren

---

[1] Die Wirbelstürme, Tornados und Wettersäulen. Reye.

[2] Annalen der Hydrographie etc., 1882.

[3] Mohn, Reye u. a.

wasserdampfreichen Luft finden die Niederschläge an der vordern Seite des Wirbels am meisten Nahrung. Auch sehen wir, dass das Fortschreiten des barometrischen Minimums und des Wirbelsturmes eine nothwendige Folgerung aus dieser Annahme ist, da ja an der Vorderseite des Wirbels. wo die Condensation beständig stattfindet, immer von neuem ein Minimum erzeugt wird. und damit auch dem Centrum des Sturmes seine Bahn vorgezeichnet ist. — es muss dorthin fortschreiten. wo die stärksten Niederschläge fortwährend sich erneuern.

Obwohl die angeführte Hypothese über viele Erscheinungen bei den Wirbelstürmen Aufschluss zu geben scheint, so ist sie durchaus nicht gegen alle Einwürfe sichergestellt worden. Sie erklärt nicht die Richtung des Fortschreitens bei den tropischen Cyclonen, wo die Niederschläge auf der Vorderseite keineswegs stets am stärksten sind, und es gibt zudem Barometer-Minima und Stürme ohne erhebliche Niederschläge. Auch ist es sehr bemerkenswert, dass die Minima wie die Sturmbahnen in den gemäßigten Breiten zumeist der vorherrschenden Windrichtung folgen, und von W nach O fortziehen, es mag vor ihnen ein Meer oder Continent oder selbst ein hoher Gebirgswall liegen, wie z. B. an der Westküste von Nordamerika.*

Reye glaubt übrigens bezüglich der westindischen Orkane das Umbiegen derselben an der Polargrenze des Passats dem Einfluss des Golf-Stromes zuschreiben zu dürfen, während die nordwestliche Bahnrichtung innerhalb der Tropen sich dadurch ergäbe, dass die südliche, daher wärmste und feuchteste Luft des Orkans, um das Sturm-Centrum wirbelnd, erst im nordwestlichen Theil desselben aufsteigt.

Dass die großen, warmen Strömungen der Oceane von Einfluss auf die Richtungen der Sturmbahnen sein mögen, wurde bereits wiederholt früher bemerkt; eine Analogie im Verlaufe der gedachten Strömungen und der Orkanbahnen ist wohl unverkennbar.

Eine andere, wohl an die Theorie der Orkane von Dove sich lehnende Erklärung der Cyclonen-Bahnen innerhalb der Tropen ist die, dass innerhalb der Tropen das Minimum des Luftdruckes in jenen Theil des Wirbels falle, wo die Rotations-Richtung des Orkans mit der Richtung des außerhalb des Orkans herrschenden Windes zusammentrifft. Daher wird bei Orkanen in N des Gleichers, innerhalb des NO-Passates, das besagte Minimum in den nordwestlichen Theil des Drehsturmes fallen. — die Bahnrichtung ist demnach eine nordwestliche. Bei Orkanen in S des Gleichers, innerhalb des SO-Passates, wird es in dem südwestlichen Theil des Orkans liegen, — die Bahnrichtung ist daher eine südwestliche. Auf der SO-Seite, beziehungsweise NO-

Seite der Wirbelstürme der Tropen ist hingegen die Drehrichtung der Cyclonen, der Richtung der außerhalb herrschenden Winde (NO-, beziehungsweise SO-Passat) entgegen. Dies erzeugt eine Erhöhung des Barometerstandes, eine Anstauung und Verdichtung der Luftmassen.[1] Manche Abweichungen der Bahnen von der NW-, beziehungsweise SW-Richtung dürften auf obige Art eine Erklärung finden.

Elliot in seiner Untersuchung der Cyclonen von Vizapatam und Backergunge[2] erklärt „das Fortschreiten derselben nach NW und N durch die stärkere Condensation im südlichen Quadranten der bengalischen Drehstürme, weil hier ein Zufluss an Wasserdampf reicherer Luftmassen stattfindet. Der stärkste Regenfall erfolgt in der Regel im südlichen und östlichen Quadranten des Wirbelsturmes.

„Wie die Cyclone vorrückt, so bildet sie den Focus, gegen welchen die im Süden gebildeten Wasserdämpfe hinstreben; dieser Focus ist der natürliche Abfluss für sie, daher das vergleichsweise schöne Wetter, welches dem Vorübergange einer Cyclone folgt, und das Vorrücken des feuchten Luftstromes nach Norden."

Bezüglich der Orkane innerhalb der Tropen dürfte nachstehende kurze Bemerkung hier anzuschließen verstattet sein.

Regionen, wo man keine Cyclonen beobachtet hat, sind außer den äquatorialen Gegenden, die Gebiete ständiger Winde auf hoher See, jene des SO-Passates im Südatlantischen Ocean und desselben Passates im östlichen Theile der Südsee.

Die Vorbedingungen zum Entstehen einer Cyclone kommen daher dort vor, wo auch eine Begegnung des polaren und äquatorialen Luftstromes häufiger stattfindet. Im Falle eines Drehorkanes streben beide nach dem Felde des minimalen Luftdruckes; dies wird einer Bahn folgen, wie sie sich unter dem Einfluss beider Kräfte ergibt. Wenn daher innerhalb der Passate der Einfluss dieser Winde sich in einer Bahnrichtung westwärts äußert, so kommt doch die polwärts gekehrte Richtung des äquatorialen, dampfreichen Luftstromes zur Geltung, indem die Bahn des Orkans eine nordwestliche, beziehungsweise südwestliche Richtung erhält.

Der Grund, warum die Cyclonen in den Heißen Zonen heftiger sind, als in den gemäßigten, liegt wohl darin, dass über den Meeren der

---

[1] Der eben berührte Umstand mag nicht ohne Einfluss auf das Einströmen der Luft an der Rückseite der Orkane sein, wie es wiederholt constatirt worden ist; derselbe dürfte die Tendenz der Luftmassen, nach dem Ort des Minimums zu strömen, erhöhen.

[2] Zeitschrift der österr. Gesellschaft für Meteorologie, 1877.

Heißen Zone die Luft wärmer ist und deshalb reicher an Dampfgehalt sein kann, wogegen über den Meeren der Gemäßigten Zonen die kühlere Luft trotz ihres geringeren Dampfgehaltes gewöhnlich dem Sättigungspunkte näher ist. Je mehr Wasserdampf in dem emporsteigenden Luftstrom sich befindet, desto mehr Wärme wird bei seiner Verdichtung frei und desto heftiger wird auch die Luft aufwärts gerissen; die nachdringende untere Luft muss aber, wenn sie weit von ihrem Sättigungspunkte entfernt ist, diesem Strome einfach folgen. Gelangt aber der Orkan in die Gemäßigte Zone und fließt ihm unten nahezu gesättigte Luft zu, so wird diese, noch ehe sie in die Gegend des tiefsten Barometerstandes kommt, sich in Folge des geringen Luftdruckes so weit ausgedehnt haben, dass ihr Wasserdampf sich zu verdichten und sie demnach aufzusteigen beginnt. Die Kraft der Dampfeswärme, welche sie emportreibt, ist weniger groß, wird aber früher wirksam, als in der Heißen Zone. Die Drehstürme der höheren Breiten werden daher an Umfang gewinnen, an localer Gewalt aber einbüßen.

## Schiffahrtsregeln in Sturm-Cyclonen.

700. Anzeichen eines nahenden Orkans sind:

1.) Starkes Fallen des Barometers, selbst bei schönem Wetter; unruhig schwankender Stand des Barometers.

2.) Bildung von schweren Wolkenbänken; auffallende Gestaltung, Bewegungsrichtung und Geschwindigkeit einzelner Wolken; nicht selten eigenthümliche, auffallende — besonders häufig röthliche — Färbung der Wolken. Die Sonne erscheint manchmal roth oder auch blass wie der Vollmond. Starkes Funkeln der Sterne.

Alle ungewöhnlichen Erscheinungen am Himmel und in der Wolkenregion werden zu beachten sein, zumal in Gewässern, wo Orkane zu den häufigen Gästen gehören.

3.) Seegang bei ruhigem Wetter oder ungewöhnlicher Seegang in Bezug auf die Gestaltung der Wellen (z. B. Pyramidalform), in Bezug auf Stärke oder Richtung der eben wehenden Brise. Auffallendes starkes Steigen des Wassers am Strande. Große Verstärkung oder völliger Wechsel regelmäßiger Strömungen u. s. w.

Die Beobachtungen von Wind, Wellen und Himmel dürfen neben jenen des Barometers nicht vernachlässigt werden; denn auf solche Art kann ein Versagen des einen Wetterzeichens in der richtigen Function des anderen einen Ersatz finden und der Schiffer vor fatalen Überraschungen bewahrt werden. Es ward z. B. bereits früher einmal bemerkt, dass Umstände eintreten können, welche die Angaben des Barometers als trüglich erscheinen lassen, während umgekehrt in anderen Fällen das Barometer sich als Warner erweist, Zustand der Luft und der Wolken hingegen den Seemann täuschen würden.[1]

701. Sind die Anzeichen eines Orkans vorhanden oder ist bereits kein Zweifel mehr übrig, dass man sich in einem solchen befinde, so handelt es sich vor allem darum, festzustellen, nach welcher Richtung vom Schiffe aus das Centrum desselben liege.

Drohendes Gewölk, das seinen Stand nicht ändert, aus welcher Richtung und wie rasch auch die einzelnen Wolken und Wolkenmassen ziehen mögen, deutet häufig die Gegend an, in welcher das Centrum zu vermuthen ist.

Würde die Luft in einem Kreise sich bewegen, so würde die Senkrechte zur Richtung des Windes, welcher eben am Schiffsorte weht, die Richtung des Centrums anzeigen, und zwar ergibt sich aus der Natur der Rotations-Richtung in den beiden Hemisphären wohl von selbst, nach welcher Seite die Senkrechte zum Winde als Peilung des Centrums aufzufassen ist.

Fig. 76.

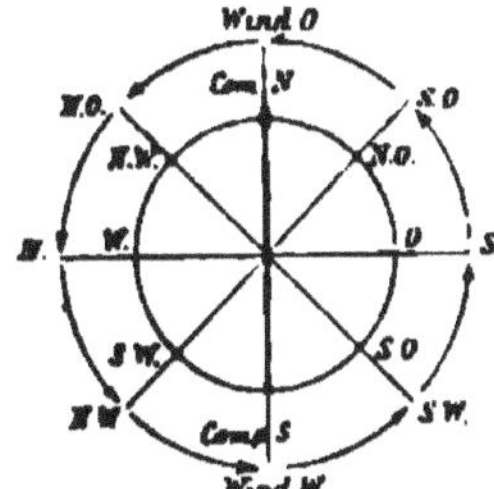


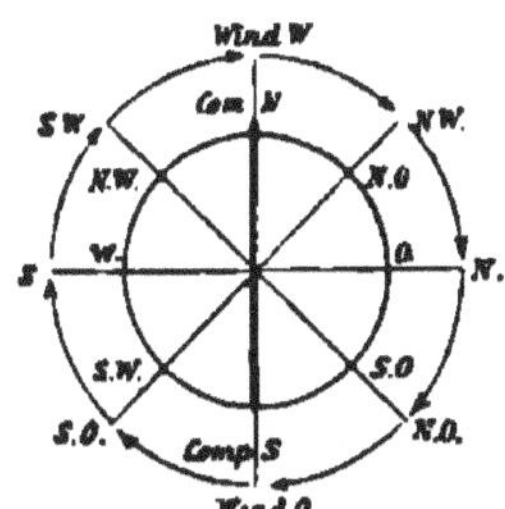


Übrigens wird die Regel: dass der Focus des Wirbelsturmes, wenn man sich mit dem Gesichte gegen den Wind stellt, in der Nordhälfte der Erde nach rechts, in der Südhälfte der Erde nach links falle, jedes Missverständnis und jeden Irrthum hintanhalten.

---

[1] Regenfall kann auch als Warnungszeichen gelten. „Der meiste Regen fiel an der Station, über welche das Centrum hinwegging, und zwar nicht nur während der ganzen Zeit, sondern auch an jedem der beiden Tage vor der Ankunft des Centrums am Lande, also noch zu einer Zeit, wo die Isobaren noch keine Andeutung gaben nach welcher Richtung das Centrum fortschreiten würde. Dem Regen gebührt also eine hervorragende Stelle unter den Warnungen, welche dem Centrum voraneilen." (Annalen der Hydrographie, VIII, 1881. Knipping: Der Taifun vom 25. September bis 4. October 1880.)

Piddingtons in Fig. 76 dargestellten, durchsichtigen Cyclonen-Rosen aus Horn (auch Papier, doch ist dieses beim Gebrauch mit Terpentinöl durchscheinend zu machen) lassen die Richtung des Centrums einfach dadurch finden, dass man die der Erdhälfte entsprechende Rose auf die Karte über den Schiffsort in der Weise legt, dass einerseits die Nord-Süd-Richtung der Rose mit dem Meridian der Karte übereinstimmt, andererseits die Windrichtung der Rose auch jene sei, welche auf dem Schiff beobachtet wird. Die bloße Einsicht in die Rose für die Erdhälfte, in welcher man sich aufhält, dürfte übrigens schon die gewünschte Aufklärung verschaffen.

Da die Bewegung der Luft aber nicht der Kreisform folgt, so bedürfen die auf diese Art gefundenen Peilungen einer Correctur. Mittelst Tabellen die Richtung der Orkanmitte anzugeben, dürfte besonders angezeigt sein mit Rücksicht auf das Einströmen der Luft nach innen, indem die Tabellen für die verschiedenen Windrichtungen die Grenzpeilungen zu enthalten hätten, innerhalb welchen die Richtung des Centrums fallen mag. Reye gibt als Regel an: dass in beiden Erdhälften das Centrum um einen halben bis zu einem ganzen Strich von der Senkrechten zur Windrichtung weiter nach vorne (vorne im Sinme der Windrichtung) liege. Die von Reye angegebenen Winkel scheinen aber viel zu gering zu sein. Kapt. Schück ist der Ansicht, dass der fragliche Winkel bis zu 4 Strich betragen könne. Kapitän Toynbee zieht aus den Ergebnissen seiner Untersuchungen des nordatlantischen Orkans vom August 1873 nachstehende Folgerungen:

„Hieraus können wir schließen, dass ein Schiff, platt vor dem Winde laufend, in diesem Orkan sicher sein mochte, das Centrum des Sturmes mehrere Grade vor der Dwarslinie des Schiffes nach vorne, und zwar an Backbord zu haben, da der mittlere Winkel 28° oder $2\frac{1}{2}$ Striche ausmachte; es würde daher am Ende ins Centrum gerathen sein. Diese Thatsachen zusammen mit den Untersuchungen Meldrums, Clement Leys und anderer lassen die folgende Tabelle der Peilungen des Orkan-Centrums für die Nord-Hemisphäre wahrscheinlicher erscheinen, als die von der Kreistheorie abgeleitete.

| Wind. | Peilung des Centrums. |
|---|---|
| N. . . . . | OSO oder mehr S |
| O. . . . . | SSW „ „ W |
| S. . . . . | WNW „ „ N |
| W. . . . | NNO „ „ O[1] |

[1] Für die Bestimmung der Peilung des Centrums mit Rücksicht auf die eben herrschende Windrichtung würde sich für die Süd-Hemisphäre nachstehende Tabelle ergeben:

Knipping ist der Anschauung, dass der Richtungswinkel (d. i. der Winkel zwischen Richtung des Centrums und jener des Windes, das Gesicht gegen den Wind gekehrt) veränderlich ist, eine Anschauung, welche richtig erscheint. Knipping hat aus Beobachtungen während des großen September-Taifuns 1878[1] nachstehende Tabelle der Richtungswinkel für diesen Taifun abgeleitet.

| Winde aus N bis ONO. | | Winde aus O bis SSO. | | Winde aus S bis WSW. | | Winde aus W bis NNW. | |
|---|---|---|---|---|---|---|---|
| Windstärke 0—12 | Richtungswinkel in Strichen | Windstärke 0—12 | Richtungswinkel in Strichen | Windstärke 0—12 | Richtungswinkel in Strichen | Windstärke 0—12 | Richtungswinkel in Strichen |
| 12—11 | 8¾ | 12—9 | 10½ | 12—11 | 10¾ | 12—11 | 9¼ |
| 10 | 9 | 9—8 | 9¼ | 10—9 | 11 | 10 | 9½ |
| 9 | 9½ | 8 | 8¾ | 8 | 11½ | 9—8 | 10 |
| 7 | 10 | 6 | 8 | 7 | 12 | 6 | 10¼ |
| 6 | 10½ | 5 | 7½ | 6 | 12½ | 5 | 11½ |
| 5 | 11¼ | 4 | 7 | 5 | 13¼ | 4—3 | 12½ |

Z. B. Hat man die Windrichtung WSW, Windstärke 5 beobachtet, so findet man in der dritten Abtheilung (S bis WSW) gegenüber Stärke 5. 13¼ Strich. diese auf die Windrichtung WSW nach rechts gerechnet, gibt als Richtung des Centrums NO¾N.

Knipping bemerkt, dass obige Tabelle, da die Taifun-Bahnen nördlich von 20° N. meistens zwischen NW und NO liegen, auch auf

---

| Wind | Peilung des Centrums |
|---|---|
| N. . . . . . . . | WSW oder mehr S |
| O. . . . . . . . | NNW „ „ W |
| S. . . . . . . . | ONO „ „ N |
| W. . . . . . . . | SSO „ „ O |

W. G. Willson. Director des meteorol. Amtes in Calcutta, gibt folgende Regel für die Bestimmung des Orkan-Centrums in der Nord-Erdhälfte, wenn das Barometer rasch zu fallen und der Wind mit der Kraft eines starken Sturmes zu wehen beginnt. „Um auf der Nördlichen Hemisphäre das Sturm-Centrum zu finden, stelle man sich mit dem Gesicht gegen den Wind und messe zur Rechten einen Winkel von 10 bis 11 Compasstrichen ab“ (von der Richtung ausgehend, aus welcher der Wind weht).

[1] Annalen der Hydrographie, XI. 1880.

die meisten Taifune nördlich von 20° N. anwendbar sein dürfte. Knipping sagt weiters: „Wollte man die Acht-Zehn-Zwölf-Strich-Regel (d. h. die bisherigen Annahmen bezüglich der Größe der Winkel zwischen Richtung des Centrums vom Schiffsort und Windrichtung) combiniren, so würde die combinirte Regel lauten:

„Vor dem Centrum 8, neben demselben 10 und hinter demselben 12 Strich."

Ob diese Regel allgemeine Anwendung finden darf, ist derzeit wohl nicht zu entscheiden möglich; sie dürfte aber den von Orkanen thatsächlich bestehenden Verhältnissen näher rücken.

Als allgemeine Regel kann angenommen werden, dass die Größe des Winkels zwischen der Richtung des Centrums vom Schiffsort aus und jener der Windrichtung (das Gesicht gegen den Wind gekehrt) zwischen 9 und 12 Strich liege.

Weitere Untersuchungen müssen die in Rede stehenden Winkelgrößen in engeren und bestimmteren Grenzen für die Orkane der verschiedenen Erdhälften und Zonen feststellen. Erst eine nähere Kenntnis über die Form der Bewegung der Luftmassen innerhalb der Drehstürme wird auch in der fraglichen Richtung bestimmte Anhaltspunkte bieten. Genau die Richtung anzugeben, in welcher das Centrum des Orkans sich befindet, ist wohl kaum möglich, da die Größe der Abweichung der Windbewegung innerhalb eines Wirbelsturmes von einer gewissen regelmäßigen Form nicht alsbald bestimmbar und nicht für alle Orkane und auch für einen und denselben Orkan nicht constant dieselbe sein wird.

Fig. 77.

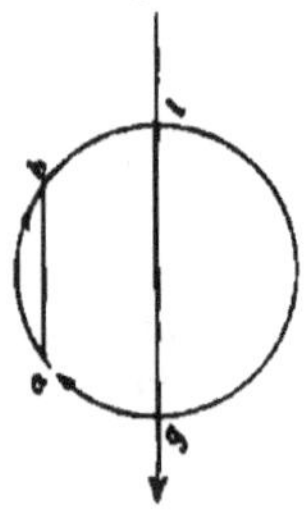

702. Es wird gut sein, wenn man sich über die allfälligen Eigenthümlichkeiten der Orkane in den Gewässern, welche man zu befahren hat, rechtzeitig unterrichtet.

Von der Kreisform ausgehend, lässt sich, wenn ein Windwechsel vorgekommen, die Bahn eines Orkans leicht aus diesem Windwechsel erkennen.

Piddingtons Cyclonen-Rosen können hiebei Verwendung finden, indem man den Punkt der Rose, welcher der Richtung des Windes entspricht, der zuerst geweht hat, mit jenem verbindet, welcher die Windrichtung anzeigt, wie sie später eingetreten ist; die durch das Centrum der Rose zur gedachten Verbindungslinie parallel gezogene Linie gibt alsdann die Richtung der Bahn an (Fig. 77). In Ermangelung der Cyclonen-Rose Piddingtons kann man einen Kreis ziehen, auf selben die Striche der Compass-Rose, soweit als nothwendig, auftragen und für diese je nach der Erdhälfte die entsprechenden Windrichtungen verzeichnen.[1]

Ein anderer Vorgang, die Bahn eines Orkans annähernd zu bestimmen, wobei man die Spiralform der Cyclone in Rechnung bringt, ist weiters folgender: Man verzeichnet auf der Karte zur Stelle des Schiffsortes die Windrichtung, welche eben herrscht, und zieht mit Berücksichtigung des früher über die Bestimmung der Lage des Centrums zum Schiffsort Gesagten eine Linie in der beiläufigen Richtung gegen das Centrum. Die abgeschätzte Distanz von der Orkanmitte wird auf dieser letzteren Linie aufgetragen. Die in Rede stehende Abschätzung kann auf Basis der früher angeführten, auf der Größe des stündlichen Barometerfalles beruhenden Scala geschehen. Bezüglich Abschätzung der fraglichen Entfernung gibt übrigens Piddington noch eine andere Regel an, welche allerdings ebenfalls nur sehr beiläufig richtige Ergebnisse liefern kann. Piddington sagt: „Für eine steife Kühlte (strong gale), welche einem guten Kauffahrteischiffe gestattet, dichtgereefte Marssegel und Focksegel zu führen, können wir die Entfernung zu 200 Meilen annehmen; für eine harte Kühlte (hard gale), in welcher man kaum das Focksegel halten kann, eine Entfernung von 150—100 Meilen, und für eine sehr heftige Kühlte (severe gale) eine noch geringere Distanz."

An einem zweiten Schiffsort bestimmt man auf gleiche Weise Richtung und Distanz des Orkan-Centrums. Die Linie, welche die für dieses gefundenen Punkte verbindet, wird alsdann die Bahn des Drehsturmes darstellen. Derlei Bestimmungen der Sturmbahn können selbstverständlich nur sehr beiläufige sein, immerhin erscheinen dieselben von hoher Wichtigkeit und sind in Anbetracht des Umstandes, dass die Cyclonen-Bahnen selbst dort, wo sie im allgemeinen innerhalb eines geringen Spielraumes gewissen Richtungen folgen, dennoch diese nicht immer einhalten, nicht zu unterlassen, umsoweniger aber in jenen

[1] Die ungefähre Richtung, nach welcher der Orkan vorschreitet, lässt sich aus der Veränderung der Windrichtung auch auf folgende Weise erkennen: Kehrt man in der Nord-Hemisphäre dem Winde die linke Seite zu, so hat man das Centrum beiläufig vor sich. Wechselt der Wind, so wird man ebenfalls eine andere Stellung nehmen müssen, um dem Winde die linke Seite zuzukehren. Hat sich nun der Beobachter nach links drehen müssen, so ist das Centrum auch nach links gerückt; hat er sich nach rechts drehen müssen, so ist auch das Centrum nach rechts gerückt. In der Süd-Hemisphäre gilt dasselbe, wenn man dem Winde die rechte Seite zukehrt. (Annalen der Hydrographie, 1876.)

Meeren, wo Abweichungen von den normalen Richtungen häufig oder wo die Cyclonen-Bahnen noch völlig unbestimmt sind.

703. Ist die Bahn bestimmt, so ergibt sich von selbst die Seite der Cyclone, an welcher sich das Schiff befindet. — Sollte diese Bestimmung nicht gemacht worden sein, so ist Nachstehendes zu beachten, um die fragliche Seite der Cyclone zu erkennen: Dauert dieselbe Windrichtung an oder sind, wenn Wechsel der Windrichtung vorkommen, dieselben relativ gering und vorübergehend,[1] und nimmt die Windstärke bei fallendem Barometer zu, so kann man schließen, dass man sich in oder nächst der Cyclonen-Bahn, oder im gefährlichsten Theil des Orkans vor dem Centrum befinde, und sich diesem nähere.

Fig. 78.

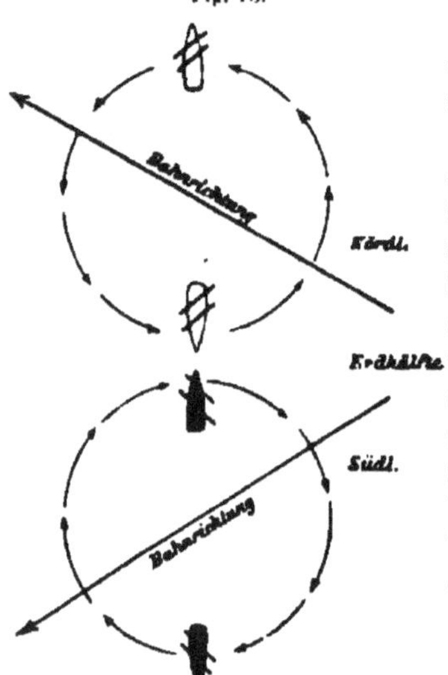


Wechselt der Wind im Sinne eines Zeigers einer Uhr, so ist das Schiff auf der rechten Seite der Sturmbahn; erfolgt der Windwechsel im entgegengesetzten Sinne, so ist das Schiff auf der linken Seite der Sturmbahn. (Fig. 78.) Ist der Schiffsort in der Nordhälfte der Erde und geschieht die Änderung der Windrichtung im Sinne eines Zeigers einer Uhr, so ist das Schiff im gefährlichen Theil des Orkans; ist hingegen der Schiffsort in der Südhälfte der Erde, so befindet sich das Schiff dann im gefährlichen Theile des Orkans, wenn die Windrichtung sich im entgegengesetzten Sinne ändert, als die Drehung eines Uhrzeigers vor sich geht.

[1] Knipping sagt in seiner Besprechung des Prinz Adalbert-Taifuns vom 10. bis 16. September 1879 (Annalen der Hydrographie): „In den andern Quadranten dreht sich der Wind fast ganz ohne Ausnahme in der bekannten gesetzmäßigen Weise, der Bewegung des Centrums entsprechend; nur im gefährlichsten Quadranten rechts vor dem Centrum ist man gezwungen, auf eine sehr entschieden ausgeprägte Wind-Änderung zu warten, ehe man Gewißheit darüber bekommt, ob das Centrum rechts oder links vorbeigehen wird."

704. Manövrir-Regeln.[1] Vor allem gilt es, das Orkan-Centrum und die Nähe desselben zu vermeiden.

Hat man rechtzeitig erkannt, dass ein Drehsturm herankommt oder dass man sich in einem solchen befinde, und ist die Gewalt des Windes noch nicht derart, dass sie die Führung von entsprechenden Segeln unmöglich macht, ist überhaupt das Schiff noch völlig in der Hand des Manövrirenden, so kann es gelingen, das Centrum des Orkans zu vermeiden oder ganz aus dem stürmischen Theil einer Cyclone hinauszusegeln, wenn man in der Nordhälfte der Erde den Wind von Steuerbord, in der Südhälfte den Wind von Backbord nimmt.

Ob man hiebei am Winde zu halten oder mit raumer Schote zu fahren hat, wird davon abhängen, in welchem Theile des Orkans sich ein Schiff befindet. Ist das Schiff im gefährlichen Theil des Orkans, so wird das Schiff am Winde halten. Je näher man sich der Rückseite des Orkans befindet, desto eher kann es gestattet sein, von dieser Regel abzugehen.

Z. B.: Ein Schiff befinde sich in einem westindischen Orkan, Windrichtung NO oder O. In diesem Falle wird das Schiff am Winde halten; ist jedoch die Windrichtung SO, so kann es einen nordöstlichen oder nord-nordöstlichen Curs einschlagen.

Ist das Schiff im maniablen Theil des Orkans, so kann es mit raumem Winde segeln. Wäre z. B. in einem westindischen Wirbelsturme die Windrichtung NW oder W, so befände sich das Schiff im maniablen Theil der Cyclone und ein südlicher Curs wird es aus dem Sturme herausführen.

705. Im Falle, als man über die Natur des Sturmes oder über die Lage des Schiffes innerhalb der Cyclone im Unklaren ist, wird man bei entsprechender Segelführung sich an den Wind legen, und zwar, dem Obigen zufolge, mit Steuerbord-Halsen in der Nord-Hemisphäre, mit Backbord-Halsen in der Süd-Hemisphäre.

Der eintretende Windwechsel oder die Zu- oder Abnahme des Windes bei gleicher Richtung und die Änderung des Barometerstandes werden dann Mittel zur Orientirung abgeben, welchen gemäß man weiter vorgehen wird.

---

[1] Der Ausdruck „Regeln" ist hier gebraucht, insofern die nachstehenden Sätze einen Anhaltspunkt zur Beurtheilung der eigenen Lage und der zu ergreifenden Maßnahmen bieten, aber nicht um eine positive Richtschnur für alle und jeden Fall abzugeben.

Wenn der Wind raumt, befindet man sich im gefährlichen Theil, wenn er schrallt, im maniablen Theil des Orkans.

Sind alle Anzeichen vorhanden, dass man sich in einem Orkan, und zwar vor demselben und in der Bahnrichtung des Centrums oder nahe derselben befinde, was aus der Andauer der Windrichtung innerhalb eines geringen Spielraumes, aus dem Wachsen der Windstärke und aus dem raschen Fallen des Barometers geschlossen werden kann, so wird man, wenn es die Heftigkeit des Windes noch zulässt, genügende Segel zu führen, es versuchen, mit raumer Schote laufend, die Bahn zu durchschneiden, um in den maniablen Theil des Orkans zu gelangen (Fig. 79). Bei raumem Winde fahrend, ist die oben gegebene Regel im Auge zu behalten, von welcher Schiffsseite der Wind zu nehmen ist.

Fig. 79.

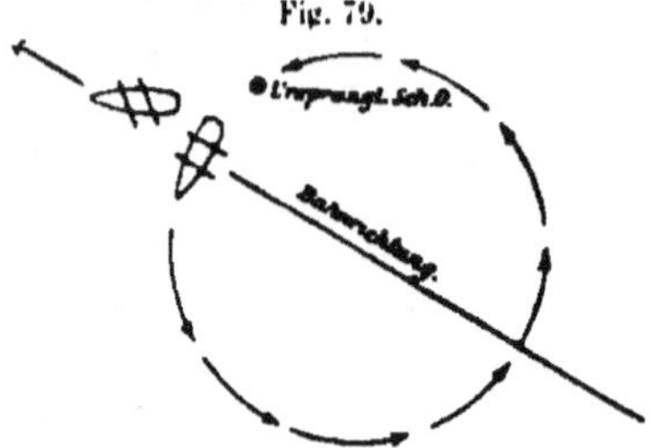

Um das fragliche Manöver mit einiger Sicherheit auszuführen, ist es von hohem Belang, die Geschwindigkeit der Cyclone auf ihrer Bahn zu kennen.

Ist keine Aussicht vorhanden, die Bahn rechtzeitig zu durchkreuzen, so wird man beiliegen.

Insolange man an der Anschauung festhielt, dass die Bewegung der Luftmassen in einer Cyclone annähernd im Kreise geschehe, stellte man für den vorliegenden Fall die Regel auf, dass man platt vor dem Winde laufend die Bahn durchschneiden soll. Zuerst hat Meldrum mit Bezug auf die Orkane des Südindischen Oceans auf die Gefährlichkeit dieser Regel hingewiesen; später hat Kapitän Toynbee auf Grund seiner Untersuchungen des Nordatlantischen Orkans vom August 1873 die Gefährlichkeit derselben dargethan. Kapt. Toynbee sagt: „die einzige, durch diese Thatsachen (nämlich: die spiralförmige Bewegung der Luft in einer Cyclone) veranlasste Abänderung der Instructionen, wie dieselben auf der Kreistheorie beruhen, besteht darin, dass in den Fällen, in welchen die Kreistheorie lehrt, dass ein Schiff vor dem Winde laufen soll, die beschriebenen wirklichen Verhältnisse es fordern, dass ein Schiff in der Nordhälfte der Erde, wenn möglich, den Wind gut Steuerbord Achter, in der Südhälfte der Erde Backbord Achter halten soll, dies aus dem Grunde, weil platt vor dem Winde sich ein Schiff dem Centrum nähern würde. Diese Abänderung bietet um so mehr Sicherheit, als selbst dann, wenn die Kreistheorie in manchen Fällen als wahr befunden wird, sie doch die gute Tendenz hat, die Distanz des Schiffes vom Centrum zu vergrößern. Bekanntlich ist zwar in sehr schweren Stürmen die Gefahr vorhanden, in den Wind zu drehen, wenn man den Wind seitlich Achter bringt: die obigen Weisungen können daher nur befolgt werden, ehe der Wind zu stark wird." Analoge Verhaltungen bezüglich des zu befolgenden Curses bei Durchkreuzung der Bahn vor dem Centrum hat schon früher Linienschiffs-Lieutenant W. Polocnik[1] und Kapitän Schück aufgestellt.

Das Durchkreuzen der Bahn, um aus dem gefährlichen in den maniablen Theil des Orkans zu gelangen, soll nur dann unternommen werden, wenn man nahe genug der Bahn sich befindet, und dieser Position sicher ist, wenn daher die Gefahr beim in Rede stehenden Versuch in die Nähe des Centrums oder in dasselbe hineinzugerathen ferne gerückt erscheint.

Meldrum räth, den Versuch der Kreuzung der Bahn erst zu unternehmen, wenn das Barometer 15 Mm. seit Beginn des Sturmes gefallen ist. Auch dieser Rath beruht auf einer Voraussetzung, welche eine Befolgung desselben in jedem Falle ausschließt. Meldrum sagt nämlich bei Besprechung der Orkane des Südindischen Oceans: „Wenn das Barometer 15 Mm. gefallen ist, so kann die Windrichtung als annähernd senkrecht zur Richtung des Centrums angenommen werden." Ob diese Annahme aber eine stets oder doch durchschnittlich den thatsächlichen Verhältnissen entsprechende sei, dürfte wohl noch durch weitere Untersuchungen bestätigt werden müssen.

Fig. 80.

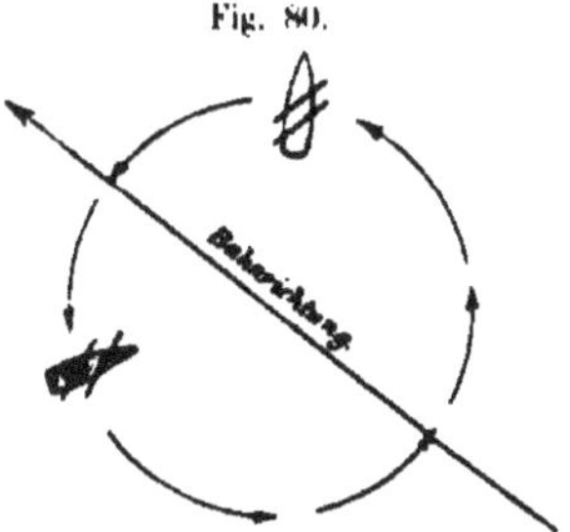


706. Es dient zur allgemeinen Richtschnur, dass man an der rechten Seite der Bahn mit Steuerbord-Halsen, an der linken Seite der Bahn mit Backbord-Halsen beizuliegen hat (Fig. 80). Dies hat seinen Grund darin, dass man es vermeiden muss, den Wind back zu bekommen. Hält man sich an obige Regel, so wird der Wind, wie er wechselt, zugleich raumen. Überdies wird auf diese Weise die Gefahr hintangehalten, dass man die See noch Achter hat, während der Wind von

[1] Mittheilungen aus dem Gebiete des Seewesens, VII und VIII, 1875.

vorne auftrifft, wie es geschehen kann, wenn bei falschen Halsen der Wind plötzlich schralt, während die See vermöge ihrer Trägheit noch in ihrer früheren Richtung verharrt. Man hat sich hiebei zu erinnern, dass der Wind innerhalb der Cyclonen in Böen weht. Wenn z. B. ein Schiff im Nordatlantischen Ocean in den Breiten Westindiens in den Bereich eines Orkans gerathen sollte und die Windrichtung NO ist, so befindet sich der Schiffsort bei west-nordwestlicher Bahnrichtung an der rechten Seite der Bahn. Liegt das Schiff mit Steuerbord-Halsen auf 7 Strich vom Winde, demnach in der Cursrichtung NWzN, so geschieht der Wechsel des Windes immer raumend, nämlich nach ONO, O, OSO, SO. Würde das Schiff mit Backbord-Halsen Curs SOzO beiliegen, so würde der Wind schralen, und da der Wind stoßweise bläst und die Manövrirfähigkeit des Schiffes unter solchen Umständen eine sehr geringe ist, so ist auch die Gefahr naheliegend, dass das Schiff back bekommt. Diese Gefahr wird desto größer sein, je näher das Schiff der Orkanmitte ist, da die Windwechsel hier rascher einander folgen, als am Rande der Cyclone. Hier mag es vorkommen, dass der Wellengang noch aus N und NO ist, während die Windrichtung bereits nach SO und S, gewechselt hat. — Die vorstehende Regel bezüglich des Beiliegens in einem Orkan bedingt nun allerdings, dass in der Nordhälfte der Erde die Schiffe auf der linken Seite, in der Südhälfte auf der rechten Seite der Bahn in einem Curse beizuliegen haben, welcher nach der Orkanmitte weist; es ist daher die Gefahr einer Annäherung an dasselbe vorhanden, doch darf diese Gefahr in Anbetracht des Umstandes, dass die Bewegung des Schiffes im Sinne des Curses nur eine geringe sein kann, nicht zu hoch veranschlagt werden gegenüber den Gefahren, welche durch Einhaltung der Regel vermieden werden. In einem Orkan beiliegende Schiffe dürften überhaupt vornehmlich durch die starke Abtrift in Gefahr kommen, dem Centrum in unheilvolle Nähe gebracht zu werden, wenn man erwägt, dass ein Einströmen der Luft gegen den Focus stattfindet. Dies wird besonders bezüglich solcher Orkane zur Geltung kommen, welche keine oder eine geringe Bewegung im Sinne einer Bahn haben.

Der falschen Wahl der Halsen dürfte hauptsächlich der große Verlust zuzuschreiben sein, welcher am 17. September 1782 eine englische Flotte betroffen hat. Am 16. September wurden die britischen Kriegsschiffe „Ramilies“ „Canada“ und „Centaur“ zu 74 Kanonen, ferner die Prisenschiffe „Pallas“ und „Ville de Paris“ zu 110 Kanonen, „Glorieux“ und „Hector“ zu 74 Kanonen, „Ardent“ und „Caton“ zu 64 Kanonen, sowie endlich eine Handelsflotte von 92—93 Segeln im Nordatlantischen

Ocean von einem Wirbelsturm ereilt, der aus OSO blies und rasch zunahm. Die Flotte legte bei mit Steuerbord-Halsen. Am 17. September um 2 Uhr früh bekam die ganze Flotte back, der Wind war offenbar mit schrecklicher Gewalt plötzlich nach NNW umgesprungen und tobte sodann längere Zeit aus NW. (Dieser rasche Windwechsel auf der Seite der Bahn, welche hier in Rede steht, entspricht völlig der Art und Weise, wie nach der Spiraltheorie an dieser Seite die Änderung der Windrichtung vor sich gehen muss.) Als der Sturm zu Ende, waren sämmtliche Kriegsschiffe, mit Ausnahme des „Canada", gesunken oder aufgegeben und zerstört, desgleichen ein großer Theil der Kauffahrer. Es ist dies einer der größten zur See vorgekommenen Unglücksfälle. Der Verlust an Menschen ward auf 3000 Mann geschätzt.

Dampfschiffe werden suchen quer von der Bahn der Cyclone abzusteuern, indem sie den Wind von der Seite nehmen, wie es je nach der Erdhälfte betreffs Segelschiffen gesagt worden ist.

Sowie es zu gefährlich oder unmöglich wird, Dampfer, allein oder theilweise mit Hilfe der Maschine vorwärts zu bringen, werden sie sich nach den für Segelschiffe gegebenen Regeln halten.

Der französische Fregatten-Kapitän Roux gibt für Dampfer folgende Regel:

„Vor allem ist die Richtung des ersten Cyclonen-Windes zu bestimmen, und dann soll man 40 bis 60 Meilen mit voller Schnelligkeit laufen unter Segel und Dampf, indem man sich stets auf 7 Strich vom Winde hält, und zwar mit Steuerbord-Halsen in der Nord-Hemisphäre, mit Backbord-Halsen in der Süd-Hemisphäre."

Die angegebenen Halsen bedingen, wie schon früher erläutert worden, Cursrichtungen vom Centrum weg; die Anwendung der vollen Schnelligkeit setzt aber des ehesten in Stand, sich dem Centrum so weit entfernt zu halten, um nach stattgehabtem Windwechsel noch die Möglichkeit zu haben, jene Manöver auszuführen, welche die durch den Windwechsel constatirte Lage des Schiffes mit Rücksicht auf den Theil des Sturmfeldes erheischt, in welchem es sich befindet. Auch hier wird es übrigens darauf ankommen, ob man es nicht zu spät erkannt hat, dass man in eine Cyclone gerathen sei.

Fig. 81.

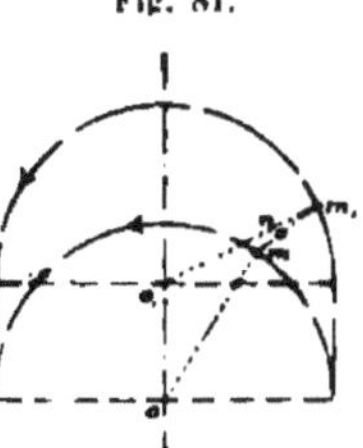

Z. B.: Ein Dampfer gerathe in den Bereich eines Orkans in der Nord-Hemisphäre im Punkte *m* und fahre mit Vollkraft und die Gaffelsegel beigesetzt 7 Strich vom Winde, die Schnelligkeit der Fahrt sei gleich jener des Orkans auf der Bahn. Während der Orkan von $o$ nach $o'$ vorschreitet, wird der Dampfer von $m$ nach $m'$ gelangt sein, außer den Bereich des Sturmfeldes. Ist aber z. B. die Schnelligkeit des Schiffes geringer, als jene des Orkans auf der Bahn, so wird doch die Annäherung des Schiffes an die Orkanmitte geringer (z. B. $o'n$) sein, als es der Fall gewesen wäre, wenn dasselbe beigelegen oder mit reducirter Geschwindigkeit gefahren wäre; hingegen wird ein Windwechsel unter solchen Umständen sich in kürzerer Frist bemerkbar machen, es wird daher doch noch die Möglichkeit geboten sein, auf relativ große Entfernung vom Focus jene Bewegungen mit dem Schiffe auszuführen, welche dessen Lage verlangt.

Kapitän Roux empfiehlt, um die Windrichtung gleich anfangs, ehe man sich auf 7 Strich mit den entsprechenden Halsen an den Wind legt und mit Vollkraft läuft, genau zu bestimmen, das Schiff bei sehr mäßiger Geschwindigkeit in einem vollen Kreise zu drehen. Die Mittelrichtung des Windes, welche sich aus den Beobachtungen ergibt, wenn das Schiff vor und gerade entgegen dem Winde und Dwars demselben gelegen war, kann dann als die wahre Richtung angenommen werden.

Während man die 40 bis 60 Meilen zurücklegt, wird man stets 7 Strich vom Winde zu bleiben suchen, daher allen Windwechseln folgen und auf diese Art zur Kenntnis der eigenen Position zum Centrum und zur Bahn gelangen.

Selbstverständlich wird man sich an die obigen Grenzen von 40 bis 60 Meilen nicht binden, wenn sich der Windwechsel in dem einen oder andern Sinn früher deutlich ausspricht, oder wenn bei auffallend starkem Barometerfall der Wind an Stärke zunimmt, ohne die Richtung in bemerkbarer Weise zu ändern, während zugleich der Seegang heftiger wird.

707. Eine Cyclone kann unter Umständen auch benützt werden, um rasche Fahrt nach seinem Bestimmungsort zu machen.

Ist die Windrichtung in Bezug auf das Ziel der Reise günstig, so wird man selbe ausnützen; vorausgesetzt, dass man im Stande ist, sich dem Centrum fern und am äußeren Rande der Cyclone zu erhalten, wo man das Schiff noch in voller Gewalt hat.

Die Bahn durchkreuzen wird man nur dann, wenn es noch mit voller Sicherheit geschehen kann, was allerdings häufig schwer zu bestimmen sein mag, da dies von der Geschwindigkeit des Fortschreitens der Cyclone auf ihrer Bahn abhängt. Diese Geschwindigkeit, sowie selbstverständlich die Bahnrichtung, müssen daher wenigstens annähernd genau bekannt sein, ehe man das fragliche Manöver versucht. Befindet man sich an der gefährlichen Seite des Orkans, so ist Sorge zu tragen, dass man dem Orkan nicht voraneilt und gegen die Bahn und Mitte desselben getrieben wird. Man wird überhaupt auf das Barometer und die Änderungen des Windes in Richtung und Stärke ein scharfes Augenmerk haben: sowie das Barometer fällt, der Wind zunimmt, wird man beiliegen oder den Curs derart wählen, um sich dem Rande des Orkans zu nähern.

In der besprochenen Weise wurden schon zu wiederholtenmalen Orkane zur günstigen Fahrt benützt. Man nennt dies: einen Cyclonen-Ritt machen.

Ein bemerkenswertes Beispiel eines solchen Cyclonen-Rittes ist die Reise der „Lady Clifford", Kapitän Miller, von Nagore nach Madras im October 1842.

Am 24. October des erwähnten Jahres ging das Centrum einer Cyclone von O nach W über Pondichery hin, mit der nördlichen Seite Madras, mit der südlichen Nagore streifend. Die „Lady Clifford" lag in Nagore vor Anker und war nach Madras bestimmt. Am Abend des 23. zog sich eine dicke Wolke in NO zusammen und ein hohler Seegang begann aus jener Richtung. Um Mitternacht trat leichter Wind ein; derselbe drehte sich nach NW, während die Dünung aus NO zunahm und der Himmel bei fallendem Barometer sich überzog. Bei Tagesanbruch am 24. fiel das Barometer noch immer, die dicke Wolkenbank in NO wurde größer und düsterer und der Seegang von dorther nahm noch mehr zu. Um 7 Uhr lichtete Kapitän Miller die Anker und ging in See, und zwar nach NO hin. So segelte er gegen den Sturm zu und kürzte Segel, je näher er ihm kam, bis er gerade noch vor dem SW-Winde steuern konnte mit dichtgereefften Marssegeln, die Bramstengen auf Deck. Geleitet von seinem Barometer und seiner genauen Kenntnis der Wirbelstürme, ankerte er am 26. October 6 Uhr abends auf der Rhede von Madras. Auf diese Weise segelte er um die östliche, hintere Hälfte der Cyclone herum, wobei der Wind von WNW durch W und S nach SO drehte. Diese Fahrt wurde zur Zeit des NO-Monsuns ausgeführt, und unter gewöhnlichen Umständen wäre sie sehr langwierig gewesen.

Selbstverständlich haben alle Manöverregeln in Cyclonen zur Voraussetzung, dass Seeraum vorhanden ist, um sie in Anwendung zu bringen.

708. Im Nachstehenden sind die oben erläuterten Schiffahrts-Regeln zur besseren Übersicht kurz zusammengefasst.

1.) Bestimmung der Lage des Centrums.

Kehrt man das Gesicht in der Richtung gegen den Wind, so liegt in der Nordhälfte der Erde das Orkan-Centrum beiläufig in der Richtung des seitwärts ausgestreckten rechten Armes, in der Südhälfte der Erde in der Richtung des seitwärts ausgestreckten linken Armes, und zwar im Sinne der eigenen Körperstellung in beiden Fällen 1 bis 4 Strich nach rückwärts.

2.) Bestimmung des Schiffsortes mit Rücksicht auf die Sturmbahn.

Wechselt die Windrichtung im Sinne des Zeigers einer Uhr, so ist man rechts von der Bahn; wechselt die Windrichtung im entgegengesetzten Sinne, so ist man links von der Bahn; bleibt die Windrichtung bei auffallend stark fallendem Barometer constant oder innerhalb eines engen Spielraumes schwankend, und nimmt der Wind in hohem Grade zu, so kann man schließen, in Front des Orkans auf oder nächst der Bahn zu sein.

3.) Bestimmung der Bahnrichtung.

Hat die Windrichtung gewechselt, so wird auf einem, eine Cyclone darstellenden Kreise die Richtung der Linie, welche die den gegebenen Windrichtungen entsprechenden Punkte dieses Kreises verbindet, die beiläufige Richtung der Bahn anzeigen.

Eine andere Art der Bestimmung der Bahnrichtung besteht darin, dass man für zwei Schiffsorte die Richtung (siehe Punkt 1) und Entfernung (siehe Tabelle von Piddington, Bridet und Toynbee) des Sturm-Centrums annähernd bestimmt. Die Linie, welche die für die Centren gefundenen Positionen verbindet, gibt die Richtung der Sturmbahn.

4.) Heraussegeln aus einem Orkan.[1]

In der Nord-Hemisphäre nehme den Wind von Steuerbord, in der Süd-Hemisphäre von Backbord. Im gefährlichen Quadranten einer Cyclone halte zugleich am Winde.

5.) Wenn man über die Natur des Sturmes oder über die eigene Lage im Bereiche desselben im Ungewissen ist.

Nehme den Wind von der Seite, wie unter Punkt 4 gesagt worden, und halte am Wind — wenn unter Dampf, fahre zugleich womöglich mit voller Kraft, — bis die nöthige Orientirung erlangt ist.

6.) Ein Schiff vor dem Centrum auf oder nächst der Bahn des Orkans.

---

[1] Vgl. die Figuren auf Taf. *D*. — Heraussegelnde und die Bahn durchkreuzende Schiffe sind gekennzeichnet für die Nord-Hemisphäre weiß, für die Süd-Hemisphäre roth schraffirt.

Beiliegende Schiffe links der Bahn roth gefärbt,
" " rechts " " halb weiß, halb roth.

Nehme den Wind von der Seite, wie unter Punkt 4 angegeben, und segle mit raumer Schote, um in den maniablen Halbkreis der Cyclone zu gelangen. Ist der Wind zu heftig und scheint das Centrum zu nahe, oder ist die Geschwindigkeit der Bewegung des Orkans im Sinne der Bahn groß, so lege bei.

7.) Schiffe, welche beiliegen müssen.

Rechts von der Bahn lege mit Steuerbord-Halsen, links von der Bahn mit Backbord-Halsen bei.

8.) Eine Cyclone zu einer günstigen Reise zu benützen.

Man halte sich fern genug vom Centrum, damit das Schiff vollkommen manövrirfähig bleibt, und an jener Seite der Bahn, auf welcher die Windrichtungen günstig sind, und achte dabei auf das Barometer. Sowie dieses zu fallen beginnt, nehme Curs, um (siehe Punkt 4) den äußeren Grenzen der Cyclone näher zu kommen. Setzt eine vortheilhafte Ausnützung einer Cyclone ein Durchkreuzen der Bahn in Front des Orkans voraus, so wage solches nur, wenn es noch mit voller Sicherheit geschehen kann. Ist der einzuhaltende Curs gleich oder nahezu gleich der Richtung des fortschreitenden Sturmes, überhole nie das Sturmcentrum.

709. Befindet man sich an einer offenen Küste vor Anker, so wird man, wenn die Anzeichen eines herankommenden Drehorkans vorliegen und nicht besondere Umstände zum Verbleiben bestimmen, in See gehen. Es handelt sich nun darum, nach welcher Richtung man Seeraum zu gewinnen suchen soll; denn es genügt nicht, so weit als möglich sich von der Küste zu entfernen, sondern es gilt dies nach einer Richtung zu thun, nach welcher man hoffen darf, rechtzeitig in einen Theil des Orkans zu gelangen, wo die Windrichtung und deren voraussichtlicher Wechsel es gestattet, sich vom Lande freizuhalten. Der directeste Weg, um Seeraum zu gewinnen, kann oft, wenn auch möglich einzuhalten, doch einen Curs bedingen, welcher das Schiff in den Focus des Orkans führt oder doch demselben nahe bringt. Piddington gibt in einigen Beispielen eine klare Darstellung der eben gegebenen Regel.

Es sei ein Schiff an der Südküste von Jamaica zwischen Portland und Southpoint Negril vor Anker oder becalmt. Es treten alle Anzeichen eines Orkans ein und der Wind beginne frisch aus NO zu wehen. Die Bahnrichtung der Orkane in diesen Gewässern ist meistens von OzS oder OSO nach WzN oder WNW. — Wenn demnach das Schiff vor Anker bleibt, so hat es zu erwarten, dass im Verlaufe des Sturmes die Windrichtung nach SW wechseln wird. Obwohl der eben wehende Landwind aus NO dahin bestimmen würde, vor Anker zu bleiben, so fordert es doch, da später der Sturm von der See her einsetzen wird, die Sicherheit des Schiffes, in See zu gehen. Würde man hiebei platt vor dem Winde laufen, so wird dieser nach N, dann nach NW wechseln: man würde daher in gefährliche Nähe der Cays der Pedrobank gerathen. Man wird also westwärts Raum zu gewinnen trachten und dann südwärts steuern, bevor man beilegt. Dieser letztere Vorgang setzt allerdings voraus, dass man rechtzeitig gewarnt ist und die Geschwindigkeit des Schiffes im Vergleich zu jener des Orkans auf der Bahn es noch gestattet, die Sturmbahn zu durchkreuzen.

Ist die Bahnrichtung mehr westwärts, so kann man auf der rechten Seite der Bahn verbleiben, indem man versucht, in W von Point Negril zu gelangen. Man hat dann Seeraum, während der Wind nach O und SO übergeht.

Die Küste bei Madras läuft Nord—Süd. Die Bahn der Orkane ist von O und SO nach W und NW; die Winde setzen gewöhnlich ein aus NO, NNO, bisweilen aus N.

Es sei der Durchmesser der Cyclone 200 Meilen, und auf diese Distanz nach OSO sei das Centrum im Momente, in welchem das Schiff in See geht. Nun galt als gewöhnliche Regel, den Curs OSO zu halten; dieser Curs führt aber das Schiff dem Focus des Sturmes entgegen. Wählt man aber den Curs SO, so wird nach zurückgelegten 16 bis 18 Meilen in etwa zwei Stunden der Wind NzO oder mehr nördlich sein und in ein oder zwei Stunden darauf bereits westwärts von N. Das Barometer wird noch immer im Fallen sein, doch ein mehr südlicher Curs wird es alsdann bald zum Steigen bringen und, am Rande der Cyclone segelnd, kann man schließlich, wie die „Lady Clifford“, den alten Ankerplatz wieder aufsuchen. Muss man früher beiliegen, so geschieht dies doch auf jener Seite der Sturmbahn, wo der Wind vom Lande, nicht gegen das Land weht.

In breiten Strömen wird daran liegen, zu wissen, in welchem Sinne beim Eintreten von Cyclonen der Windwechsel über dem Schiffsorte gewöhnlich vor sich gehe, denn in Kentnnis dessen kann man beim Beginn eines Orkans einen Ankerplatz wählen, welcher für die ganze Dauer desselben Schutz bietet, oder man kann, wenn am Ufer vertäut, welches bisher Luvküste war, vom Einlullen des Windes Nutzen ziehen, indem man das andere Ufer gewinnt, ehe der Windwechsel eintritt, welcher die frühere Luvküste zur gefährlichen Leeküste macht. Z. B.: Es kreuze von O nach W ein Orkan den Hoogly oder Canton river. Ist der Wind östlich von N, so wird das Centrum südlich vom Schiffsort passiren und das Ostufer Schutz bieten. Ist der Wind westlich von N, so wird das Centrum nördlich vom Schiffsort passiren und das Westufer wird Deckung gewähren. Die Wirkungen der Sturmwellen in Flüssen sind bei den zu nehmenden Sicherheitsmaßnahmen nicht außeracht zu lassen.

In Rheden und Häfen, wo Cyclonen nicht selten vorkommen, sollen, wenn man sich vor zwei Anker legt, diese so ausgebracht sein, um beim Wechsel des Windes die Ketten von einander klar zu erhalten; dies setzt jedoch voraus, dass man in der fraglichen Richtung Local-Kenntnisse besitze oder in der Lage sei, sich selbe zu verschaffen. Man wird es daher — mit Ausnahme in engen Ankerplätzen — häufig vorziehen, vor einem Anker bei langem Ausstich zu liegen, während ein zweiter Anker klar gehalten wird.

# Anhang.

710. Alle graphischen Darstellungen von Ergebnissen aus dem Gebiete der maritimen Meteorologie und der oceanographischen Beobachtungen entweder auf Karten oder in einer sonst geeigneten Form sind von eminenter Wichtigkeit, weil sie einen klaren Überblick über die Zustände in Luft und Meer gewähren, welche an einer bestimmten Stelle oder innerhalb eines bestimmten Bereiches zu erwarten sind. Außerdem legen sie dar, wo und welche Lücken in der Forschung noch vorhanden sind.

Einen ganz besondern Wert haben unter diesen aber jene Karten, welche dem Seemann speciell nützlich sind, indem sie ihm die praktische Navigation erleichtern.

Aus diesem Grunde dürfte es gerechtfertigt sein, wenn über einige derartige Werke neuern Datums einige erläuternde Worte angefügt werden.

Diese Werke sind:

*a)* Maurys Karten;

*b)* die Karten des britischen meteorologischen Amtes;

*c)* die Karten des französischen Schiffslieutenants L. Brault, Vice-Präsidenten der meteorologischen Gesellschaft von Frankreich.

## *a)* Maurys Karten.

711. Maurys Karten markiren den Beginn jener großartigen Fortschritte, welche die Oceanographie in allen ihren Zweigen, nicht minder die maritime Meteorologie in neuester Zeit gemacht haben.

Dieselben zerfallen in 6 Serien:

1. Die Routenkarten, 2. die Passatkarten, 3. die Pilotkarten, 4. die thermischen Karten, 5. die Sturm- und Regenkarten, 6. die Walfischkarten.

1. Die Routenkarten (track charts) enthalten die Routen einer großen Anzahl von Schiffen und hiebei Angaben über Winde, Strömungen, Temperaturen des Wassers und magnetische Declination, wie dieselben von den Kapitänen dieser Schiffe beobachtet worden sind. Die während des Winters befolgten Routen sind schwarz, jene des Frühjahres grün, die Routen, welche den Sommermonaten angehören, sind roth, endlich jene des Herbstes blau verzeichnet. Die Routen des ersten Monats jeder Jahreszeit sind durch eine zusammenhängende Linie, jene des zweiten Monates durch eine unterbrochene, endlich jene des dritten Monates durch eine punktirte Linie dargestellt.

Die Winde werden durch Strahlenbüschel, die Strömungen durch Pfeile angezeigt. Arabische Ziffern bedeuten Meeres-Temperaturen, römische die Abweichung der Magnetnadel. Strahlenbüschel, Pfeile und Zahlen sind farbig eingezeichnet, je nach der Jahreszeit der Beobachtung. Richtung und Stärke des Windes wurden durch die Stellung, Gestalt und Schattirung des Strahlenbüschels angedeutet, während der Flug und die Länge der Pfeile die Richtung und Geschwindigkeit der Strömungen anzeigt.

2. Die Passatkarten zeigen die Ausbreitung der Passate und Monsune im Atlantischen Ocean.

Dick gezogene Vertical-Linien stellen Meridiane dar, und zwar sind dieselben von 5 zu 5° verzeichnet. Innerhalb je 2 solcher Vertical-Linien bilden feingezogene Vertical-Linien 12 Colonnen, jede einem Monat entsprechend. Horizontal-Linien stellen jene Breitenparallele von Grad zu Grad dar, innerhalb welchen die Grenzen jedes Passates sich im Sinne der geographischen Breite verschieben. Die Zahlen in den einzelnen Vierecken zeigen die Anzahl Beobachtungen, welche für das betreffende Monat entfallen.

3. Die Pilot charts sind die Windkarten der Oceane. Jede der in denselben angeführten Beobachtungen umfasst einen Zeitraum von 8 Stunden, für welche die mittlere Windrichtung angegeben ist. Demgemäß erhält man die Anzahl der Tage, in welchen ein bestimmter Wind geweht hat, wenn man die Zahl der Beobachtungen desselben durch 3 dividirt. Überdies ward als allgemeine Regel angenommen, dass jeder Wind, welcher in einem Viereck angezeigt ist, für die Zeit der Beobachtung desselben über das ganze Viereck verbreitet gewesen ist.

Die Karten sind in Vierecke zu je 5° Breite und 5° Länge eingetheilt. An einer Ecke jeder Karte ist ein Viereck eingezeichnet, welches zur Erklärung dient. Auf diese Art konnte man sich begnügen in die Vierecke der Karte selbst nur die Zahlen der Wind-Beobachtungen einzutragen, welche für jedes Monat des Jahres und für die einzelnen 16 Hauptrichtungen der Windrose entfallen. Fig. 82.

Fig. 82.

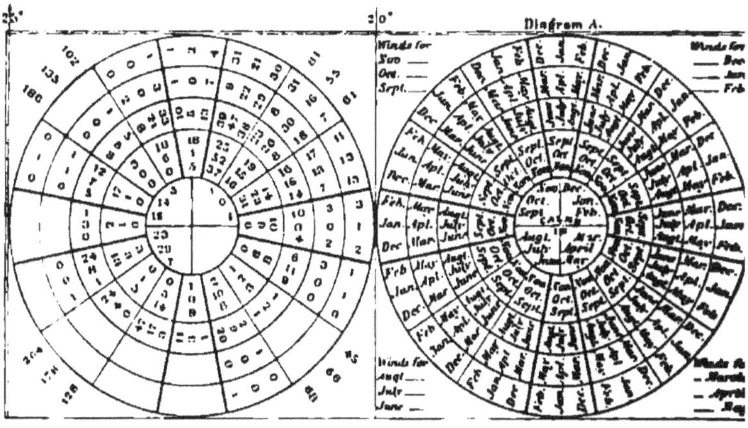

Diagram A.

In jedem Viereck sind 5 concentrische Kreise gezogen. Vom innersten dieser Kreise laufen 16 Radien aus, auf diese Weise 16 Abtheilungen bildend. Diese letzteren entsprechen den Richtungen N, NNO, NO, ONO u. s. w., und jede derselben umfasst zwischen den 5 concentrischen Kreisbändern vertheilt, die 12 Monate des Jahres,

d. h. die für jeden der 12 Monate entfallenden Zahlen der Beobachtungen an den Stellen eingetragen, wo im Muster Diagramm der Monatsname angegeben ist.

Der 5. kleinste Kreis ist in 4 Theile getheilt, und enthält für die 12 Monate des Jahres die beobachteten Calmen, für jeden einzelnen Monat resummirt.

In den Ecken jedes Vierecks sind für die einzelnen Jahreszeiten die Gesammtsummen der Beobachtungen per Monat verzeichnet.

Bei der Einschreibung der Zahlen in die einzelnen concentrischen Kreisbänder, in den innern Kreis, sowie in die einzelnen keilförmigen radialen Abtheilungen folgte man stets der gleichen durchs Muster-Diagramm angezeigten Ordnung.

Aus den Pilot charts ist das Verhältnis der Winde zueinander in Bezug auf die Häufigkeit ihres Vorkommens zu entnehmen.

Auf Grund der Angaben dieser Pilot charts hat Maury für einzelne wichtige große Verkehrslinien Tabellen berechnet, welche die Durchschnittspunkte der relativ kürzesten, daher empfehlenswertesten Routen enthalten.

Die Karten der eben behandelten 3 Serien sind für die Seeleute die wichtigsten.

Die thermischen Karten der Oceane, die Sturm- und Regenkarten, die Wallfischkarten bieten für Studien und Untersuchungen großes Interesse. Es genügt, einen Blick auf sie zu werfen, um ihre Einrichtung zu begreifen und sind übrigens die nöthigen Erklärungen im Werke Maurys zu finden.

## b) Karten der Winde, Strömungen, des Luftdruckes, der Temperaturen und des specifischen Gewichtes (des Seewassers).

Vom meteorological Office in London.[1]

712. Die Felder dieser Karten enthalten Daten, zusammengestellt für je 5 Längengrade und je 2 Breitengrade. Diese Daten sind:

1. Das relative Vorherrschen der Winde von jedem Strich des Compasses; dargestellt durch die relative Länge der Pfeile.

2. die Anzahl Meilen per Stunde, welche ein gutes Kriegsschiff der Zeit des Admiral Beaufort bei den angegebenen Winden zurücklegen würde; angezeigt durch die Distanz der Curve vom Umfang des Windpfeil-Kreises;[2]

---

[1] Charts of meteorolog. data for nine Ten-degree-squares Lat. 20° N. to 10° S., Long. 10° to 40° W. 1876.

[2] Die Stärke des Windes nach Beauforts Scala, welche jeder Wetterkarte beigegeben ist, ist durch eine Curve dargestellt, welche die Windpfeile oder Halbmesser (wenn die Pfeile nicht lang genug wären) durchschneidet. Ein Strich wird an jedem Pfeil oder Halbmesser an der Stelle gezogen, wo die Windstärke zum Ausdruck zu kommen hat; diese Striche werden mit einander verbunden, so dass sie eine continuirliche Curve bilden, wenn naheliegende Compassstriche Windbeobachtungen aufweisen, sonst aber nicht. Der erste Theil von Beauforts Scala (1 bis 5) stellt die stündliche Geschwindigkeit dar, mit welcher ein günstiger Wind bei glatter See ein gutes Kriegsschiff der Zeit Beauforts (1800 bis 1850) bewegen würde: 1 ist beiläufig ½ Meile, und 5 stellt 9 Meilen dar. Die Curve dieses Theiles der Scala fällt in den Raum zwischen dem Umfang des Windpfeil-Kreises und des innern kleinen Kreises vom erstern aus nach innen gerechnet. Der Theil des Halbmessers, welcher zwischen diesen Kreisen liegt, ist in 3 gleiche Theile durch feine Punkte getheilt; jeder Theil

3. das Verhältnis von Calm zu Wind: angedeutet durch das Verhältnis der schattirten Compassstriche in Mittelfelde zu den unschattirten;

Fig. 83.

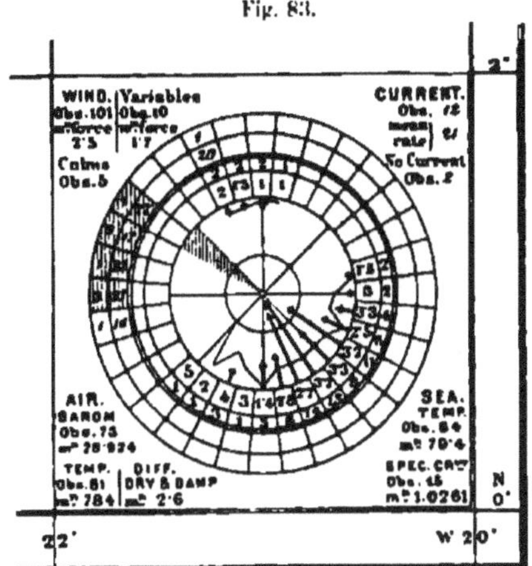


Ziffern in Cursivschrift (Italics) sind gebraucht für die Anzahl der Beobachtungen, stehende Ziffern (Romans) für die Mittel der Beobachtungen, fett gedruckte (Egyptienne) für Percente.

4. der Octant des Compasses, gegen welchen die vorherrschende Strömung gerichtet ist: zur Anschauung gebracht durch die 4 roth schattirten Striche in den 2 äußern Kreisen. — Alles was auf Strömungen sich bezieht, ist in roth angegeben.

Zur nähern Erklärung der Figur diene noch Folgendes:

Der äußerste Kreis gibt die Zahl der Beobachtungen der Strömungen. Der 2. die Geschwindigkeiten und Richtungen der Strömungen.

Der 3. Kreis die Zahl der Wind-Beobachtungen.

Der 4. Kreis die Windstärke nach Beauforts Scala bis zu $^1/_{10}$ Seemeilen.

Im innern Kreis zeigt der Pfeil, welcher bis zur Mitte reicht, die größte Zahl der Wind-Beobachtungen. Die Länge der andern Pfeile sind im Verhältnis zur Zahl der betreffenden Wind-Beobachtungen. Die Curve, welche die Pfeile durchschneidet, zeigt die Windstärke. Fig. 83.

---

stellt 3 Meilen in der Stunde dar, so dass, wenn die Curve den Umfange des Windpfeil-Kreises nahe kommt, Beauforts Schiff beiläufig eine halbe Meile, wenn sie den Umfang des innern Kreises berührt, 9 Meilen per Stunde bei ruhiger See zurücklegen würde.

Der Halbmesser des innern Kreises ist in 2 gleiche Theile getheilt. Jeder Theil stellt 3 Einheiten von Beauforts Scala dar, d. i. 6 zu 8 und 9 zu 11, so dass, wenn die Curve in den innern Kreis bis auf ein Drittel einer Theilung des Halbmessers dieses Kreises reicht, dies 6 der Scala vorstellt: d. i. „eine einfach gereefte Marssegel- und Dramsegel-Brise" und so fort; das nächste Drittel bedeutet Stärke 7 oder eine „2fach gereefte Marssegel-Brise." Wenn die Curve sich bis zur Mitte erstreckt, so bedeutet dies die Stärke 11, oder einen Sturm, bei welchem ein Schiff Beauforts nur Sturmstag-Segel führen würde.

Wie zu ersehen, stellen die Stärken 1 bis 5 von Beauforts Scala gewisse stündliche Geschwindigkeiten eines guten Schiffes aus Beauforts Zeit dar, doch da die Fahrt eines Schiffes nicht in demselben Maße zunimmt, als die Ziffern der Scala, so ward nachstehende Tabelle von Meilen per Stunde für jede Einheit und gewisse Zehntel der Scala gegeben.

In den Übersichtskarten der Winde und Ströme für die einzelnen Monate finden sich in jedes Feld zu 5° Länge und 2° Breite, insoweit dasselbe der See angehört, Kreise eingezeichnet. In den Windkarten zeigen Pfeile vom Umfange gegen das Centrum gerichtet, den Compassstrich an, aus welchem der Wind vorherrscht. Die Länge der Pfeile deutet die mittlere Stärke des Windes an und ist proportional zur stündlichen Geschwindigkeit, mit welcher der Wind Beauforts Schiff treiben würde. Die Stärke 5 (9 Meilen in der Stunde) ist dem Durchmesser des Kreises gleich gesetzt.

In den Stromkarten zeigen Pfeile, welche vom Centrum gegen den Kreisumfang gerichtet sind, den Compasstrich an, nach welchem die Strömung meistens gerichtet ist. Die Länge der Strompfeile ist proportional der mittlern Geschwindigkeit in 24 Stunden; der Durchmesser der Kreise stellt eine Geschwindigkeit von 30 Seemeilen dar.

Nördliche Winde und westliche Strömungen haben schwarze, südliche Winde und östliche Strömungen haben rothe Pfeile zur Bezeichnung.

In den Windkarten sind die Isobaren, in den Strömungskarten die Isothermen der Meeres-Temperatur eingetragen.

Fein gezogene Isobaren und Isothermen zeigen eine Differenz von 0·025 eines Zolles des Barometers (0·63 Mm.) und von 1° Fahrenheit des Thermometers gegen die nächsten Isobaren, beziehungsweise Isothermen an. Punktirte Linien verbinden verschiedene Theile einer Isobare oder Isotherme, wenn die Daten ungenügend sind. Die Linien geringsten Druckes und höchster Temperatur sind in rother Farbe gegeben.

### c) Lieutenant Braults Windkarten.

713. Diese Karten sind in Vierecke zu 5° eingetheilt. In jedes Viereck ist ein farbiges Polygon, welches das Feld der beobachteten Winde umfasst, eingezeichnet. In der Mite des Viereckes ist ein kleiner Kreis gezogen, welcher die Anzahl der Beobachtungen enthält, die auf das Viereck entfallen.

---

| Beauforts Scala der Windstärken | 1 | 1·5 | 2 | 2·3 | 2·8 | 3 | 3·3 | 3·8 | 4 | 4·1 | 4·4 | 4·7 | 5 |
|---|---|---|---|---|---|---|---|---|---|---|---|---|---|
| | Meilen | | | | | | | | | | | | |
| Meilen per Stunde, welche Beauforts Schiff bei günstigem Winde und ruhiger See zurücklegen würde . | ½ | 1 | 1½ | 2 | 3 | 3½ | 4 | 5 | 5½ | 6 | 7 | 8 | 9 |

Wenn Beauforts Schiff Doppel-Marssegel geführt hätte, so gilt die Annahme, dass folgende Unterschiede in dem Ausmaß der Segelführung bestanden hätten.

Stärke 6 ganze Mars- und Bramsegel,
„ 7 dto. Klüver,
„ 8 gereffte obere Marssegel,
„ 9 Untere Marssegel und Untersegel,
„ 10 Unteres Großmars-Segel und gerefftes Focksegel.

Von dem Umfange dieses Kreises laufen Pfeile aus, deren Länge proportional ist der Anzahl der Beobachtungen, welche für die durch die Pfeile angezeigten Windrichtungen gefunden worden sind; sie sind demnach proportional der Häufigkeit der Winde, welche sie darstellen. Fig. 84.

Fig. 84.

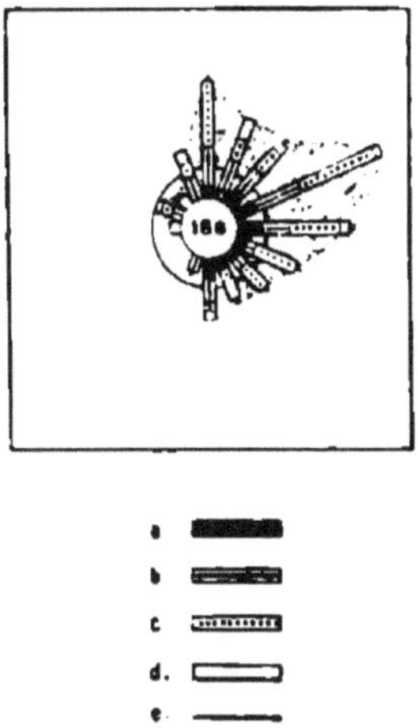

Die wahrscheinliche Stärke der Winde ist in nachstehender Weise gegeben.

*a)* Harter, starker Wind (vent grand frais et vent frais). — *b)* Frischer Wind (forte brise et bonne brise). — *c)* Mäßiger Wind (jolie brise). — *d)* Leichter Wind (petite brise). — *e)* Flauer Wind (legere brise).

Wenn in einem Polygon z. B. der Pfeil SW in den Verhältnissen $^1/_2$, $^1/_4$, $^1/_6$ durch *c*, *d*, *e* dargestellt ist, so heißt dies soviel als: die Chancen, dass der SW als mäßiger, leichter, flauer Wind auftritt, verhalten sich zueinander wie obige Zahlen.

Das Verhältnis der Calmen ist dargestellt durch einen mit dem ersterwähnten concentrischen äußern Kreis. Das Verhältnis des Abstandes der 2 Kreisumfänge von einander zur Länge des größten Pfeiles gibt in Percenten die Wahrscheinlichkeit der Calmen im Bereiche des betreffenden Vierecks.

714. Außer den oben beschriebenen Veröffentlichungen müssen die von der deutschen Seewarte gesammelten Resultate meteorologischer Beobachtungen, wenngleich dieselben nicht in Form von graphischen Darstellungen erscheinen, angeführt werden.

Die deutsche Seewarte hat sich den Nordatlantischen Ocean zwischen 20 und 50° N-Breite als ihr eigentlichstes Forschungsgebiet erwählt und diese Zone in Eingrad-Felder eingetheilt. Nachdem bei der Darstellung in Diagrammen und Curven Unrichtigkeiten insoferne nicht zu vermeiden sind, als die für ein Quadrat angegebenen Mittelwerte nicht allein auf den Beobachtungsort, sondern auf jeden andern Ort in demselben bezogen werden können, so giebt die Seewarte ihr reiches, den Journalen deutscher und holländischer Schiffe entnommenes Beobachtungs-Material bloß in tabellarischen Zusammenstellungen. Es erscheint nämlich jedes Eingrad-Feld, das wieder in 100 Unter-Quadrate (jeder Monat aber in 6 Pentaden) getheilt ist, als einzelnes Heft.

In etwa 5 Jahren soll auf diese Weise das ganze besagte Gebiet bearbeitet sein, und dann die Arbeit von neuem angefangen werden. Auf solche Art wird es gelingen, die noch vorhandenen Lücken allmählig auszufüllen und zu einem befriedigenden Abschlusse der Beobachtungen zu gelangen.

# III. Theil.

## Transoceanische Routen.

# XII. Abschnitt.

## Transoceanische Routen.

### Allgemeine Grundsätze bezüglich Anlegung derselben.

715. Es gilt vom Abfahrtsort nach dem Bestimmungshafen jenen Seeweg einzuschlagen, welcher in kürzester Frist zum Ziele führt, ohne das Schiff zu großen Gefahren auszusetzen. Demgemäß ist vor allem auf die Wind- und Stromverhältnisse Rücksicht zu nehmen, welche innerhalb der zu durchsegelnden Gewässer getroffen werden. Kerhallet[1] gibt für Segelschiffe nachstehende ganz allgemeine Regeln:

„Hat man von Ost nach West zu reisen, so wähle man die Passatzone und suche so rasch als möglich in dieselbe zu gelangen; ist hingegen von West nach Ost zu fahren, so halte man sich außerhalb der Passatzone, und befindet man sich in dieser, so trachte man so schnell als möglich aus ihr herauszukommen."

„Hat man die Regionen der Calmen von N nach S oder umgekehrt zu durchschneiden, so thue man dies so rasch als möglich, und halte thunlichst nach S, beziehungsweise N. Muss man laviren, so nehme man dis Halsen, mit welchen man am meisten nach S. beziehungsweise nach N gewinnt."

„Sind die Passatzonen zu durchschneiden, so ist dasselbe Princip festzuhalten. Man wird einer schrägen Route folgen, am Winde bei voll tragenden Segeln laufend, um so viel Weg als möglich nach N, beziehungsweise S zu gewinnen."

„Ist ein Ocean schief von W nach O zu durchkreuzen, wie z. B. vom Cap Hoorn nach Europa, oder von Australien nach Californien, so wird man sich nach Osten erheben entweder in der Region der vorherrschenden Westwinde der Süd-Hemisphäre südlich von 40° S., oder in jener der Nord-Hemisphäre nördlich von 40° N., da man im Bereiche der Passate nicht so weit nach Osten gelangen kann, um die Bestimmung

---

[1] Guide du marin, II. Band. Des principales routes de navigation.

zu erreichen. Man wird daher Ost zu gewinnen suchen, entweder südwärts der Calmen des Wendekreises des Steinbocks oder nördlich jener des Wendekreises des Krebses."

„Obwohl es gleichgiltig scheint, ob man in der südlichen, oder in der nördlichen Region der Westwinde Weg nach Ost macht, so wird es doch, wenn bei der Abfahrt sich günstige Brisen einstellen, um rasch das Gebiet der Westwinde zu erreichen, empfehlenswert sein, hievon allsogleich Nutzen zu ziehen."

„Segelt man an einer Küste, an welcher frische und regelmäßige Land- und Seebrisen wehen, so wird man auf kurze Entfernung vom Lande sich halten, indem man gegen Abend den Bord landwärts nimmt, um die Landbrise, welche in der Nacht sich erhebt, auszunützen, morgens den Bord seewärts wählt, um von der Seebrise, welche während des Tages weht, Vortheil zu ziehen."

Die kürzeste Route, insoweit die wirkliche Entfernung in Betracht kommt, ist jene auf dem größten Kreise. Wenn Seeraum vorhanden, und die Wind- und Stromverhältnisse, — in höheren Breiten auch die Eiszustände — es gestatten, wird daher die Schiffahrt im größten Kreise in Anwendung zu kommen haben.

Dies wird namentlich für Dampfer als Regel gelten, zumal dann, wenn sie mit dringenden Missionen betraut sind, und sie daher über reichliches Betriebs-Material verfügen, um vorkommenden Falles gegen Wind und Strom sich den Weg zum Bestimmungsort zu erkämpfen.

Für Dampfer hingegen, welche durch ihre Mission nicht gebunden sind, und welche in Bezug auf Kohlen und Betriebs-Material hauszuhalten in der Lage oder hiezu gezwungen sind, haben im allgemeinen dieselben Grundsätze wie für Segelschiffe Geltung. Immerhin wird jedoch von diesen Grundsätzen je nach dem Fall, abgewichen werden können, wenn ein Vortheil hiermit verbunden ist. So z. B. sind Segelschiffe oft genöthigt, um die Calmzonen der Wendekreise und des Äquators thunlichst zu vermeiden, außerhalb der directen Route viel Weg zurückzulegen, während eben diese Zonen für Schiffe mit Dampfkraft günstig sind, und ihnen erlauben, mit Leichtigkeit Positionen zu gewinnen, um sodann mit Vortheil unter Segel die Zonen der Passate oder jene der Westwinde zu durchschneiden.

Den Vorschlägen Maurys für die Wahl der Seewege lagen folgende Gedanken zu Grunde: [1]

---

[1] Capitän Schück „Über die Wege des Oceans für Segelschiffe", Vortrag in der geographischen Gesellschaft zu Hamburg, 1874.

„1. Da man, um von einem Orte zum andern zu gelangen, meistens geographische Breite und Länge zu verändern hat, so ist stets im Auge zu behalten, dass der Wind in der Gemäßigten Zone veränderlich, und besonders nördlich, beziehungsweise südlich vom 40. Breitengrad vorherrschend westlich ist.

2. Nördlich, beziehungsweise südlich vom 50° Breite sind die Längengrade bedeutend kürzer als im Passatgebiet, so dass man jene Gegenden zur Gewinnung von geographischer Länge benützen kann.

3. Will man aus den Gegenden der veränderlichen Winde zur Linie oder umgekehrt, so hat man die Übergangsgegenden in die Passate, wo Windstillen und veränderliches Wetter häufig sind, an ihrer schmalsten Stelle zu erreichen, und sie möglichst in nördlicher, beziehungsweise südlicher Richtung zu durchschneiden.

4. Man benütze günstigen Wind, der direct und rasch auf das Ziel zuführt, so lange er anhält, und bekümmere sich nicht darum, ob dies mit der empfohlenen Route harmonirt, oder nicht.

An die Bestimmung der besten Routen knüpft Maury folgende Bemerkungen:

„Selbst wenn kein Fehler von Seiten der Kapitäne begangen wurde, so fallen die Routen von 100 verschiedenen Schiffen, welche in einem und demselben Monat die gleiche Reise gemacht haben, doch nicht in eine Linie zusammen, wohl aber lässt sich eine Linie ziehen, von der sie nicht sonderlich abweichen, die sie bald hier, bald dort gekreuzt haben, und die somit ein ungefähres Bild der Gesammt-Resultate gibt. Diese Linie, welche aus den Angaben über Richtung und Stärke des Windes, der Strömungen etc. construirt wird, nicht diejenige, welche die von den einzelnen Schiffen zurückgelegten Reisen veranschaulicht, ist es, welche als Richtschnur dienen soll, und Segel- wie Dampfschiffen von Nutzen sein kann. Sobald ein Kapitän von der empfohlenen Richtschnur-Linie abgelenkt ist, so soll er nicht ängstlich in dieselbe zurückzukehren versuchen, sondern sich bemühen, mit Hülfe der vorhandenen Wind- und Stromkarten selbst eine solche nach obigen Principien zu entwerfen."

Es wird schließlich darauf zu achten sein, dass man sich in Luv des Bestimmungsortes diesem nähere, soweit dies thunlich ist. Das Gesagte hat besonders dort Belang, wo mehr oder weniger constante oder periodische Winde, beziehungsweise constante oder periodische Meeresströmungen herrschen. [1]

---

[1] Wo Strömungen neben einander laufen, welche verschiedene Temperaturen haben, werden Beobachtungen der Temperatur des Oberflächen-Wassers nicht zu

Im Nachstehenden sollen nun die Haupt-Routen des Weltverkehres zur Darstellung gelangen, insoferne deren Ausgangspunkte Gibraltar oder Aden sind. Dieselben sind zum größten Theil den „Routes maritimes" von Labrosse[1] auszugsweise entnommen. Die angeführten Längengrade zählen vom Meridian von Greenwich.

## Routen im Nordatlantischen Ocean.

### Routen von Gibraltar nach New-York.

716. Für die Reise von Gibraltar nach New-York gibt Labrosse folgende Weisungen:

„Wenn man die Reise unter Segel zurückzulegen hat, oder zurücklegen will, so empfiehlt sich die südliche Route durch den NO-Passat.

Von Gibraltar aus steuere man derart, um zwischen Madeira und den Canaren zu passiren, und setze die Fahrt südwestwärts in so lange fort, bis man zum Parallel gelangt, auf welchem man bei festem Winde nach West zu laufen hat.

Im Jänner, Februar und März muss man darauf gefasst sein, außerhalb der Meerenge harten Winden, besonders südlichen zu begegnen. Westlichen Curs verfolge man in den genannten Monaten zwischen den Parallelen von 22 bis 24° N.

Auf 60° W-Länge angekommen, steuere man so, um den Parallel 27° N. in 70° W. und sodann den Parallel 35° N. in beiläufig 72° W. zu durchschneiden. In diesen Regionen wird man stürmisches Wetter vorfinden.

Im April, Mai und Juni suche man nach der Ausfahrt aus der Meerenge den Parallel 35° N. bald möglichst bei 10° W. von Greenwich zu durchschneiden. Von da steure man so, um westlich von den Canaren zu passiren; den Parallel 25° N. durchschneide in 25° W.; zwischen den Parallelen 24 und 25° N. wird der Curs West gehalten. Hat man 58° W. Länge erreicht, steure man nordwärts, um den Meridian 60° W. in 27° N., 68° W. in 30° N. zu kreuzen.

---

unterlassen sein, indem diese zu erkennen geben, in welcher Strömung man sich befindet. Dies wird vornehmlich in jenen Fällen von Belang erscheinen in welchen es sich darum handelt, sich in einer bestimmten Strömung zu erhalten, beziehungsweise eine bestimmte Strömung zu vermeiden.

[1] Labrosse: „Routes maritimes" de l'ocean atlantique Nord } 1872.
de l'ocean atlantique Süd }
de l'ocean pacifique 1874.
de l'ocean indien 1879.

Im Juli, August, September suche man, nachdem man die Meerenge verlassen, soviel möglich Weg nach Westen zu gewinnen, um baldigst 10° Westlänge zu erreichen, da westlich von diesem Meridian günstigere Winde und weniger Calmen zu erwarten sind. Sodann mache man Weg um den Parallel 25° N. in 30° W. zu durchschneiden. Die West-Route ist auf dem Parallel 24° oder 24° 30' N. einzuschlagen.

In 60 oder 61° Westlänge wende man nordwärts und steure so, um 30° N. in 68° W. zu kreuzen. Ist das betreffende Schiff ein gemischtes, so kann es WNW-Curs nehmen, sobald es 55° W. Länge erreicht hat; wenn es auf Calmen stoßt, wird es den Dampf benützen. Jedenfalls hat man sich südlich von den Bermudas zu halten, da im Norden dieser Inseln stürmisches Wetter häufig ist.

Im October, November, December steure man, aus der Meerenge auslaufend, derart, um den Parallel 34° N. in beiläufig 11° W. zu durchschneiden. Von da lege man die Route so an, um nahe den Canaren zu passiren, wo man NNO- und NNW-Winde treffen wird, doch hat man auf der Hut gegen Windstöße aus SO und SW zu sein. Den Parallel 25° N. wird man in 23° W., den Parallel 22 oder 23° N. in 33° W. schneiden, sodann halte man gerade westwärts ohne sich nördlich des Parallels von 23° N. zu erheben. Auf 55° W. angelangt, wende man nordwärts, und steure derart, um den Parallel 25° N. in 60° W., jenen von 30° N. in 65° W., jenen von 35° N. in beiläufig 69° W. zu erreichen. Man passire auch in diesen Monaten südlich von den Bermudas.

Die directe Route von Gibraltar nach New-York empfiehlt sich für Dampfer oder solche gemischte Schiffe, welche unter Segel und unter Dampf gute Fahrt machen.

Im Jänner, Februar, März werden sich bis zu den Azoren keine sonderlichen Hindernisse ergeben: dort wird man wahrscheinlich Calmen treffen, daher zur Benützung des Dampfes greifen. Auf der Weiterfahrt von den Azoren nach New-York wird man annähernd dem Bogen des größten Kreises folgen.

Für die übrigen Monate des Jahres gelten im allgemeinen dieselben Verhaltungen.

Im April, Mai, Juni sehe man sich während der Fahrt von den Azoren nach New-York wegen des Treibeises vor, welches zwischen 40 und 58° W. bis zu 40 und 45° N. vorkommt, und in 45° West selbst bis 39° N. herabgelangt.

Im Juli, August, September wird man Eis nur dann begegnen, wenn man sich zwischen 38° bis 60° W. über 41° 30' und 42° N. erhebt.

Im October, November, December hat man nicht zu fürchten, südlich der Azoren Calmen zu treffen; man kann daher nördlich oder südlich derselben passiren; in jedem Falle aber wird man den Parallel 40° N. nicht früher anlaufen, als man den Meridian 45° W. passirt hat; sodann wird man in 40° N. westwärts steuern.

## Route von New-York nach Gibraltar.

717. Im Jänner, Februar, März werden Segelschiffe oder gemischte Schiffe sich in 40° oder 41° N. halten, sie finden hiebei meistens günstige Winde, selten Calmen, vorausgesetzt, dass sie nordwärts von 40° N. bleiben, bis sie 20° W. passirt haben, worauf sie gegen den Punkt steuern, wo sie das Land sichten wollen. Dieser Punkt ist in dieser Jahreszeit im allgemeinen Cap Trafalgar.

Im April, Mai, Juni steure ein Segel oder gemischtes Schiff derart, um 40° N. in 70 oder 69° W. zu schneiden, ostwärts mache man alsdann Weg zwischen 39 und 40° N. Zwischen 50 und 40° W. achte man auf das Treibeis. Man passire nördlich der Azoren, um die im Süden derselben häufigen Calmen zu vermeiden. Hat man den Meridian 25° W. überschritten, steure man so, um den Parallel des anzulaufenden Landpunktes (Trafalgar oder Spartel) in 10° W. zu schneiden, worauf man bei meistens günstigen Winden Ost-Curs nimmt.

Im Juli, August, September befolge man die eben gegebene Route. Wenn man 25° W. passirt hat, steure man so, um den Parallel von Trafalgar in 10° W. zu erreichen. Von da an wird man auf Calmen oder meistens nördliche Winde treffen.

Im October, November, December lege man die Route derart an, um den Parallel 40° N. in 68 oder 70° W. zu schneiden, und den Parallel 36° N. oder selbst 35° 30′ N. in 50° W. zu erreichen. Den Weg nach Ost mache man beiläufig in 36° N. Die häufigsten Winde zwischen 43 und 30° W. sind jene aus SO; es ist daher angezeigt in weniger hohen Breiten sich zu halten; doch soll man den Parallel 35° N. südwärts nicht überschreiten. Über 30° W. hinaus wird man Weg gewinnen, wenn man südlich der Azoren passirt, da man dort in dieser Jahreszeit im allgemeinen keine Calmen trifft; solchen wird man aber jenseits 20° W. begegnen. Die vorherrschenden Winde in der Nähe der Einfahrt zur Meerenge sind in diesen Monaten aus NW bis NO; daher ist im allgemeinen vorzuziehen, die Küste bei Trafalgar anzusegeln.[1]

[1] Die Routen nach den Häfen an der Ostküste Nordamerikas und von diesen nach Gibraltar liegen stets im oder südlich vom größten Kreise. Der größte Kreis zwischen Gibraltar und New-York schneidet:

### Routen von Gibraltar nach den Kleinen Antillen.

718. Von Gibraltar aus halte man sich an die früher gegebenen Verhaltungen, um in den NO-Passat zu gelangen.

Im Jänner, Februar, März mache West zwischen 20 und 10° N.

Im April, Mai, Juni kreuze den Parallel von 25° N. in 23 oder 25° W., 20° N. in 30° W. West-Curs nehme zwischen 15 und 20° N.

Im Juli, August, September durchschneide den Parallel 25° N. in 25 oder 26° W. Lg., dann steure man so, um 20° N. in 35 oder 36° W. zu erreichen. Von da an oder auch etwas früher, halte man, wenn man nach den Antillen segelt, nach Steuerbord ab, und fahre gerade westwärts, sobald man im Parallel des Bestimmungsortes angelangt ist.

Im October, November, December durchschneide 25° N. in 25° W., 20° N. in 34 oder 35° W., und von da aus steure direct gegen den Bestimmungspunkt.

Ist der Bestimmungshafen im Golf von Mexico oder auf einer der Großen Antillen gelegen, so passirt man zwischen Antigua und Guadeloupe; vom April bis September kann man mit Rücksicht auf die mehr nordwärts gerückte NO-Passatzone, auch im Nord der Virgin Islands ansegeln.

Ist das Schiff nach einem der Häfen von Venezuela bestimmt, so lauft es zwischen St. Lucia und St. Vincent, oder zwischen Granada und Tabago ins Caraibische Meer ein.[1]

### Route von den Kleinen Antillen nach dem Golf von Mexico.[2]

719. Schiffe, welche nach dem Golf von Mexico segeln, können im allgemeinen auf eine westliche Strömung rechnen bis zum Canal von Yucatan. Sie steuern nach der Südküste Jamaicas, dann längs derselben und ihr nahe genug, um die Bank „Pedro de la Vibora“ zu vermeiden, sichten Cap Negril, passiren hierauf zwischen Klein- und Groß-Caiman und steuern endlich gegen die Caps Corrientes und San-Antonio (Cuba).

---

| Westlänge von Gr. | 20° | 30° | 40° | 50° | 60° |
|---|---|---|---|---|---|
| Nordbreite | 40° | 42° | 43° | 43° | 43° |

[1] Vor dem Ansegeln ist, mag die Bestimmung eine der Kleinen Antillen sein, oder mag dieselbe innerhalb des Caraibischen Meeres oder des Mexicanischen Golfes liegen, auf eine genaue Bestimmung der geographischen Breite Gewicht zu legen.

[2] Labrosse „Routes maritimes de la mer des Antilles et du golfe du Mexique.“

um in Sicht dieser zu gelangen. Auf dieser Route suche man Klein-Caiman etwas näher zu passiren als Groß-Caiman, den Parallel 19° 36′ N. in beiläufig 80° 45′ W. zu erreichen, und den Meridian von 83° W. in 20° 25′ oder 20° 30′ N., doch nicht nördlicher zu schneiden, um sicher zu sein, auf große Entfernung in S der Insel Pinos zu passiren. Sodann steuert man gegen Cap Corrientes, indem man der nach West laufenden Strömung Rechnung trägt.

Obige Route setzt voraus, dass man stets in der Lage war, den Schiffsort genau zu bestimmen. Sollte dies nicht der Fall sein, so wird es rathsamer erscheinen, Groß-Caiman in S zu passiren, und zwar soll man dies bei Tage thun.

Hat man das Land bei Cap Corrientes, dann Cap San Antonio gesichtet, steuert man derart, um an den Ostrand der Campeche-Bank zwischen 22° und 22° 30′ N. zu gelangen. Man soll Breiten-Bestimmungen so oft als möglich vornehmen, um den Moment zu bestimmen, in welchem man in die mit einer Geschwindigkeit von 2—3 Knoten nach N laufende Strömung eintritt. Diese Strömung trifft man gewöhnlich in 86° W., 50 oder 60 Meilen östlich der Bank, und ist selbe wohl in Rechnung zu bringen.

### Route von den Kleinen Antillen nach Gibraltar.

720. Von den Kleinen Antillen nach Gibraltar zurückkehrend, sucht man mit Steuerbord-Halsen am Winde möglichst nordwärts Weg zu gewinnen, um aus dem Bereiche des Passates in jenen der Westwinde zu gelangen.

Im Jänner, Februar, März sei man mit einem Segelschiff bestrebt, die Zone zwischen 25 und 30° N. und 55 und 65° W., sowie die Gewässer bei den Bermudas zu vermeiden, da dort Calmen häufig sind. — Es wird daher für ein Segelschiff vortheilhaft sein, 25° N. in West des Meridians 64 oder 65° W., 30° N. in ungefähr 68° W., endlich 35° N. in 65° W. zu schneiden; doch sei man auf der Hut, ostwärts von 65° W. zu gerathen, ehe man 35° N. erreicht hat. Von 35° N. u. 65° W. aus befolge man annähernd den Bogen eines größten Kreises, kreuze 37° 30′ N. in 58° W., 39° 30′ N. in 50° W., 41° N. in 35° W., 39° 30′ N in 20° W. und steuere sodann derart, um den Parallel von Trafalgar in 10° W. zu erreichen. Ein gemischtes Schiff wird die Reise kürzen, indem es im Bereiche der Calmen des Wendekreises des Krebses in 26 oder 27° N. vom Dampf Gebrauch macht. Es wird dann den Parallel 30° N. östlich von 60° W. schneiden, und von da aus mit günstigen Winden gegen die Meerenge steuern. 32° 30′ N. wird es in 40° W., 35° N. in 20° W. kreuzen.

Im April, Mai, Juni haben Segelschiffe die 2 Zonen der Calmen zwischen 25 und 30° N. und 45 und 50° W. einerseits, 55 und 60° W. andererseits zu vermeiden. Man wird den Parallel 20° N. in 63° W., 30° N. in 64 oder 65° W., 35° N. in 59 oder 60° W., 38° N. in 50° W., 40° N. in 40° W. zu durchschneiden suchen; sodann wird man auf dem Parallel 40° N. Ost machen. Der Parallel 39° N. ist endlich in 20° W., 36° 30′ N. in 10° W. zu kreuzen.

Im Juli, August, September wird ein Segelschiff, um die Calmen zwischen den Meridianen 48 und 65° W., und den Parallelen 25 oder 26 bis 35° N. zu vermeiden, westlich von den Bermudas passiren. Man wird demgemäß 30° N. westlich vom Meridian 65° W., 34° N. in beiläufig 67° W. zu erreichen suchen. Dann steure man nach folgenden Durchschnittspunkten: 37° 30′ N., 58° W. — 38° 45′ N., 50° W. — 40° N., 40° W. Den Parallel 40° N. verfolge man bis 26° W., schneide weiters 39° N. in 20° W. und den Parallel des anzusegelnden Landpunktes Trafalgar ist Spartel vorzuziehen) in 10° W.

Gute, gemischte Schiffe werden mit Steuerbord-Halsen so lange fahren, bis sie in 26 oder 27° N. Calmen und unstäten, flauen Brisen begegnen.

Unter Dampf werden sie alsdann 30° 30 N. in circa 54° W. gewinnen. Von da an werden sie günstige Winde treffen und unter Segel fahrend, 35° N. in 43° W., 37° N. in 30° W. schneiden, worauf sie gegen die Enge steuern.

Im October, November, December haben Segelschiffe nachstehende 2 Zonen thunlichst zu vermeiden: die eine zwischen den Parallelen 25 — 30° N. und den Meridianen 65 — 70° W., die andere zwischen 30 — 35° N. und 60 — 65° W. In diesen 2 Zonen stellen sich die Chancen, Calmen zu treffen, auf 10°/₀.

Man wird daher den Parallel 20° N. in beiläufig 63° W., 25° N. desgleichen nahe bei 63° W. zu erreichen trachten; sodann werden die Winde sich günstiger gestalten, und man wird für gewöhnlich in der Lage sein, den Parallel 30° N. zwischen 60 und 62° W., 35° N. in 50° W., 36° 30′ N. in 40° W. zu durchkreuzen; von da steure man gegen die Meerenge. Meistens segelt man bei Trafalgar die Küste an.

Gemischte Schiffe werden diese Route ohne großen Kohlenverbrauch kaum zu kürzen vermögen.

### Routen aus dem Golf von Mexico nach Gibraltar.

**721.** Schiffe, welche von einem Punkte innerhalb des Caraibischen Meeres, oder des Golfs von Mexico auslaufen, werden in der Regel den Florida-Strom[1] benützen, um in die Regionen der westlichen Winde zu gelangen; nur wenn vom October bis März die nördlichen Winde im Mexicanischen Meerbusen vorherrschen, kann auch der Weg durch den

---

[1] Die Passage durch den Canal von Florida verlangt Aufmerksamkeit, bietet aber keine großen Schwierigkeiten.

Man hat genau den Golf-Strom in Rechnung zu halten, welcher in der Richtung des Canals läuft, und zwar mit einer mittleren Geschwindigkeit von 1½ Knoten bis Caye de Sel (Sal-Cay), dann von beiläufig 3 Knoten; doch kann die Stromstärke auch 5 Knoten erreichen. Man hat keine Gelegenheit zu versäumen, um den Schiffsort mittelst astronomischer Beobachtungen festzustellen, und achte aufmerksam auf die Leuchtfeuer bei Nacht, auf die Seezeichen, Leuchtthürme, Wechsel der Farbe des Wassers bei Tage. Hat man Gegenwind, so soll man bei Nacht, unter gekürzten Segeln, Gänge von 3 bis 4 Stunden ungefähr, — mehr oder minder lang, je nach der Geschwindigkeit des Schiffes — machen, indem man hiebei trachtet, sich in der Mitte des Canales oder in seinem östlichen Theile zu erhalten. Wehen nördliche Winde seit längerer Zeit oder hören sie zu wehen auf, so drängen die Gewässer, welche in ihrer Bewegung nach Norden verzögert wurden, mit großer Heftigkeit nordwärts, und sind in solchen Fällen Stromgeschwindigkeiten von mehr als 6 bis 7 Knoten in der Stunde beobachtet worden.

Bevor man nicht sicher ist, das NW-Ende der Kleinen Bahama-Bank weit genug in Nord dublirt zu haben, soll man nicht anfangen, nach Ost abzuhalten. Bei Nacht kann der hohle Seegang aus NO oder Ost oft den Moment anzeigen, in welchem man außerhalb der Bänke angekommen ist. (Labrosse „Routes maritimes de la mer des Antilles et du golfe du Mexique“.)

Der Florida-Canal ist derart mit Leuchtfeuern ausgestattet, dass man, bei Nacht mit Gegenwind von Westen kommend, zwischen Sandy Cay, Sal-Cay bis Florida die Gänge so lange ziehen kann, bis man in Sicht eines Leuchtfeuers gelangt, worauf man — 15 bis 20 Meilen von denselben — die Halsen wechselt.

Man vermeide es aber, der Bänke und der östlichen Strömungen wegen, zuweit südöstlich zu kommen, und halte sich fortan eher westlich von der Mitte des Canals. Die Leuchtfeuer von Gun-Cay und Great-Isaac warnen vor den Bemini.

Das Sichten der weit erkennbaren Leuchtthürme ermöglicht bei klarem Wetter verlässliche Positions-Bestimmungen. Auf den gefährlichsten Riffen befinden sich Landmarken, diese sind Säulen 36 Fuß (11 M.) hoch, abwechselnd roth, weiß und schwarz angestrichen und mit Buchstaben bezeichnet.

Man wird jedoch gut thun, sich denselben auch bei schönem Wetter nur auf einige Meilen zu nähern, da man sonst leicht in die Gegenströmung geräth, was übrigens auch die von Blau in Grün wechselnde Farbe des Wassers anzeigt; doch kann auch dieses Zeichen versagen, wenn der warme Strom westlich über die Riffe streicht.

Zeigt das Loth seichten Grund bei unsicherer Position, so ankere man sofort und trachte die Position festzustellen, ehe man die Fahrt fortsetzt.

Windwärts-Canal in Betracht kommen, doch hat man darauf gefasst zu sein, hier häufig Gegenwind und Gegenstrom zu begegnen.

### Routen von Gibraltar zur Linie.[1]

722. Im Jänner, Februar und März hat man am Ausgange der Meerenge heftige Winde aus Süd, welche nach W und NW umspringen zu erwarten.

Ist man im Monate Jänner von Gibraltar ausgelaufen, so passire man zwischen Madeira und den Canaren, schneide den Parallel 30° N in 19° W., 25° N. in 20° W., 20° N. in 25° W.; segle westlich von den Capverdischen Inseln an diesen vorüber und kreuze 15° N. in 26 oder 27° W. Von da mache man Weg südwärts derart, um den Parallel 5° N. westlich vom Meridian 25° W. zu erreichen.

Auf der weiteren Fahrt zur Linie suche thunlichst nach Süd zu gewinnen; Calmen sind nun häufig. Sowie sich Südbrisen einstellen, nehme man Backbord-Halsen. Gewöhnlich bei 1° N. tritt der SO ein; auch dann suche man Weg nach Süd zu machen. Am besten erscheint es, die Linie bei 26° W. zu schneiden, doch braucht man sich nicht zu beunruhigen, wenn man erst in 30° W. die Linie kreuzt, da ein guter Segler auch dann Cap St. Roque leicht doublirt.

Im Februar fahre man bis 20° N. und 25° W., wie für den Jänner angegeben ist, halte sich dann westlich der Capverdischen Inseln, kreuze 15° N. in beiläufig 26° W., 5° N. etwas westlich von 25° W. Von da aus bis zur Linie suche Weg gerade nach Süd zu machen. Calmen werden zwischen 5° N. und der Linie häufig sein. Bei 1° N. ungefähr werden sich südliche Brisen einstellen, bis der SO-Passat durchbricht. Die Linie ist, wo möglich, wieder in 26° W. zu passiren.

Im März halte von Gibraltar aus dieselbe Route wie für den Jänner. Der Passat wird zwischen 15 und 20° W. und 30 — 35° N. angetroffen werden. Ist man in den Passat gelangt, so steure man so, um 18° 30′ N. in 25° W. und 5° N. in 26° W. zu schneiden. Zwischen 5° W. und der Linie sind Calmen zu erwarten; östlich von 25° W. ist jedoch die Wahrscheinlichkeit auf solche zu treffen, größer als westlich vom bezeichneten Meridian; man halte sich daher eher mehr nach Steuerbord als nach Backbord. In 3° N. und 26° W. ungefähr, wird man den NO-Passat verlieren, und etwas nördlich der Linie in den SO-Passat gelangen. In demselben mit Backbord-Halsen anliegend, suche man die Linie in ungefähr $26\frac{1}{2}$° W. zu schneiden.

[1] Mit Benützung der Instructionen des meteorologischen Institutes zu Utrecht, verfasst von Labrosse.

Im April wird man, von Gibraltar ausgehend, derart steuern, um 35° N. in 9° W. ungefähr zu schneiden, und um die Canaren in West zu passiren. Nachdem der Meridian 10° W. überschritten, wird man festen NO vorfinden. 20° N. wird man in 25° W., 10° N. in 28 oder 27° W. kreuzen. Hat man den Parallel 10° N. passirt, so trifft man bis 5° N. den Passat sehr veränderlich und zeitweise Calmen. Man mache Weg nach Süd soviel als möglich, doch halte man sich stets zwischen den Meridianen 26 und 30° W. 5° N. durchschneide man zwischen 27 und 28° W. Von 5° N. südwärts häufen sich innerhalb der bezeichneten Meridiane die Calmen bis zu 20%. In 4° N. ungefähr wird man Ende April und Anfangs Mai den NO-Passat verlieren, bei 3° 30′ N. innerhalb derselben Längen aber den SO-Passat treffen. Am Winde segelnd, suche man alsdann die Linie zwischen 27 und 28° W. zu passiren.

Im Mai halte man sich, nach der Ausfahrt aus der Meerenge, an die für April gegebenen Weisungen. In 30° N. 20° W. wird man den NO-Passat finden. Im NO-Passat steure man so, um 25° N. in 22° W., 20° N. in 25° W. zu schneiden, und um westlich von den Capverdischen Inseln zu passiren. Hat man diese passirt, halte man südwärts derart, um 10° N. zwischen 26 bis 27° W. zu erreichen.

So fortsteuernd, wird man den Passat bei 8° N. ungefähr verlieren. In der Calmzone mache man, soviel möglich, Weg nach Süd. 5° N. soll man jedenfalls westlich vom Meridian 25° W. kreuzen, um das sehr ungünstige Gebiet östlich von diesem Meridian zu vermeiden. Nachdem man 5° N. passirt hat und von der Calmzone frei geworden ist, suche man bei veränderlichen Winden aus SSW. S und SO so viel thunlich nach Süd Weg zu gewinnen. Man trachte, die Linie nicht weiter westlich als in 29° W. zu erreichen.

Im Juni ist die Route beiläufig dieselbe wie für Mai. Man passirt im Westen der Capverdischen Inseln, kreuzt 15° N. in circa 26½° W., 10° N. in 27° W. Von diesem letzteren Punkt bis 5° N. ist die Calmzone zu durchschneiden, man suche hiebei nach Süd möglichst Weg zu machen. Tritt SW-Wind ein, so nehme man Steuerbord-Halsen; doch sei man bestrebt, den Parallel 5° N. westlich vom Meridian 20° W. zu erreichen, um nicht in das Gebiet der Stillen und des SW-Monsuns der Küste Afrikas zu gerathen. Jenseits 5° N. trifft man bald den SO-Passat. Die Linie durchschneidet man gewöhnlich zwischen 26 und 27° W.

Geschieht die Ausfahrt von Gibraltar im Juli, so suche man zunächst soviel möglich nach West zu gewinnen, bis man den Meridian 10° W. kreuzt. Jenseits desselben sind eher günstige Winde und weniger Calmen zu erwarten. Sodann steure man so, um die Canaren westlich zu passiren, desgleichen die Capverdischen Inseln. Südlich vom Parallel 15° N. treten zeitweise Calmen ein und ist der Passat abflauend; mit Hülfe des letzteren suche man 12° N. zwischen 26 und 27° W. zu erreichen. Zwischen diesen Meridianen die Fahrt fortsetzend, wird man bei 10 oder 11° N. in den S- und SW-Monsun der Küste Afrikas gelangen. Man nehme Steuerbord-Halsen, doch durchschneide man keinesfalls den Parallel 5° N. so weit östlich als 18° W. Jenseits 5° N. wird man S- und SSO-Winde treffen. Man nehme Backbord-Halsen. Den Gleicher wird man beiläufig in 24° W. passiren.

Die gegebene Route erscheint umsomehr zu empfehlen, als zu dieser Zeit an der Amerikanischen Küste mehr südliche Winde herrschen.

Im August werden sich von Gibraltar auslaufende Schiffe bis in die Region der Passate nach den Verhaltungen richten, welche für den Juli gegeben worden sind. Man passire alsdann westlich und nahe den Capverdischen Inseln und kreuze den Parallel 15° N. zwischen 26 und 27° W., 11° N. in 27° W. Bei 11° N. hört im allgemeinen der Passat auf. Südlich von 11° N. gelangt man in den Bereich des S- und SW-Monsuns; zeitweise kommen hier Calmen vor. Man nehme Steuerbord-Halsen. Wechselt der Wind nach SSO oder SO, lege man das Schiff alsbald mit Backbord-Halsen an den Wind. Es ist als Regel festzuhalten, 5° N. nicht weiter östlich als in 20 oder 19° W. zu durchkreuzen. Südlich von 5° N. wird man Süd- und SO-Winde treffen, und alsdann mit Backbord-Halsen segelnd die Linie zwischen 22 und 24° W. durchschneiden.

Im September gelten für Schiffe, welche von Gibraltar auslaufen, für den Beginn der Navigation dieselben Weisungen, wie jene für den Monat Juli gegebenen. Man passire alsdann im West der Capverdischen Inseln und steure so, um den Parallel 10° N. zwischen 24 und 25° W. zu erreichen. Von da an trifft man auf wechselnde Brisen aus NO, O, SO, S und SW und kann man auf häufige Calmen rechnen. Bei NO, O und SO-Winde mache Weg südwärts mit Backbord-Halsen, bei S und SW mit Steuerbord-Halsen. Man trachte übrigens so viel als möglich den Meridian 20° W. nicht zu überschreiten, da östlich hievon die Chancen der Calmen sich erhöhen. Nach Passirung des Parallels 5° N. nimmt man Backbord-Halsen mit Winden aus S und SO und wird zwischen 21 und 25° W. zur Linie gelangen.

Im October werden Schiffe, welche von Gibraltar ausgelaufen sind, bei veränderlichen Brisen, doch meistens Winden aus NW sich soweit westwärts halten, um den Parallel 34° N. in ungefähr 11° W. zu schneiden; dann wird die Route genommen, um nahe den Canaren zu passiren, wo man NNO bis NNW Brisen treffen wird. Doch sei man in diesen Gegenden auch auf der Hut, gegen schwere Winde aus SO und SW. Man steure dann derart, um den Parallel 25° N. in 19 bis 20° W. 20° N. in 21° W. zu kreuzen. Vor dem Winde laufend wird man östlich der Capverdischen Inseln passiren; mit Winden aus NNO bis ONO wird man weiters 10° N. zwischen 23 bis 24° W. erreichen. Im Süden des Parallels 10° N. ist eine für die Schiffahrt sehr ungünstige Region, doch ist sie den benachbarten westlichen Regionen, welche nicht minder ungünstig sind, insoferne vorzuziehen, als man in die Lage gesetzt ist, von einer vortheilhaften Position aus in den SO-Passat einzutreten.

Bei häufigen Calmen wechseln im fraglichen Gebiete die Winde zwischen SO, S, SW, NO und O. Der Curs, welcher einzuhalten wäre, ist Süd; diesen Curs kann man mit NO- und Ostbrisen befolgen, mit S, SW (häufigste Richtung) und SSW lege man das Schiff mit Steuerbord-Halsen an den Wind. Wenn man 6 oder 7° N. in 23 oder 24° W. durchschnitten hat, wird man auf Winde vorherrschend aus S und SSO treffen, und derart steuern, um den Parallel 5° N. in 24 oder 25° W zu passiren. Die Linie wird man zwischen 26 und 28° W. durchschneiden.

Im November werden sich die aus der Meerenge kommenden Segelschiffe bis zu den Canaren nach den für October gegebenen Verhaltungen richten. Auch in diesem Monate haben sie auf ihrer Route zu den Canaren auf heftige Winde aus SW und SO gefasst zu sein. Nach Passirung der Canaren nehmen sie in der zweiten Hälfte des November die Route westlich der Capverdischen Inseln und schneiden den Parallel 10° N. etwas westlich von 25° W. Zwischen 10 und 5° N. wird man Calmen und variable Brisen vorfinden, vorherrschend werden aber östliche Winde sein; mit diesen sucht man so viel als möglich nach Süd zu gewinnen. Bei 6° N. ungefähr wird der Wind nach S zu drehen beginnen. Man wird alsdann Backbord-Halsen nehmen. Die Linie wird man westlich von 26° W. durchschneiden.

Zu Ende November und im December erscheint es empfehlenswert, die Linie so weit westlich zu passiren, weil der Wind näher der Küste Brasiliens zu dieser Zeit mehr östlich wird.

Im December ist für die aus der Meerenge segelnden Schiffe bis zu den Canaren dieselbe Route, wie für October zu befolgen. Auf dieser Fahrt sind besonders in diesem Monat Stürme aus SW und SO zu erwarten. Nachdem die Canaren passirt sind, kann man sich östlich oder westlich von den Capverdischen Inseln halten. Sodann suche man 10° N. in 25° W., 5° N. ebenfalls in ungefähr 25° W. zu schneiden. Südlich von der letzteren Position wird man nach und nach den NO-

Passat verlieren; derselbe flaut meistens bei 4° N. ab. Calmen werden häufiger. Man suche möglichst nach Süd Weg zu gewinnen; hiebei vermeide man es, östlich vom Meridian 25° W. zu gerathen, da östlich von diesem Meridian die Calmen noch häufiger werden. Bei 2° N wird man im allgemeinen auf den SO-Passat treffen. Mit Backbord-Halsen segelnd wird man alsdann die Linie, wenn möglich, zwischen 26 und 27° W. kreuzen.[1]

### Routen von der Linie zur Meerenge von Gibraltar.

723. Als allgemeine Regel kann Folgendes aufgestellt werden. Man kreuze die Linie zwischen 24 und 26° W von Greenwich. Mit Steuerbord-Halsen am Winde durchschneide man den NO-Passat; suche dann nach N Weg zu gewinnen, bis man bei oder polwärts von 35° N-Breite auf westliche Winde trifft, worauf man die Route nach der Meerenge von Gibraltar einschlägt.

Gemischte Schiffe werden die Reise kürzen, wenn sie, um aus den Regionen der Calmen und veränderlichen Brisen herauszukommen, von der Maschine Gebrauch machen.

Um nun zu einer näheren Beschreibung der Routen für die einzelnen Monate überzugehen, so ist zu bemerken, dass eine westliche[2] und östliche Route zu unterscheiden ist. Letztere eignet sich für Schiffe, welche nach Gibraltar bestimmt und gute Segler sind, sowie für gemischte Schiffe. Im allgemeinen dürfte die westliche Route, welche im Nachstehenden zuerst zur Darstellung kommt, als Regel gelten, doch soll man nie eine mittlere zwischen den beiden Routen wählen.

Im Jänner schneidet man die Linie bei 24° 30′ W. Den SO wird man in 2° N. und 25° W. verlieren; bis 5° N. werden Calmen häufig sein, bei 4° 30′ N ungefähr wird man NO-Brisen vorfinden. Man nehme Steuerbord-Halsen und schneide 10° N. in 28° 30′ W., 15° N. in 33° W. 20° N. in 36° W. Dann werden veränderliche Brisen eintreten, doch wird östlicher Wind vorherrschen. Den Parallel 25° N. kreuze man bei 37° W. Weiter polwärts werden Winde aus NNO bis OSO und von SSW, seltener zwischen WNW und WSW wehen. 30° N. soll man

---

[1] Bezüglich der von Baron Heerdt, Vorsteher der See-Abtheilung des Utrechter Instituts, im Jahre 1876 herausgegebenen Routen zur Linie siehe den Auszug aus der Tabelle der Schnittpunkte für Reisen vom Canal nach Java. (Von 30° N. bis 20° W. und 30—39° S im Atlantischen Ocean.) Seite 851.

[2] Die hier gegebene westliche Route ist mit Benützung der Instructionen des meteorologischen Instituts zu Utrecht verfasst von Labrosse.

zwischen 37 und 38° W zu erreichen suchen. Mit meistens südlichen Winden (aus SSW bis OSO) segelnd, durchschneide dann den Parallel 32° 45′ N. in 30° W. Weiter nördlich trifft man wieder auf veränderliche doch in der Regel günstige Brisen; man durchschneide den Parallel 34° N. in 25° W., 35° 30′ N. in 20° W. Von da steure gegen die Meerenge. Gewöhnlich segelt man Trafalgar an.

Im Februar passire die Linie in 24° W. Den SO wird man in 1° 30′ N. und bei 24° W. verlieren. Bis 5° N. werden häufige Calmen die Fahrt verzögern. Östliche Winde wird man in 3° N. und 25° W. begegnen. Man nehme Steuerbord-Halsen und schneide den Parallel 10° N. in 28° 30′ W., 15° N. bei 36° W., 20° N. in 41° W., 25° N. in 42° W. Veränderliche Brisen werden dann eintreten, doch vorherrschend aus ONO, OSO bis SSO, seltener sind Winde aus SSW bis NNW. Man trachte 30° N. in 40° W. zu erreichen, und nehme dann die Route gegen Gibraltar. Bei meistens günstigen Winden wird man 32° 30′ N. in 35° W., 33° 30′ N. in 30° W., 35° 30′ N. in 20° W. schneiden. Das Land wird gewöhnlich bei Trafalgar angesegelt.

Im März passire man die Linie bei 24° 30′ W. In 0° 30′ N. und 25° W wird man den SO verlieren, und Calmen werden bis 5° N. häufig sein; doch kann es vorkommen, dass man NO-Brisen schon in 2° oder 2° 30′ N. antrifft. Wenn möglich schneide man den Parallel 2° N. bei 25° W. Jenseits 5° N. wird man feste Ost- und NO-Brisen finden. Im Passat mit Steuerbord-Halsen segelnd, kreuze man 10° N. in 35° W., 15° N. in 40° W. Von da an wird man außer O und NO-Winden auch SO-Winden, wenn auch selten, begegnen. Man trachte den Parallel 20° N. in 41° W. zu passiren. Winde aus ONO und OSO werden alsdann den Parallel 25° N. in 41° 30′ W. erreichen lassen. Von diesem Punkte bis 30° N. wird man veränderliche Winde vorfinden überwiegend jedoch aus ONO bis OSO und SO, selten aus SSW bis NNW. Man suche 30° N. in 40° W., 32° 30′ N. in 35° W. zu kreuzen, und steure hierauf, wie für Februar gesagt worden ist.

Im April schneide die Linie in 24° W., der SO wird abflauen bei 1° 20′ N. und 25° W., und von da bis 5° N. werden Calmen häufig sein, doch kann man erwarten, bereits bei 2° 30′ bis 3° N. auf den NO-Passat zu treffen. Den Parallel 2° 30′ oder 3° N. durchschneide man bei 25° W., 10° N. in 32° 30′ W., weiters bei ständigem Passat mit Steuerbord-Halsen segelnd, 15° N. in 37° 30′ W., 20° N. in 40° W. Zwischen 20 und 25° N. sind die Winde aus ONO überwiegend, doch kommen auch Winde aus NNO, OSO und SSW und Calmen vor. Man trachte den Parallel 25° N. in 41° 30′ W. zu erreichen. Zwischen 25 und 30° N.

sind im Bereiche der Route die herrschenden Winde jene aus NNO, ONO, OSO; zuweilen kommen jedoch auch Winde aus SSW, WSW und WNW vor. Calmen sind nicht selten. Den Parallel 30° N. suche man ebenfalls bei 41° 30′ W. zu kreuzen. Den Parallel 35° N. durchschneide zwischen 39 und 40° W., 36° N. in 30° W.; von da steure mit meistens günstigen Winden, gegen die Meerenge.

Im Mai passire die Linie in 24° W. Der SO-Passat wird bei 2° 30′ N. und 26° W. zu wehen aufhören. Bis 5° N., welchen Parallel man zwischen 26° und 27° W. schneiden soll, wird man auf häufige Calmen treffen. Von da an wird mehr und mehr der NO-Passat zur Herrschaft kommen. Man durchschneide 10° N. in 30° 30′ W., 15° in 38° 30′ W., 20° N. in 41° W. Von diesem Punkte an wird man im Bereiche der Route dieselben Windverhältnisse vorfinden, wie selbe für April dargestellt worden sind. Man durchschneide 25° N. bei 41° W., 30° N. in 41° 30′ W. Weiters verhalte man sich, wie für den April angegeben ist.

Im Juni kreuze man die Linie bei 23° W., wenn man vom Cap der guten Hoffnung oder Cap Hoorn kommt, westlicher, wenn man von der Küste Südamerikas anlangt. In jedem Falle schneide man 5° N. bei 25° 30′ W. Hier wird man den SO verlieren und werden Brisen aus O und ONO, bisweilen aus N und S, sowie Calmen vorkommen. Man suche nach Nord Weg zu gewinnen, bis der NO-Passat einsetzt. Im NO-Passat, mit Steuerbord-Halsen anliegend, durchschneide man 10° N. zwischen 27° W. und 30° W., 15° N. in 30° 30′ W., 20° N. in 35° W. Von da bis 25° N., welchen Parallel man in 37° 30′ W. kreuze, wird man vorherrschend Winde aus ONO, bisweilen aus OSO, selten Calmen treffen. Den Parallel 30° N. durchschneide man in 40° 45′ W. Zwischen 25 und 30° N. sind Calmen schon weniger selten, die Winde sind aus ONO, SSO und aus SSW. Von 30° N. an bis 35° N., welchen Parallel man in 37° W. durchkreuze, werden die Windverhältnisse mehr und mehr günstig, und zwar je weiter man nördlich vorrückt, desto günstiger. 36° N. durchschneide man in 30° W., und steure von da, mit meistens günstigen Winden gegen den Punkt des Landes, welchen man ansegeln will (Trafalgar oder Spartel.).

Im Juli passire man die Linie in beiläufig 21° W., wenn man vom Cap Hoorn oder vom Cap der guten Hoffnung kommt, westlicher, wenn man aus einem der Häfen Brasiliens ausgelaufen ist. Mit S und SO-Brisen segelnd durchschneide man den Parallel 5° N. in 23° W. Von 5° N. an wird man Winde aus S und SW, zeitweise Calmen treffen. 10° N. kreuze man zwischen 24 und 25° W. Man trachte alsdann bei veränderlichen Brisen, — zeitweise treten auch Calmen ein — möglichst

Weg nach N zu gewinnen. Bei 12 oder 13° N. findet man gewöhnlich den NO-Passat. Mit Steuerbord-Halsen laufend, durchschneide man 15° N. zwischen 26 und 29° W. Nördlich von 15° N. weht der Passat vorherrschend aus NNO, wechselt aber auch zu ONO, Ost und OSO. 20° N. durchschneide man bei 32° W. Der Passat weht von da bis 25° N., welchen Parallel man bei 34° 30′ W. passire, aus NNO und ONO. Von 25° N. bis 35° N. trifft man zeitweise Calmen, und herrschen Winde aus ONO und OSO, wechselnd bis zu NNO und SSW. 30° N. durchkreuze man in 36° 30′ W., 35° N. in 35° 30′ W. Nach Gibraltar bestimmte Schiffe halten nun nach Steuerbord, und durchschneiden, meistens mit südwestlichen Winden segelnd, den Parallel von 36° N. in 28° W., 36° 30′ N. in 25° W., 37° 30′ N. in 20° W. Sodann wird die Route gegen den Punkt der Küste genommen, den man ansegeln will. (Besser Trafalgar als Spartel.) Vom letzten der oben erwähnten Durchschnittspunkte bis 15° W. sind die herrschenden Winde jene aus NO und dann Nordwinde. Südlich der Azoren und in der Nähe der Einfahrt zur Meerenge werden auch Calmen vorkommen.

Im August, wenn man vom Cap Hoorn oder vom Cap der guten Hoffnung kommt, durchschneide man die Linie zwischen 20 und 21° W., wenn man von einem der Häfen Brasiliens ausgesegelt, etwas mehr westlich. Den SO wird man bei 2° 30′ N. und 22° W. ungefähr verlieren. Zeitweise Calmen treten ein, die Winde sind vornehmlich aus S und SW bis 10° N. Nördlich von 10° N. findet man zeitweise Calmen vor; bei 12° 30′ N. und zwischen 25 und 28° W. wird man den Passat aus Ost und NO wehend, treffen. Man wird folgende Schnittpunkte zu gewinnen suchen. 5° N. bei 22° W., 10° N. bei 23° W., 15° N. bei 26° W., 20° N. in 30° 30′ W., 25° N. in 33° 30′ W. Nördlich von 27° 30′ N. wird der Passat aufhören constant zu sein; doch sind immerhin die Winde aus NNO und ONO überwiegend. Man trachte den Parallel 30° N. bei 34° W. zu erreichen. Weiter nordwärts drehen die NNO-Winde häufig nach OSO und SSO, selbst SSW. Man wird derart steuern, um 35 N. in 32° oder 31° W., 36° N. zwischen 28 und 30° W. zu kreuzen. Südlich der Azoren wird man zeitweise Calmen treffen. Die Winde sind jedoch hier meistens aus SSW und WSW. Mit Hilfe dieser Winde wird man den Parallel 36° 30′ N. in 25° W. passiren. Weiter nördlich und östlich sind die Winde vorherrschend aus NNW und SSW. Den Parallel von 37° 30′ N. oder 38° N. durchschneide man in 20° W. Von da an wird man die Route gegen die Meerenge nehmen. Die Windverhältnisse, welche man auf dieser Strecke vorfindet, sind nachstehende. Die herrschenden Winde zwischen 20 und 15° W. sind jene aus NO.

ausnamsweise gibt es Ost, NW und SW-Brisen. Zwischen 15 und 10° W. überwiegen die Winde aus N und ONO, bisweilen wehen auch NW-Winde. Von 10° W. an kommen Calmen vor. Die Winde sind aus NNO: seltener wehen Winde aus SO, NW, Ost und West.

Im September werden vom Cap der guten Hoffnung oder Cap Hoorn kommende Schiffe die Linie bei 22° W., Schiffe, welche von Brasilien anlangen, etwas mehr westlich passiren. In jedem Fall soll man trachten, 5° N. zwischen 22 und 23° W. zu erreichen. Bis 5° N. werden südliche Winde das Schiff begleiten, nördlich von diesem Parallel wird man auf den SW-Monsun und zeitweise auf Calmen treffen. Der Parallel 10° N. ist in 22° 30' W. zu passiren. Von hier bis ungefähr 11° N. mehren sich die Chancen der Calmen; bei 11° N. hat man zu erwarten, dass der SW-Monsun durch Winde aus NNW und NNO, ersetzt wird. Man sei bestrebt, so viel Weg nach Nord als möglich zu gewinnen. Hat man nach Westen zu den 25. Meridian passirt, so findet man vorherrschend Ost- und NO-Winde, nicht selten Calmen. Wenn man 15° N., welchen Parallel man gewöhnlich bei 26° 30' N. schneidet, erreicht hat, gelangt man ins Gebiet des ständigen Passates, der anfangs aus NNO weht, sowie man aber nördlich vordringt, meistens bis ONO raumt. Man kreuze alsdann den Parallel 20° N. in 29° W., 25° N. bei 32° W., 30° N. in 32° 30' W., 35° N. bei 32° W. Zwischen 25 und 30° N. wird der Passat wieder zwischen ONO und NNO veränderlich, und kommen bisweilen Calmen vor. Zwischen 30 und 35° N. sind Calmen sehr selten, die herrschenden Winde sind jene aus NNO, OSO, SSO, manchmal weht es auch aus SSW. Nachdem der Parallel 36° N. zwischen 28 und 30° W. passirt ist, werden die nach Gibraltar bestimmten Schiffe für den Rest der Reise den Weisungen pro August folgen.

Die Witterungsverhältnisse sind in den zu durchsegelnden Gewässern beiläufig dieselben, wie für August.

Im October durchschneide man die Linie zwischen 22 und 24° W. Man wird auf Calmen und auf zwischen SO und S veränderliche Brisen treffen. Den Parallel 5° N. soll man zwischen 25 und 26° W. passiren. Hier stirbt der SO-Passat ganz ab; Calmen sind häufig, die Brisen sehr veränderlich, doch überwiegend östliche. Den Parallel 10° N. durchschneidet man gewöhnlich in 26° W., wo man, aus Ost und NO wehend den Passat, selten Calmen vorfindet. Man nimmt Steuerbord-Halsen und durchschneidet 15° N. in 28° 30' W., 20° N. in 31° 30' W., 25° N. in 35° 30' W., 30° N. bei 36° W. Bis 20° N. wird der Wind aus O und ONO, von 20 bis 25° N. vornehmlich aus NO wehen, doch auch bis NNO und OSO ändern. Von 25 bis 30° N. trifft man auf NNO-, ONO-, OSO-Winde, bisweilen auch auf Winde aus SSW und WNW. Vom letzt aufgeführten Schnittpunkte aus segeln die Schiffe mit vorherrschend südlichen Winden, und zeitweiligen Brisen aus ONO, OSO, WNW und WSW derart, um den Parallel 35° N. in 32° 30' W. zu kreuzen. Von diesem Punkte aus wird man fast immer günstige Winde zur Fahrt nach Gibraltar finden, doch hat man die Vorsicht zu gebrauchen, 36° N. in 30° W. zu schneiden, und sodann während der ganzen Fahrt ostwärts nur wenig von dem Parallel 36° N. abzuweichen. Bei Gegenwind wird man es vorziehen, Steuerbord-Halsen statt Backbord-Halsen zu nehmen, um sich nicht dem Parallel 35° N. zu sehr zu nähern, da man hier Gefahr läuft, in ein Gebiet von Calmen und von weniger günstigen Winden zu gerathen. Man segelt gewöhnlich Trafalgar an.

Im November wird man die Linie zwischen 22 und 23° W. schneiden, wenn man vom Cap ankommt, etwas westlicher, wenn man von Brasilien ausgesegelt ist. Die Witterungsverhältnisse sind in diesen Regionen annähernd dieselben, wie die für den vorigen Monat angegebenen; die zu befolgende Route liegt etwas westlicher, als jene für den October beschriebene. Den SO-Passat, veränderlich bis S. wird man ungefähr bei 3° 30' N. und zwischen 25 und 26° W. verlieren. Bis 5° N., welchen Parallel man zwischen 25 und 26° W. schneiden wird, trifft man nicht selten auf Calmen. Die Häufigkeit der Calmen mehrt sich zwischen 5 und 6 oder 7° N., in welchen Breiten man Brisen aus OSO, O und NO begegnen wird. 10° N. wird man bei 26° W. kreuzen. Im Passat wird man mit Steuerbord-Halsen anliegen und 15° N. in 31° W., 20° N. bei 34° W., 25° N. in 36° W., 30° N. in 37° W. schneiden. Bis 15° N. wird man Winde aus Ost- und ONO-, von 15 bis 20° N. Winde variabel zwischen ONO und OSO, von 20 bis 25° N. Winde aus NNO, ONO und OSO, unterbrochen durch wenige Calmen, endlich von 25 bis 30° N. Winde aus NNO, ONO, OSO, bisweilen aus WNW und SSW vorfinden. Bei 30° N. und 37° W. angelangt, werden die Schiffe die Route verfolgen, welche für den October angegeben worden ist.

Im December durchschneide man die Linie je nach dem Abfahrtspunkt zwischen 23 und 25° W.; jedenfalls trachte man mit Hilfe der SO-Brisen, welche mit Südbrisen wechseln, den Parallel 3° N. in 25° W. ungefähr zu kreuzen. Weiter nordwärts wird man bis 5° oder 6° 30' N. nicht selten auf Calmen treffen. Die eben bezeichneten Parallele passire man in ungefähr 26° W. Von da an wird man den Passat veränderlich zwischen SO und NO, bisweilen auch Brisen aus S vorfinden. 10° N. kreuze man in ungefähr 27° W. Mit Steuerbord-Halsen segelnd, durchschneide den Parallel 15° N. in 33° W., 20° N. bei 37° 40′ W., 25° N. in 40° 30′ W., 30° N. in 41° W. Die Windverhältnisse gestalten sich auf dieser Strecke wie folgt. Hat man 17° 30′ Nord in 35° W. passirt, so trifft man Winde vorherrschend aus O, bisweilen Winde aus NO, selten Calmen. Zwischen 20 und 25° N. kommen Calmen vor, doch relativ selten, die Winde sind vorherrschend aus ONO, veränderlich bis zu OSO und NNO. Zwischen 25 und 30° N. sind die Calmen noch seltener, die Winde wehen aus NNO bis OSO, bisweilen aus WNW und SSW.

Nach Gibraltar bestimmte Schiffe können im allgemeinen den Parallel 30° N. etwas östlicher, z. B. in 40° W. schneiden. Von diesem Punkte ausgehend, werden sie Winde aus ONO, SO und SSW, selten Calmen vorfinden, und 43° 30′ N. in 35° W. erreichen. Sodann werden sie mit vorherrschenden Süd-Winden, die nur manchmal durch Winde östlicher oder westlicher Richtungen unterbrochen werden, den Parallel 45° N. in 31° W., 46° N. bei 29 oder 30° W. schneiden. Von diesem letztern Punkte aus werden sie mit in der Regel günstigen Winden gegen die Meerenge steuern. Gewöhnlich wird Trafalgar angesegelt.

Was die östliche Route[1] betrifft, von welcher Labrosse sagt, dass sie für gute Segler und gemischte Schiffe vortheilhaft ist, zumal dann, wenn sie nach Gibraltar zu fahren haben, so ist dieselbe für die Monate Jänner, Februar und März folgende:

Die Linie wird zwischen 21 und 22° W. passirt. Man trachte nordwärts Weg zu machen, um sobald als möglich den Parallel 5° N. bei 21° W. zu erreichen. Hier trifft man auf den Passat. Den Parallel 10° N. kreuze man in 25° W., 15° N. bei 26° W., 20° N. bei 28° 30′

---

[1] Labrosse behandelt diese Routen bei Besprechung der Routen von Gabon nach Frankreich. Dieselben dürften auch vornehmlich für Schiffe berechnet sein, deren Abfahrtsort im Busen von Guinea gelegen ist. Solche Schiffe werden zuerst südwärts steuern, und in der Nähe der Linie nach Westen laufen, um sodann je nach der Jahreszeit eine der östlichen Routen von der Linie nach Gibraltar einzuschlagen. Um hier mit wenigen Worten auch der Route von Europa nach Gabon zu gedenken, so sucht man zuerst den Passat auf. Wenn man innerhalb der Canaren passiren will, so wähle man den Canal zwischen den Inseln Palma und Hierro im Westen, Gomera im Osten. Man folgt dann der Afrikanischen Küste, sichtet Cap Vert. Vom Cap Vert bis Cap Palmas sind von October bis Mai die Winde günstig, von Mai bis September ungünstig. In letzterer Jahreszeit halte man sich fern [auf circa 2—300 Meilen] vom Lande. Man passirt dann in Sicht von Cap Palmas oder auf etwa 60 Meilen Entfernung von demselben, schließlich segelt man im günstigen Strom zwischen der Küste und 2—3° N. Breite.

W. oder 29° W., 25° N. in 31° W. Man verliert nun den Passat und trifft veränderliche Brisen. Man suche 29° N. in 30° W., 32° 30′ N. in 25° W., 35° N. in 20° W., 35° 30′ N. in 15° W. zu kreuzen, und nehme dann die Route gegen die Meerenge.

Im April, Mai, Juni kreuze man die Linie zwischen 10 bis 11° W. Mit günstigen Winden wird man 5° N. in 15° W. erreichen. Von da an bis 10° N. werden häufige Calmen vorkommen, die Winde aber günstig bleiben. Den Parallel 10° N. wird man bei 20° W. schneiden, dann wird man den Passat finden, und mit demselben eine nordwestliche Route halten. 15° N. wird man in ungefähr 25° W. passiren.

Der Passat wird nunmehr variabel zwischen NNO und ONO. Im allgemeinen wird es möglich sein, 20° N. in 27° W., 27° 30′ N. in 30° W. zu schneiden. Der Passat hört nun auf. Ein gemischtes Schiff wird unter Dampf nordöstlichen Curs nehmen, um den Parallel 35° N. zwischen 21 und 24° W. zu erreichen. Dann wird es, sich beiläufig in 36° N. erhaltend, unter Segel und mit gewöhnlich günstigem Winde der Meerenge zusteuern.

Mit einem Segelschiff wird man, von 27° 30′ N. und beiläufig 30° W. ausgehend, mit veränderlichen Brisen und bei seltenen Calmen nach NNW Weg zu machen und den Parallel 30° N. in 31° W. zu schneiden suchen. Hier wird man günstigere Winde treffen, und beiläufig im Meridian 31° W. nordwärts steuern bis 34° N. Den Parallel 34° 30′ N. schneidet man alsdann in 30° W. Calmen werden nun wieder häufiger. Man trachte so schnell als möglich 35° 30′ N. in 25° W. zu erreichen. Von da aus wird man meistens günstige Winde bis zur Meerenge haben, doch darf man auf seinem Wege nach Osten sich nicht südlich von 36° N. halten.

Im Juli, August und September passire man die Linie in 9 bis 10° W. Mittelst der südlichen Brisen wird man 5° N. in 15° W., 10° N. in 17° W. schneiden. Auf der Weiterfahrt wird man veränderliche Brisen von SSW bis NW vorfinden. Den Parallel 15° N. wird man in 20° W. zu passiren trachten. Wäre man gezwungen, westlich von 20° W. zu laufen, ehe man 15° N. erreicht hat, so würde man in ein Gebiet gerathen, wo Calmen häufiger sind. Nördlich vom letzterwähnten Durchschnittspunkte trifft man auf nordöstliche und bisweilen auch östliche Winde.

Mit Steuerbord-Halsen segelnd, suche man den Parallel 20° N. in 23° W., 25° N. in 26° W., 30° N. bei 29° W. zu durchschneiden.

Hier hört der Passat zu wehen auf. Segelschiffe werden nun mit den vorherrschenden Winden aus NNO bis ONO, die zeitweise mit SO-

und SSW-Winden wechseln, den Parallel von 35° N. in 31° W., 39° N. in 30° W. zu kreuzen trachten. Sodann werden sie bei meistens günstigen Winden den Parallel 40° N. bei 25° W. berühren und den Parallel 39° N. in 20° W., 37° 30′ N. bei 13° W, den Parallel des anzusegelnden Landpunktes (Trafalgar) in 10° W. schneiden.

Gemischte Schiffe werden in Regionen, wo Calmen häufig sind, von der Dampfkraft Gebrauch machen. Vom Durchschnittspunkte 30° N. und 29° W. ausgehend, werden sie, je nach den Umständen unter Dampf oder Segel fahrend, derart steuern, um die günstigen Winde in 35° 30′ oder 36° N. und 25 oder 24° W. aufzusuchen.

Im October, November, December wird man die Linie in beiläufig 22° W. schneiden. Von der Linie bis 2° 30′ N., welchen Parallel man in 25° W. kreuzen wird, trifft man Winde aus S und SO, auch Calmen. Man wird nord-nordwestlich steuern, bis man in das Gebiet des Passats gelangt. Wenn man sich westlich vom Meridian 25° W. hält, so wird man nicht viel behindert sein: man wird Brisen aus SO, veränderlich zu S und Ost begegnen, zeitweise werden Calmen eintreten. Nachdem man 5° N. in beiläufig 27° W. erreicht hat, wird man Weg nach Nord zu gewinnen suchen. Die Winde, welche man vorfindet, sind östliche Winde, veränderlich bis NO und Süd; Calmen unterbrechen häufiger die Brisen. Den ständigen NO-Passat wird man bei 10° N. und 27° W. (im October), bei 7° N. und 27° W. (im November), bei 5° N. und 27° W. (im December) treffen. Bis 15° N. weht der Passat meistens aus Ost, weiter nordwärts aus ONO bis NNO, den Parallel 15° N. trachte man bei 27° W., 20° N. bei 28° W. zu schneiden. Die Winde werden nun veränderlich von OSO bis NNO. Den Parallel 25° N. wird man in 30° W., 26 oder 27° N. in 31° W. ungefähr erreichen können. Von da an hat man Winde aus SSW, SSO, SO, ONO und zeitweise Calmen zu erwarten. Beiläufig im Meridian 31° W. wird man nordwärts bis 30° N. steuern. Man gelangt dann in ein Gebiet, wo Calmen kaum vorkommen. Es herrschen Winde aus S vor, zeitweise wehen Brisen aus ONO bis OSO, WNW bis WSW. Nach Gibraltar bestimmte Schiffe werden 34° N. in 31° W., 36° N. in 25° W. schneiden, und dann mit günstigen Winden die Route gegen die Meerenge nehmen.

Gemischte Schiffe können, sowie der Passat abflaut, — doch auf die Gefahr hin eine große Quantität Kohlen zu verbrauchen — die Kessel heizen, einen nordöstlichen Curs einschlagen, und je nach den Umständen unter Dampf oder Segel laufend, den Parallel 36° N. in 19° W. schneiden. Dann werden sie unter Segel bei günstigen Winden die Fahrt nach der Meerenge fortsetzen.

**Rathschläge des Kapitäns Toynbee bezüglich der Wahl des Durchschnittspunktes am Äquator.**[1]

Kapitän Toynbee gibt in den auf Grund der Monats-Karten, welche die meteorologischen Daten des Gebiets von 20° N. bis 10° S. und von 10 bis 40° W. umfassen, Weisungen bezüglich der Routen zum Schneiden der Linie im Atlantischen Ocean.

Für alle Monate gilt die Regel, dass die Schiffe mit der Bestimmung südwärts in West der Cap-Verden passiren sollen.

Jänner. Wenn auch der nordöstliche Wind bis zum Äquator, bis westlich des Meridians von 30° W. vorherrscht, und ein gut segelndes Schiff seine Reise zuweilen beschleunigt hat, wenn es den Äquator westlich von 30° W. geschnitten hat, so sind andere Schiffe doch an ihrem Vorwärtskommen durch den Einfluss des Festlandes behindert worden.

Die sicherste westliche Schnittgrenze für ein schlecht segelndes Schiff liegt zwischen 26 und 27° westlicher Länge.

Nach Norden bestimmte Schiffe sollten den Äquator stets zwischen 25 und 30° W. schneiden, sowohl um die leichten nordöstlichen Winde, welche zuweilen in diesem Monat nahe an der Südamerikanischen Küste wehen, zu vermeiden, als auch um den frischen NO-Passat, welcher in der angegebenen Länge zwischen 4 und 6° N., aber nicht weiter ostwärts herrscht, zu erreichen.

Februar. In ungefähr 26° W. müssen die Schiffe südlich steuern und sobald sie südliche Winde antreffen, diejenigen Halsen wählen, mit welchen sie am meisten Süd gewinnen; der Äquator darf jedoch nicht westlicher als 28° W geschnitten werden.

Nach Norden bestimmte Schiffe sollten den Äquator westlich von 25° W., und östlich von 30° W. schneiden. An die Südamerikanische Küste darf ein Schiff nicht zu nahe herankommen, da dort leichte nordöstliche Winde nicht ungewöhnlich sind.

März. Es erscheint am besten in diesem Monat den Äquator in 27 oder 28° W. zu schneiden. Nach Norden bestimmte Schiffe sollten den Äquator zwischen 26 und 30° W. passiren.

April. In ungefähr 26° W. muss südwärts gesteuert werden, und, sobald der Wind südlich einsetzt, werden jene Halsen gewählt,

---

[1] Remarks to accompany the monthly charts of meteorological data for the nine Ten-degree-squares of the Atlantic between 20° N. and 10° S. and from 10° to 40° W. long. 1876.

mit welchen man am meisten Süd gewinnt. Es ist gut den Äquator nicht westlich von 27 oder 28° W. zu schneiden.

Nach Norden bestimmte Schiffe sollten den Äquator zwischen 25 und 30° W. passiren.

Mai. Schlecht segelnde Schiffe sollen den Äquator nicht westlich von 25° W. schneiden.

Nach Norden bestimmte Schiffe sollten den Äquator zwischen 25 und 30° W. passiren.

Juni. In ungefähr 26° W. muss südlich gesteuert werden, und sobald der erste südliche Wind durchkommt, also ungefähr in 6° N., ist südöstlich zu halten. Der Äquator soll nicht westlicher als in 28° W. geschnitten werden; es wird sogar gut sein, den Äquator 2—3 Grade östlicher als 28° westliche Länge zu passiren.

Nach Norden bestimmte Schiffe sollten den Äquator zwischen 25 und 30° W. schneiden.

Juli. Sobald in ungefähr 10° N. der erste südliche Wind durchkommt, muss man südöstlich halten, um in dem nördlichen Theil der Region südlicher Winde so viel Ost als möglich zu gewinnen, da in der Nähe des Äquators der Wind östlicher wird, und südlich von 4° N. ein sehr starker westlicher Strom vorherrscht. Der Äquator soll nicht westlich von 25 bis 28° W. geschnitten werden.

Nach Norden bestimmte Schiffe mögen sich von der Länge leiten lassen, indem sie sich dem Äquator nähern; die von Osten kommenden Schiffe sollten zwischen 20 und 25° W. den Äquator schneiden, jedoch müssen sie suchen 25° W. in 10° N. zu kreuzen, da dort der NO-Passat frischer weht als weiter östlich. Von Westen kommende Schiffe sollen den Äquator in ungefähr 30° W. passiren und dann nördlich halten.

August. Sobald man in ungefähr 10 oder 12° N. den ersten südwestlichen Wind erhält, soll man nach SO zu steuern, und darf nicht die zwischen 10 und 4° N. herrschende östliche Strömung fürchten, da südlich von 4° N. eine starke westliche Strömung angetroffen wird. Zudem werden die südlichen Winde bei der Annäherung an den Äquator mehr östlich. Es ist rathsam den Äquator gut östlich, etwa in 25 bis 26° W., oder selbst noch 2 bis 3° östlicher zu schneiden.

Nach Norden bestimmte Schiffe sollen die Südamerikanische Küste meiden, da der Wind westlich von 33° W. leichter ist als östlich von diesem Meridian. 10° N. Breite sollen sie in 25° W. oder noch westlicher schneiden, weil man den NO-Passat auf diesem Wege früher und stärker treffen wird, als weiter östlich in der Nähe der Capverdischen Inseln.

September. Sobald in ungefähr 10 oder 12° N. der südwestliche Wind durchkommt, muss man nach SO halten: dieser Wind im Vereine mit der herrschenden östlichen Strömung wird ein Schiff rasch ostwärts bringen, und da südlich von 4° N. der vorherrschende Wind südöstlich und die Strömung westlich ist, dasselbe wieder rasch nach Westen versetzen. Den Äquator soll man in 26° W. oder noch östlicher passiren.

Nach Norden bestimmte Schiffe werden in der Nähe der Südamerikanischen Küste wahrscheinlich keine nordöstlichen Winde antreffen, und ist denselben zu empfehlen, den Äquator östlich von 30° W. zu schneiden. Von Osten kommende Schiffe sollten den Äquator in ungefähr 25° W. kreuzen.

October. Nachdem die Capverdischen Inseln in West passirt sind, haben die Schiffe nach Süd zu steuern bis sie den ersten südwestlichen Wind in ungefähr 8 oder 7° N. antreffen. Von da müssen sie nach SO zu halten, bis der Wind wieder ändert, so dass sie über Backbord-Halsen hauptsächlich Süd gewinnen. 28° W. scheint der beste Schnittpunkt für Passirung des Äquators zu sein.

Nach Norden bestimmte Schiffe finden südlich des Äquators zwischen 25 und 30° W. stärkere Winde als in jeder anderen Länge. Nachdem sie den Äquator geschnitten haben, finden sie sowohl den südlichen Wind als auch den NO-Passat stärker, und letzteren mehr östlich in der vorhererwähnten Länge als weiter ostwärts.

November. Nachdem man die Capverdischen Inseln passirt hat, wird man gut thun etwas ostwärts zu halten, so dass man 6° N in 25° W. schneidet: sobald der südliche Wind durchkommt, soll man jene Halsen wählen, mit welchen man hauptsächlich Süd gewinnt. Den Äquator soll man, wenn irgend möglich, nicht westlicher als in 29° W. schneiden. Übrigens darf ein gut segelndes Schiff nicht Furcht haben, wenn die Umstände es dazu zwingen, den Äquator in 31° W. zu kreuzen.

Nach Norden bestimmte Schiffe sollten den Äquator zwischen 25 und 30° W. schneiden.

December. Nachdem man die Capverdischen Inseln passirt hat, muss man ostwärts halten, damit man in ungefähr 25° W. oder etwas östlicher den SO-Passat erreicht, dann über denjenigen Bug liegen, über welchem man am meisten nach Süd gewinnt. Da auf dieser Route die vorherrschende Strömung westlich ist, so sollte ein schlecht segelndes Schiff, welches stark abtreibt, noch mehr nach Osten zu halten, ehe es den SO-Passat erreicht. Der Äquator soll nicht westlich von 29° W. geschnitten werden.

Nach Norden bestimmte Schiffe sollten den Äquator zwischen 25 und 30° W. schneiden.

## Routen im Südatlantischen Ocean.

### Route von der Linie nach dem Indischen Ocean.

725. Innerhalb des SO-Passates ist die Route vom Winde vorgeschrieben. Je nach dessen Richtung wird man südlichen oder südwestlichen Curs halten, bis man den Passat verliert. Dann steure man recht südlich bis man ins Gebiet der westlichen Winde gelangt. Bisher ist die Route für die Schiffe, welche nach dem Cap der guten Hoffnung, Indien, Australien segeln, dieselbe. Im weiteren Verlauf trennen sich die Routen je nach dem Bestimmungsort und dem Parallel, welcher gewählt wird, um Länge nach Ost abzulaufen.

Schiffen mit der Bestimmung nach dem Indischen Ocean kann Nachstehendes zur Richtschnur dienen:

Hat man im Jänner die Linie zwischen 26 und 27° W. passirt, so steure man soviel als möglich derart, um 5° S. in 30° W., 10° S. bei 31° 40′ W., 20° S. in 32° W., 25° S. in 30° 30′ W., 30° S. bei 28° W., 35° S. bei 23° W., 40° S. in 10° W., 40° 45′ S. in 0° Länge zu schneiden. Bezüglich der Winde während dieser Fahrt ist zu bemerken, dass von der Linie ausgehend man sich wegen Doublirung des Cap St. Roque nicht zu beunruhigen braucht, da der SO-Passat in dem Maße östlicher wird, als man sich der Amerikanischen Küste nähert. Weiter südlich zwischen 15 und 25° S. wechselt der Wind von SO nach NO und N, endlich jenseits 25° S. bis NW. Zwischen 25 und 35° S. sind herrschend Winde aus NO, N und NW; südlich von 35° S. wird man stetige westliche Winde treffen.

Nach Kreuzung des Meridians von Greenwich in 40° 45′ S. steure man Ende Jänner oder am Anfange des Februar mit günstigen Winden derart, um 41° 30′ S. in 10° Ost, 42° 30′ S. in 20° Ost zu schneiden.

Wird die Linie im Februar durchschnitten, so soll dies in 25 bis 26° W. geschehen. Nachstehende Durchschnittspunkte sind weiters, soweit möglich, zu passiren: 5° S. in 28° W., 10° S. bei 30° W., 20° S. in 31° 30′ W., 25° S. in 30° 30′ W., 30° S. bei 28° 40′ W., 35° S. in 22° 30′ W., 40° S. in 10° W. und 42° S. in 0° Länge. Von da steure man, Ende Februar oder am Anfange März, mit günstigen Winden derart, um 43° S. in 10° Ost, 43° 30′ S. in 20° Ost zu kreuzen.

Das über die Windverhältnisse im Jänner Gesagte gilt auch für den Februar.

März. Im März ist die Linie in beiläufig 26° W. zu kreuzen. Auf der Weiterfahrt soll man wo möglich 5° S. bei 28° 40′ W., 10° S. bei 31° W., 15° S. bei 31° 40′ W., 20° S. in 31° 30′ W., 25° S. bei 30° W., 30° S. bei 27° W., 35° S. bei 23° W., 40° S. in 10° W., 41° 30′ S. in 0° Länge schneiden. Von da wird man Ende März oder am Anfange des April mit günstigen Winden derart steuern, um 42° 30′ S. in 10° Ost, 42° 45′ S. in 20° Ost zu erreichen.

Bezüglich der Windverhältnisse gilt das früher erwähnte.

April. In diesem Monat passiren die Schiffe die Linie zwischen 26 und 27° W, oder östlicher, wenn thunlich. Die Durchschnittspunkte, welche man, wo möglich, einhalten soll, sind: 5° S. in ungefähr 29° W., 10° S. in 31° W., 15° S. in 32° W., 20° S. in 33° W., 25° S. bei 32° W., 30° S. bei 28° W., 35° S. bei 21° W., 40° 45′ S. in 0° Länge.

Die Windverhältnisse während dieser Fahrt werden sich wie folgt gestalten: Von 0—15° S, SO-Wind, von 15 bis 20° S., vornehmlich OSO und ONO, von 20 bis 25° S. vorherrschend Ost, veränderlich bis zu S und NW, von 25 bis 30° S., Winde von SO, Ost, NO, N, NW. Jenseits 30° S. wird man, insolange man nicht den Meridian 25° W. östlich passirt hat, Winde von Ost, NO, N, NW, vorfinden; hat man 25° W. passirt, wird man auf SSO-, NO-, NNW-, bisweilen auch auf SW- und W-Winde treffen. Bei 35° S. werden sich dauernde westliche Winde, zumal aus NW einstellen.

Vom Durchschnittspunkte 40° 45′ S. Breite u. 0° Länge nehme man am Ende April, Anfang Mai mit günstigen Winden Curs, um 42° S. in 10° Ost, 42° 45′ S. in 20° Ost zu schneiden.

Für die Monate Mai und Juni sind die Routen in nachstehender Tabelle gegeben. Die für Mai angesetzte Route gilt für Schiffe, welche die Linie Ende April oder in der ersten Hälfte des Mai passiren, jene für Juni gegebene für Schiffe, welche Ende Mai oder in der ersten Hälfte des Juni die Linie durchschneiden.

| Zeit des Durchschnittes der Linie | Breiten Süd | | | | | | | | | | | |
|---|---|---|---|---|---|---|---|---|---|---|---|---|
| | Linie | 5° | 10° | 15° | 20° | 25° | 30° | 35° | 39° 30′ | 40° | 40° 15′ | 40° 45′ |
| | W | W | W | W | W | W | W | W | W | W | O | O |
| Mai . | 27° 10′ | 29° 30′ | 31° 30′ | 33° 30′ | 34° 45′ | 33° | 28° | 17° 15′ | 0° | — | 10° | 20° |
| Juni . | 28° | 29° 30′ | 32° | 33° 30′ | 33° 30′ | 32° 15′ | 31° 45′ | 22° 30′ | — | 0° | 10° | 20° |

Die Windverhältnisse, welche man während der Reise treffen wird, sind dieselben, wie für April.

Juli. Schiffe, welche die Linie gegen Ende Juni oder im Juli kreuzen, sollen dies zwischen 26 und 27° W. thun, doch, wenn möglich, nahe dem ersteren Meridian. Sie werden alsdann derart zu steuern trachten, um den Parallel 5° S. bei 28° 40′ W., 10° S. bei 31° W., 15° S. in 33° W., 20° S. bei 33° 40′ W., 25° S. bei 32° 40′ W., 30° S. in 29° W., 35° S. bei 20° W., 40° S. in 0° Länge zu passiren.

Von der Linie bis 12 oder 13° S. wird man SO-Wind, von 13 bis 17° S. Winde aus OSO und Ost treffen, von 17 bis 20° S. werden die südöstlichen Brisen häufig durch Winde aus NO unterbrochen. Zwischen 20 und 25° S. gehen die SO-Winde in Ost, NO und N. bisweilen auch in NW über. Jenseits 25° S. ist der Übergang aus dem SO über Ost zum NW noch markirter: die herrschenden Winde sind noch östliche und nördliche, bis man 25° W. in 32 oder 34° S. passirt hat, worauf man ins Gebiet der westlichen Winde eintritt, und vornehmlich NW-Winden begegnet. Mit den westlichen Winden laufend, wird man 40° 30′ S. in 10° Ost, 41° S. in 20° Ost kreuzen.

August und September. Für diese zwei Monate sind die Routen in der folgenden Tabelle enthalten. Hiebei ist angenommen, dass die Schiffe den Äquator im August, beziehungsweise im September passiren.

Die Kreuzungspunkte sind gegeben, um als Anhalt bei Anlegung der Route zu dienen.

Die Windverhältnisse in den verschiedenen Breiten sind analoge wie im Juli.

| Zeit des Durchschnittes der Linie | Breiten Süd | | | | | | | | | | | |
|---|---|---|---|---|---|---|---|---|---|---|---|---|
| | Linie | 5° | 10° | 15° | 20° | 25° | 30° | 35° | 40° | 41° | 41° 15′ | 42° 15′ |
| | W. | W. | W. | W. | W. | W. | W. | W. | W. | W. | W. | W. |
| August | 21° | 28° | 31° | 32° 30′ | 33° 45′ | 32° | 27° 40′ | 19° | 2° 30′ | 10° | 20° | — |
| September | 23° | 27° | 29° 30 | 31° 30′ | 32° | 30° | 27° 40′ | 22° 30′ | 1° 10′ | 7° | 9° 20′ | 20° |

October, November, December. Für diese drei Monate sind die nach Thunlichkeit einzuhaltenden Schnittpunkte aus der nachstehenden Tabelle zu ersehen. Hiebei wird von der Annahme ausgegangen, dass die Schiffe die Linie in den besagten Monaten passirt haben.

| Zeit des Durchschnittes der Linie | Breiten Süd | | | | | | | | | | |
|---|---|---|---|---|---|---|---|---|---|---|---|
| | 0° | 5° | 10° | 15° | 20° | 25° | 30° | 35° | 40° 45' | 42° 15' | 42° 30' |
| | W. | W. | W. | W. | W. | W. | W. | W. | W. | Ost | Ost |
| October . . . | 25° | 28° | 29° 40' | 30° 30' | 31° 30' | 30° | 27° 10' | 21° | 0 | — | — |
| November . . | 28° | 32° | 32° | 30° 40' | 30° | 29° | 26° 40' | 20° 30' | 0 | 15° | 20° |
| December . . | 27° | 30° | 31° 10' | 32° | 30° 30' | 29° | 27° | 22° 40' | 1° | 20° | — |

Bis 10° S. ist der SO stetig, zwischen 10 und 13° S. wechselt er bis Ost. Zwischen 13 und 20° S. trifft man OSO- und ONO-Winde. Von 20 bis 25° S. wird man statt südöstlicher Winde häufig Ost- und NO-Winde vorfinden. Zwischen 25 und 30° S. geht der Passat nach und nach in O, NO, N über. Bisweilen weht es aus SW, am häufigsten aus NO und N. Zwischen 30 und 35° S. kommen SO-Winde noch häufig vor, vorherrschend sind jedoch Winde aus Ost, NO, N bis NW. Jenseits 35° S. gelangt man in die Region der westlichen Winde.

Die Route ist vornehmlich zwischen 25 und 35° S. möglichst genau einzuhalten, um nicht durch einen östlicheren Curs in ein Gebiet zu gerathen, wo Calmen sehr häufig sind.

## Auszug aus der Tabelle der Schnittpunkte für die Reisen vom Canal nach Java.

Von Baron von Heerdt, Vorsteher der See-Abtheilung des Institutes zu Utrecht.

(Von 30° N. bis zur Linie und von der Linie bis 20° W. u. 30—39° S. und im Atlantischen Ocean.)[1]

| Wenn man den Englischen Canal verlässt im Monat | so schneide man | | | | | | | | |
|---|---|---|---|---|---|---|---|---|---|
| | 30° N. | 15° N. | 10° N. | 5° N. | den Äquator | 5° S. | 20° S. | 30° S. | 20° W. Länge |
| November . . | in 19½° W. oder westlicher | — | — | in 25° W. oder westlicher | — | zwischen 30° und 32° W. | zwischen 31° und 34½° W. | zwischen 25° und 30° W. | zwischen 35½° und 38½° Südbr. |
| December . . | in 18½° W. oder östlicher | in 24° W. oder östlicher | — | in 24° W. oder östlicher | — | zwischen 28° und 32½° W. | zwischen 29° und 33° W. | zwischen 26° und 30° W. | zwischen 33½° und 38° Südbr. |
| Jänner . . . . | zwischen 18½ und 20° W. | zwischen 24½° und 26° W. | in 26° W. oder westlicher | in 24° W. oder westlicher | in 25½° W. oder westlicher | in 26½° W. oder westlicher | zwischen 29½° und 32° W. | Zwischen 22° und 30° W. | zwischen 32° und 36½° S. |
| Februar . . . | in 19½° W. oder westlicher | in 25° W. oder westlicher | zwischen 20½° und 25° W. | zwischen 20½° und 23½° W. | — | zwischen 22½° und 26° W. | zwischen 28½ und 31° W. | zwischen 23° und 32° W. | zwischen 34½° und 37° S. |
| März . . . . . | zwischen 18½ und 21° W. | in 25° W. oder westlicher | — | zwischen 22½° und 24½° W. | — | zwischen 24½° und 27½° W. | zwischen 29° und 32° W. | zwischen 20° und 27° W. | zwischen 30° und 37° S. |
| April . . . . . | zwischen 19° und 21½° W. | in 25° W. oder westlicher | zwischen 24½° und 26° W. | — | zwischen 23° und 28° W. | zwischen 27° und 29° W. | zwischen 32½ und 35° W. | in 29½° W. oder westlicher | zwischen 30° und 37° S. |

[1] Annalen der Hydrographie, 1877.

| Wenn man den Englischen Canal verlässt im Monat | so schneide man | | | | | | | |
|---|---|---|---|---|---|---|---|---|
| | 30° N. | 15° N. | 10° N. | 5° N. | der Äquator | 5° S. | 20° S. | 30° S. | 30° W. Länge |
| Mai . . . . | in 19½° W. oder westlicher | in 25° W. oder westlicher | in 24° W. oder westlicher | in 23° W. oder westlicher | zwischen 26° und 28½° W. | in 29½° W. oder östlicher | in 33° W. oder östlicher | zwischen 18° und 28½° W. | |
| Juni . . . . . | in 19½° W. oder westlicher | in 25½° W. oder westlicher | zwischen 28½° und 26° W. | zwischen 16° und 21½° W. | zwischen 22° und 25½° W. | zwischen 24½° und 30° W. | zwischen 28° und 32° W. | in 29° W. oder westlicher | in 36° S. oder südlicher |
| Juli . . . . . | in 20° W. oder westlicher | in 25° W. oder westlicher | zwischen 23° und 25½° W. | zwischen 14½° und 19° W. | in 23° W. oder östlicher | zwischen 19° und 28½° W. | zwischen 24° und 32° W. | zwischen 29° und 35° W. | in 35½° S. oder südlicher |
| August . . . . | zwischen 17° und 19½° W. | zwischen 25° und 27° W. | zwischen 23½° und 26½° W. | — | zwischen 18½° und 22° W. | zwischen 21° und 27° W. | zwischen 28° und 35° W. | zwischen 28° und 30° W. | zwischen 30° und 33° S. |
| September . . | zwischen 19½° und 21° W. | in 24½ W. oder östlicher | in 23½ W. oder östlicher | — | in 27° W. oder westlicher | in 30½° W. oder westlicher | in 32° W. oder westlicher | zwischen 21° und 35° W. | zwischen 34° und 38½° S. |
| October . . . | in 19½° W. oder westlicher | zwischen 24° und 27° W. | zwischen 24½° und 28½° W. | in 23½° W. oder westlicher | in 27½° W. oder westlicher | in 29½° W. oder westlicher | zwischen 28½ und 33° W. | zwischen 20° und 30° W. | zwischen 30° und 33½° S. |

Anmerkung. Der Meridian von Greenwich ist stets gut südlich bei 38° bis 40° Südbreite zu schneiden.

**Routen um das Cap der guten Hoffnung von West nach Ost.**

726. Das Cap der guten Hoffnung ist von West nach Ost in beiläufig 40° S. im allgemeinen leicht zu passiren. Im Sommer der Süd-Hemisphäre von September bis Mai, besonders in den Monaten December, Jänner und Februar wird man sich mehr südlich halten. Bei 40 und 41° S. wird man fast immer westliche Winde treffen, während zu dieser Zeit in den Umgebungen des Cap SO-Winde herrschen, und die Cap-Strömung sich mehr nach Süden ausdehnt. Im Winter der Süd-Hemisphäre sind aber die Westwinde die herrschenden und die Cap-Strömung reicht weniger südwärts; es ist daher nicht nothwendig, sich in so südlichen Breiten zu halten. Auf Treibeis ist immer auszuschauen, besonders aber in den Monaten September und October.

**Routen um das Cap der guten Hoffnung von Ost nach West.**

727. Bezüglich der Passage um das Cap der guten Hoffnung lassen sich ebenso wenig, wie für jene ums Cap Hoorn, präcise Weisungen geben. Labrosse gibt folgende allgemeine Verhaltungen:

Nach Dublirung der Insel Madagascar im Süden steuert man gegen die Afrikanische Küste, um das Land zwischen Cap Natal und der Bucht von Algoa zu sichten. Es wird hiebei auf die Strömung zu achten sein, welche hier mit einer veränderlichen Geschwindigkeit von 48 bis 96 Meilen in $24^h$ im allgemeinen nach SW lauft. Nach Sichtung des Landes wird man, bei Zulass der Umstände, längs der Küste segeln, indem man sich während des südlichen Sommers oder bei schönem Wetter auf 20 bis 40 Meilen, während des südlichen Winters oder bei schlechten Wetteranzeichen auf 40 bis 60 Meilen vom Lande hält. Vom Meridian von Algoa angefangen, hängt die einzuschlagende Route für Dampfer sowohl, als Segelschiffe von den Winden ab; es erscheint jedoch vortheilhaft, bis zum Nadel-Cap, wenn möglich, auf Entfernungen zwischen 20 bis 70 Meilen vom Lande zu bleiben.

Für Segelschiffe ist als Grundsatz festzuhalten, bei maniablem Winde jenen Bord zu wählen, der nach Westen an Weg gewinnen lässt. Man soll sich jedoch nie auf weniger als 18 oder 15 Meilen dem Lande nähern.

Auf diese Weise kann man bei Winden aus SO—SW oder NW bis NNW, von der nach West laufenden Strömung begünstigt, hoffen, das Cap in kurzer Zeit zu dubliren. Die Strömung ist zwar nahe am südlichen Rande der Bank stärker, als näher am Lande, doch dürften die Winde längs der Küste weniger heftig sein, als mehr südwärts in hoher See; auch wehen sie fast niemals gerade gegen die Küste, so dass bei entsprechender Vorsicht die Nähe des Landes nicht zu fürchten ist.

Endlich scheint der Wellengang in der Nähe des Landes weniger stark zu sein, als mehr seewärts. Die besprochene Route ist jene, welche von den Handelsschiffen meist befolgt wird.

Trifft ein Segelschiff zwischen den Meridianen von Algoa und dem Nadel-Cap auf anhaltende SW- oder WSW-Winde bei gutem Wetter, so nimmt es Backbord-Halsen und hält diesen Bord bis auf 20 oder 15 Meilen vom Lande. Sind die Wetteranzeichen hingegen drohend, so wird man wenden, und in einer Distanz zwischen 20 und 50 Meilen von der Küste laviren, indem man alle Änderungen des Windes auszubeuten sucht. Wenn während der Fahrt auf der Strecke zwischen Algoa und dem Nadel-Cap Winde einsetzen, welche eine Entfernung vom Lande bedingen, z. B. Winde aus WNW oder NW, so zaudere man nicht die Halsen zu nehmen, welche nach West gewinnen lassen.

Sowie der Wind aus NW oder WNW stetig weht, soll man daher mit Steuerbord-Halsen segeln, so lange dieser Wind dauert. Setzt ein solcher Wind in der Nähe der Algoa-Bai ein, und hält derselbe an, ohne zu heftig zu werden, so begünstigt er die Fahrt auch insoferne, als man eine Route nahe dem Rande der Bank verfolgen kann, wo die Strömung am stärksten ist. Stürme und schwere See hat man südlich von 40° S. nicht so häufig beobachtet, als nördlich dieses Parallels. Demungeachtet erscheint es für jene Schiffe, welche aus dem Indischen in den Atlantischen Ocean segeln, räthlich, sich nicht von der Nadel-Bank zu entfernen, wenn nicht die herrschenden Winde dies bedingen. Es kann übrigens als gewiss gelten, dass während und nach West-Stürmen der Seegang in der Nähe des Randes der Nadel-Bank am bedeutendsten ist. Schließlich bemerkt Labrosse, dass man um das Cap der guten Hoffnung zu dubliren, nach NW nicht früher abhalten soll, bevor man nicht sicher ist, weit genug nach West gelangt zu sein. Wenn man sich in Nord von 36° S. befindet, kann man nach NW segeln, sobald das Loth keinen Grund mehr findet.

Ist man in S von 36° N., so setze man nach einigen Stunden fort zu lothen, wenn man auch den Grund verloren hat, weil es bisweilen vorkommt, dass man wieder Grund findet, was ein Anzeichen wäre, dass man noch nicht weit genug westwärts vorgedrungen ist.

## Mittlere Routen der Schiffe, welche das Cap der guten Hoffnung von Ost nach West dubliren.

(Nach den Ausarbeitungen des Observatoriums zu Utrecht.)

| Monat | Breiten der Durchschnitte der Meridiane von | | | | | | | | | | | | Dauer der Reise |
|---|---|---|---|---|---|---|---|---|---|---|---|---|---|
| | 45° O. | 40° O. | 35° O. | 30° O. | 28° O. | 26° O. | 24° O. | 22° O. | 20° O. | 18° O. | 16° O. | 14° O. | |
| | S. ° ' | S. ° ' | S. ° ' | S. ° ' | S. ° ' | S. ° ' | S. ° ' | S. ° ' | S. ° ' | S. ° ' | S. ° ' | S. ° ' | |
| Jänner . . . . | 30 15 | 31 | 32 15 | 33 30 | 34 | 34 45 | 35 | 35 15 | 35 15 | 35 | 34 | 32 45 | 12·5 |
| Februar . . . | 30 | 31 | 32 15 | 33 15 | 34 | 34 30 | 35 | 35 15 | 35 15 | 34 45 | 33 30 | 32 | 12·0 |
| März . . . . . | 29 45 | 30 30 | 31 30 | 33 30 | 34 30 | 34 45 | 35 | 35 15 | 35 | 35 | 34 | 32 30 | 13·5 |
| April . . . . . | 30 | 30 45 | 31 30 | 33 | 34 | 34 30 | 35 | 35 | 35 15 | 35 | 34 15 | 32 30 | 14·6 |
| Mai . . . . . | 29 15 | 30 | 30 45 | 32 45 | 33 45 | 34 30 | 35 | 35 15 | 35 30 | 35 | 33 30 | 32 | 17.3 |
| Juni . . . . . | 30 15 | 30 30 | 32 | 33 30 | 33 45 | 34 45 | 35 15 | 35 30 | 35 45 | 35 15 | 34 | 32 45 | 17·4 |
| Juli . . . . . | 28 | 29 30 | 30 45 | 33 | 33 45 | 34 45 | 35 | 35 30 | 35 30 | 35 | 34 | 32 15 | 16·6 |
| August . . . . | 28 15 | 29 15 | 30 45 | 33 15 | 34 | 34 30 | 35 | 35 30 | 35 30 | 35 | 34 | 32 30 | 15·6 |
| September . . | 28 45 | 30 | 31 30 | 33 | 34 | 34 30 | 35 | 35 15 | 35 15 | 35 | 33 45 | 32 30 | 15·3 |
| October . . . | 29 | 30 | 31 15 | 33 | 34 | 34 30 | 35 | 35 30 | 35 30 | 35 | 33 | 31 45 | 13·2 |
| November . . | 30 | 30 45 | 32 | 33 30 | 34 | 34 45 | 35 | 35 15 | 35 15 | 34 45 | 33 45 | 32 30 | 12·9 |
| December . . | 29 15 | 30 15 | 31 30 | 33 | 33 45 | 34 30 | 35 | 35 15 | 35 15 | 34 30 | 33 15 | 31 30 | 14·4 |

Anmerkung. Vice-Admiral Bourgois gibt unter anderem folgende Verhaltungsregeln für Schiffe, welche das Cap der guten Hoffnung von Ost nach West passiren. Wenn das Barometer bei Winden aus Ost bis Nord fällt, sich der Himmel bedeckt, und westwärts Wetterleuchten sich zeigt, kann man sicher sein, dass ein Sturm bald herankommen wird, und dass es Zeit ist, sich gegen plötzliches Überspringen des Windes von NO zu NW, dann W und SW vorzusehen. Regel ist, sich auf Backbord-Halsen zu legen, um die Segel nicht back zu bekommen. Doch räth Bourgois sich hiemit nicht allzusehr zu beeilen, denn es kann vorkommen, dass der Windwechsel nicht sobald eintritt, man daher viel Weg verliert, oder dass man sich, mit diesen Halsen segelnd, dem Lande so sehr genähert hat, dass man gerade im Momente, wo daran liegen würde, die Backbord-Halsen beizubehalten, die Steuerbord-Halsen nehmen muss. Bei zweifelhaftem Wetter, Wind aus NO oder Nord, fallendem Barometer wird es daher für Schiffe, welche innerhalb des Bereiches der Nadel-Bank sich befinden, räthlicher sein, rechtzeitig zu reefen, und Segel zu kürzen, den Curs aber nach SW zu nehmen, und diesen Curs insolange zu halten, als nicht der Wind nach NW gegangen ist, und der Zustand des Himmels im West und SW sowie das Fallen des Barometers nicht ein Umspringen des Windes in nächste Aussicht stellt. Indem man bei gut angebrasstem Vorquartier diesen Curs steuert, hat man von einem Wechsel des Windes nach NW nichts zu befürchten, macht zugleich Weg in einer vortheilhaften Richtung, und ist in allen Fällen in der Lage, die Halsen zu wechseln. Immerhin ist die äußerste Aufmerksamkeit auf die Wetterzeichen nothwendig.[1]

[1] Nachstehende Tabelle — ein Auszug aus Cornelissens thermischen Karten gibt die mittleren Temperaturen der See im Süden von Afrika von 32 bis 40° S-Br. und von 15 bis 30° O-Lg. von Greenwich für die einzelnen Jahreszeiten und für je 1° Br. und 1° Lg.

Das Barometer ist nicht unfehlbar, es brachen Stürme auch bei hohem Barometerstand herein; fällt es aber bis nahe an 750 Mm., so ist stets stürmisches Wetter zu erwarten.

Nach Andrau sind die Stürme in der Nähe des Caps der guten Hoffnung keine Cyclonen. Vice-Admiral Bourgois ist ebenfalls der Ansicht, dass die Stürme am Cap nicht Cyclonen angehören.

| Breite S. | Längen Ost von Greenwich | | | | | | | | | | | | | | | | Jahreszeit |
|---|---|---|---|---|---|---|---|---|---|---|---|---|---|---|---|---|---|
| | 15° | 16° | 17° | 18° | 19° | 20° | 21° | 22° | 23° | 24° | 25° | 26° | 27° | 28° | 29° | 30° | |
| 32° | 19·8 | 19 | | | | | | | | | | | | | | | Dec., Jänner, Februar |
| 33° | 19·9 | 19·8 | | | | | | Afrika | | | | | | 23·1 | 23·5 | | |
| 34° | 19·6 | 19·4 | 19·3 | | | | | | | | | 22·3 | 23·2 | 23·5 | 22·9 | | |
| 35° | 19·3 | 19·3 | 19·6 | 19·8 | 20·2 | 20·4 | 20 | 20·4 | 20·9 | 21·3 | 22 | 22·8 | 23·1 | 23·2 | 22·6 | | |
| 36° | 19·4 | 19·8 | 20·1 | 20·3 | 20·5 | 20·5 | 20·6 | 21·3 | 21·7 | 22·4 | 23 | 23 | 22 | 22 | 20·8 | | |
| 37° | 19 | 19 | 20·1 | 19·6 | 20·3 | 20·4 | 21·1 | 21·4 | 21·8 | 21·5 | 20·8 | 21 | 20·7 | 20·7 | 20·6 | | |
| 38° | 17·6 | 18·1 | 19 | 18·6 | 18·6 | 19·4 | 21·3 | 21·7 | 22·5 | 20 | 19·6 | 18 | 18·6 | 19·6 | 19·8 | | |
| 39° | 17·8 | 18·2 | 19·1 | | 19·1 | 19·3 | 19·5 | 19·5 | 19·3 | 19·2 | 19·6 | 19·8 | 18·9 | 19·7 | 19·8 | | |
| 40° | 16·8 | 18 | 18 | 18·3 | 18 | 19 | 19·2 | 19·1 | 18·5 | 18·2 | 17·9 | 18·2 | 18·1 | 19·1 | 18·5 | | |
| 32° | 18·7 | 16·8 | | | | | | | | | | | | | 23·6 | | März, April, Mai |
| 33° | 18·8 | 18·4 | 16 | | | | | Afrika | | | | | | 24 | 23·4 | | |
| 34° | 18·8 | 18·7 | 18·1 | | | | | | | | | 22·7 | 22·9 | 23·3 | 23·2 | | |
| 35° | 18·9 | 19 | 18·8 | 19 | 18·2 | 18·7 | 18·2 | 18·6 | 19·3 | 19·6 | 20 | 22 | 22·7 | 22·8 | 22·6 | | |
| 36° | 19·4 | 19 | 19·3 | 19·6 | 19·1 | 18·3 | 19·1 | 19·8 | 20·8 | 21·5 | 21·8 | 22·2 | 22·6 | 22 | 21 | | |
| 37° | 18·7 | 18·6 | 18 | 19·4 | 19·3 | 19 | 19·9 | 20·[illegible] | 21·3 | 20·5 | 20·1 | 21 | 21·5 | 19·9 | | | |
| 38° | 18 | 17 | 19 | 18·5 | 20·2 | 20·1 | 20·2 | 20·4 | 20·8 | 19·3 | 18·1 | 18 | 19·3 | 19·7 | 20 | | |
| 39° | 17·5 | 19 | 18·8 | 19·3 | 19·6 | 20 | 20 | 20·4 | 19·3 | 19·7 | 18·2 | 18 | 18·1 | 18·8 | 19·4 | | |
| 40° | 17·3 | 17·5 | 18·4 | 19·3 | 19 | 20·1 | 19·3 | 18·3 | 17·7 | 16·9 | 17·4 | 16·7 | 17 | 16·2 | 17·9 | | |
| 32° | 15·6 | 15·2 | | | | | | | | | | | | | 20·5 | | Juni, Juli, August |
| 33° | 15·8 | 15·5 | 15 | | | | | Afrika | | | | | 20 | 20·3 | 20·4 | | |
| 34° | 15·6 | 15·7 | 15·7 | | | | | | | | | 19·5 | 20 | 20 | 20 | | |
| 35° | 15·9 | 15·9 | 16 | 15·8 | 15·1 | 15·2 | 15·7 | 16·7 | 17·4 | 18 | 18 | 19·3 | 19·9 | 19·5 | 19·6 | | |
| 36° | 15·9 | 16·4 | 16·3 | 15·7 | 15·6 | 15·4 | 16·6 | 17·9 | 18·7 | 18·9 | 19·2 | 19·3 | 19 | 20 | 19·5 | | |
| 37° | 15 | 16·4 | 16·8 | 16·4 | 16·5 | 16·8 | 17·2 | 17·4 | 18·1 | 18·6 | 19 | 18·2 | 19 | 19·2 | 18·7 | | |
| 38° | 15 | 15 | 15·5 | 16 | 16·5 | 16·5 | 17 | 18·3 | 18·3 | 17·6 | 16·6 | 15·3 | 15·7 | 16·2 | 16·6 | | |
| 39° | 16·5 | 15·8 | 15·8 | 16 | 16·5 | 17 | 17·2 | 17·6 | 17·3 | 16·5 | 16 | 15·5 | 15 | 15·1 | 16 | | |
| 40° | 14·7 | 15·2 | 15·7 | 15·6 | 16 | 17 | 17·3 | 17 | 16·7 | 14·9 | 14·9 | 14·5 | 14·6 | 14·8 | 14·9 | | |
| 32° | 17 | 17 | | | | | | | | | | | | | 22·3 | | Sept., October, Nov. |
| 33° | 16 | 16·1 | 16·5 | | | | | Afrika | | | | | | 20·9 | 20·9 | | |
| 34° | 16·2 | 16·3 | 16 | | | | | | | | | | 20·8 | 20·9 | 20·4 | | |
| 35° | 16 | 16·2 | 16·3 | 16·1 | 15·8 | 16·2 | 16·3 | 17·6 | 18 | 18·5 | 19·3 | 20 | 20·4 | 19·8 | 19·6 | | |
| 36° | 16·2 | 16·3 | 16·6 | 16·7 | 16·6 | 16·7 | 17·3 | 18·3 | 19·3 | 19·8 | 19·8 | 19·4 | 19·8 | 19·6 | 19 | | |
| 37° | 15·9 | | 16·7 | 17·9 | 18·1 | 17·5 | 17·8 | 18·2 | 18·9 | 19·2 | 18·2 | 18·1 | 18·1 | | 19 | | |
| 38° | 15·5 | 16·3 | 15·2 | 15·8 | 18·1 | 17·8 | 17·4 | 17·9 | 17·7 | 17·7 | 15·7 | 16·8 | 15·8 | 16·8 | 15·9 | | |
| 39° | 15 | 15 | 15·5 | 16·6 | 17·2 | 17·4 | 17·3 | 17·4 | 17 | 17 | 17·2 | 16·1 | 16·4 | 16·6 | 17 | | |
| 40° | 14 | 15·1 | 15·3 | 15·6 | 17·1 | 18 | 17·9 | 17·1 | 17·3 | 15·7 | 15·1 | 14·7 | 14·4 | 15 | 16·2 | | |

**Routen vom Indischen Ocean zur Linie im Atlantischen Ocean.**

728. Nachdem über das Dubliren des Cap der guten Hoffnung von Ost nach West gesprochen worden. kommt die Route zurück nach der Linie zur Darstellung.

Nachstehende Tabelle, ein Auszug aus den holländischen Instructionen für die Reisen von Java nach dem Englischen Canal gibt die Schnittpunkte von 30° S. bis zur Linie.[1]

Hat man St. Helena berührt, so genügt es, da die hiedurch verursachten Abweichungen von der Route gering sind, von der genannten Insel aus den Curs direct gegen den Punkt zu nehmen, wo man die Linie zu passiren hat.

| Monat | Breiten Süd | | | | | | |
|---|---|---|---|---|---|---|---|
| | 30° | 25° | 20° | 15° | 10° | 5° | 0° |
| Jänner . . | 12°30′ O. | 6°45′ O. | 0°45′ O. | 5° W. | 11°30′ W. | 17° W. | 23° W. |
| Februar . . | 12°30′ „ | 7° „ | 1°30′ „ | 5° „ | 12° „ | 18° „ | 24° „ |
| März . . . | 12° „ | 7° „ | 1°30′ „ | 5° „ | 12° „ | 18° „ | 24° „ |
| April . . . | 11°30′ „ | 6°30′ „ | 1° „ | 5° „ | 12° „ | 18° „ | 24° „ |
| Mai . . . . | 11° „ | 6° „ | 0°45′ „ | 5° „ | 12° „ | 17°30′ „ | 24° „ |
| Juni . . . | 11° „ | 5°30′ „ | 0° „ | 5° „ | 11°30′ „ | 16°30′ „ | 23° „ |
| Juli . . . | 11° „ | 5°30′ „ | 0° „ | 5° „ | 11° „ | 15°30′ „ | 21° „ |
| August . . | 10°30′ „ | 5° „ | 0° „ | 5° „ | 11° „ | 15°30′ „ | 20°30′ „ |
| September . | 10°30′ „ | 5° „ | 0° „ | 5° „ | 11° „ | 15°30′ „ | 20°30′ „ |
| October . . | 11° „ | 5°30′ „ | 0°45′ „ | 5° „ | 11°30′ „ | 16° „ | 22° „ |
| November . | 12° „ | 6° „ | 0°45′ „ | 5° „ | 11°30′ „ | 16°30′ „ | 22°30′ „ |
| December . | 12°30′ „ | 6°30′ „ | 1° „ | 5° „ | 11°30′ „ | 17° „ | 23° „ |

**Routen von der Linie nach dem Cap der guten Hoffnung.**

729. Schiffe, welche nach dem Cap der guten Hoffnung zu segeln haben, befolgen bis zum Parallel 35° S. je nach der Jahreszeit die Routen, welche für die Schiffe angegeben worden sind, die ins Indische Meer fahren.

Im Jänner, Februar, März wird man 35° S. in 23° W. ungefähr schneiden. Dann steuere man (die Winde sind vornehmlich aus N

[1] Labrosse, routes marit. Atlantique Sud.

und NW) derart, um 37°30′ S. in 17°30′ W. zu kreuzen. Man trifft da wechselnde Winde, und zwar von NO auf N, NW und W, endlich auf SW und SO übergehend. Den Parallel 38° S. wird man in 10° West berühren. Hat man diesen Meridian passirt, wird man noch günstigere Winde vorfinden, und sich bis 13° Ost zwischen 38° und 38° 15′ S. halten. Es erscheint vortheilhafter näher dem Parallel von 40° S. als jenem von 35° S. ostwärts zu laufen, weil nördlich vom Parallel 35° S. zwischen diesem und jenem von 30° S. Calmen häufig und die Windrichtungen veränderlich sind. Hat man den Meridian von 13° O. passirt, so wird man allmählig sich nordwärts wenden, und 37° 30′ S. in 15° O. schneiden. Von 15 bis 20° Ost sind südliche Brisen überwiegend. Sich der Afrikanischen Küste nähernd, gelangt man in die Strömung, die hier nach WNW und NW lauft. Man halte sich daher etwas ostwärts von der directen Route zum Bestimmungshafen. Nahe der Küste trifft man vorherrschende Winde aus SO, die mitunter heftig sind, und von leichten Brisen aus W gefolgt werden. Man sei auf der Hut gegen Windstöße aus West.

Im April, Mai, Juni wird man, nachdem der Parallel 30° S. zwischen 28 und 32° W. passirt ist, den Parallel 35° S. zwischen 17° und 22° 30′ W. schneiden. Zwischen 30 und 35° S., 25 und 20° W. sind südöstliche Winde häufig; mit diesen Winden nehme man Steuerbord-Halsen, wechsle aber die Halsen, sowie OSO einsetzt. Der Wind wird sodann nach NO und NW raumen. Südlich vom letztangeführten Durchschnittspunkt wird man zeitweise Calmen und Winde von NO bis W, überwiegend aus NW, vorfinden, und mit diesen 37° S. in 15° W. erreichen. Von 15 bis 10° W. sind die Winde, welche einsetzen, größtentheils günstige. Wenn möglich wird man 38° S. in 10° W. kreuzen. Sollte man Gegenwind treffen, so ist vorzuziehen, mit Steuerbord, als mit Backbord-Halsen, anzuliegen, denn der Wind wird, je mehr man sich 35° S. nähert, desto eher nach NO oder NW wechseln. Jenseits 10° W. und zwischen 35 und 40° S. sind die Winde immer günstig. Man wird zwischen 38° und 38° 15′ S. bis 5° O. gute Fahrt ostwärts machen. Zwischen 5 und 10° O. sind die Winde meistens günstig. Begegnet man ONO-Brisen, lege man südsötlich an. Zwischen 10 und 15° Ost, welchen Meridian man in 37° 30′ S. zu kreuzen suche, trifft man ebenfalls überwiegend günstige Winde. Zwischen 15 und 20° Ost findet man gewöhnlich auch günstige Brisen, vorausgesetzt, dass man 20° O. nicht nördlich von 37° 30′ S. schneidet. Der Küste sich nähernd, hat man die früher erwähnte Strömung in Rechnung zu bringen. In der Nähe des Landes herrschen vom Mai an westliche Brisen vor. Stürmische Winde hat man von Osten und Westen zu erwarten.

Im Juli, August, September wird man 30° S. zwischen 28 und 30° W., und 35° S. zwischen 19 und 21° W. schneiden. Zwischen 30 und 35° S. werden südöstliche Gegenwinde selten vorkommen; setzen solche ein, so kann man nacheinander die Steuerbord- oder Backbord-Halsen nehmen, bis man den Meridian 25° W. passirt; nach Kreuzung dieses Meridians wird man jenen Bord wählen, welcher mehr südwärts bringt. Südlich vom Parallel 35° S. wird man günstige Brisen finden. 38° S. wird man in 10° W. berühren. Man wird alsdann auf dem Parallel 38° S. mit günstigem Wind bis 10° O. laufen. Von da an kann es vorkommen, dass man auf OSO- und ONO-Winde trifft, doch sind bezüglich der Winde die Chancen für das Ende der Reise günstiger als in den früheren Monaten. Es wird übrigens gut sein, 20° Ost nicht nördlich von 37° 30′ S. zu schneiden, und zwar mit Rücksicht auf die zwischen 14 und 19° Ost vorherrschenden südlichen Winde und auf die nach W und WNW führende Strömung an der Küste von Afrika. Nahe dem Lande wehen westliche Winde. Von West und NW beginnen auch die Stürme; sie drehen dann nach SW.

Im October, November, December wird man 30° S. zwischen 27 und 28° W., und 35° S. zwischen 21 und 23° W. schneiden. Wenn während dieses Theils der Reise Winde aus SO und Ost einsetzen, nehme man Backbord-Halsen; man wird mehr südwärts eher raumen Wind finden und überdies den Vortheil haben, 20° W. nicht in Nord von 35° 30′ S. zu kreuzen, indem man auf diese Weise die zwischen 20 und 10° W. nördlich dieses Parallels gelegene Zone vermeidet, wo Calmen nicht selten sind. Mit günstigen Winden segelnd, wird man 38° S. in 10° W. erreichen. Von da bis 5° W. kann man manchmal auf OSO- und NO-Winde stoßen. Hat man den Meridian von 5° W. passirt, so halte man sich zwischen 37° 30′ und 38° S., bis man, mit günstigen Winden laufend, den Meridian 10° Ost erreicht. Nach Kreuzung dieses Meridians kann man bisweilen SSO- und OSO-Winden begegnen. Man nehme alsdann Steuerbord-Halsen, ohne jedoch weiter nordwärts als bis 37° S. zu gehen, insolange man 15° Ost nicht erreicht hat. Man wird endlich gegen den Bestimmungsort steuern, indem man sich mit Rücksicht auf die mehrerwähnte Strömung etwas mehr nach Osten hält. In der Nähe der Küste kommen in dieser Jahreszeit bisweilen heftige Winde aus West vor, und die SO-Winde können die Stärke eines Sturmes erreichen. Im allgemeinen ist aber schönes Wetter vorherrschend.

## Route vom Cap der guten Hoffnung zur Linie.

730. Die Routen vom Cap der guten Hoffnung zur Linie sind von 30° S. an bis zum Äquator identisch mit jenen für Schiffe, welche aus dem Indischen Ocean kommen. Es gilt daher nur den Anfang der Reise vom Cap der guten Hoffnung bis 30° S. ins Auge zu fassen. Während dieses ersten Theiles der Fahrt ist die in der Nähe der Afrikanischen Küste nach NW laufende Strömung in Rechnung zu bringen.

Im Jänner, Februar und März wird man im allgemeinen günstige Winde vorfinden, um 30° S. in 12° Ost ungefähr zu erreichen. Setzen ungünstige Winde ein, so gilt als Regel, jenen Halsen den Vorzug zu geben, welche einen Curs zwischen N und W zu halten gestatten.

Im April, Mai, Juni wird man 30° S. in ungefähr 11° Ost schneiden. Günstige Winde sind überwiegend. Sollte man WNW-Wind begegnen, so nehme man Steuerbord-Halsen und sowie der Wind nach W geht, wechsle die Halsen. Hat man 10° Ost in N von 35° S. passirt, so kann es, wenn auch in der Regel günstige Winde vorherrschen, vorkommen, dass man NNW-Winde trifft. Man nehme in diesem Falle Steuerbord-Halsen.

Im Juli, August, September wird man derart steuern, um 30° S. in ungefähr 10° 30′ Ost zu kreuzen. Bei weitem vorherrschend sind günstige Winde. Setzt NNW—WNW-Wind ein, nehme man Steuerbord-Halsen: schralt der Wind noch weiter, wechsle man die Halsen.

Im October wird man 30° S. in 11° Ost, im November in 12° Ost, im December in 12° 30′ Ost schneiden. Man wird auf der Fahrt zu diesen Kreuzungspunkten auf südliche Winde von SW bis SO rechnen können.

## Route von der Linie nach Rio.

731. Bezüglich der Punkte, wo die Linie zu passiren ist, gelten die früher gegebenen Instructionen. Hat man Cap St. Roque dublirt, so findet man von October bis März an der Küste Brasiliens Brisen aus NO bis ONO, welche eine schnelle Reise ermöglichen, indem man nahe und längs dem Lande segelt. Von März bis October wehen die Winde meistens aus Ost und SO; man wird sich daher in dieser Jahreszeit auf 120 bis 150 Meilen vom Lande halten.

Nachstehende Tabelle gibt die besten Kreuzungspunkte, welchen zu folgen man bestrebt sein soll.

| Jahreszeit der Reise | Kreuzungspunkte | | | | | | | Chancen der Calmen westlich von 40° W. und nördlich von 25° S. |
|---|---|---|---|---|---|---|---|---|
| | 5° S. | 10° S. | 13° S. | 16° S. | 19° S. | 21° S. | 23° S. | |
| | W. | W. | W. | W. | W. | W. | W. | |
| Jänner . . . Februar . . März . . . | 30° | 32° 30′ | 34° 24′ | 36° 40′ | 38° 24′ | 39° 24′ | 41° 10′ | 13 per Cent. |
| April . . . Mai . . . Juni . . . | 29° 18′ | 31° 50′ | 33° 20′ | 35° | 36° 30′ | 37° 24′ | 39° 18′ | 13 „ „ |
| Juli . . . August . . September | 28° | 31° 10′ | 32° 24′ | 33° 48′ | 35° 30′ | 36° 40′ | 39° 10′ | 9 „ „ |
| October . . November December | 31° 20′ | 34° | 35° 25′ | 37° 10′ | 38° 20′ | 39° 20′ | 41° 10′ | 10 „ „ |

## Routen von Rio zur Linie.

732. Im Jänner, Februar und März werden Segelschiffe, welche von Rio auslaufen, Brisen aus Ost-, NO-, Nord-, seltener SW- und SO-Winde vorfinden. Gewöhnlich wird es möglich sein, 24° oder 24° 20′ S. in 40° W. zu erreichen. Dann wird man NO- und Nord-Winde treffen; man wird bis 35° W. ostwärts Weg zu machen suchen, indem man sich in der Nähe des Parallels 24° S. zu erhalten trachtet. Östlich vom Meridian 35° W. wird man Winden aus SO bis NO, häufig auch nördlichen Winden begegnen. Man bestrebe sich, 23° 30′ S. in 32° 30′ W., 22° 50′ S. in 30° W., 22° S. bei 28° 20′ W., 20° S. in 26° W. zu kreuzen. Von da an hat man Winde aus SO bis Ost zu erwarten; bisweilen setzen aber auch NO- und Nord-Winde ein. Erst bei 15° S., welchen Parallel man bei ungefähr 25° W. schneiden soll, wird man in den ständigen Passat, SO veränderlich bis Ost, gelangen.

Nach Europa bestimmte Schiffe werden im Jänner bei 24°30′ W., im Februar bei 24° W., im März bei 24° 30′ W. die Linie passiren.

Im April, Mai, Juni wird man nach der Ausfahrt von Rio auf Calmen und veränderliche Brisen treffen, doch sind vorherrschend Winde aus Ost — NO.

Segelschiffe werden in der Regel bis 24° S., welchen Parallel sie zwischen 40 und 41° W. erreichen mögen, herabsegeln müssen. Bis

30° West, welchen Meridian man gewöhnlich in 22° 30′ S. passirt, sind die Winde sehr veränderlich, vornehmlich zwischen SW über O nach N. Man trachte Weg nach ONO zu gewinnen. Herrschen ungünstige Winde, so nehme Steuerbord-Halsen, insolange der Wind zwischen OSO und ONO bleibt. Sollte der Wind nordwärts drehen, so wechsle man die Halsen, besonders wenn man sich noch westlich von 35 oder 36° W. befindet; man kann hingegen mit ONO- und NO-Winden Steuerbord-Halsen beibehalten, wenn das Schiff den Meridian 35° W. erreicht hat. Hat man 22° 30′ S. in beiläufig 30° W. passirt, so wird sich der Passat fühlbar machen. Man kreuze den Parallel von 20° S. in 27° 30′ W., und nehme von da die Route direct gegen den Punkt des Äquators, wo man denselben zu durchschneiden hat. Nach Europa bestimmte Schiffe werden im April und Mai bei 24° W., im Juni bei 23° 30′ W. die Linie schneiden.

Im Juli, August, September trifft ein von Rio aussegelndes Schiff zeitweise Calmen; die Brisen sind veränderlich, doch vorwiegend aus NO. Den Parallel 24° S. wird man in der Regel bei 40° W. erreichen, 23° S. wird man bei 33° W., 22° 30′ S. in 30° W. zu kreuzen suchen. Die Winde, welche zwischen den Meridianen 33 und 30° W. wehen, sind SO- bis NO-Brisen, vorherrschend sind aber erstere. Auf dem ganzen Wege von 40 bis 30° W. trachte man die oben gegebenen Kreuzungspunkte einzuhalten. Bei SO-, Ost- und ONO-Winden segle man mit Steuerbord-Halsen. Bei NO-Wind wird man ebenfalls die genannten Halsen nehmen, in so lange man 23° 30′ S. nicht erreicht hat. Über diesen Breitengrad hinaus kann man aber, wenn der NO anhält, die Backbord-Halsen wählen. Ostwärts von 30° W. wird man SO- und Ost-Winde vorfinden. Man schneide 20° S. in 29° W., 15° S. in 27°30′ W. Sollten NO-Winde zeitweise einsetzen, was südlich von 20° S. geschehen kann, segle man mit Steuerbord-Halsen. Nach Europa bestimmte Schiffe werden bei 24° W. die Linie passiren.

October, November, December. Schiffe, welche in diesen Monaten Rio verlassen, werden bis 20° S., SO- und NO-Winde, letztere überwiegend, vorfinden. Von Rio bis 40° W. wird man zeitweise auf Calmen treffen. Gewöhnlich durchschneidet man den Meridian 40° W. in 24° S. Von da an wird man vornemlich NO-Winden begegnen, und 23° S. erst bei 34° W., 22° 30′ S. erst bei 30° W. erreichen. 20° S. wird man, je nach den Winden, welche man trifft, und die von SO über Ost bis NO und N wechseln, zwischen 27 und 29° W. kreuzen. Von 20 bis 15° S. sind vorherrschend Winde aus SO und NO. Man trachte, wenn man nach Europa segelt, 15° S. beiläufig in 27° W. zu erreichen. Über 15° S. hinaus weht der ständige Passat aus SO, variabel bis Ost.

Die nach Europa bestimmten Schiffe werden im October und November die Linie zwischen 22 und 24° W., im December zwischen 23 und 25° W. passiren.

### Routen von der Linie nach dem Großen Ocean, zur Magellan-Straße und zum Cap Hoorn (bis 50° S. Br.).

733. Nach Maury sollen nach dem Großen Ocean bestimmte Schiffe nach Passirung des Cap St. Roque, wenn der Wind es gestattet, 25° S. in 35° W. ungefähr schneiden, den Meridian von 33 oder 34° W. aber ostwärts nicht überschreiten. Nach Kreuzung des Parallels von Cap Frio sollen die Schiffe so viel wie möglich nach Süd Weg zu machen suchen, indem sie zugleich stets innerhalb der Falkland-Inseln zu passiren trachten.

King und Fitz Roy rathen an, sich der Küste Patagoniens auf wenigstens 100 Meilen nahe zu halten, um in der Nähe des Landes von dem Wechsel der Winde Nutzen zu ziehen, und um den schweren Seegang zu vermeiden, welcher bei den heftigen westlichen Winden entsteht, und dessen Stärke mit der Entfernung von der Küste zunimmt. Im Winter der Süd-Hemisphäre sind die häufigsten Winde jene aus WNW bis NNW, starke Ostwinde sind selten und treffen in schiefer Richtung die Küste. Im Sommer wehen die Winde meistens aus einer Richtung südlich von West, oftmals mit sehr großer Stärke; doch gibt das Land Deckung, und der Seegang lässt alsbald nach, sowie der Wind aufhört. In dieser Jahreszeit sind Gegenwinde überhaupt häufig, doch sind sie selten von Dauer, und kann man, in der Nähe des Landes segelnd, diese Veränderlichkeit sich zu Nutzen machen.

Labrosse gibt nachstehende Tabelle der Kreuzungspunkte von der Linie bis 50° S. Schiffe, welche nach der Magellan-Straße zu segeln haben, werden sich, nachdem sie den Parallel 40° S. gekreuzt haben, westlich wenden, um Cap Blanco zu sichten und die Route südwärts längs und in der Nähe des Landes zu nehmen.

**Tabelle der Routen von der Linie bis zum Parallel 50° S. (im Atlantischen Ocean) für Schiffe mit der Bestimmung nach dem Großen Ocean.**

| Zeit der Reise | Breiten Süd | | | | | | | | | | |
|---|---|---|---|---|---|---|---|---|---|---|---|
| | Äquator | 5° | 10° | 15° | 20° | 25° | 30° | 35° | 40° | 45° | 50° |
| | L. W. | L. W. | L. W. | L. W. | L. W. | L. W. | L. W. | L. W. | L. W. | L. W. | L. W. |
| Jänner, Februar, März | 25° 40' | 28° 10' | 31° 10' | 31° 40' | 35° 40' | 38° | 43° | 50° | 55° 25' | 60° | 64° |
| April, Mai, Juni | 27° 10' | 29° 30' | 31° 40' | 33° 40' | 35° 40' | 37° 30' | 40° 40' | 47° 10' | 51° | 59° 30' | 63° 10' |
| Juli, August, September | 23° 10' | 26° 40' | 30° | 32° 30' | 35° | 40° | 45° | 50° | 57° 30' | 62° 30' | 63° 40' |
| October, November, December | 26° 40' | 29° 40' | 31° 40' | 32° 30' | 34° 30' | 37° 30' | 41° | 47° 30' | 54° 30' | 60° | 63° 40' |

Im **Jänner, Februar, März** ist es im Anfange der Fahrt leicht die Durchschnittspunkte einzuhalten. Von der Linie bis 17° S. hat man es mit Winden von SO bis Ost zu thun, und von 17 bis 27° S. haben Ost-, NO- und Nord-Winde, kurz günstige Winde, das Übergewicht. Westlich des Meridians 40° W., den man in 27° S. schneidet, sind östliche, nordöstliche und nördliche Winde vorherrschend, doch kommen bisweilen auch SW- und Süd-Winde vor. Bei erstern nehme man Steuerbord-Halsen, bei letztern Backbord-Halsen. Diese Regel hat für die gleichen Windverhältnisse auch fernerhin bis 40° S. Geltung. In keinem Falle überschreite man westwärts den Meridian 44° W., in so lange man sich nördlich vom Parallel 30° S. befindet, da man sonst in ein Gebiet sehr häufiger Calmen gerathet.

Zwischen 30 und 35° S. stellen sich im Bereiche der Route die Windverhältnisse, wie folgt:

Östlich von 45° W. trifft man Winde aus SO, NO, N, NW, selten aus SW. Westlich von 45° W. findet man Winde vornehmlich aus SO (über Ost) bis Nord, bisweilen aus SW bis S. Man überschreite nach westwärts nicht den Meridian 49° W., in so lange man sich nördlich von 34° 30' S. befindet, um nicht in eine Zone zu gelangen, wo Calmen häufiger sind. — Zwischen 35 und 40° S. sind im Bereiche der gegebenen Route vorherrschend die Winde aus SO, NO, N und NW, mit welchen man sich der Küste nähert, um eine günstige Position für den Fall zu gewinnen, als SW- und S-Winde einsetzen. Sollten SW- oder SSW-Winde aufspringen, so segle man, wie früher bemerkt, mit

Steuerbord-Halsen, doch überschreite man nach ostwärts — wenn möglich — nicht den Meridian 50° W.

Zwischen 40 und 45° S. sind am häufigsten Winde aus NO, NNO und NNW, mit welchen man sich der Küste Amerikas nähern kann. Je näher (150—90 Meilen) dem Lande man ist, desto weniger wird man von schwerem Seegang und Gegenströmung zu leiden haben, desto weniger braucht man zu fürchten, durch die SW-Stürme nach Osten zurückgeworfen zu werden. SW-Winde sind zwischen 40 und 45° S. und weiter südlich oft zu treffen. Man soll daher, wie Labrosse anrathet, alle Winde, welche gestatten, Weg nach West und zugleich Süd zu machen, ausnützen, um eine, zur angezeigten parallele, aber mehr westlich fallende Route zu verfolgen. Man kann alsdann, wenn WSW- und SW-Winde einsetzen, sich an den Wind legen, ohne befürchten zu müssen, nicht nur durch den Wind, sondern auch durch die Strömungen, welche vom Cap Hoorn und aus der Enge Le Maire kommen, und, indem sie die Falkland-Inseln westlich und nördlich umkreisen, nach Nord, NO und O laufen, nach Ost abgetrieben zu werden.

Im April, Mai, Juni findet man von 6—13° S. Winde aus SO bis SSO; von 13—17° S. SO-, O- und NO-Winde; von 17—20° S. sind die vorherrschenden Winde jene aus SO bis NO. Südwinde kommen zeitweise vor; man nehme in diesem Falle Backbord-Halsen. Zwischen 20—25° S. wehen im Bereiche der gegebenen Route bisweilen Winde aus SW, meistens aus S, SO und NO. Bei SW-Winden nehme Steuerbord-Halsen, bei Südwinden Backbord-Halsen. Sollte der Südwind andauern, so ist es zu vermeiden in West des Meridians 39° W. zu gerathen, weil man sonst in eine Region kommt, wo Calmen, Regen und stürmisches Wetter nicht selten sind. Hat man 25° S. in 37° 30' W. passirt, so gelangt man in ein Gebiet, wo SW-Winde variabel zu S häufig, außerdem Winde aus SO, NO und hauptsächlich Nord wehen. Bei Winden aus SW und SSW nehme man Steuerbord-Halsen, bei Südwind Backbord-Halsen, doch überschreite man westwärts nicht den Meridian 39° W., ehe man nicht 27° 30' S. Br. erreicht hat; ebenso passire man westwärts nicht den Meridian 40° W., ehe man nicht 29° 30' S. Breite gewonnen hat; da man sonst in ein Gebiet häufiger Calmen geräth.

Nach Passirung des Parallels 30° S. suche man so viel möglich Weg nach W. zu machen.

Zwischen 30 und 35° S. und zwischen 40 und 45° W. trifft man Winde aus NW, W und SW, seltener aus SO und NO, aus S und N; westlich von 45° W. hingegen und zwischen denselben Parallelen kommen SW- und NW-Winde nicht häufiger vor, wie SO- und NO-Winde; überwiegend sind aber Nordwinde. 37° 30′ S. suche man in beiläufig 50° W. zu schneiden. Die Winde, welche man von 35° S. bis zu diesem Punkte vorfindet, sind vorherrschend nördliche, veränderlich bis zu NW und W; immerhin muss man aber darauf gefasst bleiben, Winde aus SW und S zu begegnen; man wird daher gut thun, die günstigen Winde zu benützen, um nach West Weg zu gewinnen. Westlich von 50° W. trifft man auf frischere Winde mit mehr Stetigkeit. Man steuere bei Winden aus Nord bis NW in west-südwestlicher Richtung. Wenn man auf diese Art 40° S. bei 55 oder 56° W. erreicht, so ist es sehr vortheilhaft; jedenfalls soll man bestrebt sein, den Parallel 40° S. zwischen 54 und 55° W. zu schneiden. Die Regel, sich, wenn möglich, eher westlich als östlich von der in der Tabelle gegebenen Route zu halten, gilt auch für den Rest der Reise von 40 bis 50° S. Zwischen der Amerikanischen Küste und 55° W. wehen bis 45° S. die Winde aus NNO bis SSW, über West wechselnd, besonders häufig zwischen NW und SW, selten sind Winde aus SO oder NO. Von 45 bis 50° S. und westlich vom Meridian 60° W. sind die WSW-Winde am häufigsten, dann Winde aus WNW und Nord.

Im Juli, August und September findet man von 0 bis 10° S., Winde aus SO, bei 12 bis 13° S., Winde aus OSO, von 17 bis 20° S., Winde aus OSO, ONO und NO. Dann trifft man weiter südwärts vorherrschend NO-Wind; die vorkommenden Windwechsel vollziehen sich zwischen SO bis Nord. SW-Winde sind selten; wenn solche aufspringen, nehme man Steuerbord-Halsen. Zwischen 25 und 30° S. kommen bisweilen Calmen vor. Zwischen denselben Parallelen sind Winde aus SO — NO vorherrschend, SW-Winde seltener. Den Meridian von 45° W. soll man, ehe 30° S. nicht erreicht ist, nicht westwärts kreuzen, da man sonst in eine Region geräthet, wo man Calmen und heftigen Winden aus SW oftmals begegnet.

Übrigens ist auch darauf zu achten, den Parallel 30° S. nicht in Osten vom Meridian 45° W. zu passiren; denn im Gegensatz zum früher Gesagten werden nunmehr westlich vom bezeichneten Meridian günstigere Windverhältnisse vorgefunden. Westlich desselben kann man mit SO- und NO-Winden Weg nach Westen machen, während östlich von 45° W. um die Hälfte mehr Chancen sind auf Calmen zu treffen, und man viel häufiger mit starken SW-Winden zu kämpfen hat. Von 30 bis 35° S., welchen Parallel man bei 50° W. zu kreuzen suche, trifft man veränderliche Winde, auch Calmen. Überwiegend sind Winde aus NO und SW, seltener Winde aus SO, N, NW. Die SW- und NW-Winde sind oft heftig, daher Vorsicht geboten ist.

Zwischen 30 und 35° S. soll man soviel als möglich westwärts zu gelangen suchen, um in günstiger Position zu sein, wenn SW-Winde einsetzen.

Heftige SW-Winde sind in dieser Jahreszeit vom Parallel von St. Katharina bis 40° S. zu fürchten. Die in der Tabelle angegebene Route ist so angelegt, dass die Regionen, wo die stürmischen SW-Winde am häufigsten sind, vermieden werden. Die Pamperos kommen vornehmlich zu Ende August vor; sie zwingen die Schiffe wenigstens 24 bis 36 Stunden beizulegen.

Hat man 35° S. in 50° W. gekreuzt, so trifft man variable Winde, doch in der Mehrzahl solche, welche günstig sind, um nach West und Süd Weg zu gewinnen. Je weiter westlich man gelangt, ehe man 40° S. erreicht, desto besser ist es. Zwischen 40 bis 45° S. sind NW- und SW-Winde zu erwarten, doch sind letztere überwiegend, und zwar desto mehr, je mehr östlich man sich vom Meridian 60° W. befindet. Man suche daher westlich von diesem Meridian zu passiren; man gelangt dann in ein Gebiet, wo günstigere Winde herrschen, wenigstens um nach Süd vorzudringen.

Die für die Fahrt von 35 bis 45° S. gegebene Route ist die empfehlenswerteste, wenn die Windverhältnisse, welche man trifft, selbe ermöglichen. Sollte man aber einer Reihe von WSW- und SW-Winden begegnen, so ist auf derselben nicht hartnäckig zu bestehen. Wenn man auch 45° S. zwischen 60 und 58° W. passirt, so kann man doch noch hoffen, die Falkland-Inseln westlich zu dubliren, da südlich vom Parallel 45° S. und zwischen den Meridianen 55 und 60° W. die Winde fast immer aus NO, NW und WNW wehen, die Schiffe daher noch immer in der Lage sein dürften, 47° 30′ S. in 60° W. zu kreuzen.

Zwischen der Amerikanischen Küste und 60° W. und zwischen 45 und 50° S. sind die Winde aus NNO, NNW, WSW herrschend, selten sind Winde aus SO. Man wird daher meistens im Stande sein, 50° S. in 62° 30′ W. zu kreuzen, selbst dann, wenn man von 47° 30′ S., 60° W. ausgegangen ist. Schiffe, welche 45° S. in 63° W. passiren, werden leicht derart steuern können, um in 64° W. den Parallel 50° S. zu schneiden; dies ist die günstigste Position für den weiteren Verlauf der Reise.

Im October, November, December wird die in der Tabelle verzeichnete Route am leichtesten einzuhalten sein. Man soll sich übrigens in dieser Jahreszeit nicht zu weit westlich von den gegebenen

Kreuzungspunkten halten, besonders zwischen 25 und 40° S., weil man sonst Gefahr läuft, Calmen zu treffen.

Zwischen der Linie und 17° S. findet man günstige Winde, desgleichen, wenn man sich innerhalb der Meridiane 32° 30′ und 35° W. hält, zwischen 17 und 20° S. Zwischen 20 und 25° S. wehen ebenfalls Winde aus den Richtungen zwischen OSO bis Nord, doch bisweilen auch Winde aus S. Zwischen 25 und 28° 30′ S., welchen Parallel man in 40° W. zu durchschneiden trachtet, trifft man wieder Winde aus SO bis NO und N. Südlich vom letztbezeichneten Durchschnittspunkt überwiegen zwar auch Winde aus SO bis NO, doch kommen auch nicht selten SW- und S-Winde vor. Man wird indessen 30° S. in beiläufig 41° W. zu erreichen vermögen. Verbindet man auf der Karte diesen letzten Durchschnittspunkt mit jenen für 35 und 40° S. in der Tabelle gegebenen (35° S. in 47° 30′ W., 40° S. in 54° 30′ W.), so erhält man eine Linie, welche man westwärts nicht um mehr als beiläufig 30 Meilen, ostwärts nicht um mehr als 60 Meilen überschreiten soll. Zwischen 30 und 35° S. und 40 und 45° W. trifft man im Bereiche der gegebenen Route überwiegend günstige Winde (von N bis SO), zwischen denselben Parallelen aber westlich von 45° W. stellen sich die Chancen noch vortheilhafter. Es wird daher angezeigt sein, den Meridian 45° W. in 32° oder 32° 30′ S. zu schneiden. Zwischen 35 bis 40° S. findet man östlich von 50° W. vorherrschend günstige Winde aus NO, N, NW, S und SO. Westlich von 50° W. werden die SW-Winde noch seltener. Winde aus SO, NO, N und NW sind bedeutend im Übergewicht. Es wird daher leicht sein, 40° S. in 54° 30′ W. zu kreuzen.

Gemischte Schiffe können 40° S. weiter westlich schneiden, doch Segelschiffe würden im Westen des Meridians 55° W. und nördlich von 40° S. in ein Gebiet gelangen, wo Calmen nicht selten sind.

Bezüglich der Route zwischen 40° und 50° S. ist zu bemerken, dass man sich, wenn möglich, bis auf 50 bis 60 Meilen westlich von der Route halten soll, welche sich nach den betreffenden Kreuzungspunkten der Tabelle ergibt. Winde aus NO, NNW bis WSW sind vorherrschend, relativ selten sind Winde aus SW und SSW. Setzen letztere Winde ein, und muss man Steuerbord-Halsen nehmen, so zeigt sich augenscheinlich die Richtigkeit der Regel, sich westwärts der angezeigten Route zu halten. Je weiter westlich man sich nach Passirung des Parallels 40° S. befindet, desto eher kann man auf nordwestliche Winde rechnen, während östlich von 60° W. Winde aus SW vorwaltend sind.

**Routen um das Cap Hoorn von Ost nach West (von 50° S. im Atlantischen bis zu 50° S. im Großen Ocean).**

734. Labrosse gibt auf Grund der verschiedenen Weisungen von King, Fitz-Roy, Weddel, Maury, nachstehende Rathschläge:

Ist man bis zu 50° S. gemäß den früher gegebenen Anleitungen gekommen, so ziehe man auf der Karte eine Linie vom Schiffsort bis Cap San-Diego (Enge Le Maire). Man trachte, sich westlich dieser Linie zu erhalten. Die Winde werden überwiegen aus NW bis SW. Die NW-Winde wird man ausnützen, um nach S zu W und selbst SW Weg zu machen, um auf diese Weise gut ober dem Winde zu sein, wenn es aus SW zu wehen anfängt, und man nach SSO anliegen muss. Die schlechteste Jahreszeit für diesen Bruchtheil der Reise ist die Zeit von Jänner bis April, da alsdann die SW-Winde am häufigsten sind.

An der Einfahrt der Straße von Le Maire angelangt, zaudere man mit einem Segelschiff nicht, die Passage zu versuchen, wenn ständige Winde aus Nord, NO oder NW wehen, das Barometer fest ist, und die Wetteranzeichen nicht zweifelhaft sind. Treffen obige Voraussetzungen nicht ein, so umsegle man Staaten-Land, indem man sich hiebei auf gute Distanz (östlich) vom Cap St. John hält. Wegen der unregelmäßigen und heftigen Strömungen passire man die Straße Le Maire bei Tage. Von der Straße ab wäre die Route beiläufig SW. Diese Route wird man bei NO- bis NW-Winden einhalten, und das Cap auf kurze Entfernung dubliren.

Wenn Winde aus West oder SW wehen, soll man nach Fitz-Roy in der Nähe des Landes laviren, und im Falle schlechten Wetters in einer der vielen Buchten Feuerlands Bergung suchen. Doch kann dieser Rath wohl nur für solche Schiffsführer gelten, welche mit den unwirtlichen und vielfach zerrissenen Küsten vertraut sind.

Als allgemeine Regel bei West- und SW-Winden empfiehlt sich hingegen, nach der Ausfahrt aus der Straße Le Maire, Steuerbord-Halsen zu nehmen. Ein gemischtes Schiff wird bei nicht zu heftigem SW den Dampf benützen, um einen günstigen Curs halten zu können. Bisweilen wechselt der Wind nach S, SO und NO; in diesem Falle wird man das Cap rasch passiren. Jedenfalls soll man sich, insolange man sich östlich vom Cap Hoorn befindet, dem Lande nicht nähern; unter diesem Vorbehalt wird man jene Halsen wählen, welche am meisten gestatten, nach West Weg zu gewinnen.

Hat man den Meridian von Cap Hoorn passirt, ist die Route WNW, man kann selbst NWzuW und NW steuern, wenn man mehr als

50 bis 60 Meilen vom Lande entfernt ist. Die Winde wehen vorherrschend aus NW bis SW. und können vortheilhaft verwertet werden, es sei denn, dass es stürmisch aus NW bläst, in welchem Falle man mit Backbord-Halsen beiliegt. Die Hauptschwierigkeit beim Dubliren des Cap Hoorn besteht darin, vom Meridian der Insel Staaten-Land bis 68° W., Länge zu gewinnen.

Was den besten Punkt betrifft, 50° S. im Großen Ocean zu schneiden, so dürfte dieser für Schiffe, bestimmt nach Chili oder Peru, in 80° W. liegen. Für Schiffe, welche nach Mexico oder Californien segeln, wird es vortheilhafter sein, 50° S. weiter westlich (bei 93 bis 98° W.) zu kreuzen, vorausgesetzt, dass die Wetterverhältnisse, die sie treffen, es zulassen.

Nachstehende Tabelle mag eine allgemeine Richtschnur für Anlegung der Route um Cap Hoorn bieten.

| | |
|---|---|
| 50° S. Br. | 63° 50' W. Lg. |
| 53° „ | 64° „ |
| 56° „ | 65° 45 „ |
| 56° 45' S. Br. | 67° „ |
| 57° 15' „ | 71° „ |
| 56° 30' „ | 75° „ |
| 55° „ | 78° „ |
| 53° „ | 80° „ |
| 50° „ | 81° 30' „ |

**Routen vom Pacifischen Ocean zur Linie im Atlantischen Ocean.**

735. Seewärts vom Cap Hoorn trifft man fast immer Winde aus den westlichen Quadranten, und ostwärts laufende Strömung. Es ist daher sehr leicht Weg nach Osten zu machen, indem man sich hiebei 50 bis 100 Meilen vom Lande haltet, und dann so steuert, um 50° S. zwischen 50 und 54° W. zu erreichen. Westlich der Falkland-Inseln wird man die Route nur dann nehmen, wenn man nach Brasilien oder Montevideo zu segeln hat; denn, wenn man zur Linie will, handelt es sich vor allem darum, die Regionen zwischen 25 bis 40° S., wo Calmen, NW-, Nord- und NO-Winde vorherrschen, zu umsegeln und das Gebiet des Passates zu erreichen.

## Routen von 50° S. bis zur Linie.

| Jahreszeit | Südbreiten 50° | 45° | 40° | 35° | 30° | 25° | 20° | 15° | 10° | 5° | 0° | Monat des Jahres |
|---|---|---|---|---|---|---|---|---|---|---|---|---|
| | Längen — West von Greenwich | | | | | | | | | | | |
| Jänner<br>Februar<br>März | 50° 10' | 38° 24' | 29° 24' | 19° 25' | 15° | 12° 40' | 18° 40' | 16° 20' | 19° 6' | 21° 48' | 24° 30'<br>24°<br>24° 30' | Jänner<br>Februar.<br>März |
| April<br>Mai<br>Juni | 52° 48' | 45° | 35° | 25° | 20° | 17° 30' | 17° 30' | 18° 55' | 20° 30' | 22° | 24°<br>24°<br>23° | April<br>Mai<br>Juni |
| Juli<br>August<br>September | 54° 18' | 48° 24' | 40° | 35° | 27° 30' | 24° | 23° 10' | 23° 30' | 21° 54' | 21° 15' | 20° 40'<br>20° 30'<br>21° 30' | Juli<br>August<br>Septemb. |
| October<br>November<br>December | 44° 30' | 29° 20' | 15° | 7° 30' | 7° 30' | 7° 30' | 7° 30' | 11° 12' | 15° | 18° 40' | 22° 40'<br>22° 10'<br>23° 40' | October<br>Novemb.<br>December |

Im Jänner, Februar, März wird man im Bereiche der in der Tabelle gegebenen Route von 50 bis 35° S. vorherrschend günstige Winde aus NW, W, SW, S finden; bei Winden aus N, NNO und NO nehme man Backbord-Halsen, bei Winden aus Ost Steuerbord-Halsen, da es sich vornehmlich darum handelt, Weg nach Ost und N zu gewinnen. Man trachte den Meridian von 25° W. zu schneiden, ehe man zum Parallel 37° S. gelangt. Den Meridian von 20° W. soll man in 35° 30′ oder 35° S. zu passiren suchen. Nördlich von 35° S. sind vorherrschend Winde aus N, NW, SW, S, SO; seltener trifft man NO-Winde; im Falle solche einsetzen, nehme man Steuerbord-Halsen, um Weg nach Nord zu machen; doch wende man alsbald, wenn der Wind derart geschralll hat, dass man mit den andern Halsen ONO anliegen kann.

30° S. suche thunlichst in 15° W. zu schneiden, denn östlich von 15° W. sind die Windverhältnisse zwischen 30 und 35° S. minder günstig, und westlich von diesem Meridian bis 20° W. und zwischen 25 und 30° S. sind nordöstliche Winde sehr häufig. Hingegen kommen zwischen den letzterwähnten Parallelen und zwischen den Meridianen von 15 bis 10° W. die NO-Winde weniger oft vor.

Bei NO-Wind nehme Steuerbord-Halsen, bei Nord-Wind Backbord-Halsen. Die nördlichen Winde drehen über West nach SW und SO, welch letztere Richtung die überwiegende ist.

Nördlich von 25° S. trifft man noch westliche Brisen, welche jedoch nach S, SO und Ost umsetzen. Letztere zwei Richtungen sind die herrschenden. Bei 20° S. und 14° W. gelangt man in den Bereich des ständigen Passats.

Schiffe, welche nach St. Helena wollen, werden 30° S. in 15° W., 25° S. bei 12° W. schneiden, und von da gegen die Insel steuern.

April, Mai, Juni. Nachdem man das Cap Hoorn dublirt hat, wird man meistens 56° S. zwischen 64 und 65° W., 55° S. in 60° W. schneiden. Nördlich vom Parallel 55° S. wird man zwischen 55 und 60° W. noch günstige Winde aus NW bis WSW herrschend finden, doch setzen mitunter auch NNO-Winde ein; sollte dies der Fall sein, so beharre man darauf, nach Ost Weg zu machen, wenn der Curs auch etwas südlicher als Ost fällt. Hat man den Meridian 55° W. ostwärts passirt, wird man auf Winde aus NNW bis WSW, bisweilen aus SSO treffen.

Halten die NNW-Winde an, so kann es sich ergeben, dass man 50° W. südlich von 47° S. schneiden muss. Dies wäre ungünstig; denn zwischen den Parallelen 45 und 50° S. und zwischen den Meridianen 45 bis 50° W. trifft man auf beiläufig 35 Percent Winde aus NO bis NNW; je näher bei 47° oder selbst 46° 30′ S. man daher in dieses Gebiet eintritt, desto leichter wird es sein, 45° S. in 45° W. zu erreichen. Dies ist aber von Wichtigkeit, da zwischen den Parallelen 45 und 50° S. und den Meridianen 40 und 45° W. einerseits, zwischen 40 und 45° S., 45 und 50° W. andererseits Gebiete sind, wo Calmen häufiger vorkommen. Hingegen sind zwischen 45 und 40° W., und 45 bis 40° S. günstige Winde aus NW, W, SW und S bei weitem überwiegend. Man soll daher von diesem Umstande möglichst Nutzen ziehen, um nordwärts zu gelangen, und für den Fall, als NO-Winde einsetzen, sich in einer günstigen Position zu befinden. Man wird dann in dem gedachten Falle ohne zu großen Nachtheil, weil bei minderem Risico in das weniger günstige Gebiet südlich 45° zu gerathen, die Backbord-Halsen nehmen und OSO steuern können, während diese Halsen das Schiff ostwärts bringen, was von Belang ist, da östlich von 40° W. günstigere Windverhältnisse obwalten. — Meistens wird man den Meridian 40° W. in 42° 30′ S. schneiden. Von da an wird man Winde von Nord, NW und SW vorfinden, und es wird ein Leichtes sein 40° S. in 35° W. zu erreichen. Sollten constantere Nordwinde einsetzen, so wird man die Backbord-Halsen nehmen. Wenn man in Folge dessen weiter östlich den Parallel 40° S. kreuzt, so ist hiemit eine geringe Verlängerung der Route, aber kein anderer Nachtheil verbunden. Jedenfalls soll man 40° S. nicht westlich vom Meridian 35° W. schneiden, da man sonst in eine Region gelangt, wo Calmen vorkommen, und weil man ohnehin den Parallel 35° S. in 25° W. zu passiren hat. Zwischen 40 und 35° S. wehen Winde aus NW bis SW, also günstige Winde. Vom letzterwähnten Kreuzungspunkte aus findet man zum größten Theil günstige Winde, nämlich aus NNW. W. SW, SSO. Wenn NNO- oder NO-Wind einsetzt, ehe man 33° S. erreicht hat, nehme man Backbord-Halsen, hat man aber diesen Parallel in etwa 23° W. bereits passirt, so ist es vorzuziehen, die Steuerbord-Halsen zu nehmen. Je nachdem der Wind nach N. NNW oder NW ändert, wird man alsdann die Halsen derart wählen, um 30 S. in beiläufig 20° W. zu kreuzen. Sollte endlich, nachdem man 31° 30′ S. bei 21° W. geschnitten hat, NO-Wind einsetzen, so ist es zu empfehlen die Backbord-Halsen zu nehmen; denn auf diese Art entfernt man sich von der Zone zwischen 25 und 30° S. und zwischen 20 bis 25° W., wo Winde aus Ost, NO, Nord herrschen. Es ist daher immer besser, 30° S. in Ost von 20° W. als westlich von diesem Meridiane zu schneiden.

Nach Passirung des Parallels 30° S. steuere man derart, um 27° 30′ S. in 17° 30′ W. zu kreuzen; von da mache man Weg gerade nordwärts bis 20° S. Zwischen 30 und 25° S. herrschen Winde aus NW bis SW vor, zeitweise wehen auch NO- und SO-Winde. Bei NO-Wind nehme man Backbord-Halsen, wenn man den Meridian 18° W. noch nicht erreicht hat; ist dies bereits geschehen, so wähle man die andern Halsen; doch überschreite man westwärts, mit diesem letztern Bord segelnd, nicht den Meridian 19° W.; im Falle als der Wind noch andauert, sowie man diesen Meridian erreicht, wechsle die Halsen. Nördlich von 25° S. wird man veränderliche Brisen aus SW, S. SO haben. Hat man 22—20° S. erreicht, ist man ins Gebiet des Passates gelangt.

Schiffe, welche nach St. Helena wollen, werden 30° S. in 20° W. beiläufig schneiden, sie werden dann 25° S. bei 15° W. zu erreichen suchen. Über diesen Punkt hinaus treffen sie auf den SO-Passat, mit welchem sie nach St. Helena gelangen.

Juli, August, September. Hat man mit Wind von NW bis SW Cap Hoorn dublirt, so wird man derart steuern, um 56° S. in 65° W., 55° S. in 62° 30′ W., 52° 30′ S. in 57° 30′ W. und 50° S. etwas westlich von 54° W. zu schneiden. Die Winde werden auf dieser Fahrt bis 53° 30′ S., welchen Parallel man in 60° W. kreuzt, meistens aus WNW bis SW wehen; östlich von diesem Meridian herrschen Winde aus NNW, WNW und SW noch vor, doch trifft man auch nicht selten auf ONO- und NNO-Winde. Bei letztern Winden ist man nicht im Stande, die verzeichnete Route einzuhalten. Bei ONO-Wind wird man nordwärts segeln, wenn mit Rücksicht auf die Falkland-Inseln Raum genug vorhanden ist, oder man muss sich entschließen, das Schiff mit Backbord-Halsen an den Wind zu legen. Setzt Wind aus NNO ein, so nehme man Backbord-Halsen. Ist man weit genug nach Ost gelangt, kann man die Steuerbord-Halsen wählen. Obwohl Winde aus ONO bis NNO nicht vorherrschend sind, so muss man doch den Fall in Betracht ziehen, dass man genöthigt ist, den Meridian 55° W. in 52° 30′ oder 53° S. zu überschreiten. Ist man bemüssigt in das Carrée zwischen 50 und 55° S., u. 55 bis 50° W. einzutreten, so hat man mit überwiegend ungünstigen Winden zu thun. Für gewöhnlich erscheint es wohl möglich, 50° S. bei 54° W. zu kreuzen, doch kann es leicht vorkommen, dass man den bezeichneten Parallel mehr ostwärts schneiden muss, woraus sich eine minder günstige Position für den weiteren Verlauf der Reise ergibt.

Zwischen 50 und 45° S. scheidet der Meridian 50° W. zwei sehr verschiedene Zonen. Westlich von 50 bis 55° W. wehen Winde aus NNW über West bis SSW, mit diesen kann man 46° S. in 50° W. erreichen, vorausgesetzt, dass man 50° S. etwas westlich von 54° W. gekreuzt hat. In der östlichen Zone von 50 bis 45° W. trifft man ebenfalls auf Winde aus NW, W und SW, doch häufig auch auf Nord-Winde. Weiter östlich als 45° W. werden die Nordwinde noch häufiger.

Zwischen 45 und 40° S. (der angerathenen Route annähernd folgend), werden die Schiffe von 45° bis 42° 30′ S. vorherrschend Winde aus N, NW, W, SW, selten aus NO vorfinden; zwischen 42° 30′ bis 40° S. werden sie veränderliche Brisen von N zu WNW, SW, S, OSO, nur selten aus NO antreffen. War man, wie früher angedeutet worden, durch die schlechten Windverhältnisse gezwungen, 45° S. viel östlicher als 48° 24′ W. zu schneiden, so bestrebe man sich doch, 40° S. in 40° W. zu erreichen. Begegnet man Nordwinden, so steuere man ONO, um sich der Zone zwischen 35 und 40° W. zu nähern, wo beständig Winde zwischen NW und S wechselnd über West getroffen werden. Man kann annehmen, dass unter allen Umständen 40° S. in 40° W. erreicht werden kann.

Zwischen 40 und 35° S. trennt wieder der Meridian 35° W. zwei sehr verschiedene Zonen. Die westliche Zone bis zu 40° W. hat günstige Winde; vorherrschend ist der SW-Wind, doch muss man auch Brisen aus N, NW, W, S, SO und Ost in Rechnung bringen.

Die östliche Zone bis 30° W. ist ungünstig: hier sind NO- und Nordwinde sehr häufig, wenn auch Winde aus NW, W, SW und SO nicht ausgeschlossen sind. Es liegt daher daran, 35° S. in 35° W. zu schneiden. Zwischen 35 und 30° S. sind im Bereiche der in der Tabelle gegebenen Route die Winde veränderlich, doch überwiegend sind jene von Nord bis NW. Man soll sich daher, soweit es die Brisen, welche man trifft, ermöglichen, nordwärts der in der Tabelle gegebenen Route halten. Von 35° S. ausgehend, ist darnach zu streben, 25° S. zwischen 20 und 25° W., wenn möglich in 24° W. zu schneiden. Zwischen 30 und 25° S. sind die Winde ebenfalls veränderlich, doch sind Brisen aus NO, Nord bis NW nicht im selben Grade häufig, wie südlich von 30° S. Hat man 25° S. zwischen 20 bis 25° W. erreicht, so findet man gewöhnlich Winde aus Ost und SO vorherrschend; seltener sind NO-Winde. Den Passat wird man nördlich von 23° S. antreffen.

Schiffe, welche nach St. Helena wollen, folgen einer andern Route als die eben gegebene. Nach Dublirung des Cap suchen sie Weg nach Ost zu gewinnen, und 50° S. in 38° W., 45° S. in 15° W., 40° S. in 12° 30′ W., 35° S. in 10° W. zu schneiden. Von da an steuern sie, um 30 oder 29° S. zu kreuzen, indem sie dem Meridian von St. Helena folgen. Der Rest der Reise wird im Passat zurückgelegt. In den hohen südlichen Breiten ist guter Ausguck wegen des Treibeises zu halten.

Im October, November und December ist eine Route einzuschlagen, welche von den früher verzeichneten sehr abweicht. Der Grund hievon ist, dass in diesen Monaten die Nord- und Nordost-Winde im Südatlantischen Ocean zwischen 20° und 40° S. und von 10 bis bis 40° W. sehr häufig sind.

Es erscheint daher empfehlenswerter, statt einer mehr directen Route eine nach Osten stark ausgebogene Route zu wählen, wenn auch bei dieser der zurückzulegende Weg mit Rücksicht auf die Meilenzahl viel größer ausfällt.

Schiffe, welche eine mehr directe Route nehmen, werden 40° S. in beiläufig 40° W., 25° S. in 25° W. zu schneiden trachten. Es ist möglich, dass sie eine rasche Überfahrt machen, doch die Wahrscheinlichkeit ist groß, dass sie auf häufige Gegenwinde stoßen, und zur Reise nach der Linie längere Zeit brauchen, als Schiffe, welche sich an die in der Tabelle angeführte Route halten, und hiebei günstigere Wind-Chancen für sich haben.

Letztere Schiffe finden nach Dublirung des Cap Hoorn bis 44° oder 43° 30′ S., welchen Parallel man zwischen 25 und 26° W. kreuzen wird, günstigen Wind und Strom, um Weg nach Ost zu machen; doch müssen sie wegen des Treibeises auf der Hut sein. Weiterhin bis 40° S., welchen Parallel man nie westlich von 15° W. passiren soll, trifft man ebenfalls auf Winde zwischen NW und SW. Zwischen 40 und 38° S. findet man, der in der Tabelle verzeichneten Route folgend, desgleichen NW- und SW-Winde vorherrschend, es kommen aber auch Winde aus NO vor. Mit diesen nehme man Steuerbord-Halsen, doch segle man nicht so weit westwärts, um 15° W. zu überschreiten. Sowie der Wind NNO oder Nord wird, wechsle man die Halsen. Nördlich vom Parallel 37° 30' S., welchen man in beiläufig 9° 30' W. schneiden soll, sind NW bis SW-Winde noch immer vorherrschend, doch wechselt der Wind manchmal, und weht er bisweilen aus SO, OSO und NO.

In diesen Breiten soll man bestrebt sein nach Nord und etwas wenig nach Ost Weg zu machen, um den Meridian 5° W. zu erreichen, in dessen Nähe man sich bis zu 20° S. zu erhalten sucht. Diesen Parallel kann man bei 9° W. kreuzen, doch soll man denselben nie noch weiter in W. schneiden. Es ist überhaupt als belangreiche Regel festzuhalten, sich zwischen 36 — 20° S. dem Meridian 10° W. nicht zu sehr zu nähern, da westlich desselben Calmen, NO- und NW-Winde häufig sind. Bei 20° S., welchen Parallel man zwischen 7° 30' und 9° W. passiren wird, tritt man in den Bereich des Passates.

Schiffe, welche nach St. Helena segeln, nehmen die directe Route. Sie werden 30° S. in 7° 30' W. schneiden, und dann gegen die Insel steuern.

### Passage durch die Magellan-Straße.[1]

736. Die Jahreszeit, in welcher die Fahrt von Ost nach West durch diese Straße bei günstigen Windverhältnissen vor sich gehen kann, ist die Zeit von April bis September, daher im südlichen Winter. Günstig erscheint diese Jahreszeit deshalb, weil man eher Ost-Winde treffen wird, und der Charakter des Wetters weniger häufig stürmisch ist. Doch ist zu bedenken, dass die Dauer des Tages in dieser Jahreszeit sehr kurz ist, und man daher die Fahrt nicht ohne Aufenthalt fortsetzen kann.

Labrosse widerräth die Benützung der Meerenge den Segelschiffen und im allgemeinen den gemischten Schiffen. Kleinere gemischte Schiffe sowie Dampfer sollen die Meerenge zu jeder Jahreszeit passiren; der günstigere Zeitabschnitt wird aber für erstere Schiffe der südliche Winter, für letztere der südliche Sommer sein, da in den Monaten von September bis Mai der langen Tage wegen die Fahrt mit geringen Unterbrechungen vollführt werden kann.

---

[1] Über die Route von der Linie zur Magellan-Straße wurde am Eingange zur Darstellung der Routen von der Linie zum Cap Hoorn gesprochen.

Bei der westlichen Ausfahrt ist zu beachten, dass man an derselben je nach den eben wehenden Winden schwere See zu erwarten hat; daher man, wenn nöthig, bei Port Mercy (4 Meilen von Cap Pillar) ankern wird, bis guter ständiger Wind einsetzt, der gestattet, sich rasch von der Küste zu entfernen.

Für die Passage von West nach Ost ist die Zeit von October bis Mai günstig, da man fast ständige westliche Winde vorfindet, und die Tagesdauer lang ist. Hingegen ist die Zeit von April bis September wegen der Ostwinde ungünstig, die besonders im Juni und Juli häufig und in diesen Monaten mitunter stürmisch sind; zudem ist in dieser Zeit die Tagesdauer kurz.

King und Fitz-Roy empfehlen die Route durch die Magellan-Straße in den Monaten von October bis Mai allen Schiffen. Labrosse hingegen ist der Ansicht, dass Segelschiffe Cap Hoorn dubliren sollen, ausgenommen kleine, wenig solide Schiffe oder solche, die aus was immer für einem Grunde die schwere See fürchten. Beim Ansegeln der westlichen Einfahrt halte man sich in hoher See, bis man die besagte Einfahrt gut in Lee hat.

Der wesentlichste Vortheil der Passage durch die Magellan-Straße für Schiffe, welche aus dem Großen Ocean in den Atlantischen fahren, besteht darin, dass sie nach Dublirung des Cap Virgins sich in besserer Position befinden, als jene östlich von Staaten-Land. Letztere haben durch schwereren Seegang zu leiden, und sind stark in Lee, wenn ihre Bestimmung Montevideo oder Rio ist. Schiffe, welche nach Europa oder Nordamerika bestimmt sind, haben nur den Vortheil, dass sie, indem sie sich in den Gewässern von Patagonien erheben, eine weniger starke See treffen, als weiter ostwärts; die Reisedauer bis zur Linie wird aber nicht kürzer sein, als jene der Schiffe, welche Cap Hoorn passirt haben.

### Routen von der Magellan-Straße zu der Linie.

737. Labrosse, dessen Weisungen im Folgenden zur Darstellung kommen, gibt diese Routen nur für Dampfer und gemischte Schiffe, da im allgemeinen nur für solche Schiffe die Passage durch die Straße Magellans praktisch erscheint. Anhaltend widrige Winde werden auf diesem Seewege häufig einen großen Kohlenverbrauch verursachen, welcher Umstand wieder zum Anlaufen eines Hafens nöthigen oder bestimmen kann. Als solcher Hafen ist für Schiffe, welche aus der Straße auslaufen, nur Montevideo in Aussicht zu nehmen. Der Weg dahin wird, da Winde aus NW — SW vorherrschen, in verhältnismäßig kurzer Zeit

zurückgelegt werden, doch bedingt das Anlaufen von Montevideo eine große Verlängerung der Reise bei Fortsetzung der Fahrt zur Linie.

Nachstehende Tabelle gibt die Durchschnittspunkte für directe Fahrten von der Magellan-Straße zur Linie.

| Jahreszeit | Längen der Durchschnitte der Parallelen von: | | | | | |
|---|---|---|---|---|---|---|
| | 45° S. | 40° S. | 30° S. | 25° S. | 20° S. | 0° |
| | Länge W. | Länge W. | Länge W. | Länge W. | Länge W. | Länge W. |
| Jänner, Februar, März . . . . . | 54° 15′ | 45° 40′ | 30° | 27° | 26° 10′ | 24° 20′ |
| April, Mai, Juni . . . . . . . . . . . | 55° 40′ | 47° 48′ | 33° 30′ | 30° | 27° 30′ | 23° 40′ |
| Juli, August, September . . | 53° 30′ | 44° 12′ | 27° 30′ | 23° 40′ | 23° | 21° |
| October, November, Decemb. | 49° 40′ | 38° | 22° 30′ | 22° 30′ | 22° 30′ | 23° |

Im Jänner, Februar, März wird man von 30° S. bis zum Durchschnittspunkte auf dem Parallel 20° S. wechselnde Winde aus Ost, NO, N, NW treffen. Bei NO-Winden nehme man Steuerbord-Halsen, bei Nordwind Backbord-Halsen. Fährt man in der in Rede stehenden Region mit Dampf, so befolge man den Curs NNO, um so schnell als möglich in das Gebiet des Passats zu gelangen.

Im April, Mai, Juni wird man der in der Tabelle gegebenen Route folgend, häufig nur zwischen 30 und 25° S. durch NO-Winde aufgehalten werden.

Juli, August, September. Die für diese Monate gegebene Route schließt sich bei 35° S. der Route vom Cap Hoorn zur Linie an.

Im October, November, December wird man von 30° W. an, welcher Meridian bei 37° S. zu kreuzen ist, auf häufige Nordwinde treffen. Hat man 35° S. in 27° 30′ W. passirt, so mehren sich die Chancen, Nordwinden zu begegnen. Bei Nordwinden nehme man Backbord-Halsen. Zwischen 30 und 25° S. trifft man sehr häufig auf Nord- und NO-Winde; mit ersteren nehme Backbord-Halsen, mit letzteren Steuerbord-Halsen. Das Wichtigste ist, 25° S. zwischen 20 und 25° W. zu schneiden, und sich bis 20° S. innerhalb dieser Grenzen zu erhalten.

Die für obige Monate gegebene Route ist auch unter Segel nicht schwer zu befolgen.

In dieser Jahreszeit ist ein Anlaufen Montevideos mit den größten Nachtheilen verbunden, da die aus Montevideo auslaufenden Schiffe auf ihrer Fahrt zur Linie in Anbetracht der nördlich von 35° S. anhaltend herrschenden N- und NO-Winde bis beiläufig 28° W. ostwärts zu laufen haben, ehe sie nordwärts Curs nehmen können.

**Durchschnittspunkte der Linie für Schiffe, welche, aus dem Südatlantischen in den Nordatlantischen Ocean segelnd, nach einem Hafen der Ostküste der Vereinigten Staaten von Nordamerika oder nach den Antillen bestimmt sind.**

(Nach Labrosse.)

| Bestimmungsort | Jahreszeit der Ankunft am Äquator | G. Länge des Durchschnittes | Bestimmungsort | Jahreszeit der Ankunft am Äquator | G. Länge des Durchschnittes |
|---|---|---|---|---|---|
| Ostküste der Vereinigten Staaten | Jänner, Februar, März ......... | 30° W. | Antillen | Jänner, Februar, März .......... | 35°—36° W. |
| | April, Mai, Juni .... | 31° W. | | April, Mai, Juni .... | bei 35° W. |
| | Juli, August, September ........ | 27½° W. | | Juli, August, September ...... | 37½° W. |
| | October, November December ..... | 30° W. | | October, November, December .... | 37°—38° W. |

## Routen im Indischen Ocean.

**Allgemeine Bemerkungen bezüglich der Wahl des Paralleles, um in dem Südlichen Indischen Ocean Ostlänge zu gewinnen.**

738. Es ist als Regel festzuhalten, den Meridian von Greenwich in oder südlich von 40° S. zu schneiden. Nur in der letzten Hälfte unseres Sommers kann es sich empfehlen, diesen Meridian in oder etwas nördlich von 40° S. zu passiren.

Was die Wahl des Parallels betrifft, auf welchen Weg nach Osten zu machen ist, so erscheint dieselbe von großer Wichtigkeit, weil von großem Einflusse auf die Dauer der Reise.

Die Instructionen der englischen Admiralität rathen den Parallel 39° S. an. Maury hingegen räth allen nach der Bai von Bengalen, Ostasien und Australien bestimmten Schiffen dringend an, vor den Eisbergen keine übermäßige Furcht zu haben, sondern südwärts bis zu den Parallelen 45 und 55° S. zu laufen, je nach der Jahreszeit, den Windverhältnissen, dem Zustand und den Eigenschaften des Schiffes.

Im wesentlichen wurden die Vorschläge Maurys vom meteorologischen Institute zu Utrecht und von Dr. Neumayer gebilligt.

Labrosse schließt sich unter der Voraussetzung, dass die Reise von solid gebauten, und gut bemannten Schiffen auszuführen ist, ebenfalls Maury an. Er rathet, im südlichen Sommer, besonders von November bis Februar sich auf einem Parallel polwärts von 43° S. zu halten. In dieser Jahreszeit werden Schiffe selbst bis 50° S. und noch südlicher hinabsegeln können. Man wird in der Nähe dieses Parallels rasche Reisen bewerkstelligen, und oft weniger durch See, schlechtes Wetter und nicht mehr durch Treibeis belästigt werden, als zwischen 42 und 46° S.

Im südlichen Winter, von Mai bis September, werden die langen Nächte, welche die Möglichkeit der Gefährdung durch das Treibeis erhöhen, und die große Kälte im allgemeinen abhalten, soweit südlich zu gehen. In dieser Jahreszeit dürfte es genügen, zwischen den Parallelen 42 und 45° S. zu bleiben.

Die aus den Journalen einer großen Anzahl holländischer Schiffe gezogenen Mittel ergaben mit Bestimmtheit, dass die Schiffe, welche sich nördlich von 40° S. hielten, zweimal mehr Stürmen begegnet sind, als jene, welche südlich von 40° S. segelten.

Die Schiffe, welche sich in oder nördlich von 40° S. halten, müssen, um Länge abzulaufen, nicht nur einen längeren Weg zurücklegen, sondern sind auch mehr und länger Stürmen ausgesetzt, als die Schiffe, welche eine südlichere Route gewählt haben.

Labrosse glaubt, dass es eine, sich je nach dem Sonnenstande verschiebende Mittelzone zwischen 40 bis 43° S. gibt, in welcher veränderliche Winde, begleitet von Regen und Feuchtigkeit herrschen. Er ist daher der Ansicht, dass diejenigen, welche nicht die südliche Route, südlich von 42—43° S. einschlagen, jene auf dem Parallel 39° S. wählen sollen, nie aber eine solche, welche zwischen 40°—43° S. zu liegen kommt.

Auf dem Parallel 39° S. wird man eine längere Reisedauer haben, aber mildere Temperaturen vorfinden, und kaum jemals Treibeis begegnen.

### Routen vom Atlantischen Ocean nach Indien und den Sunda-Inseln.

739. Die Schiffe, welche, aus dem Südatlantischen Ocean kommend, nach Indien segeln, verfolgen, vom südlichen Gebiete der Westwinde

nordwärts, verschiedene Routen je nach der Zeit, in welcher sie den Meridian des Caps der guten Hoffnung kreuzen, je nach dem Monsun, welcher bei Ankunft des Schiffes in der Nähe und nördlich der Linie wehen wird, endlich je nach dem Bestimmungshafen.

Man unterscheidet folgende sechs Passagen:

1. Die innere, durch den Mozambique-Canal,
2. jene Ost von Madagascar,
3. die Boscaven-Passage,
4. die Mittel-Passage,
5. die erste Außen-Passage,
6. die zweite Außen-Passage.

### 1. Passage durch den Mozambique-Canal.

740. Labrosse empfiehlt diese Route Schiffen, welche zur Zeit des SW-Monsuns — April bis einschließlich September — nach den Häfen an der Ostküste von Afrika, dem Rothen Meere, dem Golf von Persien, den Häfen Indiens, mit Ausnahme jener des Golfs von Bengalen, bestimmt sind.

Vom Südatlantischen Ocean kommend, soll man den Parallel 35 oder 34° S. nicht eher kreuzen, bevor man nicht beiläufig 37° O. erreicht hat. Dies aus dem Grunde, um nach Ost Weg zu machen noch innerhalb einer Region, wo im allgemeinen der Wind, und, wenn man sich genügend in S hallet, auch der Strom hiefür günstig sind. Außerdem wird dadurch, dass man sich erst dann nordwärts wendet, nachdem man weit genug nach Ost gelangt ist, der Vortheil gewonnen, dass man auf der Fahrt nordwärts außerhalb des stärksten Theiles des Stromes bleibt, welcher längs der Küste Afrikas fließt, wenn man sich auch seinem Einflusse in der ganzen Ausdehnung des Raumes zwischen der Südspitze von Madagascar und dem Cap der guten Hoffnung nicht zu entziehen vermag. Übrigens wurden zwischen der genannten Südspitze und Cap Corrientes ausnahmsweise auch Strömungen mit östlicher und südöstlicher Richtung gemeldet. Jedenfalls wird man gut thun, in diesen Gewässern auf Strömungen sorgsam zu achten, und keine Gelegenheit zu versäumen, den Schiffsort zu rectificiren. Zwischen 30 und 28° S. angelangt, wird man sich je nach den Umständen entscheiden, ob man westlich oder östlich von Europa-Island passiren will.

Während des Monsuns aus Süd, vom April bis October, sind die Winde in der Regel für die Passage westlich wie östlich der Insel Europa gleich günstig. Ist man auf 28° S. angekommen, wird es im allgemeinen, wenn die Winde es leicht gestatten, gut sein, derart zu steuern, um westlich von der genannten Insel, von den Bassas of India und der Piloten-Bank zu passiren. Hiebei soll man sich stets auf 70 und mehr Meilen von der Afrikanischen Küste halten, um nicht zu tief in den südwärts laufenden Strom zu gerathen. Andererseits ist es ein Gebot der Vorsicht, den erwähnten Hindernissen fern zu bleiben, und soll man die Parallele der besagten Hindernisse auf wenigstens 70 Meilen westlich von denselben passiren; es mag daher empfehlenswert scheinen, sich näher an Afrika als an Europa-Island zu halten. Sollten die Winde, welche man eben trifft, eine Passage westlich von Europa-Island versagen, so wird man dasselbe in Ost dubliren. Sollte man Zweifel bezüglich des Schiffsortes haben, und das hohe Land im Norden der Bai St. Augustin sichten wollen, so wird man sich der Küste Madagascars nähern, doch mit Vorsicht und nur bei Tage.

Hat man die Position richtig gestellt, wird man sich westwärts halten, und die Mitte des Canales zu gewinnen suchen, wo die Windverhältnisse bessere sein werden, und man die Riffe in der Nähe der Küsten nicht mehr zu fürchten braucht. Auf der Weiterfahrt nordwärts passire man westlich von Juan de Nova, in der Regel auch westlich von Groß-Comore, da im Westen von dieser Insel die Brisen regelmäßiger und constanter sind, als östlich von derselben im Bereiche des Archipels.

## 2. Passage Ost von Madagascar.

741. Man nennt „Passage Ost von Madagascar" die Route, nach welcher man, z. B. vom Südatlantischen Ocean kommend, bei 27 oder 28° S. und 53° Ost in den SO-Passat eintritt, und sich sodann zwischen den Meridianen 51 und 52° O. erhebt, um 15° S. in 51° Ost zu erreichen. Man soll nicht westlich von 53° Ost in den Passat einzulaufen suchen, weil man in der Nähe der Südost-Küste von Madagascar auf ONO- und NO-Winde, die sogenannten Dauphin-Winde treffen kann, und auf eine starke Strömung nach West und SW stoßt. Desgleichen vermeide man es 15° S. westlich von 51° Ost zu schneiden, weil man dann Schwierigkeiten finden kann, das Ost-Cap zu dubliren.

Im weiteren Verlaufe der Fahrt folge man bis Cap Amber auf genügend große Distanz der Küste; Strom- und Wind-Verhältnisse sind meistens günstig.

In Nord von Cap Amber, welches man ansegelt, lauft der Strom in der Regel stark nach West. Von Cap Amber steure man mit gebührender Rücksichtnahme auf die Strömung derart, um zwischen den Inseln Farquhar und der Cosmoledo-Gruppe, und dann im Westen der Amiranten nordwärts zu passiren. Es scheint, dass man auf der Passage „Ost von

Madagascar", besonders im August und September constantere Winde trifft, als im Canal von Mozambique. Doch ist der September eine zu späte Jahreszeit; nur Schiffe, welche anfangs August diesen Weg antreten, können einigen Vortheil hoffen. Es ist ferners zu bedenken, dass selbst im Juli und August Drehstürme westlich der Mascarenen vorkommen können. Nach Labrosse ist im allgemeinen die Passage durch den Canal von Mozambique jener „Ost von Madagascar" vorzuziehen.

### 3. Die Boscaven-Passage.

742. Die Passage hat ihren Namen vom englischen Admiral Boscaven, welcher diesen Weg nach Indien im Jahre 1748 mit einem Convoi von 26 Schiffen einschlug.

Aus dem Südatlantischen Ocean kommend, sucht man in den SO-Passat in einer Länge genügend östlich von Reunion einzutreten. Man passirt zwischen Mauritius und Reunion, lauft dann nordwärts, lässt in Osten die Cargados Garajos, in Westen die Insel Tromelin oder Sandinsel, weiters in Osten die Bank Saya de Malha, in Westen die Insel Agalegas, endlich in Osten die Insel Bridgewater und die Bank Swift, in W die Seychellen. — Von da an steuert man so, um den Äquator in, oder je nach dem Bestimmungsort etwas mehr ost- oder westwärts von 62° O. zu schneiden.

Diese Route kann man wählen, wenn es zweifelhaft ist, ob man den im Arabischen Meere gelegenen Bestimmungshafen noch vor Eintritt des NO-Monsuns erreichen kann. — In dieser Zeit des Überganges — September und October — sind Strömungen und Winde zwischen dem SO-Passat und der Linie völlig ungewiss. Trifft man aber in diesem Bereiche veriable Brisen, besonders aus NW und W, Calmen und nach Ost gerichtete Strömung, so kann man in der Regel schließen, dass im Norden des Äquators der NO-Monsun eingesetzt hat.

Die in Rede stehende Passage ist in Anbetracht der vielen Bänke und Inseln, welche zu passiren sind, im allgemeinen nur Schiffen anzurathen, welche im September oder später, z. B. von Mauritius oder Reunion nach einem Hafen des Golfs von Oman zu segeln haben. Überdies liegt diese Passage in einer Region, wo Wirbelstürme häufig sind.

Die Boscaven-Passage kann in Kriegszeiten empfehlenswert erscheinen, wenn es gilt, feindliche Kreuzer zu vermeiden, und Gewässer aufzusuchen, in welchen der Verkehr der Schiffe weniger groß ist. Für gewöhnlich dürfte es für Schiffe, welche nicht mehr auf den SW-Monsun nördlich der Linie mit Sicherheit rechnen können, und nach dem Arabischen Meere zu segeln haben, räthlicher sein, die Mittel-Passage zu wählen.

### 4. Die Mittel-Passage.

743. Diesen Namen führt die Route, nach welcher aus dem Südatlantischen Ocean kommende Schiffe den Parallel 30° S. bei 67° Ost schneiden, und dann, im SO-Passat auf dem Meridian 65 oder 66° Ost nordwärts steuern, wobei sie die Bank Saya de Malha auf große Entfernung in Westen, den Archipel der Tschagos in Osten lassen.

Diese Passage erscheint als die beste, wenn man, mit der Bestimmung nach einem Hafen des Arabischen Meeres im Indischen Ocean ankommt, und die Jahreszeit zu spät ist, um auf den SW-Monsun nördlich vom Äquator rechnen zu können.

### 5. Erste Außen-Passage.

744. Nach dieser Route kreuzt man, aus dem Atlantischen Ocean kommend, 30° S. in einem Meridian mehr oder weniger nahe jenem von Ceylon; man erhebt sich alsdann innerhalb des SO-Passates nach Norden, indem man derart steuert, um auf genügende Distanz im Osten des Archipels der Tschagos zu passiren. Diese Route ist frei von Bänken und derlei Gefahren, und lässt je nach den Umständen leicht eine Änderung zu. Selbe wird vornehmlich von Schiffen eingehalten, welche nach Ceylon segeln, und zwar zu jeder Jahreszeit; ferners von den Schiffen, welche nach dem Golf von Bengalen bestimmt sind, und zur Zeit des SW-Monsuns die Linie passiren werden.[1]

### 6. Zweite Außen-Passage.

745. DieseRoute besteht darin, dass man, aus dem Atlantischen Ocean anlangend, in den SO-Passat erst weit östlich eintritt, dann nach Nord steuert derart, um auf 100 bis 150 Meilen westwärts von Atchin-Head (NW-Spitze von Sumatra) zu passiren. Diese Passage wird von den Schiffen eingeschlagen, welche nach dem Golf von Bengalen zu segeln haben, besonders in einer Zeit, in welcher nördlich vom Äquator der NO-Monsun herrscht.

Nachdem im Obigen die verschiedenen Passagen angegeben worden sind, kommen nunmehr im Folgenden die Routen aus dem Südatlantischen Ocean nach den Häfen des Golfs von Oman und nach den Häfen des Bengalischen Meerbusens zur näheren Darstellung.

---

[1] Die in Rede stehende Route wird auch als jene angeführt, welche Schiffe einzuschlagen haben, welche nach einem Hafen des Golfes von Oman bestimmt sind, und nördlich der Linie zu einer Zeit eintreffen, in welcher in N des Äquators der NO-Monsun weht.

**Routen aus dem Südatlantischen Ocean nach einem Hafen des Golfs von Oman.**

746. Schiffe, welche nach dem Golf von Oman bestimmt sind, werden, wenn sie in der Zeit von März bis gegen Ende August das Cap der guten Hoffnung dublirt haben, durch den Canal von Mozambique passiren, — wenn sie den Meridian des Cap zwischen Mitte August bis 1. October, oder in der Zeit vom 10. bis 28. Februar geschnitten haben, am besten die Mittel-Passage wählen, endlich, wenn sie zwischen 20. October bis 10. Februar das Cap passirten, die erste Außen-Passage einschlagen.

Routen, wenn der Meridian des Cap der guten Hoffnung in der Zeit von März bis August gekreuzt worden ist.

| Zeit des Durchschnittes des Meridians des Cap | Breiten der Durchschnitte der Meridiane | | | | | | | |
|---|---|---|---|---|---|---|---|---|
| | 10° W. | 0° | 10° O. | 20° O. | 25° O. | 30° O. | 35° O. | 40° O. |
| Vom 1. März bis Ende Juni . . . . . . . . | 37° S. | 40° S. | 41° S. | 42° S. | 41°30' S. | 41° S. | 38° S. | – |
| Juli, Anfang August . . | 38° S. | 40°30' S. | 41° S. | 41°30' S. | 41° S. | 40° S. | 38° S. | 31° S. |

| Zeit der Passage des Canals von Mozambique | Längen der Durchschnitte der Parallele von | | | | | | | | |
|---|---|---|---|---|---|---|---|---|---|
| | 23° S. | 21° S. | 20° S. | 18° S. | 17° S. | 15° S. | 13° S. | 12° S. | 11° S. |
| Von März bis August | O. 37° 50' | O. 37° 15' | O. 38° 20' | O. 39° 55' | O. 40° 40' | O. 41° 50' | O. 42° 30' | O. 42° 50' | O. 42° 40' |

| Zeit des Durchschnittes des Äquators | Längen der Durchschnitte der Parallele von | | | | | | | | Bestimmungs-ort |
|---|---|---|---|---|---|---|---|---|---|
| | Äquator | 5° N. | 10° N. | 15° N. | 18° N. | 20° N. | 22° N. | 23° N. | |
| April, Mai, Juni | O. 50° | O. 53° | O. 57° | O. 58° | O. 59° | O. 59° 50' | O. 59° 50' | O. 58° 30' | Mascate |
| | 50° | 53° | 57° | 63° | 70° | — | — | | Bombay |
| Juli, August, Anfang September | 50° | 53° | 55° | 57° 30' | 59° | 59° 50' | 59° 50' | 59° 30' | Mascate |
| | 52° | 57° | 62° | 67° | 70° 50' | — | — | | Bombay |

| Zeit des Durchschnittes des Äquators | Äquator | Breiten der Durchschnitte der Meridiane: 58° O. | 62° O. | 68° O. | 72° O. | 74° O. | 76° O. | 77° O. | Bestimmungsort: |
|---|---|---|---|---|---|---|---|---|---|
| | Ost | N. | N. | N. | N. | N. | N. | N. | |
| April, Mai, Juni | 50° | 9° 30′ | 11° | 12° 30′ | 13° 15′ | 13° 05′ | — | — | Mangalore |
| | 50° | 9° 30′ | 8° 30′ | 8° 40′ | 8° 45′ | 9° | — | — | Cochin, Calicut |
| | 50° | 9° 30′ | 8° 30′ | 8° 40′ | 8° 45′ | 8° 40′ | 8° 15′ | 7° 50′ | Tuticorin |
| Juli, August, Anfang September | 52° | Äquator | 7° | 11° 30′ | 13° 15′ | 13° 05′ | — | — | Mangalore |
| | 52° | Äquator | 5° | 7° 15′ | 8° 30′ | 9° | — | — | Cochin, Calicut |
| | 52° | Äquator | 5° | 7° | 7° 30′ | 7° 45′ | 8° | 7° 50′ | Tuticorin |

Die Länge wird im Bereiche der vorherrschenden westlichen Winde abgelaufen. Auf der Fahrt nordwärts nach dem Canal von Mozambique sind ungünstige Winde vornehmlich zwischen 35—30° S. zu erwarten. Die Passage durch den Canal selbst ward bereits besprochen. Hat man in der Zeit zwischen Mitte März und Ende Juni Groß-Comoro passirt, so setzt man die Reise mit SO-Wind fort, doch wechselt dieser bisweilen nach NO, zumal näher dem Äquator. Zwischen der Linie und 5° N. ändern die Winde zwischen SO und SW, über 5° N. hinaus findet man gewöhnlich SW-Wind, doch nicht selten setzt auch nordwestlicher Wind ein. Passirt man in der zweiten Hälfte des Juni, im Juli oder August die Insel Groß-Comoro, so findet man bis zur Linie südöstliche, von der Linie weiter nordwärts südwestliche Winde, doch kommen zeitweise auch nordwestliche Winde vor. Schiffe, welche nach Mangalore segeln, passiren im Norden der Lakkadiven, Schiffe nach Calicut, Cochin, Tuticorin fahren durch den 9 oder 8 Grad-Canal.

Es ist darauf zu achten, dass es bei SW-Monsun leichter ist, längs der Küste Hindostans nach Süd zu gelangen, als nach Nord.

### Routen, wenn der Meridian des Cap zwischen dem 15. August und 20. October, oder zwischen dem 10. und 28. Februar passirt worden ist.

747. Wenn der Meridian des Cap um die oben angegebene Jahreszeit passirt wird, kann man nicht mehr darauf rechnen, nördlich der Linie den SW-Monsun zu treffen, und der NO-Monsun wird nicht in ständiger Kraft sein. Unter solchen Umständen erscheint es am gerathensten, die Mittel-Passage zu wählen.

| Zeit des Durchschnittes des Meridians des Cap | Breiten der Durchschnitte der Meridiane von: | | | | | Längen der Durchschnitte der Parallele von: | | | | |
|---|---|---|---|---|---|---|---|---|---|---|
| | 10° W. | 0° | 10° O. | 30° O. | 50° O. | 40° S. | 35° S. | 30° S. | 10° S. | Äquator |
| | S. | S. | S. | S. | S. | O. | O. | O. | O. | O. |
| Vom 15. August bis 1. October | 38° | 40° 30' | 41° | 42° | 40° 30' | 51° | 62° | 66° | 66° | 68° |
| Vom 1. October bis 20. October | 39° | 41° | 42° | 42° | 40° | 50° | 62° | 66° | 66° | 68° |
| Vom 10. Februar bis 28. Februar | 40° | 42° | 42° 30' | 43° | 43° | 60° | 67° | 67° | 65° | 71° |

| Breiten der Durchschnitte der Meridiane von: | | | | | | | Bestimmungsort |
|---|---|---|---|---|---|---|---|
| 72° O. | 73° O. | 74° O. | 75° O. | 76° O. | 77° O. | 78° O. | |
| N. | N. | N. | N. | N. | N. | N. | |
| 8° 15' | 9° | 9° 40' | 10° 30' | — | — | — | Calicut |
| 7° 25' | 7° 55' | 8° 15' | 8° 50' | — | — | — | Cochin |
| 7° 25' | 7° 55' | 8° 05' | 8° 15' | 8° 15' | 7° 55' | 8° 05' | Tuticorin |

| Zeit der Passirung des Äquators | Längen der Durchschnitte der Parallele von: | | | | | | | | | |
|---|---|---|---|---|---|---|---|---|---|---|
| | Äquator | 5° N. | 10° N. | 12° N. | 13° N. | 18° N. | 20° N. | 21° N. | 22° N. | 23° N. |
| | O. | O. | O. | O. | O. | O. | O. | O. | O. | O. |
| **Route nach Mascate** | | | | | | | | | | |
| Vom 10. September bis 15. October | 68° | 69° | 69° | 69° | 69° | 69° | 69° | 69° | 68° | 67° |
| Vom 15. October bis 15. November | 68° | 69° | 75° | 74° 30' | 74° | 72° 40' | 70° 50' | 69° 30' | 68° | 67° |
| Anfangs März . . . | 71° | 71° | 75° | 74° 30' | 74° | 67° 50' | 64° | 62° | 61° | 59° |
| Ende März . . . . . | 71° | 71° | 66° | 65° 10' | 64° | 61° | 60° | 60° | 59° 30' | 59° 30' |
| **Route nach Bombay** | | | | | | | | | | |
| Vom 10. September bis 15. October | 68° | 69° | 69° | 69° | 69° | 72° | | | | |
| Vom 15. October bis 15. November | 68° | 69° | 75° | 74° 30' | 74° | 72° 40' | | | | |
| Anfang März . . . . | 71° | 71° | 75° | 74° 30' | 74° | 72° 40' | | | | |
| Ende März . . . . . | 71° | 71° | 69° | 69° | 69° | 72° | | | | |
| **Route nach Mangalore** | | | | | | | | | | |
| Vom 10. September bis 15. October | 68° | 69° | 69° | 70° | 71° | | | | | |
| Vom 15. October bis 15. November | 68° | 69° | 75° | 74° 30' | — | | | | | |
| Anfang März . . . . | 71° | 71° | 75° | 74° 30' | — | | | | | |
| Ende März . . . . . | 71° | 71° | 69° | 70° | 71° | | | | | |

Hat man in der zweiten Hälfte August oder im Laufe des September den Meridian des Cap passirt, so trifft man bis 35° S. vorherrschend westliche Winde, von 35 bis 25° S. veränderliche Brisen, die jedoch gestatten Weg nach NO und dann N zu machen. Bei 25—26° S. tritt man in den SO-Passat ein, welcher dann bei 3—2° S. zu wehen aufhört. Weiter nordwärts folgen veränderliche Brisen und zeitweise Calmen.

Hat man den Meridian des Cap in der Zeit vom 1. bis 20. October durchschnitten, so hat man bis 30° S. vorherrschend günstige Winde. Bei 28—27° S beginnt der SO-Passat; derselbe weht im November bis beiläufig 7° S., im December bis ungefähr 10° S. Nördlich hievon findet man Winde aus WNW und WSW. Hat man das Cap im Februar dublirt, so trifft man westliche Winde bis 35° S., von 35—30° S. Brisen aus SO und NO. Bei 30—28° S. nimmt der SO-Passat seinen Anfang; das Gebiet desselben reicht bis 12 oder 10° S. Von 8° S. bis zur Linie wehen Winde aus NW.

Nach Durchschneidung des Äquators im September oder Ende März, nehmen die nach Maskat, Bombay, Mangalore bestimmten Schiffe, soweit die Winde es zulassen, directe Route, und passiren in West der Lakkadiven; noch im October erheben sie sich westlich von den genannten Inseln nordwärts. Haben sie die Linie zwischen den 15. October und 15. November oder zu Beginn des März passirt, so segeln sie durch den Neungrad-Canal, und erheben sich längs der Küste Hindostans gegen Nord.

Schiffe, welche nach Cochin oder Tuticorin bestimmt sind, können die Passage durch den Neungrad- oder den Achtgrad-Canal wählen.

Bezüglich der Winde nördlich vom Äquator ist zu bemerken, dass Schiffe, welche die Linie zwischen den 10. September und 15. October passiren, Winde aus SO bis circa 3° S., dann veränderliche Brisen vorherrschend aus NW, dann aus SW und NO treffen. Jene Schiffe, welche die Linie zwischen dem 15. October und 15. November durchschneiden, finden von 7° S. bis zur Linie Brisen aus NW, von der Linie bis 10° N., Brisen aus NW bis NO; Calmen sind häufig. Dann macht sich der NO-Monsun fühlbar, doch oft wehen dauernde Winde aus NW. Anfangs März sind die Wind-Chancen in N der Linie beiläufig die gleichen. Ende März kommen im Norden der Linie Calmen vor, dann Winde aus NW bis NO. Nördlich von 5° N. gibt es noch NO-Winde: aber mehr und mehr, sowie das Schiff nordwärts gelangt, werden die Winde nordwestlich und südwestlich.

### Routen, wenn der Meridian des Cap der guten Hoffnung in der Zeit vom 20. October bis 10. Februar gekreuzt worden ist.

748. Hat man in dem oben angegebenen Zeit-Intervall den Meridian des Cap passirt, so kann man zwischen 15. November und 10. März zur Linie gelangen, und wird nördlich derselben den NO-Monsun vorfinden. Es wird daher das Beste sein, die erste Außen-Passage zu wählen, und den Äquator weit östlich zu schneiden.

| Zeit des Durchschnitts des Meridians des Cap | Breiten der Durchschnitte der Meridiane von: | | | | | | Längen der Durchschnitte der Parallele von: | | | | | |
|---|---|---|---|---|---|---|---|---|---|---|---|---|
| | 10° W | 0° | 10° O | 30° O. | 60° O. | 80° O. | 40° S | 35° S. | 30° S. | 10° S | Äquator | 5° N |
| | S. | S. | S. | S. | S. | S. | O | O. | O. | O. | O. | O. |
| Vom 20. October bis 15. November | 39° 30' | 41° 30' | 43° | 44° | 42° | 41° | 81° | 82° 30' | 82° 50' | 82° | 84° 30' | 84° 30' |
| Vom 15. November bis 10. Februar | 40° | 44° | 47° | 48° | 46° | 39° | 78° 50' | 83° | 85° | 85° | 87° 30' | 85° |

| Breiten der Durchschnitte der Meridiane von: | | | | | | | | | | | | | Bestimmungsort |
|---|---|---|---|---|---|---|---|---|---|---|---|---|---|
| 80° O. | 79° O. | 77° O. | 75° O. | 74° O. | 73° O. | 72° O. | 70° O. | 68° O. | 67° O. | 66° O. | 62° O. | 60° O. | |
| N. | N. | N. | N. | N. | N. | N. | N. | N. | N. | N. | N. | N. | |
| 5° 40' | 8° 25' | | | | | | | | | | | | Tuticorin |
| 5° 40' | 6° 55' | 7° 50' | 11° 20' | | | | | | | | | | Cochin Calicut |
| 5° 40' | 6° 55' | 7° 50' | 11° 20' | | | | | | | | | | Mangalore |
| 5° 40' | 6° 55' | 7° 50' | 11° 20' | 13° | 15° 45' | | | | | | | | Bombay |
| 5° 40' | 6° 55' | 7° 50' | 11° 20' | 13° | 15° 45' | 20° 4' | | | | | | | Diu |
| 5° 40' | 6° 55' | 7° 50' | 11° 20' | 13° | 15° | 19° 10' | 20° 35' | 22° | 22° 55' | 23° 20' | 23° 30' | 23° 35' | Mascate |

Schiffe, welche das Cap zwischen dem 20. October und 15. November dublirt haben, machen in 44 oder 45° S. Weg nach Ost; sie finden vorherrschend westliche Winde, welche ihnen bis 35° S. treu bleiben. Zwischen 35 und 30° S. sind die Winde nordwestlich, veränderlich zu SW und SO.

Bei 28—27° S. beginnt der SO-Passat, welcher bei 10 oder 8° S. aufhört. Von da bis zur Linie oder 1° N. gibt es Calmen und Brisen aus NW und SW. Jenseits 1° N. kommen wieder Calmen vor, die Winde sind veränderlich, doch überwiegend NO, welche Richtung desto beständiger wird, je mehr man nordwärts vorschreitet.

Hat man das Cap zwischen dem 15. November und 10. Februar passirt, so macht man Ost in 47 oder 48° S. Westliche Winde herrschen vor bis 40° S. Von 40 bis 35° S. hat man vorherrschend Winde aus NW und SW, von 35 bis 30° S. aus SO, veränderlich zu NO und SW, von 30 bis 27° S. aus SO und NO. Von 27 bis 11° S. segelt man innerhalb des Passats. Von 10° S. bis 1° N. trifft man Winde aus NW bis SW, nördlich von 2° N. den Monsun, wehend zwischen NO und NNO.

**Routen nach dem Golf von Bengalen. Nach der Küste Coromandel-Madras.**

749. Aus dem Atlantischen Ocean kommende Schiffe, welche die Bestimmung nach irgend einem Hafen im Golfe von Bengalen haben, werden je nach der Jahreszeit eine der zwei Routen wählen, welche den Namen „erste“ und „zweite Außen-Passage“ führen.

Demgemäß ist der Punkt, an welchen der Äquator zu durchschneiden ist, je nach der Jahreszeit ein verschiedener.

Wenn man voraussichtlich die Linie im October, November oder die ersten Tage des December passiren wird, so ist (wenn der Bestimmungsort Madras) die Route derart zu wählen, um den Äquator in 87° O. zu kreuzen. Zu dieser Zeit kann man im Norden der Linie bis 6 oder 8° N. und selbst weiter nordwärts Winde aus westlichen Quadranten vorfinden, daher es nicht angezeigt erscheint, östlicher die Linie zu passiren. Gelangt man voraussichtlich in der Zeit von Anfang December bis Februar an den Äquator, so wird man diesen weit östlich, bei ungefähr 92° Ost zu schneiden suchen, denn zu dieser Zeit herrscht der NO-Monsun, zeitweise aus NNO wehend; zudem kommen Calmen vor. Die Strömung geht westwärts; die Schiffe würden daher bei Windstille von dieser leewärts getragen.

Ist die Ankunft am Äquator für die Zeit zwischen dem 1. Februar und 15. März in Aussicht zu nehmen, so braucht man nicht darauf bedacht zu sein, den Äquator so weit östlich zu kreuzen, da in den ersten Tagen des März die Strömung nordwärts zu laufen beginnt, so dass sich gewöhnlich die Schiffe nordwärts erheben können, indem sie längs der Küste von Coromandel auf 60 bis 120 Meilen vom Lande segeln.

Wird der Äquator zwischen dem 15. März und 15. August erreicht, so kann man auf westliche Winde und östliche Strömungen, wenigstens bis zur Ostküste Ceylons rechnen. Man durchschneide daher den Äquator gut westlich, steure dann gegen die Südküste von Ceylon, hierauf längs dessen Ostküste, und auf geringe Entfernung längs der Küste Hindostans.

Wenn man am Äquator zwischen dem 15. August und Ende September ankommen wird, so braucht man nicht so weit westlich zu halten; doch wird man immerhin eine westliche Route nehmen.

Von Mitte October bis Ende Jänner soll man in Nord, von Anfang März bis Ende September in Süd des Bestimmungshafens ansegeln.

| Zeit des Durchschnittes des Meridians des Cap | Breiten der Durchschnitte der Meridiane von: | | | | | | Längen der Durchschnitte der Parallele von: | | | | | |
|---|---|---|---|---|---|---|---|---|---|---|---|---|
| | 10° W. | 0° | 10° O. | 30° O. | 60° O. | 80° O. | 40° S. | 35° S. | 30° S. | 25° S. | 10° S. | Äquator |
| | S. ° ' | S. ° ' | S. ° ' | S. ° ' | S. ° ' | S. ° ' | O. ° ' | O. ° ' | O. ° ' | O. ° ' | O. ° ' | O. ° ' |
| September | 38 | 40 30 | 43 | 43 30 | 42 | 32 30 | 65 | 76 | 83 | 87 | 87 | 87 |
| October, Anfang November | 39 | 43 | 44 | 44 30 | 43 30 | 36 | 72 50 | 81 50 | 87 | 87 | 87 | 87 |
| Anfang November bis 1. Jänner | 40 | 44 | 47 | 48 | 46 | 39 | 79 | 84 | 87 | 87 50 | 87 50 | 92 |
| 1. Jänner bis 15. Februar | 40 | 44 | 47 | 48 | 46 | 39 | 79 | 83 | 85 | 85 50 | 86 | 91 50 |
| 15. Februar bis Ende März | 40 | 43 | 41 30 | 45 30 | 44 30 | — | 70 | 75 | 75 | 75 | 74 | 79 |
| April, Mai, Juni | 37 | 41 | 43 | 44 | 40 | — | 60 | 70 | 74 50 | 75 50 | 77 50 | 79 |
| Juli | 38 | 40 30 | 43 | 43 30 | 40 30 | — | 61 | 69 | 74 | 78 50 | 79 | 79 |
| Ende Juli bis 1. September | 38 | 40 30 | 48 | 43 30 | 41 | 30 | 62 50 | 74 | 80 | 82 50 | 83 50 | 82 50 |

## Vom Äquator nach Madras.

| Zeit des Durchschnittes des Äquators | Längen der Durchschnitte der Parallele von: | | | | | | | |
|---|---|---|---|---|---|---|---|---|
| | Äquat. | 5° N. | 6° N. | 8° N. | 10° N. | 12° N. | 13° N. | 14° N. |
| | O. ° ' | O. ° ' | O. ° ' | O. ° ' | O. ° ' | O. ° ' | O. ° ' | O. ° ' |
| 1. October bis Anfang December | 87 20 | 87 20 | 87 20 | 86 50 | 85 50 | 84 50 | 83 50 | 81 50 |
| Anfang December bis 1. Februar | 92 50 | 89 20 | 88 20 | 86 40 | 84 50 | 82 30 | 81 20 | |
| 1. Februar bis 15. März | 91 50 | 87 50 | 86 50 | 85 20 | 83 20 | 81 30 | 80 30 | — |
| Ende März bis Ende August | 79 20 | 80 40 | 81 30 | 81 50 | 80 40 | 80 30 | 80 20 | — |
| Ende August bis 1. October | 82 50 | 83 50 | 83 50 | 83 50 | 83 40 | 82 20 | 81 5 | — |

Bis 35° S. sind Winde aus den westlichen Quadranten herrschend.

Nördlich von 35° S. gestalten sich die Windverhältnisse bis zum SO-Passat mannigfacher.

Hat man das Cap im Juli, August oder September dublirt, so findet man westliche Winde bis 30° S., von 30—25° S. variable Brisen, doch vornehmlich aus SW und SO; von 25 oder 24 bis 5° S. weht der Passat. Nördlich von 5° S. bis zur Linie trifft man Brisen aus SO bis SW.

Hat man den Meridian des Cap im October oder am Anfange des November passirt, so trifft man von 35 bis 28 oder 27° S. variable Winde, vorherrschend aus NW und SW. Von 28 oder 27 bis 7° S. weht der SO-Passat. Nördlich von 7° S. sind Calmen sehr häufig, die Brisen wehen aus SW und NW.

Ward der Meridian des Cap in der Zeit vom Anfang November bis 15. Februar gekreuzt, so begegnet man von 35 bis 30° S. veränderlichen Brisen, vorherrschend aus SO, doch häufig auch aus NO und SW, von 30 bis 27° S. Winden aus SO bis NO. Von 27 bis 11° S. weht der Passat. Von 8° S. bis ungefähr 1° N. wechseln Winde aus NW und SW. Hat man das Cap in der Zeit vom 15. Februar bis Ende März dublirt, so findet man zwischen 35 und 27° S. Winde aus SO bis NO. Von 27 bis 13 oder 10° S. weht der SO-Passat, manchmal bis NO umspringend. Nördlich von 10° S. bis zur Linie sind NW-Brisen herrschend.

Hat man den Meridian des Cap im April, Mai, Juni passirt, findet man westliche Winde selbst bis zu 30° S., von 30 bis 26 oder 25° S. veränderliche Brisen, vornehmlich aus SO und NW. Von 26 bis 5° S. weht der SO-Passat. Jenseits 5° S. werden die SO-Winde durch Brisen aus SW und NW ersetzt.

Hat man den Äquator im October, November oder anfangs December überschnitten, so findet man bis 8 oder 10° N. Winde vorherrschend aus SW und NW; weiter nördlich auch Brisen aus SO und NO.

Hat man in der Zeit von Anfang December bis 15. März die Linie passirt, so kann man veränderliche Brisen, vorherrschend aber aus NNO erwarten. Nördlich des Parallels 3° N. herrscht der NO-Monsun.

Nach Passirung des Äquators in der Zeit vom 15. März bis Ende Juni findet man Winde aus SW und NW bis zur Südküste Ceylons, dann veränderliche Brisen, doch überwiegend SW bis SO. Im Juli und August trifft man den SW-Monsun in voller Kraft.

Ward die Linie gekreuzt zwischen Ende August und 1. October, so sind die Brisen weniger frisch, und mehr veränderlich, als in den vorausgegangenen Monaten.

### Routen nach der Küste im nördlichen Theile des Bengalischen Golfes, — nach Calcutta.

750. Die in Rede stehenden Routen sind analog den hier oben gegebenen.

Für Schiffe, welche nach Calcutta bestimmt sind, ist es im October und November wegen der westlichen Winde, welche gewöhnlich vor dem 1. December nördlich der Linie bis ungefähr 10° N. wehen, räthlich, den Äquator mehr westwärts, als im December und Jänner zu schneiden.

Bezüglich der nach Calcutta bestimmten Schiffe ist noch zu bemerken, dass, wenn sie den Äquator gegen Ende August oder Anfang September gekreuzt haben, und voraussichtlich vor dem 15. September die Mündung des Ganges ansegeln werden, sie eine westlichere Route einhalten sollen, als jene Schiffe, welche die Linie später passirt haben.

## Gemeinsame Route für die Schiffe mit der Bestimmung nach einem Hafen im Norden des Bengalischen Golfes vom Südatlantischen Ocean bis zur Linie.

| Zeit des Durchschnittes des Meridians des Cap | Breiten der Durchschnitte der Meridiane von: | | | | | | Längen der Durchschnitte der Parallele von: | | | | | |
|---|---|---|---|---|---|---|---|---|---|---|---|---|
| | 10° W | 0° | 10° O. | 30° O. | 60° O. | 80° O. | 40° S. | 35° S. | 30° S. | 25° S. | 10° S. | Äquator |
| | S. ° | S. ° ′ | S. ° | S. ° ′ | S. ° ′ | S. ° ′ | O. ° | O. ° | O. ° | O. ° | O. ° | O. ° |
| September . . . . . . | 38 | 40 30 | 43 | 43 30 | 42 | 33 30 | 65 | 78 | 84 | 88 | 88 | 88 |
| October und Anfang November | 39 | 42 | 44 | 44 | 42 | 33 | 67 | 78 | 85 | 85 | 85 | 88 |
| Anfang November bis 1. Jänner | 40 | 44 | 47 | 48 | 40 | 39 | 70 | 85 | 89 | 90 | 90 | 92 |
| Jänner bis Anfang Februar . . | 40 | 44 | 47 | 48 | 40 | 30 | 79 | 83 | 85 | 86 | 60 | 92 |
| 15. Februar bis Ende März . . | 40 | 43 | 44 30 | 45 30 | 41 30 | — | 70 | 75 | 75 | 75 | 74 | 79 |
| April, Mai, Juni . . | 37 | 41 | 43 | 44 | 40 | | 60 | 70 | 75 | 76 | 78 | 79 |
| Juli . . . . . . . . | 38 | 40 30 | 43 | 43 20 | 40 30 | | 61 | 69 | 74 | 79 | 79 | 79 |
| Ende Juli bis 1. September | 38 | 40 30 | 43 | 43 30 | 41 | 30 | 63 | 74 | 80 | 83 | 83 | 83 |

## Route vom Äquator nach Calcutta.

| Zeit des Durchschnittes des Äquators | Längen der Durchschnitte der Parallele von: | | | | | | | |
|---|---|---|---|---|---|---|---|---|
| | Äquat. | 5° N. | 8° N. | 12° N. | 18° N. | 19° N. | 20° N. | 21° N. |
| | O. ° | O. ° ′ | O. ° ′ | O. ° ′ | O. ° ′ | O. ° ′ | O. ° ′ | O. ° ′ |
| 1. October bis 1. December . . . . | 88 | 89 50 | 90 30 | 91 | 91 20 | 90 50 | 89 50 | 88 15 |
| 1. December bis 1. Februar . . . . | 92 | 92 20 | 90 30 | 91 | 91 20 | 90 50 | 89 50 | 88 15 |
| 1. Februar bis 15. März . . . . . . | 92 | 87 50 | 85 20 | 83 40 | 84 40 | 85 | 86 30 | 88 15 |
| 15. März bis Ende August . . . . . | 79 | 80 40 | 81 50 | 82 10 | 84 40 | 85 | 86 50 | 88 15 |
| Ende August bis 5. September . . . | 83 | 83 50 | 84 20 | 85 20 | 86 38 | 86 45 | 86 50 | 88 15 |
| 5. September bis 1. October . . . . | 83 | 83 50 | 84 30 | 86 | 88 25 | 88 35 | 88 35 | 88 15 |

## Routen nach der Westküste Hinter-Indiens und nach der Straße von Malakka.

751. Aus dem Atlantischen Ocean kommend, macht man Weg nach Ost südlich von 40° S., und tritt, je nach der Jahreszeit, in welcher man am Äquator eintreffen wird, in den SO-Passat in verschiedener Länge ein.

Wird man zwischen dem 1. April und Ende August den Äquator erreichen, so ist, wenn der Bestimmungsort an der Küste von Pegu oder im Golf von Martaban liegt, derart zu steuern, um die Linie bei 87° Ost zu passiren.

Nach Pegu beorderte Schiffe werden dann dem Canal von Preparis, jene nach Mergui bestimmten dem Zehngrad-Canal zusegeln. — Schiffe, welche nach Penang, Malakka oder Singapore bestimmt sind, werden den Äquator bei 90° O. schneiden, sich gut westlich halten, und das Feuer von Pulo Brasse sichten.

Fällt die Passage der Linie in den Zeitraum zwischen Anfang September und Ende März, so wird man im Norden des Äquators den NO-Monsun und in den Übergangs-Perioden veränderliche Brisen (vorherrschend Brisen aus West) treffen. Man wird den Äquator in ungefähr 93° O. kreuzen. Schiffe nach Penang steuern dann so, um das Feuer von Pulo Brasse in Nord zu dubliren. Schiffe nach der Küste von Pegu oder Tenasserim bestimmt, nehmen die Route nordwärts, passiren durch den $6^1/_2$-Grad-Canal und hierauf östlich von den Nicobaren.

Schiffe, welche nach Singapore bestimmt sind, werden zur Zeit des NO-Monsuns die Route nach und durch die Sunda-Straße wählen.

### Route nach der Sunda-Straße.[1]

752. Diese Route wird man nehmen:

1. Wenn man die Sunda-Straße in der Zeit von April bis September erreichen wird, und der Bestimmungsort Batavia, Saigon, Hongkong etc. ist, desgleichen kann man diese Route wählen, um nach Singapore zu segeln, wenn man nicht in dieser Jahreszeit die eben früher gegebene Route dahin vorzieht.

2. Die Route nach der Sunda-Straße wird man für den Fall, als man in der Zeit von September bis März dort ankommen wird, einschlagen, wenn der Bestimmungsort Batavia, Singapore oder Saigon ist.

---

[1] Auf Grund der Publicationen des Institutes in Utrecht, von Labrosse zusammengestellt.

Die Reise nach letzterem Ort wird jedoch von December bis Februar kaum eine kurze sein. Schiffe auf der Fahrt nach China wählen in der Zeit von October bis März die Passage von Bali, Lombok oder Ombay.

Vom Südatlantischen Ocean kommend, werden die Schiffe im Indischen Ocean stets Ostlänge südlich von 40° S. ablaufen.

## Gemeinsame Route für Schiffe mit der Bestimmung nach der Sunda-Straße oder einer der östlichen Engen vom Südatlantischen Ocean bis 80° Ostlänge.

| Monat des Durchschnitts des Meridians des Cap | Breiten der Durchschnitte der Meridiane von: | | | | | |
|---|---|---|---|---|---|---|
| | 10° W. | 0° | 10° O. | 30° O. | 60° O. | 80° O. |
| | S. | S. | S. | S. | S. | S. |
| Jänner | 40° | 45° | 47° | 48° | 45° | 41° |
| Februar | 40 | 44 | 47 | 48 | 45 | 42 |
| März | 40 | 44 | 47 | 48 | 46 | 42 |
| April | 37 | 43 | 45 | 46 | 46 | 42 |
| Mai | 37 | 42 | 45 | 45 | 45 | 42 |
| Juni | 37 | 40 30′ | 43 | 44 | 44 | 42 |
| Juli | 38 | 40 30 | 42 30′ | 43 | 43 | 42 |
| August | 38 | 40 30 | 42 30 | 43 | 43 | 42 |
| September | 38 | 40 30 | 43 | 44 30′ | 44 30′ | 42 |
| October | 39 | 41 30 | 43 | 44 30 | 43 30 | 41 |
| November | 39 | 42 30 | 44 | 46 | 45 | 39 |
| December | 40 | 45 | 48 | 48 | 45 | 41 |

## Routen von 35° Süd zur Sunda-Straße.

| Monat, in welchem man vor der Sunda-Straße ankommen wird: | Längen der Durchschnitte der Parallele von: | | | | | |
|---|---|---|---|---|---|---|
| | 35° S. | 30° S. | 25° S. | 20° S. | 15° S. | 10° S. |
| | O. | O. | O. | O. | O. | O. |
| Februar | 87° | 93° | 95° | 98° | 98° | 101° |
| März | 90 | 95 | 99 | 102 | 103 | 103 |
| April | 91 | 102 | 104 | 105 | 105 | 103 |
| Mai | 96 | 102 | 104 | 105 | 105½ | 106 |
| Juni | 96 | 102 | 104 | 105 | 105½ | 106 |
| Juli | 96 | 103 | 106 | 106 | 106 | 106 |
| August | 95 | 103 | 106 | 106 | 106 | 105 |
| September | 100 | 106 | 106 | 106 | 106 | 106 |
| October | 93 | 98 | 101 | 102 | 103 | 105 |
| November | 90 | 98 | 101 | 102 | 103 | 105 |
| December | 89 | 93 | 97 | 98½ | 100 | 101 |
| Jänner | 85 | 90 | 93 | 96 | 98 | 100 |

Was die Windverhältnisse betrifft, so sind bis ungefähr 35° S. die westlichen Winde die vorherrschenden.

Von Jänner bis März trifft man zwischen 35 und 30° S. Winde aus SO, NO, NW. Von 28 bis 15° S. weht der Passat. SO variabel zu Ost. Von 15 bis 10° S. gibt es häufige Calmen. Brisen aus SO, SW und W. nördlich von 10° S. Winde aus SW und NW.

Im April, Mai, Juni sind zwischen 35 und 30° S. Winde aus SW vorherrschend, doch kommen auch Winde aus SO, NW, NO vor. Jenseits 27° S. beginnt das Gebiet des Passates, der aus SO und OSO weht, manchmal bis NO oder auch bis SW ändert. Näher bei Java gibt es manchmal Windstillen.

Im Juli (bis September) wehen zwischen 35 und 30° S- SW- und NW-Winde, von 30 bis 25° S. veränderliche Brisen aus Ost und West. Bei 25 oder 24° S. beginnt der Passat, der häufig die Richtung aus Ost hat.

Im October (bis December) gibt es zwischen 35 und 30° S Winde aus NW, W und SW, bisweilen Süd. Von 30 bis 25° S. sind Brisen aus SSO und S vorherrschend. Von 27 bis 12° S. weht der Passat. Nördlich von 12° S. findet man Winde aus SO, wechselnd bis SW und West, nördlich von 10° S. trifft man häufig Calmen.

Mit Rücksicht auf die Wind- und Strom-Verhältnisse, welche man bei der Ankunft vor der Straße finden wird, ist Nachstehendes zu bemerken:

Von Mai bis September herrschen in der Nähe der Sunda-Inseln östliche Winde, und der Strom lauft westwärts. Dieser ist in den Monaten Juni, Juli, August am stärksten, während zu gleicher Zeit in der Nähe Javas der Monsun aus Ost, selbst ONO wehen kann.

Es ist daher zweckmäßig, gut östlich in den Passat einzutreten, und sich östlich vom Meridian des Cap Java nach Norden zu erheben. Man wird beim genannten Cap das Land ansegeln, oder besser noch in der Länge der Insel Klapper (Pulo Deli).

In dieser Zeit ist es empfehlenswert durch den Canal der Prinzen-Insel zwischen dieser Insel und Java zu passiren. Westlich der Prinzen-Insel hingegen kann man Calmen und veränderliche Brisen treffen.

In der Zeit von November bis März, welche der Zeit des westlichen Monsun entspricht, wehen frische Winde aus NW, auch NNW häufig im Bereiche der Gewässer südlich von Java, und der Strom verlauft ostwärts. Man wird daher mehr westlich in den Passat eintreten, und gegen die Insel Engano oder gegen die Flach-Spitze (Vlakken Hoek) steuern, um mit Rücksicht auf die in der Nähe der Küste wehenden Winde in

Luv der Straße anzukommen. Hat man den Parallel der Java-Spitze weit genug in Westen gekreuzt, so hält man direct gegen die Straße ab. Diesmal wird man durch den Großen Canal passiren.

Wird die Ankunft vor der Straße zur Zeit der Monsun-Wechsel erfolgen, im September und October, oder im März und April, so wird man in Anbetracht des Umstandes, dass man im Ungewissen ist, welche Wind- und Strom-Verhältnisse man in den Gewässern von Java antreffen werde, innerhalb des Passates beiläufig im Meridian der Java-Spitze nordwärts steuern. Sowie man sich der Südküste Javas nähert, wird man alsdann je nach den Wind- und Strom-Verhältnissen, welche man eben vorfindet, sich östlich oder westlich halten.

Die von Baron Heerdt gegebenen Routen nach Java vom Meridian von Greenwich bis 10° S. Br., enthält die nachstehende Tabelle.

**Auszug aus der Tabelle der Schnittpunkte für die Reisen vom Canal nach Java.**

Von Baron von Heerdt.

(Von 0° Länge bis 10° S. Br. im Indischen Ocean.)[1]

| Schneidet man den Meridian von Greenwich im | | so schneide man | | | | | |
|---|---|---|---|---|---|---|---|
| Monat | in | 20° O. | 50° O. | 80° O. | 30° S. Br. | 20° S. Br. | 10° S. Br. |
| Jänner . . . . | 39½° S. oder südlicher | in 41½° S. oder südlicher | in 42° S. oder südlicher | in 38½° S. oder südlicher | zwischen 90° und 97° O. | zwischen 95° und 101° O. | in 103° O. oder westlicher |
| Februar . . . | 40½° S. oder südlicher | in 42° S. oder südlicher | in 43½° S. oder südlicher | in 39° S. oder südlicher | in 96° O. oder westlicher | zwischen 100° und 104° O. | in 104° O. oder westlicher |
| März . . . . . | 39½° S. oder südlicher | in 40½° S. oder südlicher | in 41½° S. oder südlicher | in 38½° S. oder südlicher | zwischen 98° und 103° O. | in 102½° O. oder östlicher | in 105° O. oder westlicher |
| April . . . . . | 38° S. oder südlicher | in 39° S. oder südlicher | in 42° S. oder südlicher | zwischen 87° und 39½° S. | in 100° O. oder westlicher | | in 105° O. oder westlicher |
| Mai . . . . . | 40½° S. oder südlicher | in 42½° S. oder südlicher | in 41½° S. oder südlicher | in 38½° S. oder südlicher | in 99° O. oder östlicher | | |
| Juni . . . . . | 39½° S. oder südlicher | in 40½° S. oder südlicher | in 40° S. oder südlicher | in 40° S. oder südlicher | zwischen 98° und 103° O. | zwischen 102° und 108° O. | in 105½° O. oder westlicher |
| Juli . . . . | 37° S. oder südlicher | in 40° S. oder südlicher | in 40½° S. oder südlicher | in 39° S. oder südlicher | in 101° O. oder östlicher | in 106° O. oder östlicher | — |

[1]) Annalen der Hydrographie, 1877.

| Schneidet man den Meridian von Greenwich im | so schneidet man: | | | | | | |
|---|---|---|---|---|---|---|---|
| Monat | 0° | 20° O. | 50° O. | 80° O. | 30° S. Br. | 20° S. Br. | 10° S. Br. |
| August . . . | 38½° S. oder südlicher | in 41½° S. oder südlicher | in 40½° S. oder südlicher | in 38° S. oder südlicher | in 103° O. oder östlicher | in 103° O. oder östlicher | in 105½ O. oder östlicher |
| September . . | 39° S. oder südlicher | in 39° S. oder südlicher | in 40° S. oder südlicher | in 39½° S. oder südlicher | in 95° O. oder östlicher | in 100° O. oder östlicher | in 103° O. oder östlicher |
| October . . . | 39° S. oder südlicher | in 42½° S. oder südlicher | in 42° S. oder südlicher | in 38½° S. oder südlicher | zwischen 94° und 98° O. | in 99° O. oder östlicher | in 102½ O. oder östlicher |
| November . . | 39½° S. oder südlicher | in 42° S oder südlicher | in 39½° S. oder südlicher | in 37½° S. oder südlicher | zwischen 91° und 96° O. | zwischen 96° und 100° O. | in 101½° O. oder östlicher |
| December | 39° S. oder südlicher | in 40½° S oder südlicher | in 43° S. oder südlicher | in 39½° S. oder südlicher | in 98° O. oder östlicher | in 99° O. oder östlicher | in 101° O. oder östlicher |

**Routen nach den Meerengen von Bali, Lombok, Ombay und Torres.**

753. Die Meerenge von Lombok passiren gewöhnlich aus dem Atlantischen Ocean kommende, nach China bestimmte Segelschiffe, in der Zeit von Ende Jänner bis März.

Die Route zur Meerenge von Bali ist dieselbe, wie jene zur Enge von Lombok mit dem einen Unterschiede, dass man sich gegen Ende der Fahrt beiläufig einen Grad mehr westlich hält. Aus dem Atlantischen Ocean kommende, nach China bestimmte Segelschiffe wählen gewöhnlich diese Passage, wenn sie voraussichtlich in der Zeit des September oder October dort anlangen werden.

Durch die Straße von Ombay nehmen gewöhnlich aus dem Atlantischen Ocean kommende, nach China bestimmte Segelschiffe die Route, wenn ihre Ankunft alldort in den December, Jänner oder Februar fällt. Die Schiffe passiren zuerst zwischen der Insel Sandelbusch und der Insel Savu, alsdann zwischen Timor und Ombay.

Segel-Schiffe, welche aus dem Atlantischen Ocean kommen und durch die Torres-Straße passiren wollen, sollen sich bereits zwischen November und März im Norden von Australien befinden, d. h. zu einer Zeit, in welcher der für die Passage günstige NW-Monsun herrscht, und der Strom ebenfalls günstig ist, oder wenigstens der östliche Monsun noch nicht eingesetzt hat.

Die Schiffe passiren südlich von der Insel Savu und Damo, schneiden 123° 20′ Ost in ungefähr 11° 25′ S., steuern dann beiläufig nach Ost, um auf einige Meilen Entfernung in Nord von der Bank Echo vorüber zu segeln. Cap Wessel werden sie auf einige 20 Meilen Distanz passiren, und von da aus entweder gegen die Wallis-Inseln, wenn sie die „Straße de l'Endeavour", oder gegen die Insel Booby steuern, wenn sie den „Canal des Prinzen von Wales" zur Passage wählen.

Mögen die Schiffe die eine oder andere der obigen Durchfahrten zu erreichen haben oder zu erreichen streben, in allen Fällen werden sie, aus dem Atlantischen Ocean kommend, ihren Weg nach Osten im Indischen Ocean südlich vom Parallel 40° S. zurücklegen. Bis 35° S. werden sie dieselben Windverhältnisse treffen, wie sie für den betreffenden Theil der Routen nach der Sunda-Straße angedeutet worden sind.

Die erste der für die Route nach der Sunda-Straße gegebenen Tabellen gilt auch für den eben erwähnten Theil der Reisen nach den hier in Rede stehenden Meerengen.

Von 35° S. nach der Straße von Lombok.

| Zeit der Ankunft vor Lombok: | Längen der Durchschnitte der Parallele von: | | | | | |
|---|---|---|---|---|---|---|
| | 35° S. | 30° S. | 25° S. | 20° S. | 15° S. | 10° S. |
| | O. | O. | O. | O. | O. | O. |
| Jänner, Februar, März | 93° | 103° | 106° | 108° | 110° | 115° |
| April, Mai, Juni | 99 | 108 | 112 | 114 | 116 | 116 |
| Juli, August, September | 98 | 106 | 111 | 113 | 115 | 116 |
| October, November, December | 95 | 105 | 108 | 110 | 113 | 115 |

Von 35° S. nach der Straße von Ombay.

| Zeit der Ankunft bei Ombay: | Längen der Durchschnitte der Parallele von: | | | | | |
|---|---|---|---|---|---|---|
| | 35° S. | 30° S. | 25° S. | 20° S. | 15° S. | 10° S. |
| | O. | O. | O. | O. | O. | O. |
| Jänner, Februar, März | 95° | 106° | 108° | 110° | 115° | 121° |
| April, Mai, Juni | 99 | 108 | 112 | 114 | 118 | 121 |
| Juli, August, September | 98 | 106 | 111 | 114 | 120 | 122 |
| October, November, December | 95 | 107 | 109 | 112 | 117 | 121 |

Im Jänner, Februar, März findet man zwischen 35 bis 30° S. veränderliche Winde vornehmlich aus SO. zuweilen aus NO, NW etc.; von 32 oder 31° S. bis 20 oder 19° S. herrschen SO- und SSO- Brisen. Von 19 bis 13° S. wehen Winde aus SSW, SW und W. Jenseits 13° S. gibt es NW- und SW-Winde, zuweilen SO-Winde und Calmen.

Im April, Mai, Juni sind von 35 bis 30° S. die Winde veränderlich; sie wehen am meisten aus SW und SO. Von 30 bis 27 oder 25° S. herrschen SO-Winde vor, doch veränderlich bis SW und NO. Im Norden von 26 oder 25° S. wechseln die Winde zwischen SSO und OSO. Jenseits 15° S. werden diese Winde zeitweise durch Calmen unterbrochen.

Im Juli, August, September herrschen Winde aus NW, W und SW, bis man den Parallel 25° S. überschritten hat. Der SO-Passat beginnt beiläufig bei 23° S. und wechselt in der Richtung zwischen SSO und ONO.

Im October, November, December wehen zwischen 35 und 30° S., Winde aus W, SW und SO, zwischen 30 bis 20° S., Winde aus SO, veränderlich zu SSO und SW, zwischen 20 und 15° S., Winde aus SSO und S, bisweilen aus West. Nördlich von 15° S. sind die Brisen variabel. Winde aus SO, SW und NW sind am häufigsten, seltener Winde aus NO. Calmen kommen vor. Je weiter die Saison vorgeschritten ist, desto sicherer kann man SW- und NW-Winde erwarten.

### Routen von den Häfen des Golfs von Oman nach dem Südatlantischen Ocean zur Zeit des NO-Monsuns.

754. Schiffe, welche aus dem Persischen Golf, von Mascate, Karachi, Diu oder Bombay auslaufen, nehmen in der Zeit von Anfang October bis Ende Februar die Route durch den Canal von Mozambique.

Route von Mascate oder Bombay bis 10° S.

| Abfahrtsort | Längen der Durchschnitte der Parallele von | | | | | | | | | |
|---|---|---|---|---|---|---|---|---|---|---|
| | 23° N. | 22° N. | 21° N. | 20° N. | 15° N. | 10° N. | 5° N. | Äquat. | 5° S. | 10° S. |
| | O. ° ′ | O. ° ′ | O. ° ′ | O. ° ′ | O. ° ′ | O. ° ′ | O. ° ′ | O. ° ′ | O. ° ′ | O. ° ′ |
| | Im October, November, December | | | | | | | | | |
| Mascate ........ | 59 35 | 60 | 60 10 | 60 20 | 58 | 56 | 54 | 52 | 46 | 42 50 |
| Bombay ........ | — | — | — | — | 65 | 59 | 54 | 52 | 46 | 42 50 |
| | Jänner und Februar | | | | | | | | | |
| Mascate ........ | 59 35 | 60 | 60 10 | 60 20 | 58 | 56 | 53 | 49 | 45 | 42 50 |
| Bombay ........ | — | — | — | — | 68 | 62 | 55 | 50 | 45 | 42 50 |

Was die Windverhältnisse betrifft, so wird man im October, November, December NO-, wechselnd mit NW-Winden treffen. Zwischen 10° N. und dem Äquator sind die Winde weniger regelmäßig. SW-Brisen setzen manchmal ein. Zwischen dem Äquator und 5° S. wehen Winde aus SO und NO Von 5 bis 10° S. herrschen NO-Winde, variabel bis zu OSO und SSW.

Im Jänner und Februar herrscht der NO durchs ganze Arabische Meer bis 10° S. Calmen kommen vor zwischen 5 und 10° S.

Für die Fahrt durch den Mozambique-Canal hat man als Regel zu beachten, sich westlich von Comoro, von Juan de Nova, der Lootsen-Bank, der Bassas da India, und des Europa-Eiland zu halten, und von der Küste Afrikas sich nicht zu weit zu entfernen. Winde aus NW, N, NO wehen gewöhnlich zur Zeit des NO-Monsuns bis zu 18 oder 20° S. Südlich hievon sind die Winde sehr veränderlich, und herrschen aus der Richtung S und SSO vor.[1]

Zwischen der Südspitze von Madagascar und Cap Corrientes sind die vorherrschenden Winde aus SO bis SW. Es wird gut sein, das letztere Cap, wenn möglich, zu sichten. Man steure endlich, vorausgesetzt, dass Wind und Wetter es nicht verbieten, auf 12 bis 30 Meilen Entfernung längs der Küste von Natal.

Nachstehende Tabelle gibt die Durchschnittspunkte von 11 bis 25° S.

| Jahreszeit | Längen der Durchschnitte der Parallele von | | | | | | | | | | | | | | |
|---|---|---|---|---|---|---|---|---|---|---|---|---|---|---|---|
| | 11° S. | 12° S. | 13° S. | 14° S. | 15° S. | 16° S. | 17° S. | 18° S | 19° S. | 20° S. | 21° S. | 22° S. | 23° S. | 24° S. | 25° S. |
| Zeit des NO-Monsuns von October bis April | O. 42° 50′ | O. 42° 40′ | O. 42° 5′ | O. 41° 40′ | O. 41° 30′ | O. 40° 50′ | O. 40° 10′ | O. 39° 15′ | O. 38° 30′ | O. 37° 50′ | O. 37° 20′ | O. 36° 55′ | O. 36° 25′ | O. 35° 50′ | O. 35° 20′ |

Bezüglich des weiteren Verlaufes der Route nach dem Atlantischen Ocean siehe die zweite Tabelle, die für Schiffe gilt, welche von der Küste Malabar ausgesegelt sind.

Nähere Verhaltungen geben die Instructionen über das Dubliren des Cap der guten Hoffnung.

---

[1] Hat man den Parallel 19° S. passirt, und treten flaue Brisen oder Winde aus SO ein, so kann es vortheilhaft erscheinen, sich der Küste Madagascars zu nähern, da es dann leichter sein mag, längs der Küste dieser Insel zwischen 19 bis 23° S. Weg nach Süd zu gewinnen.

Für Schiffe, welche von einem der Häfen der Malabar-Küste südlich von Bombay auslaufen, erscheint bei NO-Monsun die beste Route jene, welche gerade südlich, östlich der Tschagos-Inseln führt. Man lauft längs der Küste Hindostans südwärts, und hält sich soweit östlich um den Äquator zwischen 79 und 81° Ost zu schneiden.

### Routen vom Abfahrtsort bis 29° 30′ S.

| Abfahrtsort | Durchschnitte der Meridiane von | | | Durchschnitte der Parallele von | | | | | | | | | |
|---|---|---|---|---|---|---|---|---|---|---|---|---|---|
| | 71° 20′ O. | 75° 20′ O. | 76° 20′ O. | 5° N. | Äquat. | 5° S. | 10° S. | 15° S. | 20° S. | 25° S. | 27° 30′ S. | 29° 30′ S. |
| | N. ° | N. ° | N. ° | O. ° | O. ° | O. ° | O. ° | O. ° | O. ° | O. ° | O. ° | O. ° |
| | **Im October, November, December** | | | | | | | | | | | | |
| Malabar Küste | 18 20 | 11 20 | 8 40 | 79 | 80 | 80 | 78 | 75 | 66 | 60 | 51 | 40 |
| Colombo, Galles | | — | | 80 | 81 | 81 | 78 | 73 | 66 | 60 | 51 | 40 |
| | **Jänner, Februar, März** | | | | | | | | | | | | |
| Malabar Küste | 13 40 | 11 20 | 8 40 | 78 | 79 | 79 | 79 | 75 | 69 | 60 | 53 | 45 |
| Colombo, Galles | — | | | 80 | 79 | 79 | 79 | 75 | 69 | 60 | 53 | 45 |

Im October, November, December wird man bis zur Linie Brisen aus NW bis SW, seltener aus NO und Calmen vorfinden. Von der Linie bis 7° S. trifft man Brisen aus W, NW, SW, seltener aus SO und Calmen. Zwischen 7 und 25° S. weht der SO-Passat. Von 25° S. bis zur Südspitze Madagascars gibt es Winde aus SO, NO und N, sehr selten aus SW.

Im Jänner, Februar, März herrschen zwischen dem Parallel von Comorin und der Linie Brisen aus NO, zwischen der Linie und 9° S. Brisen aus NW. Von 9 bis 25° S. weht der SO-Passat. Von 25° S. bis zur Südspitze von Madagascar sind Winde aus SO bis NO herrschend.

Für die Weiterfahrt nach dem Südatlantischen Ocean können in nachstehender Tabelle die Durchschnittspunkte gefunden werden.

| Monat | Breiten der Durchschnitte der Meridiane von | | | | | | | | | | |
|---|---|---|---|---|---|---|---|---|---|---|---|
| | 34° O. | 32° O. | 30° O. | 28° O. | 26° O. | 24° O. | 22° O. | 20° O. | 18° O. | 16° O. | 14° O. |
| | S. ° ' | S. ° ' | S. ° ' | S. ° ' | S. ° ' | S. ° ' | S. ° ' | S. ° ' | S. ° ' | S. ° ' | S. ° ' |
| Jänner . . . | 27 | 30 | 32 | 34 | 34 45 | 35 | 35 15 | 35 15 | 35 | 34 | 32 45 |
| Februar . . . | 27 | 30 | 32 | 34 | 34 30 | 35 | 35 15 | 35 15 | 34 45 | 33 30 | 32 |
| März . . . . . | 28 30 | 31 | 32 20 | 34 30 | 34 45 | 35 | 35 15 | 35 | 35 | 34 | 32 30 |
| April . . . . | 28 30 | 31 | 32 20 | 34 | 34 30 | 35 | 35 | 35 15 | 35 | 34 15 | 32 30 |
| Mai . . . . . | 28 30 | 31 | 32 20 | 33 45 | 34 30 | 35 | 35 15 | 35 30 | 35 | 33 30 | 32 |
| Juni . . . . | 28 30 | 31 | 32 20 | 33 45 | 34 45 | 35 15 | 35 30 | 35 45 | 35 15 | 34 | 32 45 |
| Juli . . . . . | 28 30 | 31 | 32 20 | 33 45 | 34 45 | 35 | 35 30 | 35 30 | 35 | 34 | 32 15 |
| August . . | 28 30 | 31 | 32 20 | 34 | 34 30 | 35 | 35 30 | 35 30 | 35 | 34 | 32 30 |
| September . | 28 30 | 31 | 32 20 | 34 | 34 30 | 35 | 35 15 | 35 15 | 35 | 33 45 | 32 30 |
| October . . . | 27 | 30 | 32 | 34 | 34 30 | 35 | 35 30 | 35 30 | 35 | 33 | 31 15 |
| November . . | 27 | 30 | 32 | 34 | 34 45 | 35 | 35 15 | 35 15 | 34 45 | 33 45 | 32 30 |
| December . . | 27 | 30 | 32 | 33 45 | 34 30 | 35 | 35 15 | 35 15 | 34 30 | 33 15 | 31 30 |

Bei der Veränderlichkeit der Winde in der Region, für welche diese Tabelle die Durchschnittspunkte gibt, können diese nur einen beiläufigen Anhalt und eine ganz allgemeine Richtschnur bieten. Bezüglich Wind und Wetter, und bezüglich der Verhaltungen in den Gewässern südlich des Caplands siehe die Instructionen über das Dubliren des Cap der guten Hoffnung.

Gemischte Schiffe werden während der ganzen Zeit des NO-Monsuns die Route durch den Canal von Mozambique wählen. Auch Segelschiffe, deren Abfahrtsort an der Küste Malabar liegt, können diese Route nehmen, wenn sie zwischen Ende November und Anfang Februar aussegeln. Sie werden in diesem Falle den Anschluss an die Route aufsuchen, welche für Schiffe gilt, die von Bombay abgesegelt sind.

### Routen von den Häfen des Golfs von Oman und der Küste Malabar nach dem Atlantischen Ocean während des SW-Monsuns.

755. Schiffe, welche vom Persischen Golf oder Mascate kommen, haben anfangs gegen SO-Brisen und Calmen, und beim Cap Ras al Hed gegen Seegang aufzuarbeiten. Bei 60° Ost werden sie den Monsun treffen, zuerst aus S oder SSO wehend, dann nach SW drehend. Die sicherste Route ist, vom Meridian des genannten Cap ausgehend, so zu steuern, um die Lakkadiven auf gute Distanz in Nord zu dubliren, und Fahrwasser mit 49—38 Faden (90—70 Meter) Tiefe aufzusuchen. Dann wird man südwärts laufen, indem man sich hiebei nach den Verhaltungen richtet, welche später für aus Bombai ausgelaufene Schiffe gegeben

werden. Zwischen Ras al Hed und den Lakkadiven werden im April bis Juni SW-Winde herrschen, doch werden auch Wechsel bis zu NW und Calmen vorkommen. In der Zeit von Juni bis Ende September weht der SW-Monsun regelmäßig und stetig, er raumt oftmals nach WSW und selbst W, je mehr man gegen Osten vorschreitet. Im Osten der Lakkadiven hat man viel Regen und böiges Wetter zu erwarten.

Schiffe, welche von Karachi oder Diu auslaufen, müssen vorerst, ehe sie sich nach S wenden, Seeraum gewinnen und in 20 Faden (36 Meter) tiefes Wasser zu gelangen suchen. Beiläufig im Parallel von Bombay angekommen, sollen sie sich in 38—49 Faden (70—90 Meter) tiefem Wasser erhalten, um südwärts zu segeln.

Segelschiffe, welche nach Ende März von Bombay auslaufen, werden zunächst 15—20 Faden (27—36 Meter) tiefes Fahrwasser zu gewinnen trachten, dann werden sie südwärts längs der Küste steuern, indem sie sich innerhalb eines Fahrwassers mit 40 - 50 Faden (73—91 Meter) Tiefe erhalten. Dieser Rath ist von hoher Wichtigkeit, weil es wegen regnerischen Wetters oft an Gelegenheit fehlen wird, die Position mittelst Beobachtungen richtig zu stellen. Hat man die Lakkadiven passirt, so halte man gut am Wind, um nicht zu weit ostwärts zu gerathen, da man den SO-Passat desto eher erreicht, je weniger man ostwärts gelangt ist. Von den Lakkadiven bis zum Äquator, den man ungefähr in 81° O. schneiden wird, wechselt im Mai und Juni der SW-Wind bis nach NW; im Juli, August, September weht der Monsun stetig aus SW und WSW. Regenböen aus W und WNW kommen oft vor. In der Nähe der Linie von 5° N. bis 1° S. ist eine östliche Strömung zu beachten, deren Stärke mitunter bis zu 60 Meilen in 24 Stunden sich steigert. Südlich vom Äquator findet man veränderliche leichte Brisen, vornehmlich aus SW, S und SO; Calmen sind häufig. Bei 5 bis 6° S. beginnt der SO-Passat. Bisweilen begegnet man dem Passat bereits bei 1 oder 2° S, bisweilen aber auch erst bei 8° oder 9° S. In jedem Falle soll man so rasch als möglich nach Süd in den Bereich des Passats zu kommen trachten.

Schiffe, welche von irgend einem Hafen der Küste Malabar auslaufen, haben sich an die oben gegebenen Weisungen zu halten.

Schiffe, deren Abfahrtsort Colombo oder Pointe de Galles ist, können Ende April noch Winde aus NO bis NW vorfinden; in diesem Falle werden sie den Äquator bei 81° O. zu erreichen suchen. Meistens aber wird man zur Zeit des SW-Monsuns, nach Dublirung der SW-Spitze Ceylons, am Winde segelnd, den Äquator bei 85° O. erreichen. Zwischen der Linie und 5° S. wird man weniger Calmen treffen, wenn man diese Zone zwischen 84 und 86° O. durchschneidet, als wenn man sie zwischen 77 oder 80° O. durchsegelt.

### Vom Persischen Golf oder Mascate bis zur Linie.

| Breiten der Durchschnitte der Meridiane von: | | | | | | | | | |
|---|---|---|---|---|---|---|---|---|---|
| 60° O. | 62° O. | 66° O. | 70° O. | 72° O. | 74° O. | 75° O. | 76° O. | 80° O. | 81° O. |
| N. 22° 20′ | N. 21° 10′ | N. 18° 15′ | N. 16° 10′ | N. 15° | N. 12° 30′ | N. 10° 30′ | N. 8° | N. 1° 30′ | Äquator |

### Von Bombay oder einem Hafen der Küste Malabar bis 2° S.

| Abfahrtsort | Breiten der Durchschnitte der Meridiane von: | | | | | | |
|---|---|---|---|---|---|---|---|
| | 73° O. | 74° O. | 75° O. | 76° O. | 80° O. | 81° O. | 82° O. |
| | N. | N. | N. | N. | N. | | S. |
| Bombay.......... | 15° | 12° 30′ | 10° 30′ | 8° | 1° 30′ | Äquator | 2° |
| Malabar-Küste | — | — | 10° 30′ | 8° | 1° 30′ | Äquator | 2° |

### Von Pointe de Galles oder Colombo bis 2° S.

| Breiten der Durchschnitte der Meridiane von: | | | | |
|---|---|---|---|---|
| 80° O. | 81° O. | 82° O. | 85° O. | 86° O. |
| N. 5° 20′ | N. 4° 20′ | N. 3° 15′ | Äquator | S. 2° |

### Routen (gemeinsame) vom Äquator bis 29° 30′ S.

| Jahreszeit | Durchschnitte der Parallele von: | | | | | | |
|---|---|---|---|---|---|---|---|
| | Äquator | 5° S. | 10° S. | 20° S. | 25° S. | 27° 30′ S. | 29° 30′ S. |
| | O. | O. | O. | O. | O. | O. | O. |
| | Von Mascate, Bombay, der Küste Malabar | | | | | | |
| April, Mai, Juni ... | 81° | 81° | 76° | 65° | 55° | 48° | 40° |
| Juli, August, September | 81° | 82° | 77° | 65° | 53° | 48° | 40° |
| | Von Galles oder Colombo | | | | | | |
| April, Mai, Juni ......... | 85° | 86° | 83° | 67° | 55° | 48° | 40° |
| Juli, August, September . | 85° | 85° | 79° | 65° | 53° | 48° | 40° |

Im April, Mai, Juni weht der Passat zwischen 6 und 20° S. aus SO, zwischen 20 und 26° S. aus SO bis NO. Von 26 bis 30° S. trifft man Winde aus NO, SO, SW, bisweilen auch aus NW.

Im Juli, August, September herrscht von 5 bis 25° S. der Passat. Südlich von 25° S. trifft man außer SO-Winden häufig auch Winde aus ONO und NO, bisweilen aus S.

Bezüglich des weitern Verlaufes der Route siehe die Instructionen und Routen für Dublirung des Cap der guten Hoffnung.

## Routen von den Häfen des Golfs von Bengalen nach dem Südatlantischen Ocean während des NO-Monsuns.

756. Schiffe, welche von Calcutta, von einem Hafen der Küste Coromandel oder Ost-Ceylons aussegeln, werden im Bengalischen Meerbusen in der Zeit vom 1. October bis 1. Februar mehr westliche Routen einschlagen, um von den günstigen Strömungen in der Nähe der Küste Coromandel Nutzen zu ziehen, und um gut in West in die Zone zwischen den Parallel 10° N. und den Äquator einzutreten, da in derselben Winde aus westlichen Richtungen häufig sind, zumal im October und November.

Im Februar, März, April hingegen sind die Routen directe, in der Mitte des Golfes oder sogar etwas östlich hievon, da vom Februar an die Strömung an der Coromandel-Küste nordwärts lauft.

Im September hat man für die Schiffahrt im Golf die Wahl zwischen zwei Routen, beide nahe der Küste Coromandel.

Von Calcutta bis 27° 30' S.

| Zeit der Fahrt im Bengalischen Golf | Längen der Durchschnitte der Parallele von: | | | | | | | | | | | | |
|---|---|---|---|---|---|---|---|---|---|---|---|---|---|
| | 20° N. | 18° N. | 16° N. | 14° N. | 12° N. | 10° N. | 8° N. | Äquator | 5° S. | 10° S. | 20° S. | 25° S. | 27° 30' S. |
| | O. ° ' | O. ° ' | O. ° ' | O. ° ' | O. ° ' | O. ° ' | O. ° ' | O. ° ' | O. ° ' | O. ° ' | O. ° ' | O. ° ' | O. ° ' |
| 1. October bis 1. Februar | 87 | 84 45 | 83 5 | 82 10 | 81 20 | 80 50 | 81 50 | 87 50 | 87 50 | 86 50 | 70 20 | 60 20 | 51 20 |
| Februar, März, April | 88 35 | 88 50 | 89 30 | 89 15 | 89 50 | 89 50 | 88 50 | 89 50 | 89 50 | 88 50 | 75 20 | 62 20 | 55 20 |
| September (2 Routen) | 86 40 | 81 20 | 82 30 | 81 20 | 80 20 | 80 40 | 82 6 | 87 50 | 87 50 | 88 20 | 67 20 | 58 50 | 47 50 |
| | 87 35 | 85 50 | 84 10 | 82 20 | 80 20 | 80 40 | 82 6 | 87 50 | 87 50 | 86 20 | 67 20 | 63 50 | 47 50 |

Von Madras bis 27° 30′ S.

| Zeit der Fahrt im Bengalischen Golf | Längen der Durchschnitte der Parallele von: | | | | | | | | | |
|---|---|---|---|---|---|---|---|---|---|---|
| | 13° N. | 10° N. | 8° N. | 5° N. | Äquat. | 5° S. | 10° S. | 20° S. | 25° S. | 27° 30′ S. |
| | O. ° ′ | O. ° ′ | O. ° ′ | O. ° ′ | O. ° ′ | O. ° ′ | O. ° ′ | O. ° | O. ° | O. ° |
| 1. October bis 1. Februar . . . . | 80 50 | 80 50 | 81 50 | 84 20 | 87 50 | 87 50 | 86 50 | 70 | 60 | 51 |
| Februar, März, April . | 83 10 | 84 40 | 84 50 | 85 | 85 20 | 85 20 | 84 50 | 74 | 62 | 55 |

Im October, November, December findet man zwischen 10° N. und der Linie Winde aus NW und SW, variabel zu NO und SO, häufig auch Calmen; von der Linie bis 6 oder 7° S., Brisen aus NW und SW, ebenfalls häufig Calmen. Zwischen 6 oder 7° S. beginnt der SO-Passat und weht bis 25° S. Von 25° S. bis zur Südspitze von Madagascar trifft man Winde aus SO, NO und N, bisweilen aus SW.

Im Jänner, Februar, März herrscht der NO im ganzen Bereich des Golfes bis zum Äquator. Von der Linie bis 8° S. wehen Winde aus NW und SW. Von 8 oder 10 bis 25° S. herrscht der SO-Passat. Von 25° S. bis in Süd von Madagascar gibt es Winde aus SO bis NO.

Im April ist es wahrscheinlich, dass man südlich von Ceylon bis 5 oder 6° S. südwestliche Brisen findet.

Im September herrschen zwischen Ceylon und der Linie SW-Winde. Zwischen der Linie und 5° S. überwiegen Winde aus S, veränderlich zu SO, O, SW und W. Zwischen 5 und 25° S. weht der SO-Passat. Südlich 25° S. trifft man Winde aus NO und SO.

Bezüglich des weiteren Verlaufes der Route siehe die Instructionen und Routen für Dublirung des Cap der guten Hoffnung.

Schiffe, deren Abfahrtsort im Osten des Golfs von Bengalen liegt, treffen westlich der Andamanen und Nicobaren, oder westlich des Meridians von Pulo Brasse die gleichen Wind- und Stromverhältnisse. Im October, November, December herrschen bis zum Äquator Winde aus NW und SW, seltener sind Winde aus NO und SO. Vom Äquator bis 5° S. wehen SW-Winde, variabel bis NW. Von 5 bis 8° S. überwiegen Winde aus SO, variabel zu NO, bisweilen kommen Brisen aus SW vor. Von 8 oder 10° S. bis 25 oder 26° S. herrscht der Passat. Von 26° S. bis südlich von Madagascar trifft man Winde aus SO, NO und N, selten SW.

Im Jänner, Februar, März herrscht im Golf der NO. Von der Linie bis 5° S. wehen Winde aus NW, von 5 bis 10° S. Winde aus NW und

SW., seltener aus SO. Von 9 oder 10 bis 25° S. herrscht der SO-Passat; weiter südlich bis Madagascar trifft man Winde aus SO und NO.

In nachstehenden Tabellen sind die Routen für Schiffe gegeben, welche von Rangoon oder Penang auslaufen.

Von Rangoon bis 29° 30′ S.

| Zeit der Fahrt | Durchschnitte der Meridiane | | | | | Durchschnitte der Parallele | | | | | | | | |
|---|---|---|---|---|---|---|---|---|---|---|---|---|---|---|
| | 96° 20′ O. | 95° 20′ O. | 94° 20′ O. | 93° 20′ O. | 92° 30′ O. | 10° N. | 5° N. | Äquat. | 5° S. | 10° S. | 20° S. | 25° S. | 27° 30′ S. | 29° 30′ S. |
| | N. ° | N. ° ′ | N. ° ′ | N. ° ′ | N. ° ′ | O. ° ′ | O. ° ′ | O. ° ′ | O. ° ′ | O. ° ′ | O. ° | O. ° | O. ° ′ | O. ° |
| October, Novemb., December | 16 | 15 20 | 14 45 | 14 20 | 13 50 | 89 | 89 | 89 | 89 | 87 50 | 70 | 59 | 51 50 | 40 |
| Jänner, Februar, März | 16 | 15 20 | 14 45 | 14 20 | 13 40 | 91 30 | 91 40 | 91 50 | 91 50 | 90 | 74 | 62 | 55 | 45 |

Von Penang. Malakka bis 29° 30′.

| Zeit der Fahrt | Durchschnitte der Meridiane | | | | Durchschnitte der Parallele | | | | | | | |
|---|---|---|---|---|---|---|---|---|---|---|---|---|
| | 98° 20′ O. | 96° 20′ O. | 95° 20′ O. | 94° 20′ O. | 5° N. | Äqu. | 5° S. | 10° S. | 20° S. | 25° S. | 27° 30′ S. | 29° 30′ S. |
| | N. ° ′ | N. ° ′ | N. ° ′ | N. ° ′ | O. ° ′ | O. ° ′ | O. ° ′ | O. ° | O. ° | O. ° | O. ° | O. ° |
| October, November December . . | 5 45 | 6 20 | 6 15 | 5 35 | 93 50 | 92 50 | 92 50 | 92 | 72 | 59 | 59 | 40 |
| Jänner, Februar, März . . . . . | 5 45 | 6 20 | 6 15 | 5 35 | 93 50 | 92 50 | 92 30 | 92 | 74 | 62 | 55 | 45 |

Bezüglich des weiteren Verlaufes der Route siehe die Instructionen und Routen für die Dublirung des Cap der guten Hoffnung.

**Routen aus den Häfen des Golfs von Bengalen nach dem Südatlantischen Ocean während des SW-Monsuns.**

757. Schiffe, welche von Calcutta ausfahren, haben unter drei Routen zu wählen, um den Golf von Bengalen südwärts zu durchsegeln.

1. Die westliche Route, oder
2. die Route in Luv der Andamanen und Nicobaren, oder
3. die Route östlich dieser Inseln.

Ad 1. Die erste Route ist die günstigste, wenn es die Umstände anders gestatten. Bei westlichem Winde segle südwärts; sowie SW- oder SSW-Wind einsetzt, nehme Backbord-Halsen, um sich dem westlichen Theil des Golfes zu nähern, oder in demselben zu erhalten. Beim Laviren halte man sich fern der Küste von Aracan und von dem östlichen Theile des Golfes.

Gelingt es, die Küste südlich vom Cap Palmiras zu erreichen, so kann man bei Nacht Landwinde erwarten, daher soll man trachten, zwischen zwei und 3 Uhr Morgens dem Lande nahe zu sein.

Im Juni und Juli sind diese Brisen oftmals regelmäßig. Trifft man die besprochenen Brisen nicht, so hat man doch den Vortheil, dass man weniger starken Seegang begegnet. Ist die Strömung nahe dem Lande zu stark entgegen, um nach Süd Weg zu gewinnen, so entferne man sich auf 60 bis 70 Meilen von der Küste, da auf diese Entfernung die Strömung wahrscheinlich weniger stark sein wird, und halte sich innerhalb dieser Distanz vom Lande. Je weiter man nach Süden gelangt, desto mehr erhöhen sich die Chancen, Landwinde zu finden. Zwischen 17 bis 13° N. (Gordeware und Pulicat-Point) bleibe man auf entsprechende Distanz von der Küste. Südlich von Pulicat findet man wahrscheinlich des Nachts Brisen vom Lande, bei Tag Winde aus SO; diese Winde benütze man um südwärts Weg zu machen bis beiläufig in die Höhe von Negapatam. Von da steure gegen Ceylon, und verfolge dann den Bord mit Steuerbord-Halsen. Zeigt sich die Unmöglichkeit auf die angedeutete Weise längs der Küste Hindostans südwärts zu gelangen, so wähle man die zweite Route und verlängere den Bord mit Steuerbord-Halsen, ohne jedoch günstige Änderungen des Windes zu vernachlässigen, indem man nach Erfordernis die Halsen wechselt. Kann man Klein-Andaman auf 100 bis 120 Meilen in Luv dubliren, so wird man wahrscheinlich auch die Nicobaren und die Nordspitze Sumatras dubliren.

Erscheint es bereits bei Beginn der Reise als äußerst schwierig oder unmöglich, nach West aufzukommen, oder sieht man im Verlaufe der Fahrt, dass man die Andamanen in Luv nicht passiren könne, so lauft man durch den Canal von Preparis und passirt östlich von den genannten Inseln. Man sucht südwärts Weg zu machen, bis man in Lee von Sumatra gelangt, worauf man sich der Küste dieser Insel in West von Diamant-point nähert. Dort wird man eine günstige westliche Strömung treffen. Mit dieser wird man, nachdem die Engen zwischen Sumatra und Pulo Way und jene zwischen Pulo Brasse und Pulo-Way passirt sind, sich westwärts aufarbeiten, um sodann die Steuerbord-Halsen zu nehmen.

Die erste der drei Routen eignet sich für gemischte Schiffe, wie für Dampfer, welche nach Madras, Ceylon, Mauritius oder einem Hafen im Golf von Oman bestimmt sind.

Schiffe, welche von einem Hafen der Ostküste Hindostans auslaufen, werden sich, wo möglich, längs und nicht allzufern der Küste Hindostans halten, doch nie die Route östlich der Andamanen einschlagen.

Schiffe, deren Abfahrtsort an der Küste von Aracan, Pegu oder Tenasserim liegt, werden östlich von den Andamanen und Nicobaren nach Süden segeln bis zur Nordküste von Pedir (Sumatra): dann, begünstigt von der Strömung erheben sie sich westwärts, nachdem sie zwischen Sumatra und Pulo-Way (Passage Malakka), dann zwischen dieser Insel und Pulo Brasse (Passage Bengal) passirt sind.

### Routen von Calcutta und Madras bis 7° S. Br.

| Zeit der Reise | | Längen der Durchschnitte der Parallele von: | | | | | | | | | |
|---|---|---|---|---|---|---|---|---|---|---|---|
| | | 20°N. | 18°N. | 16°N. | 14°N. | 12°N. | 10°N. | 8°N. | Äquat. | 5°S. | 7°S. |
| | | O. ° ' | O. ° ' | O. ° ' | O. ° ' | O. ° ' | O. ° ' | O. ° ' | O. ° ' | O. ° ' | O. ° ' |
| **Abfahrtsort: Calcutta** | | | | | | | | | | | |
| April | erste Route | 86 40 | 84 50 | 83 | 81 35 | 80 35 | 80 40 | 82 20 | 87 20 | 89 50 | 89 40 |
| Mai | zweite „ | 86 40 | 85 55 | 87 5 | 88 30 | 89 55 | 91 5 | 89 20 | 92 50 | 92 50 | 92 20 |
| Juni | dritte „ | 89 | 90 45 | 92 35 | 93 50 | 95 5 | 96 5 | 96 45 | 93 20 | 93 20 | 91 50 |
| Juli | erste R. | 86 40 | 84 50 | 83 | 81 35 | 80 35 | 80 40 | 82 20 | 88 20 | 90 20 | 87 20 |
| August | zweite R. | 86 40 | 85 55 | 87 5 | 88 30 | 89 50 | 91 5 | 92 15 | 95 50 | 95 20 | 88 20 |
| | dritte R. | 89 | 90 45 | 92 35 | 93 50 | 95 5 | 96 5 | 96 45 | 95 50 | 95 20 | 88 20 |
| **Abfahrtsort: Madras** | | | | | | | | | | | |
| April Mai | erste Route | | — | — | — | 80 35 | 81 10 | 82 30 | 87 20 | 89 50 | 89 40 |
| Juni | zweite „ | — | — | — | — | 81 20 | 83 | 84 20 | 90 20 | 92 20 | 91 30 |
| Juli und | erste R. | | — | — | — | 80 35 | 81 10 | 82 30 | 88 20 | 90 20 | 87 20 |
| August | zweite R. | — | — | — | | 81 20 | 83 | 84 20 | 90 20 | 92 20 | 89 20 |

Im April, Mai, Juni findet man von 10 bis 5° N. Winde aus SW, manchmal aus SO und bisweilen Calmen, von 5° N. bis 5° S. Winde aus SW, manchmal Calmen, von 5 bis 9° S. Winde aus SO, selten NW, manchmal Calmen. Bei 9 oder 10° S. beginnt der Passat.

Im Juli, August, September herrschen von 10° N. bis zur Linie Winde aus SW und WSW. von der Linie bis 5° S. veränderliche Brisen aus SW, S, SO und Ost. Calmen sind sehr selten, innerhalb 85 und 90° Ost. Im Süden von 5 oder 6° S. beginnt der Passat.

Fortsetzung der Routen bis 29° 30′ S.

| Jahreszeit | Durchschnitte der Parallele von: | | | | |
|---|---|---|---|---|---|
| | 15° S. | 20° S. | 25° S. | 27° 30′ S. | 29° 30′ S. |
| | O. ° ′ | O. ° ′ | O. ° ′ | O. ° ′ | O. ° |
| April, Mai, Juni ............. | 77 50 | 67 50 | 55 20 | 47 50 | 40 |
| Juli, August, September .... | 77 50 | 67 50 | 53 20 | 47 50 | 40 |

Im April, Mai, Juni findet man zwischen 20 und 25° S., Winde aus SO und NO, von 25 bis 30° S. vorherrschend Winde aus SO, seltener NO und SW, manchmal auch aus NW.

Im Juli, August, September trifft man südlich von 25° S. vorherrschend Winde aus NO., veränderlich bis SO.

Bezüglich des weiteren Verlaufes der Route, siehe die Instructionen und Routen für die Dublirung des Cap der guten Hoffnung.

## Routen von der Sunda-Straße, der Straße von Bali, Lombok, Ombay, von der Torres-Straße nach dem Südatlantischen Ocean.

758. Die Sunda-Straße benützen die Schiffe, welche von Batavia kommen. Dieselbe wird auch jenen Schiffen empfohlen, welche von Singapore nach dem Südatlantischen Ocean segeln, besonders zur Zeit des SW-Monsuns. Endlich benützen diese Straße jene Schiffe, welche von Cochinchina, China, überhaupt aus irgend einem Hafen der Chinesischen Meere kommend, nach dem Südatlantischen Ocean bestimmt sind, jedoch vornehmlich nur zur Zeit des NO-Monsuns. Während des SW-Monsuns ziehen Schiffe, welche aus einem chinesischen Hafen ausgelaufen sind, sehr häufig die Straße von Lombok oder jene von Ombay vor.

Schiffe, welche aus der Sunda-Straße in das Indische Meer gelangen, begegnen in der Zeit von November bis März Schwierigkeiten, da alsdann längs der Sunda-Inseln der westliche Monsun weht, und der Strom oftmals ostwärts lauft. Im November kann man sich veranlasst sehen, den Meridian 100° O. zwischen 7 und 16° S. zu schneiden. Schiffe, welche diesen Meridian tief südlich schneiden, werden 2—3 Tage mehr brauchen, ihn zu erreichen, doch gewinnen sie eine günstigere Position für die Fortsetzung der Fahrt. Im Jänner suche man nach der Ausfahrt aus der Straße den Parallel 12° S. baldmöglichst zu erreichen. Im Februar, wenn man SW-Winden begegnet, halte man Steuerbord-Halsen, bis der Wind gegen Süd wechselt. Im März halte man sich nahe Sumatra, da man hier NW-Brisen finden wird: weiter südlich würde man eher auf SW-Brisen treffen.

Im April beginnt der Monsun aus Ost und SO. zu wehen. In dieser Zeit sind nur die häufigen Calmen zu fürchten. Man suche nicht früher südwärts zu kommen, bevor nicht der Meridian 102° O. erreicht ist.

Nachstehende Tabelle der Durchschnittspunkte ist den Instructionen der meteorologischen Anstalt zu Utrecht entnommen.

| Zeit der Reise | Breiten der Durchschnitte der Meridiane von: | | | | | | |
|---|---|---|---|---|---|---|---|
| | 100° O. | 90° O. | 80° O. | 70° O. | 60° O. | 50° O. | 40° O. |
| | S. ° ' | S. ° ' | S. ° ' | S. ° ' | S. ° ' | S. ° ' | S. ° ' |
| Jänner | 12 | 18 | 19 30 | 22 30 | 25 30 | 28 30 | — |
| Februar | 12 30 | 18 45 | 21 30 | 23 30 | 26 | 29 | 31 30 |
| März | {12 / 9 30} | 16 30 | 19 30 | 23 | 25 | 28 30 | 30 30 |
| April | 9 15 | 13 45 | 17 15 | 20 15 | 24 | 27 | 29 30 |
| Mai | 8 45 | 13 | 16 30 | 20 | 23 30 | 26 30 | 29 30 |
| Juni | 8 30 | 12 30 | 15 15 | 19 | 23 30 | 26 15 | 29 30 |
| Juli | 8 15 | 12 15 | 15 45 | 19 | 23 | 26 15 | 29 |
| August | 8 15 | 12 15 | 15 45 | 19 15 | 23 | 26 15 | 28 45 |
| September | 8 15 | 12 | 15 45 | 19 30 | 23 | 26 45 | 29 30 |
| October | 8 15 | 12 15 | 16 45 | 20 15 | 24 15 | 27 30 | 29 30 |
| November | 8 45 | 12 45 | 17 | 21 | 24 30 | 28 | 30 |
| December | 9 30 | 17 30 | 19 15 | 22 30 | 25 | 28 30 | 30 |

Was die Windverhältnisse bis 30° S. betrifft, so wehen im Jänner, Februar, März an der Ausfahrt Winde aus NW und SW. Bei 10 oder 12° S. setzt der Passat ein.

Im April, Mai, Juni trifft man Winde aus SO. variabel zu NO und SW. Je weiter das Schiff in der SW-Richtung kommt, desto stetiger wird der SO-Wind.

Im Juli, August, September herrschen durchaus Winde aus südöstlicher Richtung.

Im October, November, December findet man außerhalb der Straße Brisen aus W, SW und SO mit häufigen Calmen. Der Passat beginnt gewöhnlich erst südlich von 10° S.

Bezüglich des weiteren Verlaufes der Route siehe die Instructionen und Routen für Dublirung des Cap der guten Hoffnung.

Schiffe, welche zwischen April und October eine der Straßen Bali, Lombok, Ombay passiren, finden günstige Windverhältnisse vor.

Im April, Mai, Juni sind Winde aus SO und OSO bis 110° Ost herrschend. Westlich von diesem Meridian weht stetig der Passat. Im Juli, August, September herrschen OSO-Winde bis 105° O., und westlich von diesem Meridian SO-Winde.

Schiffe hingegen, welche in der Zeit von November bis März aus einer der genannten Straßen auslaufen, werden den westlichen Monsun vorfinden. Je mehr man Weg nach SW zu gewinnen im Stande ist, desto rascher wird man in den Passat gelangen, dessen Gebiet gewöhnlich bei 12° S. beginnt.

Nach den holländischen Instructionen sollen im Jänner Schiffe, welche aus der Straße Bali kommen, wenn conträre Winde herrschen, laviren, ohne sich von der Küste von Java sehr zu entfernen. Man suche 109 und 110° Ost in 11° S. zu schneiden, vermeide es hingegen diese Meridiane südlich von 12° S. zu kreuzen. 104° O. schneide man zwischen 14 und 15° S., und halte nicht weiter südwärts.

Im Februar halte man sich, lavirend, zwischen 9 und 11° S., um sich westwärts bis 110° Ost zu erheben, welchen Meridian man nördlich von 15° S. schneiden wird; denn unter der Küste wehen gewöhnlich NW-Winde, während weiter südlich W- und SW-Winde herrschen. Hat man 111° Ost zwischen 10 und 11° S. gekreuzt, so entferne man sich vom Lande, weil man südlicher günstigere Winde treffen wird. In der ersten Hälfte des März gilt dasselbe, wie für Februar; hingegen wird es in der zweiten Hälfte des März gut sein, südwärts zu steuern.

Im November halte man sich längs der Insel Java, und suche den Meridian 110° O. nördlich von 11° 30′ S. zu schneiden.

Im December suche man ebenfalls 110° O. in 11° S. zu kreuzen, worauf man sich südwärts wendet, um 105° O. in 16° S. zu passiren.

Für Schiffe, welche die Straße von Lombok benützt haben, gelten dieselben Verhaltungen, wie die oben gegebenen.

Die nachstehende Tabelle gibt für die Zeit November bis März die Durchschnittspunkte, welche das meteorologische Institut zu Utrecht veröffentlicht hat: die Durchschnittspunkte für April bis October rühren von Labrosse her.

| Zeit der Reise | Breiten der Durchschnitte der Meridiane von: | | | | | | | | |
|---|---|---|---|---|---|---|---|---|---|
| | 110° O. | 105° O. | 100° O. | 90° O. | 80° O. | 70° O. | 60° O. | 50° O. | 40° O. |
| | S. ° ' | S. ° ' | S. ° ' | S. ° ' | S. ° ' | S. ° ' | S. ° ' | S. ° ' | S. ° ' |
| Jänner . . . . . . . . | 11 | 14 30 | 17 30 | 18 30 | 19 30 | 22 30 | 25 30 | 28 30 | 30 |
| Februar | 10 30 | 16 | 17 45 | 20 | 22 | 23 30 | 26 | 29 | 31 |
| Erste Hälfte März . . . . | 12 | 14 30 | 17 30 | 20 | 21 30 | 23 | 25 | 28 30 | 30 30 |
| Zweite Hälfte März | 14 30 | 14 30 | 16 30 | 19 30 | 20 30 | 22 | 24 | 27 | 29 30 |
| April, Mai, Juni . . . . . . | 10 30 | 12 | 13 | 15 | 17 30 | 20 | 23 | 27 | 29 30 |
| Juli, August, September | 10 | 11 30 | 12 30 | 15 | 17 | 19 | 22 30 | 27 | 29 30 |
| October, November . . . . | 11 | 13 | 15 30 | 16 30 | 17 | 21 | 24 30 | 28 | 30 |
| December | 11 | 13 | 16 15 | 17 15 | 19 15 | 22 30 | 25 | 28 | 30 |

Bezüglich des weiteren Verlaufes der Routen siehe die Instructionen und Routen für Dublirung des Cap der guten Hoffnung.

Die Torres-Straße sollen Segelschiffe nur zur Zeit des SO-Monsuns, also in der Zeit von April bis September benützen. Sie werden, nachdem sie die Insel Booby passirt haben, oder aus der Straße Endeavour ausgelaufen sind, westwärts derart steuern, um einige 20 Meilen nördlich der Inseln Wessel vorüber zu segeln, dann zwischen Crockers Insel und dem Riff Money, weiters ein wenig nördlich von der Bank Echo, auf große Distanz in Nord von den Riffen Hibernia und Ashmore, und auf einige 20 Meilen südlich von Dana oder Damo, endlich auf große Entfernung von der Insel Hockie zu passiren. Den Meridian 100° Ost werden sie in ungefähr 13° S. kreuzen. Von der Torres-Straße kommend, ist in Nord von Neu-Holland mit Rücksicht auf die vorhandenen Schiffahrts-Hindernisse in der Wahl der Route große Vorsicht zu gebrauchen. Die Fortsetzung der Reise geschieht entsprechend den Weisungen für Schiffe, die von Bali ausgefahren sind.

Gemischte Schiffe werden in der Zeit des NW.-Monsuns von Cupang unter Dampf gegen SW steuern, um 115° Ost in 14° S. zu schneiden. Weiter westwärts können sie Brisen aus SSW—SO treffen. 110° O. werden sie in 15 oder 16° S. kreuzen. Im October, November, December werden sie 80° O. in 18° S., im Jänner, Februar, März 90° O. in 18° S. schneiden. In beiden Fällen geschieht die Weiterfahrt, wie wenn die Schiffe von der Sunda-Straße gekommen wären.

## Die Schiffahrt im Rothen Meere.

759. Corvetten-Kapitän Kropp sagt über die Schiffahrt im Rothen Meere:

„Was die Navigation in diesem Meere betrifft, so scheint es, dass die Gefahren wohl bis jetzt vielfach übertrieben worden sind.

Es bietet allerdings, besonders der Segelschiffahrt, mitunter nicht geringe Schwierigkeiten; die stetigen heftigen NNW- und SSO-Winde mit der hohen, kurzen See erschweren einem dagegen aufkreuzenden Schiffe das Vorwärtskommen sehr; die Hitze in den Sommermonaten ist erdrückend, und das Kreuzen zwischen zwei, von zahllosen Korallen-Riffen umgürteten Küsten, verlangt eine stete Aufmerksamkeit. Doch gibt es fast nie schlechte Wetter, und wenn auch die Winde mitunter sehr stark blasen, so ist es entweder aus SSO oder NNW, also der Längenaxe des Meeres nach und daher ungefährlich. Außerdem ist der Himmel fast ausnahmslos heiter, und obgleich auch wegen disigen Horizontes sehr oft der Gesichtskreis beschränkt ist, so können doch astronomische Beobachtungen sowohl bei Tage, als bei Nacht immer mit Leichtigkeit ausgeführt werden. Als Durchfahrt-Straße nach und von den Indischen Gewässern bietet daher das Rothe Meer selbst Segelschiffen keine so außerordentlichen Gefahren, welche nicht leicht bei etwas Aufmerksamkeit vermieden werden könnten. Die Hauptschwierigkeit für diese Schiffe liegt vielmehr in den steifen NNW- und SSO-Winden, welche Jahr aus, Jahr ein in diesem Meere wehen, und bei der hohen, kurzen See und der nicht unbedeutenden Gegenströmung das Aufkreuzen sehr erschweren. Günstige kurze Reisen sind daher nur ausnahmsweise zu erwarten. Die vortheilhafteste Zeit für Segelschiffe scheinen noch die Monate Juni, Juli, August zu sein, da in dieser Zeit die NNW-Winde des Rothen Meeres oft bis zur Straße von Bab-el-Mandeb und selbst weiter reichen. Für das Segeln nordwärts hingegen wären die Monate December, Jänner und Februar zu benützen, da alsdann im südlichen Theile des Meeres jedenfalls ein steifer SSO angetroffen wird, der mitunter bis zur Höhe von Cosire und selbst bis Suez hinaufreicht. Gewöhnlich geht jedoch der SSO bis Djeddah und die Schiffe werden den übrigen Weg meistens gegen steife NNW-Winde aufzukreuzen haben. Immerhin scheint diese Jahreszeit die günstigere, denn in den Sommermonaten wäre fast ausnahmslos die ganze Strecke, von Bab-el-Mandeb, angefangen, gegen NNW-Winde aufzuarbeiten, oder würde ein Schiff im unteren Golf zuerst lange mit leichten und variablen Winden zu kämpfen haben.

Zu den schwierigsten Passagen gehört wohl die Strecke von Shadwan bis Suez, besonders die Straße von Jubal, welche sich durch das ganze Jahr hindurch durch heftige nordwestliche Winde auszeichnet.

Es wurde schon früher angedeutet, dass die Strömung sich fast durchwegs nach dem Winde richtet. Kreuzende Schiffe haben daher nur äußerst selten eine günstige Strömung zu erwarten: doch scheint es als wenn bei nördlichen Winden unter der Arabischen Küste eine weniger starke südliche Strömung stattfände. Gegen Jubal aufkreuzende Schiffe sollten sich daher soviel als möglich unter der Arabischen Küste halten, und die Borde so einrichten, dass sie sich bei Tagesanbruch nahe dem Lande befinden, da die Brise gewöhnlich um diese Zeit etwas gegen das Land geht, und es dann oft erlaubt, mit Steuerbord-Halsen einen ziemlich guten Bord zu machen. In der Straße von Jubal setzt die Flut-Strömung von SO bis OSO ein. Die Ebbe-Strömung drängt sich von oberhalb Tur angefangen ebenfalls gegen die Afrikanische Seite. Schiffe haben daher bei dunkler Nacht und disigem Wetter wohl acht zu geben, um nicht auf die zwischen Ashrafi und Shadwan liegenden, höchst gefährlichen Korallen-Riffe gesetzt zu werden.

Für die Ausfahrt aus dem Rothen Meere gilt fast allgemein als Regel, selbst mit S-Wind die Straße zwischen Bab-el-Mandeb und der Insel Perim zu wählen. Nach meiner Erfahrung halte ich im Gegentheil die Straße zwischen Perim und Cap Sejarn des Afrikanischen Festlandes für Segelschiffe und selbst für Dampfer mit schwacher Maschine bei steifem S-Winde viel vortheilhafter, da die Strömung dort schwächer und auch die See nicht so hoch und kurz ist; überdies bietet sie Segelschiffen viel mehr Raum zum Aufkreuzen.

Wie gesagt, sind es vornehmlich die in Aussicht stehenden langen Fahrten, und die oft unerträglichen klimatischen Verhältnisse, welche die Segelschiffahrt nie mit Vortheil in diesem schmalen, langgestreckten Meeresarme, selbst nur für durchpassirende Segelschiffe zur Geltung kommen lassen wird. Ganz anders verhält es sich jedoch mit Dampfern, welche die Passage durch das Rothe Meer zu machen haben. Diese finden in der Mitte des Meeres eine durchaus reine Fahrstraße. Die mitunter starken Gegenwinde können die Reise verzögern, doch wird ein mit guter Maschine und hinreichenden Kohlen versehener Dampfer kaum je genöthigt sein, von seinem Curse abzufallen.*

Labrosse gibt für Dampfer folgende Weisungen. Suez verlassend, hält man sich in Sicht der Westküste und steuert derart, um zwischen 3 und 5 Meilen vom Leuchtfeuer von Zafarana, weiters auf 4 bis 5 Meilen vom Leuchtfeuer von Ras Gharib zu passiren. Man passirt in West der

Bank Toor (Middle Shoal). Man nimmt dann Cursgegen das Leuchtfeuer von Ashrafi und sichtet das hohe Land von Zeiti über den Steuerbord-Bug. Die Passage von Jubal hat für Dampfer keine Schwierigkeit, doch versichere man sich der Distanz vom letztgenannten Leuchtfeuer. Schiffe, welche vom Süden kommen, um durch den Canal von Jubal zu passiren, sollen sich nahe der Insel Shadwan auf 1 bis $1^1/_2$ Meilen Entfernung halten, dann so steuern, um das äußere Riff von Aboo Nahas und den Horse-Shoe auf eine Distanz von ungefähr 3 Meilen zu dubliren, bis das Leuchtfeuer von Ashrafi in Sicht kommt.

Die Felsen „Brüder" kann man ganz nahe passiren Das Riff Dädalus kann an beliebiger Seite dublirt werden. Von da nimmt man Curs, um 4 Meilen westlich von Jebel Teer zu passiren. Auf beiläufig gleiche Distanz passirt man in West von der Insel Zebayer. Man steuert sodann derart, um zwischen der Insel Jebel Zugur und den Inseln Abo Eyle zu laufen, und zwar näher Jebel Zugur, um einem von Abo Eyle vorspringenden Riffe auszuweichen. Moka passirt man auf mindestens 6 oder 7 Meilen Entfernung, von da nimmt man schließlich Curs gegen Perim.

Labrosse empfiehlt häufige Peilungen anzuwenden, da Schätzungen nach dem Augenmaße in diesen Gegenden unzuverlässiger sind, als anderswo. Corvetten-Kapitän Kropp bemerkt:

„Gute astronomische Beobachtungen vor dem Anlaufen sind vor allem erforderlich, denn es ist meistens sehr schwer auf der so eintönigen gleichförmigen Küste rechtzeitig verlässliche Peilungen zu bekommen.

**Routen von Aden nach Bombay und der Küste Malabar.**

760. Zur Zeit des SW-Monsuns steuern die Schiffe, um einerseits stetigere Brisen zu finden, und um andererseits der Gegenströmung an der Küste Afrikas auszuweichen, in der Mitte des Golfs von Aden ostwärts. Sind die Brisen schwach oder veränderlich, so halte man sich etwas näher der Küste Arabiens. In den Bereich des SW-Monsuns gelangt, steuern die Schiffe, welche nach Bombay bestimmt sind gegen die südlich von Bombay gelegene Insel Keneri. Im April, Mai, Juni trifft man gewöhnlich SW-Wind, bisweilen SO-Wind bis 60° Ost, dann NW-Winde fast ebenso häufig als SW-Winde. Im Juli, August, September findet man im centralen Theile des Arabischen Meeres SW- und WSW-Winde, dann näher der Küste Hindostans SW- und NW-Winde.

Schiffe, welche nach einem Hafen der Malabar-Küste südlich von Bombay bis Mangalore bestimmt sind, nehmen, in den SW-Monsun gelangt, beiläufig directen Curs nach dem Bestimmungsort.

Hiebei sind die Riffe und Bänke zu beachten, welche in dem Bereiche ihrer Routen oder nahe derselben liegen. Schiffe deren Bestimmungsort südlich von Cannanore oder im Golf von Bengalen liegt, nehmen Curs, um den Neungrad- oder den Achtgrad-Canal zu passiren. Schiffe, welche nach Calicut, Cochin, Alipee, Quilon bestimmt sind, werden die erstere Passage, Schiffe, welche nach Ceylon oder nach dem Golf von Bengalen zu segeln haben, die eine oder andere der erwähnten Passagen wählen.

Im südlichen Theile des Arabischen Meeres zwischen Socotora und den Lakkadiven sind im April, Mai, Juni bis 60° Ost SW-Winde herrschend, von 60 bis 65° Ost kommen außer SW-Winden auch Winde aus NW, seltener aus NO vor. Im Juli, August, September wechseln im centralen Gebiet dieses Theils des Arab. Meeres die SW-Winde häufig mit Winden aus WNW.

Zur Zeit des Anfangs- und Endes des NO-Monsuns haben die Schiffe im Arabischen Meere conträre Winde und Strömungen zu erwarten, während südlich der Linie im September und anfangs October der NW-Monsun noch nicht eingesetzt, im März aber bereits aufgehört haben wird. Unter solchen Umständen werden sich nachstehende Routen als die zweckmäßigsten darstellen.

Die Schiffe halten sich, insolange sie sich im Bereiche des Golfes von Aden befinden, in der Mitte desselben. Sie nähern sich der Arabischen Küste, wenn der Ost- und NO-Wind zu frisch wird, der Afrikanischen Küste, wenn der Wind schwach, der Weststrom aber stark ist, da an letzterer Küste die Strömung geringere Geschwindigkeit besitzt. Doch soll man sich der Küste Afrikas nicht zu nahe halten in Voraussicht des Falles, dass der Wind wieder an Stärke zunehme. Beiläufig im Meridian von Ras-Ithemat angelangt, haltet man sich an der Arabischen Küste, längs derselben auflavirend. Ist die Gegenströmung in der Nähe der Küste zu mächtig, so bleibe man auf 60—80 Meilen vom Lande, doch nähert man sich demselben wieder, sowie der Wind nachlässt, um von den allfälligen Landbrisen Nutzen zu ziehen. Bleibt man auf geringe Entfernung vom Lande, so kann man ankern, sowie man sich in der Unmöglichkeit sieht, an Weg zu gewinnen. Ist man im Laufe des September oder am Anfang des October von Aden abgereist, so wird es, mag nun die Bestimmung welche immer sein, genügen, sich bis zu 17° N., oder in die Höhe der Insel Kuryan Muryan längs der Arabischen Küste zu erheben. Indem man die Küste von Arabien verlässt, nimmt man die Route nach dem Neungrad-Canal. Die Strömung im Golf von Oman ist zu dieser Zeit eine südwestliche, der Wind weht aus NO, häufig auch aus NW, doch sind die Brisen oft flau, und sind Calmen nicht selten. Es ist daher gut, sich möglichst nördlich zu halten. Kann man die Lakkadiven im Norden dubliren, und ist der Bestimmungsort Bombay, Goa etc., so wird man im Norden der genannten Inseln passiren; im allgemeinen wird man aber durch den Neungrad-Canal im Nothfalle durch den Achtgrad-Canal segeln. Nachdem man durch den Canal passirt ist, lauft man längs der Küste Hindostans nordwärts oder südwärts, je nachdem der Bestimmungsort nord- oder südwärts liegt.

Ist man im Februar, März oder die ersten Tage des April von Aden abgereist, so erscheint es räthlicher, sich längs der Arabischen Küste mehr nordwärts zu erheben, um von einer Position in Luv ausgehend mit Vortheil den Golf von Oman durchsegeln zu können denn man soll nicht darauf rechnen, längs der Indischen Küste nordwärts zu segeln, da dies von Mai angefangen sehr schwierig ist. Wie weit nordwärts längs der Küste Arabiens zu steuern ist, hängt von den Umständen ab. Für Schiffe mit der Bestimmung Bombay mag es genügen, bis Masirah zu gelangen; dann werden sie das Arabische Meer durchschneiden, und wenigstens in der Nähe von Bombay das Land ansegeln. Ist der Bestimmungsort Goa, Mangalore, Calicut, Cochin, Quilon oder Ceylon, so mag es ausreichen, sich längs der Arabischen Küste bis Ras Madraka zu erheben; dann werden die Schiffe den Golf von Oman traversiren, und nachdem sie die Lakkadiven in N dublirt haben, längs der Küste Hindostans südwärts nach dem Bestimmungsort steuern. Im Arabischen Meere, zwischen der Arabischen Küste und jener Hindostans, wird man während der Überfahrt südwestliche Strömungen treffen; die Winde wehen vorherrschend aus NO, doch häufig auch aus N und NW, bisweilen aus SW.

Ist der NO-Monsun im Arabischen Meere in voller Kraft, so ist die südliche Route zu wählen. Diese besteht darin, dass die Schiffe den NW-Monsum südlich von der Linie aufsuchen und mit diesem die Länge nach Ost ablaufen.

Schiffe, welche von Ende October bis Ende November von Aden abgehen, passiren, nachdem sie den Golf von Aden, wie früher gesagt worden, durchsegelt haben, zwischen Cap Guardafui und Socotora, dann steuern sie südöstlich, um den NW-Monsun aufzusuchen. Südlich Cap Guardafui werden sie bis ungefähr 55° O., Winde aus NO vorfinden, östlich von diesem Meridian sind die Winde weniger regelmäßig. Den NW überhaupt westliche Winde werden sie südlich von 5° N., welchen Parallel sie bei 59° O. schneiden, treffen, doch darf man auf den westlichen Monsun mit Sicherheit nicht eher rechnen, bis nicht der Äquator in ungefähr 64° O. passirt ist. Bei ungewissem Wetter, häufigen Calmen, doch in der Regel günstiger Strömung lauft man westwärts. In beiläufig 83° O. schneidet man abermals die Linie. Nördlich von 4° N. kann man erwarten, wieder NO-Brisen zu begegnen. Bis in die Nähe des Cap Comorin werden die Brisen oft flau und Calmen häufig sein. Schiffe, welche zwischen Ende November und Ende Jänner von Aden auslaufen, werden, nachdem sie zwischen Guardafui und Socotora passirt sind, in beiläufig 61° O. den Äquator schneiden, und sich in beiläufig 3° S. halten, um zwischen 65 und 77° Ost Weg nach Osten zurückzulegen. Sie werden anhaltendere Winde aus westlicher Richtung und weniger Calmen treffen, als die Schiffe, welche in der Zeit von Ende October bis Ende November Aden verlassen haben; dann sich nordwärts wendend, werden sie 87° O. in 1° 30′ S., den Äquator in 88 oder 89° O., endlich den Meridian 87° O. ein zweites Mal in beiläufig 2° 30′ N. zu schneiden suchen. Den westlichen Monsun werden sie in der Nähe des Äquators verloren haben, den NO werden sie wieder bei 2 oder 3° N. treffen. Den Meridian 85° O. sollen sie in 5° N., nicht südlicher kreuzen, weil südlich von 5° N. und westlich von 85° O. Calmen häufig sind.

### Dampfer-Routen von Aden nach Bombay und Ceylon.

761. Dampfer, welche von Aden nach Bombay bestimmt sind, nehmen eine directe Route: bei SW-Monsun werden sie keine Gelegenheit versäumen ihre Position richtig zu stellen. Gemischte Schiffe werden während des NO-Monsuns mit Rücksicht auf ihre Leistungsfähigkeit unter Dampf oft gut thun, sich längs der Arabischen Küste unter Dampf, je nach den Windverhältnissen bei gleichzeitiger Benützung der Segel nach Ost zu erheben, um hierauf von einer günstigeren Position aus den Golf Oman zu durchschneiden. Es wird dann, wenn man Bombay nicht direct erreicht hat, um diese Jahreszeit leicht sein, längs der Küste Hindostans nordwärts aufzukommen.

Dampfer, welche von Aden nach Ceylon bestimmt sind, halten sich bei SW-Monsun beiläufig in der Mitte des Golfes von Aden, und passiren wenigstens auf 50 Meilen nördlich von Socotora. Sowie man sich dem Meridian von Guardafui nähert, macht sich gewöhnlich eine lange See aus beiläufig SO zu S fühlbar; es mag dann räthlich erscheinen, mit beigesetzten Gaffel segeln den Curs O zu N oder selbst ONO für einige Stunden zu nehmen. Der Wind wird allmählig über S nach SW gehen, und man wird dann leicht den Curs etwas südwärts von Minicoy halten können, um den Achtgrad-Canal zu passiren.

Bei NO-Monsun nehmen die nach Ceylon bestimmten Dampfer direct Curs gegen Ceylon, sie passiren nördlich von Socotora und durch den Achtgrad-Canal.

Gemischte Schiffe, deren Bestimmung Ceylon ist, passiren bei SW-Monsun ebenfalls nördlich von Socotora und durch den Achtgrad-Canal. Bei NO-Monsun mag es für gewisse gemischte Schiffe angezeigt erscheinen, sich unter Dampf längs der Arabischen Küste soweit nach NO zu erheben, um sodann unter Segel Curs gegen Minicoy nehmen zu können. Haben Dampfer nach einem der Hafenorte der Küste Malabar zu gehen, so nehmen sie bei NO-Monsun im allgemeinen Curs gegen Minicoy, passiren durch den Neun- oder Achtgrad-Canal, und erheben sich dann längs der Küste.

Während des SW-Monsuns können Dampfer nach allen Häfen zwischen Bombay und Mangalore oder Cannanore einen directen Curs einschlagen. Sind sie nach einem südlichern Hafen bestimmt, so steuern sie gegen Minicoy, und passiren den Neun- oder Achtgrad-Canal.

**Routen von der Westküste Hindostans nach Aden.**

762. Für Segelschiffe sind vier Perioden zu unterscheiden. Die Periode entsprechend der Zeit des NO-Monsuns, zwei Perioden entsprechend der Zeit des Monsunwechsels im Frühjahr, endlich die Periode, welche in die Zeit des SW-Monsuns fällt.

Erste Periode: vom 1. October bis 1. Februar. Von Bombay oder einem der benachbarten Küstenorte aus kann man derart steuern, um Cap Ras-Fartak an der Arabischen Küste zu sichten, doch soll man sich mit Vorsicht dem Lande nähern. Von da halte man sich auf entsprechende Distanz von der Küste Arabiens. Von October bis December wird man im Golf von Oman Winde aus NO, variabel zu NW und WNW, bisweilen Calmen, im Golf von Aden vornehmlich Ostwinde treffen. Im Jänner und Februar herrschen im Arabischen Meere stetige NW- bis NO-Winde, im Golf von Aden überwiegend NO-Winde.

Von Cannanore, Mangalore oder einem nördlich davon gelegenen Hafen aussegelnd, steuere man derart, um gut nördlich von den Lakkadiven zu passiren; dann nimmt man die Route nach dem Golf von Aden, hiebei nördlich von Socotora sich haltend.

Schiffe, welche von einem Hafen südlich von Cannanore auslaufen, passiren durch den Neungrad-Canal, und nehmen dann die Route nach dem Golf von Aden, wobei sie Socotora in N passiren.

Schiffe, welche von der Küste Malabar oder Ceylon nach Aden segeln, begegnen im allgemeinen analogen Windverhältnissen wie Schiffe, welche von Bombay abgehen. In der Nähe der Lakkadiven und von Socotora kann man Windstillen vorfinden.

Zweite Periode: von Mitte Februar bis Mitte März. Segelschiffe, welche von Bombay oder einem der benachbarten Häfen auslaufen, finden im März und April im Arabischen Meere den NO-Monsun nicht mehr stetig: häufig wehen Winde aus NNO, N NNW und NW, bisweilen aus ONO, die Brisen sind oft schwach und Calmen nicht selten. Im Anfang April kann man in der Nähe der Arabischen Küste und von Socotora leichte Brisen aus SW und West, und häufige Calmen erwarten. Überdies beginnt um diese Zeit die Strömung bei Socotora und zwischen dieser Insel und Arabien nordwärts zu laufen. Es wäre daher schlecht, wenn man nach Mitte März nördlich von Socotora passiren würde.

Man soll demnach Socotora so weit in Süd passiren, um mit den veränderlichen Brisen (vornehmlich aus S, SW oder W), welche man hier trifft, und mit Rücksicht auf die nach N. laufende Strömung in Süd von Guardafui das Land anzusegeln. Je weiter vorgerückt die Saison ist, desto weiter in S soll man Socotora passiren. Cap Guardafui soll man sehr nahe dubliren, um von der Strömung Nutzen zu ziehen, welche zuerst nordwärts, dann nahe dem Lande westwärts lauft. Haltet man sich zu weit von der Afrikanischen Küste, so ist man in Gefahr von dem nordwärts gerichteten Hauptstrom nach Norden getrieben zu werden. Nach Dublirung von Cap Guardafui segelt man längs der Afrikanischen Küste bis zur Insel Meyet (Burnt) und von da gegen Aden. Schiffe, welche ins Rothe Meer einlaufen wollen, bleiben bis auf 60 bis 70 Meilen westlich von Meyet in der Nähe der Afrikanischen Küste, ehe sie sich gegen Bab-el-Mandeb wenden.

Schiffe, welche von Cannanore oder aus nördlich davon gelegenen Häfen aussegeln, passiren gut nördlich von den Lakkadiven; Schiffe, welche aus Häfen südlich von Cannanore auslaufen, passiren durch den Neungrad-Canal; im übrigen sind die oben gegebenen Weisungen geltend.

Dritte Periode: von Ende März bis Mitte April. Segelschiffe, welche in dieser Zeit die Reise antreten, finden im Golf von Oman viel wahrscheinlicher den SW-Monsun, als nordöstliche Winde, daher man auf einem noch südlicheren Parallel westwärts laufen soll, um zwischen Ras-Hafun und Guardafui das Land anzusegeln. Alle Schiffe, welche aus einem Hafen der Westküste Hindostans auslaufen, werden südlich von 10° N. nach Westen ihren Weg machen. Im übrigen gelten die für die zweite Periode gegebenen Weisungen.

Segelschiffe, welche Ende März oder die ersten Tage des April Ceylon verlassen, werden, da sie wegen der wahrscheinlichen conträren Winde aus Westen mit Sicherheit nicht mehr durch den Neungrad-Canal passiren werden, die sogenannte Süd-Route wählen. Diese besteht darin, in Süd der Tschagos-Inseln Länge nach Westen abzulaufen. Findet man bei Beginn der Reise noch Brisen aus NO bis NW vor, so kann man versuchen, den Äquator in 78° O., 5° S. in 77° O., 7° 20 S. in 75° O. zu erreichen. Südlich von 5° S. wird der SO-Passat zu wehen anfangen. Findet man gleich bei Beginn der Reise westliche und südwestliche Winde vor, so soll man so viel möglich nach Süd zu gewinnen suchen, unbekümmert, ob man weit nach Ost geräth.

Selten wird man östlich von 85° O. den Äquator passiren.

Zwischen der Linie und 5° S. suche man ebenfalls möglichst südwärts zu kommen. Bei 5 oder 6° S. oder südlicher wird man den SO-Passat treffen. Man soll stets südlich der Tschagos-Inseln die Länge westwärts ablaufen, weil der Passat südlich derselben stetiger weht.

Nachdem man in S der Bank Centurion passirt ist, hält man nach Steuerbord ab, sucht die Sonden auf dem Plateau der Seychellen auf, und nimmt dann Curs, um den Äquator zwischen 53 und 54° Ost zu schneiden, und zwischen Ras-Hafun und Guardafui das Land anzusegeln. Zwischen den Seychellen und 5° N. sind SO-Winde nicht mehr so constant.

Nördlich 5° N. kann man die ersten Anfänge des SW-Monsun vorfinden, und ehe man das Land ansegelt, ist in der Regel der SW-Monsun zur Geltung gelangt. Im Golf von Aden werden die Winde östliche sein. Man hält sich nach Dublirung des Cap Guardafui in der Nähe der Küste Afrikas bis zur Insel Meyet.

Vierte Periode: von Mitte April bis Anfang September. Die in dieser Periode von Segelschiffen zu befolgende Süd-Route besteht darin, dass man mit dem SW-Monsun den Äquator zwischen 78 und 81° Ost, wenn man von Bombay oder Cannanore kommt, in 85° O. beiläufig, wenn man von Ceylon ausgelaufen ist, zu schneiden sucht. Dann trachtet man bei variablen Brisen möglichst rasch nach Süd zu gelangen, um in das Gebiet des SO-Passates einzutreten, welchen man zwischen 5 und 10° S. treffen wird. Man passirt alsdann südlich von den Tschagos-Inseln, und nördlich von den Seychellen, schneidet den Äquator das zweite Mal bei 53 oder 54° O., segelt mit dem SW-Monsun das Land zwischen Ras-Hafun und Guardafui an, und folgt, in der Nähe des Landes, der Küste Afrikas von Guardafui bis zur Insel Meyet (Burnt).

Schiffe, welche von **Bombay** aussegeln, suchen zunächst Fahrwasser mit 15—20 Fd. (27—37 M.) Tiefen zu gewinnen; sie laufen alsdann längs der Küste südwärts, indem sie sich in Gewässer von 40 bis 50 Fd. (73—91 M.) Tiefe halten, um frei von den östlich gelegenen, gefahrvollen Stellen der Lakkadiven-Gruppe zu passiren, — eine Vorsicht, welche um so gewichtiger ist, als zur Zeit des SW-Monsuns trübes, regnerisches Wetter herrscht. Nach Passirung der Lakkadiven segeln die Schiffe am Winde mit voll tragenden Segeln, und werden sie den Äquator zwischen 78 und 81° Ost erreichen können. Zwischen den Lakkadiven und der Linie wechselt im Mai und Juni der SW mit NW; im Juli bis September sind die Winde constanter zwischen SW und WSW. Südlich der Linie sind die Winde veränderlich und leicht, sie wehen vornehmlich aus SW, S, SO. Die Calmen sind häufig. Man sei bestrebt, so viel Weg als möglich nach Süd zu gewinnen. Den SO-Passat trifft man bei 5 oder 6° S., bisweilen aber schon bei 1 oder 2° S., manchmal erst bei 8 oder 9° S.

Bevor der Passat nicht stetig weht, laufe man nicht westwärts.

Findet man den Passat constant auf geringe Entfernung südlich vom Äquator, so kann man im Norden der Tschagos-Inseln passiren, was man die kleine Süd-Route nennt. Doch ist es als Regel zu betrachten, südlich von den Tschagos-Inseln zu passiren, weil mit mehr Sicherheit auf stetigen günstigen Wind gerechnet werden kann.

Schiffe, welche von **Ceylon** aussegeln, können, wenn sie Ende April noch nördliche Winde vorfinden, eine nahezu directe Route zur Linie nehmen, und den Äquator in 78° O. schneiden. In der Regel wird der SW-Monsun Ende April bereits durchgedrungen sein, und werden die Schiffe, nach Dublirung der Südwest-Spitze Ceylons, am Winde mit vollen Segeln laufend den Äquator ungefähr bei 85° O. erreichen.

Im Mai und Juni trifft man zwischen den Seychellen und ungefähr 5° N. Winde aus SO, variabel zu SW, zuweilen Calmen. Nördlich von 5 oder 6° N. beginnt der SW-Monsun.

Im Juli, August, September segelt man in Nord der Seychellen mit dem SO-Passat gewöhnlich bis 2° S., und selbst bis in die Nähe des Äquators. Jenseits des Äquators weht der SW-Monsun bis Cap Gardafui. Nördlich von 5° N. kann die nach Nord verlaufende Strömung, deren Geschwindigkeit zwischen 30 bis 90 Meilen wechselt, manchmal eine Schnelligkeit von 100 Meilen per 24 Stunden erlangen.

Bezüglich Dublirung von Cap Gardafui und bezüglich der Route im Golf von Aden gilt das weiter oben Gesagte.

Im Mai und Juni kann man im Golf von Aden Winde aus NO und SO und Calmen, im Juli, August und September Winde aus SO bis SW und ebenfalls Calmen erwarten.

**Dampfer-Routen von der Westküste Hindostans nach Aden.**

763. Was die Routen der Dampfer von Bombay nach Aden betrifft, so ist die zur Zeit des NO-Monsuns einzuschlagende Route eine directe. Bei SW-Monsun ist eine directe Route zum mindesten äußerst schwer einzuhalten.

Commander Tailor empfiehlt auf Grund langer Erfahrungen, da die Packetboote der East-India-Company den hier zu beschreibenden Weg befolgen, nachstehende Route:

Nachdem die Dampfer 60 bis 80 Meilen von Bombay seewärts sich aufgearbeitet haben, nehmen sie die Route SSW, je nach Zulässigkeit mit den Gaffelsegeln beigesetzt. Sie werden, so anliegend, auf gute Distanz von den Lakkadiven passiren. Bei 9 oder 8° N. werden sie in eine Region gelangen, wo der SW-Monsun weniger stark weht. In dieser Region machen sie Weg nach West bis 61 oder 60° O. und 7 oder 6° N. Dann halten sie nach Steuerbord ab, und mit dem Wind von Backbord, durch die Gaffelsegel unterstützt, steuern sie derart, um 10° N. westlich von 53° O. zu schneiden; hierauf sichten sie das Land zwischen Ras-Hafun und Guardafui. Beim Ansegeln ist Vorsicht erheischt. Bei SW-Monsun ist die Luft gewöhnlich dunstig das Land schwer auszunehmen.

Die Änderung in der Farbe des Wassers von Blau zu dunklem Grün bei Tag, die Änderung in der Richtung des Wellenganges bei Nacht sind Anzeichen der Annäherung an die Küste. Es ward oben gesagt, dass man 10° N. westlich von 53° O. schneiden soll, dies aus der Ursache, um eine nach Ost abzweigende Strömung im Süden der Insel Socotora, welche oftmals sehr stark ist, zu vermeiden. In der Nähe der Afrikanischen Küste ist, wie früher schon einmal bemerkt, die Strömung günstig.

Dampfer mit schwacher Maschinenkraft werden die Lakkadiven auf 60 bis 80 Meilen Entfernung zu dubliren vermögen. Sowie bei 11, 10 oder 9° N. der Wind und der Seegang nachlässt, sollen sie unter Dampf allein nach WSW gegen den Wind steuern.

Hiebei ist sich vor Augen zu halten, dass es sich nicht nur darum handelt nach West, sondern auch nach Süd Weg zu machen. Wenn daher der Wind mehr nach West geht, oder auffrischt, so nehme man mit beigesetzten Gaffelsegeln Curs südwärts. Die der indischen Marine gehörigen Schiffe dieser Gattung machen gewöhnlich West in 8° N. ungefähr, und halten erst gegen Guardafui ab, wenn sie 58° O. in 5° N. erreicht haben.

Manche Fahrten wurden rasch zurückgelegt, indem die Schiffe von dem Punkte, wo der Parallel von Comorin vom Meridian des Cap Ras-el-Had gekreuzt wird, unter Dampf und mit beigesetzten Gaffelsegeln beiläufig Curs gegen Guardafui nahmen. Auf diese Weise gelangten sie an das Ost-Ende von Socotora, und fuhren dann längs der Nordküste dieser Insel unter Dampf allein. Zwischen der West-Spitze Socotoras und Cap Guardafui kamen sie wieder in den Bereich des SW.-Monsuns; sie legten sich mit Backbord-Halsen an den Wind, Gaffelsegel beigesetzt. Sowie sie mehr und mehr westwärts vorschritten, raumte der Wind mehr und mehr nach Süd. Die Schiffe näherten sich der Afrikanischen Küste, und setzten längs derselben die Fahrt fort, bis Aden in NW-Richtung zu liegen kam.

Labrosse glaubt letztere Route Schiffen mit schwacher Maschinenkraft nicht anrathen zu dürfen.

Kapitän Merello des Dampfers Persia der Compagnie Rubattino empfiehlt auf Grund der Erfahrung von drei Reisen mit diesem Dampfer, während des SW-Monsuns sich nördlich der geraden Linie zu halten, welche Bombay mit Aden verbindet.

Mit Backbord-Halsen, die Gaffelsegel beigesetzt, fuhr Kapitän Merello von Bombay westwärts; auf etwa 100 Meilen von der Küste Arabiens angekommen, lief er längs der Küste ohne große Schwierigkeit bis Aden.

**Dampfer-Routen nach Commander Tailor von Bombay nach Aden.**

| Unterschied der Routen | Breiten, in welchen man schneidet die Meridiane von: | | | | | | | | | |
|---|---|---|---|---|---|---|---|---|---|---|
| | 71° O. | 70° O. | 69° O. | 68° O. | 60° O. | 56° O. | 52° O. | — O. | 50° O. | 47° O. |
| | N. ° ' | N. ° ' | N. ° ' | N. ° ' | N. ° ' | N. ° ' | N. ° ' | | N. ° ' | N. ° ' |
| Dampfer 1 Classe | 18 | 15 | 12 | 9 | 6 30 | 8 | 10 | Bei 11° N. wird das Land angesegelt. | 12 | 12 30 |
| Mittlere Dampfer | 18 | 11 30 | 8 | 7 40 | 6 | 5 30 | 8 30 | | 12 | 12 30 |

Dampfer, welche von Ceylon auslaufen, nehmen zur Zeit des NO-Monsuns die Route durch den Achtgrad-Canal, dann steuern sie direct so, um beiläufig 60 Meilen südlich von Socotora zu passiren. In der Nähe von Cap Guardafui segeln sie das Land an, und fahren ums Cap in den Golf von Aden ein, gegen welchen Ort sie direct Curs nehmen.

Geschieht die Abreise von Ceylon am Anfang oder Ende des SW-Monsuns, z. B. Ende Mai und in der ersten Hälfte des Juni, oder in der zweiten Hälfte des August und am Anfange des September, so besteht die beste Route darin, gegen den 1½ Grad-Canal zu steuern; dann macht man in S des Parallel 2° N. mit Leichtigkeit Weg nach West bis 63 oder 62° O. Hierauf nimmt man die Route derart, um 4° N. in 54° O., 7° N. in 51° 50' O. zu schneiden. Das Land wird man zwischen Ras-Hafun und Guardafui sichten.

Reist man von Ceylon zwischen Mitte Juni und Mitte August, daher zur Zeit der größten Stärke des SW-Monsuns ab, so steuert man gegen den Äquatorial-Canal und hält sich in der Nähe des Äquators bis 57° O., welchen Meridian man in 1° N. schneidet. Von da nimmt man nordwestlichen Curs. Den Parallel 3° N. kann man in 53° 50' O., 8° N. in 51° O. kreuzen, worauf man gegen das Land zwischen Ras Hafun und Cap Guardafui steuert.

Wenn man Ceylon im April oder am Anfange Mai, oder Ende September oder im October verlässt, so steuert man durch den Achtgrad-Canal und dann nahezu direct, um in S von Guardafui das Land anzusegeln. Die Route ist beinahe dieselbe wie zur Zeit des NO-Monsuns, nur dass man weiter südlich von Socotora passirt. Sollte man den SW-Monsun im Golf von Oman noch ein wenig frisch finden, und hat die Strömung das Schiff etwas zu weit nach Nord gebracht, so passire man im Nord von Socotora unter dem Schutz des Landes.

Die in Rede stehende Route ist jedoch nur Dampfern anzurathen, welche große Maschinenkraft haben; Dampfer mit verhältnismäßig schwachen Maschinen werden besser thun, sich an die frühere, für die Zeit des vollen SW-Monsuns berechnete Route zu halten.

Dampfer, welche von einem Hafen der Westküste Hindostans, zwischen Bombay und Goa auslaufen, halten sich im allgemeinen an die Routen, welche für von Bombay kommende Schiffe gegeben worden sind. Zur Zeit des SW-Monsuns werden sie darauf zu achten haben, dass sie weit genug westwärts gelangt sind, ehe sie SSW-Curs nehmen, damit sie mit diesem Curse frei von den Lakkadiven laufen.

Schiffe, deren Abfahrtsort ein Hafen südlich von Goa ist, steuern, je nach der Lage des Abfahrtsortes durch den Neungrad- oder Achtgrad-Canal. Bei NO-Monsun ist die Fahrt eine directe; man passirt in S von Socotora und sichtet das Land in der Nähe von Guardafui. Für die Zeit des Anfanges oder Endes des SW-Monsuns kann man dieselbe Route beibehalten, nur wird man weiter südlich von Socotora passiren. Zur Zeit der vollen Stärke des SW-Monsuns, Ende Mai bis Anfang September, können Dampfer mit großer, und jene mit mittlerer Maschinenkraft, je nach dem Abfahrtspunkt, die Passage durch den Neungrad- oder durch den Achtgrad-Canal wählen. West werden sie zwischen 7 und 5° N. machen. Die Dampfer mit großer Kraft können 60° O. in 6° 30′ N., 51° 50′ O. in 10° N. schneiden, und von da gegen das Land zwischen Ras Hafun und Guardafui steuern. Dampfer von mittlerer Pferdekraft, und im allgemeinen solche, welche ungünstige Verhältnisse von Wind und See getroffen haben, halten sich südlicher, schneiden 55° O. in 5° 30′ N., 51° 50′ O. in 9° N., und steuern von da gegen den Anseglungspunkt. Schwächere Fahrzeuge mit schwachen Maschinen werden in dieser Jahreszeit nach und durch den $1^1/_2$ Grad-Canal oder besser noch durch den Äquatorial-Canal steuern, und weiterhin die Route verfolgen, welche Schiffe, die aus Ceylon auslaufen, in dieser Jahreszeit einhalten sollen.

## Dampfer-Routen von Ceylon oder der Küste Malabar nach Aden.

| Abfahrtsort | Jahreszeit | Breiten der Durchschnitte der Meridiane von. | | | | | | | | | | |
|---|---|---|---|---|---|---|---|---|---|---|---|---|
| | | 76° O. | [illegible]° O. | 72° O. | 64° O. | 62° O. | 58° O. | 54° O. | 52° O. | — O. | 50° O. | 47° O. |
| | | N. ° ′ | N. ° ′ | N. ° ′ | N. ° ′ | N. ° ′ | N. ° ′ | N. ° ′ | N. ° ′ | | N. ° ′ | N. ° ′ |
| Ceylon | Monsun NO. von November bis März | 7 | 7 30 | 8 | 8 45 | 9 50 | 10 55 | 11 20 | 11 55 | Bei 11° N. wird das Land angesegelt. | 12 | 12 30 |
| | April, Anfang Mai oder Ende September, October | 7 | 7 30 | 7 50 | 8 30 | 8 25 | 10 | 10 30 | 10 45 | | 12 | 12 30 |
| | 15. Mai bis 15. Juni oder 15. August bis 15. Sept. | 3 | 1 35 | 1 30 | 1 30 | 1 45 | 2 35 | 4 | 6 20 | | 12 | 12 30 |
| | SW. Monsun von 15. Juni bis 15. August | 2 | 0 20 | 0 10 | 0 10 | 0 30 | 0 45 | 2 40 | 5 20 | | 12 | 12 30 |
| Mangalore, Calicut, Cochin, Alipee etc. | NO.-Monsun | - | 9 30 | 9 30 | 10 | 10 35 | 11 | 11 25 | 11 35 | | 12 | 12 30 |
| | SW. Monsun von Ende Mai bis Ende August — 1. Route | — | 9 30 | 9 20 | 8 20 | 7 | 7 20 | 9 20 | 10 10 | | 12 | 12 30 |
| | SW. Monsun von Ende Mai bis Ende August — 2. Route | — | 9 30 | 9 20 | 7 | 5 30 | 5 30 | 6 30 | 8 30 | | 12 | 12 30 |
| | SW. Monsun von Ende Mai bis Ende August — für kleine Dampfer | 8 | 0 20 | 10 | 0 10 | 0 30 | 0 35 | 2 40 | 5 20 | | 12 | 12 30 |

## Routen von Aden nach Häfen im Bengalischen Meerbusen und der Straße von Malakka.

764. Der Anfang der Route von Aden bis zum Meridian von Ceylon bleibt, mag der Bestimmungsort welcher immer sein, derselbe. Von Anfang Mai bis Ende September segelt man durch den Achtgrad-Canal, im October und November durch den Neungrad-Canal; von Mitte December bis Februar wählt man die Süd-Route, und macht Weg nach Ost zwischen 3° und 4° S. im Bereich des NW-Monsuns; im März und April passirt man im Norden der Lakkadiven. Nähere Angaben bezüglich dieses Theiles der Routen finden sich bei den Routen von Aden nach Ceylon und der Küste Malabar.

| Jahreszeit der Reise | Breiten der Durchschnitte der Meridiane von: | | | | | | | | | | | | |
|---|---|---|---|---|---|---|---|---|---|---|---|---|---|
| | 48° O. | 50° 30' O. | 52° 30' O. | 54° O. | 58° O. | 62° O. | 66° O. | 68° O. | 70° O. | 72° 30' O. | 74° 30' O. | 76° O. | 78° O. |
| | N. ° ' | N. ° ' | N. ° ' | N. ° ' | N. ° ' | N. ° ' | N. ° ' | N. ° ' | N. ° ' | N. ° ' | N. ° ' | N. ° ' | N. ° ' |
| März, April . . . . . . . . | 13 10 | 14 20 | 15 | 16 20 | 17 | 18 | 17 | 16 | 15 | 14 10 | 12 30 | 8 | 6 30 |
| 1. Mai bis Ende September | 13 10 | 13 30 | 13 30 | 13 30 | 12 55 | 11 5 | 9 55 | 9 20 | 8 40 | 8 | 7 30 | 7 | 6 15 |
| October, November . . . | 13 10 | 14 20 | 15 | 16 20 | 17 | 14 45 | 13 | 11 40 | 10 30 | 9 20 | 9 | 8 40 | 7 |
| | N. | N. | N. | N. | N. | S. | S. | S. | S. | S. | S. | S. | S. |
| 15. December bis Februar | 12 20 | 12 20 | 11 | 8 30 | 6 20 | 0 30 | 3 30 | 3 30 | 3 30 | 3 30 | 3 30 | 3 30 | 3 30 |

Zur Zeit des SW.-Monsuns von April bis September wird man sich, um Ceylon zu umsegeln, in der Nähe dieser Insel doch auf entsprechende Distanz von derselben halten.[1]

[1] Auf der Fahrt längs der Küste Ceylons ist vom Loth häufiger Gebrauch zu machen. Diese Vorsicht ist besonders bei Nacht und dann geboten, wenn trockene Nebel eintreten; außerdem sind die Strömungen oft stark und unregelmäßig. In Ost von Dondra Head bis zu den Groß-Bassas befinden sich die gefährlichen Stellen innerhalb einer Tiefenlinie von 19—20 Fd. (36 M.). Um die Bassas während der Nacht zu dubliren, soll man sich, wenn man in die Nähe kommt, in Gewässern von wenigstens 40 Fd. (73 M.) halten. Bei schönem Wetter ist es nicht unmöglich auch während der Nacht (wenn Land und Leuchtfeuer gut sichtbar sind) innerhalb der Groß-Bassas zu passiren, indem man sich auf circa 3 Meilen vom Lande hält. Aber es ist immer räthlicher, besonders bei Nacht die Klein-Bassas außerhalb zu passiren. Hat man die Groß-Bassas innerhalb passirt, so wird man Curs nehmen, um die Klein-Bassas in S und Ost auf wenigstens $1\frac{1}{2}$ Meile zu dubliren; hiebei ist auf die Lothungen zu achten. Man soll, insolange das Leuchtfeuer nicht sichtbar ist, in Gewässern von $65\frac{1}{2}$ Fd. (120 M.) und mehr bleiben. Im allgemeinen ist es bei Nacht in SO von Ceylon räthlicher, sich in Gewässern von 66 und mehr Faden Tiefe zu halten.

Im December und Jänner und selbst am Anfange des Februar wird es gut sein, die Süd-Route in 3 bis 4° S. fortzusetzen, und um so weiter östlich zu laufen, als der Bestimmungsort östlich liegt.

Zwischen 85 und 95° O. wird man den Äquator schneiden. Von der Linie bis 6° N. kommen oft NNO-Brisen vor. Dies zeigt die Nothwendigkeit, den Äquator weit östlich zu passiren. An der Ostküste Hindostans und Ceylons soll man zur Zeit des NO-Monsuns bis Jänner in Nord des Bestimmungsortes, im Laufe des Jänner im Parallel desselben, oder etwas in Nord davon, vom 1. Februar an in Süd des Bestimmungsortes das Land ansegeln.

In nachstehenden Tabellen ist das Ende der Routen für die Bestimmungsorte Madras, Calcutta, Rangoon und Penang gegeben.

## Nach Madras.

| Zeit des Durchschnitts des Meridians von Ceylon | Längen der Durchschnitte der Parallele | | | | | | | | | |
|---|---|---|---|---|---|---|---|---|---|---|
| | 3° S. | Äquat. | 4° 40' N. | 5° N. | 6° N. | 8° N. | 10° N. | 12° N. | 11° N. | 14° N. |
| | O. ° ' | O. ° ' | O. ° ' | O. ° ' | O. ° ' | O. ° ' | O. ° ' | O. ° ' | O. ° ' | O. ° ' |
| 1. October bis Anfang December | — | | 83 20 | 86 20 | 86 20 | 86 20 | 85 50 | 84 50 | 83 50 | 81 50 |
| Ende December und Jänner . . . | 90 | 92 | 89 35 | 89 20 | 88 20 | 86 35 | 84 50 | 83 5 | 82 20 | – |
| 1. Februar bis 1. März | | – | — | — | 81 40 | 82 20 | 82 5 | 81 30 | 80 20 | — |
| 1. März bis 1. September | | — | — | — | 81 40 | 81 50 | 80 40 | 80 50 | 80 20 | — |
| September | | | | | 83 5 | 83 50 | 83 40 | 82 20 | 81 5 | — |

## Nach Calcutta.

| Zeit des Durchschnitts des Meridians von Ceylon | Längen der Durchschnitte der Parallele | | | | | | | | | | |
|---|---|---|---|---|---|---|---|---|---|---|---|
| | 3° S. | Äquat. | 4° 40' N. | 5° N. | 6° N. | 8° N. | 12° N. | 16° N. | 18° N. | 20° N. | 21° N. |
| | O. ° ' | O. ° ' | O. ° ' | O. ° ' | O. ° ' | O. ° ' | O. ° ' | O. ° ' | O. ° ' | O. ° ' | O. ° ' |
| 1. October bis Anfang December . | — | — | 81 20 | 90 20 | 90 35 | 90 30 | 91 | 91 20 | 90 50 | 89 50 | 88 15 |
| 15. December bis 1. Februar . . . | 92 | 95 | 93 5 | 93 | 92 40 | 91 50 | 91 20 | 91 20 | 90 50 | 89 50 | 88 15 |
| 1. Februar bis 1. März . . . . . . . | — | — | — | — | 81 40 | 82 50 | 83 40 | 84 40 | 85 | 86 30 | 88 15 |
| 1. März bis 15. August . . . . . . . | — | — | — | — | 81 40 | 81 50 | 82 10 | 84 40 | 85 | 86 30 | 88 15 |
| 15. August bis 1. September . | | — | — | — | 81 50 | 83 30 | 85 20 | 86 38 | 86 45 | 86 50 | 88 15 |
| 1. September bis 15. September . | — | — | — | — | 81 50 | 83 30 | 86 | 88 25 | 88 35 | 88 35 | 88 15 |

### Nach Rangoon, Penang und Singapore, wenn der Meridian von Ceylon Ende September, im October, November und Anfang December durchschnitten wird.

| Breiten der Durchschnitte der Meridiane von: | | | | | | | | | | | Bestimmungsort |
|---|---|---|---|---|---|---|---|---|---|---|---|
| 80° O. | 81° O. | 82° O. | 86° O. | 90° O. | 92° O. | 93° O. | 94° O. | 95° O. | 96° O. | 97° O. | |
| N. ° ' | N. ° ' | N. ° ' | N. ° ' | N. ° ' | N. ° ' | N. ° ' | N. ° ' | N. ° ' | N. ° ' | N. ° ' | |
| 5 40 | 5 | 4 45 | zwischen 4° u. 5° | zwischen 4° u. 5° | zwischen 5° u. 6° | 6 | 6 30 | 7 | 10 30 | * | Rangoon. |
| 5 40 | 5 | 4 45 | | | | 6 | 6 20 | 6 25 | 8 30 | 6 30 | Penang und Singapore. |

* Man steuert gegen Groß-Torres (Archipel Mergui) und von da gegen Rangoon.

### Nach Rangoon, Penang und Singapore, wenn man den Meridian von Ceylon in der Zeit von Ende December bis März geschnitten hat.

| Breiten der Durchschnitte der Meridiane von: | | | | | | | | | Bestimmungsort |
|---|---|---|---|---|---|---|---|---|---|
| 80° O. | 90° O. | 92° O. | 85° O. | 93° O. | 91° O. | 95° O. | 96° O. | 97° O. | |
| S. ° ' | S. ° ' | S. ° ' | | N. ° ' | N. ° ' | N. ° ' | N. ° ' | N. ° ' | |
| 3 30 | 3 30 | 2 45 | Äquat. | 5 | 6 | 7 | 10 30 | — | Rangoon. |
| 3 30 | 3 30 | 2 45 | Äquat | 5 | 6 | 6 25 | 8 30 | 6 30 | Penang und Singapore. |

### Nach Rangoon, Penang und Singapore, wenn der Meridian von Ceylon zwischen 1. April und Ende September geschnitten wird.

| Breiten der Durchschnitte der Meridiane von: | | | | | | | | | | | Bestimmungsort |
|---|---|---|---|---|---|---|---|---|---|---|---|
| 80° O. | 81° O. | 82° O. | 86° O. | 90° O. | 92° O. | 93° O. | 94° O. | 85° O. | 96° O. | 97° O. | |
| N. ° ' | N. ° ' | N. ° ' | N. ° ' | N. ° ' | N. ° ' | N. ° ' | N. ° ' | N. ° ' | N. ° ' | N. ° ' | |
| 5 45 | 5 50 | 6 30 | 8 20 | 12 | 13 35 | 14 20 | 14 15 | 15 20 | 16 | — | Rangoon. |
| 5 45 | 5 50 | 5 50 | 5 50 | 5 50 | 5 50 | 5 50 | 6 | 6 20 | 6 25 | 6 30 | Penang und Singapore. |

## Routen von einem Hafen des Bengalischen Meerbusens oder der Straße Malakka nach Aden.

765. Wenn man sicher ist, Pointe des Galles Dwars zu kommen, nach Ende September und vor Ende März, d. h. während der Zeit des NO-Monsuns, so wird man je nach den Umständen mehr oder weniger

nahe der Süd-Küste Ceylons passiren. Wenn dies nicht der Fall, so werden Segelschiffe die Süd-Route einschlagen. Schiffe, welche (mag der Abfahrtsort welcher immer sein) in der Zeit von Anfang October bis Ende März in SW von Ceylon angekommen sind, nehmen die Route nordwärts oder gegen NW, um sich längs der Westküste Hindostans zu erheben. Die Schiffe mit der Bestimmung nach Aden werden sich die Route von Ceylon nach Aden für dieselbe Jahreszeit zur Richtschnur nehmen.

Zur Zeit des SW-Monsuns oder vielmehr wenn man es nach der Zeit der Abreise für unmöglich hält, die SW-Küste Ceylons zwischen Anfang October und Ende März zu erreichen, soll man mit einem Segelschiffe die Süd-Route nehmen, d. h. zwischen 5 und 10° S. den SO-Passat aufsuchen. Im April, Mai, Juni kann es nöthig sein, bis 9 oder 10° S. herabzugehen, um den SO-Passat stetig zu finden; im Juli, August, September wird man im allgemeinen den Passat stetig bei 6 oder 7° Süd treffen. Innerhalb des Passats macht man Weg nach Westen. Die Bänke von Centurion und Owen passire man südlich auf entsprechend große Distanz. Hat man den Meridian 72° O. passirt, so schliesst man sich an die Route an, welche von Ceylon nach Aden bestimmte Schiffe in dieser Jahreszeit einzuhalten haben.

Bezüglich der Routen aus dem Bengalischen Golf nach dem Gebiet des SO-Passates können die Tabellen für die Reisen aus besagtem Meerbusen nach dem Südindischen Ocean einen Anhalt bieten.

Für den Schluss der Reise nach Aden ist nachstehende Tabelle gegeben.

| Längen der Durchschnitte der Parallele von: | | | | | |
|---|---|---|---|---|---|
| 7° S. | 5° S. | Äquator | 5° N. | 9° N. | 12° N. |
| 67° | 60° | 54° | 52° 30′ | 51° 30′ | 50° 20′ |

**Dampfer-Routen von einem Hafen des Golfs von Bengalen oder der Malakka-Straße nach Aden.**

766. Bei NO-Monsun nimmt man direct Route nach der SO-Küste Ceylons, doch hat man die Strömung in Rechnung zu bringen, welche nach SW lauft, daher man sich, wenn man von Ost kommt, gut nördlich hält, um sicher zu sein, die Leuchtfeuer der Bassas zu sichten. Die Insel Ceylon dublirt man so nahe, als es die Klugheit gestattet. Für

den Rest der Reise gelten dieselben Weisungen, wie für die Fahrt von Ceylon nach Aden.

Während des SW-Monsuns soll man, wenn der Dampfer direct nach Aden bestimmt ist, die Süd-Route nehmen, indem man in 2 oder 3° S. Weg westwärts macht. Hat ein Dampfer nicht ausreichende Kohlen, so ist es besser, weiter südlich zu gehen, um im Bereiche des SO-Passates nach Westen zu laufen.

Um nach dieser allgemeinen Bemerkung detaillirtere Verhaltungen zu geben, so halten sich von Calcutta ausgehende Dampfer, um sich nach SW zu erheben, im Golf von Bengalen an der westlichen Seite des Golfes, wo der Seegang geringer ist. Von 15° N. steuern sie zwischen SzO und SzW, von 10 bis 5° N. nach Süd, von 5° N. nach SSW, dann SW, dem Äquator sich nähernd. Dampfer, welche von Madras ausgelaufen, halten südwärts nicht weit von der Küste bis Pondichery, dann nehmen sie Steuerbord-Halsen unter Dampf und Segel, um sich der Route der von Calcutta kommenden Dampfer anzuschließen. Dampfer, deren Ausfahrtshafen Akyab oder Dalhausie ist, gehen östlich der Andamanen und Nicobaren, und passiren, wie die Dampfer, welche von Rangoon oder Mergui ausgelaufen sind, durch den 6½ Grad-Canal. Dampfer, aus der Straße von Malakka kommend, suchen nach Dublirung von Pulo Brasse Raum nach West zu gewinnen, worauf sie SW-Curs nehmen. Ist Wind und See zu stark, so halten sie zeitweise einen mehr südlichen Curs. In 2 und 3° S. sind die Winde weniger ungünstig und weniger stark und die Strömung schwächer; es ist daher leichter, Weg nach West zu gewinnen. Westwärts laufend passirt man zwischen den Tschagos-Inseln und den Malediven. Nach Aden fahrende Dampfer befolgen weiters die Route der bei SW-Monsun von Ceylon nach Aden bestimmten Dampfer.

Dampfer-Routen von Calcutta, Madras, Rangoon, Penang nach Aden bei SW-Monsun.

| Abfahrtsort | Längen der Durchschnitte der Parallele von: | | | | | |
|---|---|---|---|---|---|---|
| | 15° N. | 10° N. | 5° N. | Äquator | 1° S. | 2° 30′ S. |
| | O. | O. | O. | O. | O. | O. |
| Calcutta . . . . . . . | 82° 50′ | 83° | 83° | 83° | 82° | 78° |
| Madras . . . . . . . | — | 81° | 83° | 83° | 82° | 78° |
| Rangoon . . . . . . . | 95° 50′ | 94° | 93° 50′ | 92° | 91° | 84° |
| Penang, Singapore . . | — | — | 94° | 92° 50′ | 91° | 84° |

Von 2° 30' S. nach Aden.

| Längen der Durchschnitte der Parallele von: | | | | | Bestimmungsort. |
|---|---|---|---|---|---|
| 2° 30' S. | Äquator | 5° N. | 10° N. | 12° N. | |
| O. | O. | O. | O. | O. | |
| 61° | 57° | 52° | 51° 20' | 50° | Aden. |

**Dampfer-Routen von Aden nach Singapore mit Berührung Ceylons.**

767. Bei NO-Monsun ist die Route eine directe. Bei SW-Monsun wählt man ebenfalls die kürzeste Route, insolange Wind und See nicht zu stark sind. Bezüglich der Strecke Aden-Ceylon siehe die Weisungen, wie dieselben früher für die von Aden nach Ceylon bestimmten Dampfer gegeben worden sind.

Von Ceylon steuert man gegen Pulo Brasse in jeder Saison.

Die Straße von Malakka ist breit und ohne Gefahr bis zur Bank von Une-Brasse. Um diese leicht anzusegeln, ist es gut, die Inseln Aroa zu sichten. Dieselben erkennt man auf 10 bis 12 Meilen. Die Gezeiten-Strömungen sind in der Nähe der Bänke stark. Der Leuchtthurm am Südrande der Bank Une-Brasse ist bei Tag bei schönem Wetter auf 6—8 Meilen, bei Nacht das Leuchtfeuer auf 10 bis 12 Meilen sichtbar. Hat die Strömung das Schiff zu weit nach Ost getragen, so hat man im isolirten Bergkegel Parcelar ein Mittel zur Berichtigung der Route; das beste Mittel, die Route richtig zu stellen, ist das Loth. Eine Richtigstellung der Route ist aber von Une-Brasse bis Singapore oft nothwendig.

Bezüglich der Windverhältnisse genüge die Bemerkung, dass die Monsune sich allerdings in der Straße fühlbar machen, dass aber die Winde im allgemeinen sehr veränderlich sind.

Nicht unerwähnt dürfen die bogenförmigen Böen der Straße von Malakka bleiben. Sie kommen gewöhnlich nachts oder abends, sehr selten morgens oder vor 4ʰ nachmittags vor. Im Moment, wo der Wind am stärksten ist, weht er aus NW, überhaupt aus einer Richtung zwischen NNW und WNW. Sie sind am häufigsten im nördlichen Theil der Enge; sie kommen aber auch in anderen Theilen der Straße bis Singapore und Pedra Branca vor.

Nebst den bogenförmigen Böen sind noch die Sumatras anzuführen. Dies sind Stürme aus SW von kurzer Dauer. Sie kommen vornehmlich in der Zeit vor Mitternacht vor; sie sind manchmal heftig und sind von Regen. Donner und Blitz begleitet. Man kann ihnen überall in der Straße begegnen, besonders an der Küste von Pedir, wo sie eine Dauer von 7 bis 8 Stunden bei abwechselnder Stärke haben.

Die nachstehenden Tabellen geben für Segelschiffe und Dampfer die Routen durch die Straße von Malakka, wenn man von N oder W kommt.

Routen zur nördlichen Einfahrt.

| Canal, von dem man ausgefahren: | | Breiten der Durchschnitte der Meridiane von: 93° O. | 94° O. | 95° O. | 97° O. |
|---|---|---|---|---|---|
| | | N. ° ' | N. ° ' | N. ° ' | N. ° ' |
| Route der Segelschiffe, kommend aus dem | 10 Grad-Canal . . . . . . . | 9 40 | 9 20 | 8 50 | 7 45 |
| | Zwischen Car Nicobar, Batti-Malve . . . . . . . . . | 8 55 | 8 40 | 8 25 | 7 35 |
| | Canal Sombrero . . . . . | 7 35 | 7 35 | 7 35 | 7 10 |
| | $6^1/_2$ Grad-Canal . . . . . . . | — | 6 20 | 6 25 | 6 35 |
| Route der Dampfer, durch den Canal von Pulo-Rondo kommend | | | | 5 56 | 5 25 |

Routen in der Straße.

| | Längen der Durchschnitte der Parallele 6°34' N. | 6° N. | 5° N. | 4° N. | 3° 20' N. | 3° N. | 2° 52' N. | 2° 42' N. | 2° N. | 1° 18' N. |
|---|---|---|---|---|---|---|---|---|---|---|
| | O. ° ' | O. ° ' | O. ° ' | O. ° ' | O. ° ' | O. ° ' | O. ° ' | O. ° ' | O. ° ' | O. ° ' |
| Für Segelschiffe . . | 98 55 | 99 35 | 100 10 | 100 20 | 100 50 | 100 50 | 100 57 | 101 20 | 102 20 | 103 20 |
| Für Dampfer | — | — | 98 10 | 99 35 | 100 25 | 100 48 | 100 57 | 101 20 | 102 20 | 103 20 |

**Dampfer-Routen von Singapore nach Aden mit Berührung Ceylons.**

768. Nachstehende zwei Tabellen geben die Routen durch die Straße Malakka von der südlichen zur nördlichen Einfahrt für Segelschiffe und Dampfer.

| | Längen der Durchschnitte der Parallele | | | | | | |
|---|---|---|---|---|---|---|---|
| | 1° 18′ N. | 2° N. | 2° 42′ N. | 2° 52′ N. | 3° N. | 3° 20′ N. | 4° N. |
| | O. ° ′ | O. ° ′ | O. ° ′ | O. ° ′ | O. ° ′ | O. ° ′ | O. ° ′ |
| Für Segelschiffe . . . . . | 103 20 | 102 20 | 101 20 | 100 57 | 100 50 | 100 50 | 100 20 |
| Für Dampfer . . . . . . . | 103 20 | 102 20 | 101 20 | 100 57 | 100 48 | 100 25 | 99 35 |

| Zeit der Reise | Breiten der Durchschnitte der Meridiane | | | | | Bestimmungsort |
|---|---|---|---|---|---|---|
| | 99° 50′ O. | 99° 20′ O. | 98° 20′ O. | 97° O. | 95° O. | |
| | N. ° ′ | N. ° ′ | N. ° ′ | N. ° ′ | N. ° ′ | |
| | Für Segelschiffe: | | | | | |
| SW-Monsun April—September | 4 20 | 4 35 | 5 5 | 5 25 | 5 40 | Calcutta, Madras, Ceylon. |
| | 4 20 | 4 35 | 5 5 | 5 25 | 7 30 | Rangoon. |
| NO-Monsun October—März | 5 15 | 6 | 7 | 9 | — | Penang, Rangoon, Calcutta. |
| | 5 15 | 6 | 6 20 | 6 25 | 6 30 | Madras, Ceylon. |
| | Für Dampfer: | | | | | |
| In allen Jahreszeiten | 3 45 | 4 7 | 4 53 | 5 25 | 5 40 | Gegen West. |

Von Pulo Brasse nach Ceylon wird bei NO-Monsun directe Route genommen. Es ist hiebei auf den Umstand Rücksicht zu nehmen, dass man im Osten von Ceylon eine Strömung finden kann. die mit einer Geschwindigkeit von 60 bis 110 Meilen per 24 Stunden nach S und SW lauft; daher wird man sich entsprechend mehr nördlich halten, und nördlich von den Leuchtfeuern der Bassas das Land ansegeln. Bei SW-Monsun ist die Route direct nach den Leuchtfeuern der Bassas zu nehmen. In diesen Breiten ist im allgemeinen der Wind nicht allzu heftig. Zur Zeit. in welcher der SW-Monsun in seiner vollen Kraft ist. kann man sich etwas südlich von der directen Route halten, doch nicht so weit südlich, um außerhalb des Beleuchtungs-Umkreises der besagten Leuchtfeuer zu passiren.[1]

Von Ceylon nach Aden gelten dieselben Verhaltungen, wie sie für die von Ceylon nach Aden bestimmten Dampfer bereits gegeben worden sind.

### Routen von Aden nach Häfen der Ostküste von Afrika, nach Zanzibar, nach den Comoren, Seychellen, nach dem Canal von Mozambique.

769. Während des NO-Monsuns sind die Routen directe für Segelschiffe und gemischte Schiffe. Man passirt zwischen Guardafui und Socotora. Im October, November, December findet man nach Dublirung des Cap Guardafui nordöstliche Brisen bis 10° S. Zwischen 5° N. und der Linie kommen auch Winde aus NW, bisweilen Brisen aus SW, zwischen der Linie und 5° S. auch Brisen aus SO, von 5 bis 10° S. Brisen aus OSO und SW vor. — Im Jänner und Februar herrschen nordöstliche Brisen bis 10° S., zwischen 5 und 10° S. durch Calmen unterbrochen. Die Windverhältnisse weiter südlich wurden bei Besprechung der Route vom Golf von Oman nach dem Südatlantischen Ocean bereits zur Darstellung gebracht.

Während des SW-Monsuns, oder vielmehr, wenn man in der Zeit von Anfang März bis Ende September von Aden abfährt, soll man nördlich von Socotora passiren. Im April, Mai, Juni steuern Segelschiffe mit SW — NW-Winden derart, um 10° N. in 62° O. und die Linie in 68 oder 69° O. zu schneiden. SW-Winde werden dann mit SO-Brisen wechseln, und bei 4 oder 6° S. kommt der Passat zur Geltung. Ist man nach Zanzibar bestimmt, nimmt man Curs, um südlich der Amiranten zu passiren.

Schiffe, welche nach den Comoren oder Mozambique bestimmt sind, suchen, nachdem sie den Äquator bei 69° O. passirt haben, so viel als möglich nach S Weg zu gewinnen, um in das Gebiet des SO-Passats in solcher Position einzutreten, um weit genug in Süd die Bank Saya de Malha zu passiren, worauf sie Cap Ambre zusteuern. Schiffe, deren Bestimmungsort im südlichen Theil des Canales von Mozambique liegt, werden bei SW-Monsun durch den Achtgrad-Canal segeln, den Äquator südlich von Ceylon bei 81° O. schneiden, und östlich von den Tschagos-Inseln und südlich von Madagascar passiren.

---

[1] Das Leuchtfeuer von Groß-Bassas ist auf 16 Meilen sichtbar. Labrosse „routes marit. L'océan Indien".

Im Juli, August, September sind die Routen im ganzen dieselben wie eben gesagt worden. Da nördlich vom Äquator der SW-Monsun stärker ist, wird man den Äquator (statt in 69°) in 70° O. schneiden. Dann wird man möglichst nach Süd Weg zu machen suchen, bis man den SO-Passat erreicht, was bei 3 oder 4° S. der Fall sein wird.

Dampfer halten sich bei SW-Monsun in der Mitte des Golfes von Aden, bis sie Socotora auf ungefähr 50 Meilen Entfernung im Norden passirt haben, dann steuern sie unter Dampf und Segel (wenigstens Gaffelsegel), um den Äquator beiläufig in 67° O. zu schneiden. Von da nehmen sie südwestlichen, dann westlichen Curs, indem sie in Süd der Seychellen und Amiranten und im Norden der Bank Saya de Malha passiren.

### Routen von Häfen des Mozambique-Canales, von Zanzibar, von den Comoren oder Seychellen nach Aden.

770. Wird die Ankunft am Äquator in der Zeit von Anfang April bis Ende September, daher in der Zeit des SW-Monsuns erfolgen, so werden die Schiffe, welche aus einem Hafen des Mozambique-Canales auslaufen, nordwärts steuern, indem sie sich hiebei nach den Weisungen richten, welche bei Gelegenheit der Besprechung der Passage durch diesen Canal gegeben worden sind.

Nachdem sie den Mozambique-Canal verlassen, regeln die Schiffe derart die Route, um den Äquator, wenn sie westlich von Groß-Comoro in der Zeit von April bis Juni passirt sind, in 50° O., — wenn sie im Juli, August oder anfangs September die genannte Insel passirt sind, in 47 — 48° O. zu schneiden. Sie werden schließlich in N von Ras Hafun das Land ansegeln.

Schiffe, welche von den Comoren, Zanzibar, den Seychellen aussegeln, werden sich, insoweit es sie betreffen kann, an die Route halten, wie sie eben dargestellt worden.

Wird man am Äquator in der Zeit von October bis März anlangen, also zur Zeit des NO-Monsuns, so werden Schiffe, deren Abfahrtsort ein Hafen des Mozambique-Canales oder der Comoren ist, am besten thun südwärts zu laufen, die Region der Westwinde in S von 35° S. aufzusuchen, und mit diesen Winden ostwärts zu segeln. Sie werden dann 35° S. in beiläufig 62° O. (im Jänner und Februar selbst in 67° O.) wieder schneiden.

Den Äquator soll man in der Zeit von October bis December in 65° O. kreuzen, in der Zeit von Ende December bis 1. April in 71° O. überschreiten. Hat man den Äquator nach dem 10. oder 15. Februar passirt, so soll man südlich von Socotora passiren, sonst aber zur Zeit des NO-Monsuns im Norden dieser Insel.

Wenn man von Zanzibar ausläuft, so ist die südliche Route ebenfalls sicherer, doch ist es auch empfehlenswert, besonders wenn man zwischen Ende November und Februar abreist, von den NO- und NW-Brisen Nutzen zu ziehen, um die Amiranten auf kurze Distanz im Süden zu passiren, und bald möglichst nördlich vom Parallel 7° S. zu gelangen. Auf diese Weise wird man von der im Norden von Madagascar westwärts laufenden Strömung frei, und kann man variable Brisen des westlichen Monsuns vorfinden, zumal dann, wenn man beiläufig 5° S. zwischen den Seychellen- und Tschagos-Inseln erreicht hat. Von da wird man bis 65° O. östlich, dann nordöstlich steuern, um den Äquator zwischen 65 und 71° O. zu schneiden.

Schiffe, welche von den Seychellen auslaufen, werden eine ähnliche Route, wie die letztgegebene, befolgen. Sie steuern Ost beiläufig in 5° S., und schneiden den Äquator in 65 bis 71° Ost.

Schiffe, welche von den Comoren abreisen, könnten, besonders gemischte Schiffe, ebenfalls eine ähnliche Route einschlagen und den NW-Monsun aufsuchen, um Ost zu machen; doch wird für Segelschiffe im allgemeinen die Süd-Route vorzuziehen sein.

### Routen von Aden nach Reunion oder Mauritius.

771. Segelschiffe nehmen zur Zeit des NO-Monsuns, oder vielmehr, wenn die Ankunft am Äquator zwischen November und März fällt, anfangs die Süd-Route, wie Schiffe, welche zur selben Jahreszeit nach Ceylon bestimmt sind. Sie werden 65° O. zwischen 1 und 3° S., und in beiläufig 69 oder 70° O., 9° S. schneiden. Sie halten sich dann, so weit möglich, zwischen den Meridianen von 68 und 70° O. bis 10 oder 12° S., wo der SO-Passat beginnt. Man steuert dann so, um in Luv des Bestimmungsortes anzukommen.

Während des SW-Monsuns oder vielmehr, wenn man zwischen Anfang April und Anfang October am Äquator ankommen wird, steuert man gegen den Achtgrad-Canal, schneidet den Äquator in 81° O. und passirt östlich von den Tschagos-Inseln.

Gemischte Schiffe werden bei NO.-Monsun die Reise etwas kürzen können, indem sie nach Passirung des Meridians von 65° O. zwischen 1 und 3° S. gerade südwärts steuern, um 10° S. in 65° O. zu kreuzen. Von da aus kann man unter Segel und Dampf nach den Mascarenen gelangen.

Während des SW-Monsuns von April bis Ende September passiren gemischte Schiffe in N. von Socotora, und nehmen dann die Route gegen die Tschagos-Inseln. Ein gutes Schiff kann mit SW-Monsun den Äquator in 67° O. schneiden, und bei 2 oder 3° S. und 67 bis 68° O. in den Bereich des SO-Passates treten. Von da kann es unter Dampf und Segel die Mascarenen erreichen.

Mit einem gemischten Schiff gewöhnlicher Leistungsfähigkeit wird man die Linie in circa 70° Ost kreuzen, dann unter Dampf südwärts steuern, und den Passat bei 3° S. in 70° Ost erreichen. Schiffe, welche schwache Maschinen führen und stark abtreiben, werden den Äquator in 70° O. schneiden, und in Ost der Tschagos-Inseln auf solche Distanz passiren, um nicht Gefahr zu laufen, in Lee der Mascarenen zu gerathen, wenn der SO nach SSO schralIt.

Dampfer mit starken Maschinen passiren auf ihrer Fahrt nach Mahé (Seychellen) und Reunion zwischen Socotora und Cap Guardafui. Bei NO-Monsun ist die Route nach Mahé eine directe, von Mahé aus sind dann die Mascarenen leicht zu erreichen. Bei SW-Monsun dubliren diese Dampfer Cap Guardafui auf sehr geringe Distanz (1—2 Kabel, d. s. 220—240 Meter), fahren dann 40 bis 50 Meilen längs der Küste, und durchschneiden hierauf, mit ganzer Kraft laufend, und mit den Gaffelsegeln beigesetzt, den SW-Monsun. Nach 36- bis 48-stündiger Fahrt gelangen sie gewöhnlich in eine Region, wo für sie der Wind weniger heftig, der Seegang weniger stark ist; die Dampfer können daher mehr oder weniger bald in einen directen Curs gegen Mahé übergehen.

### Routen von den Mascarenen nach Aden.

772. Zu jeder Jahreszeit steuert man nach N. oder NNO., meistens derart, um die Cargados Garajos in West zu passiren. Weiter nordwärts segelnd nimmt man die Passage Boscawen. Ist man sicher zwischen 1. April oder 15. bis 20. September am Äquator anzukommen, so passirt man mit dem SO-Passat in Ost und Nord die Seychellen, und beendigt die Reise wie Schiffe, welche in derselben Jahreszeit von Ceylon nach Aden zu segeln haben. Man schneidet den Äquator in 54° O., 9° N. in 51° 50' O. und segelt das Land in Nord von Ras-Hafun an. Wird man den Äquator im October, November, December erreichen, so segelt man, nachdem man den Parallel der Seychellen gekreuzt hat, mit SO—SW- und NW-Brisen und der nach Ost setzenden Strömung nach nordöstlicher Richtung, und schneidet den Äquator in 65° O. Sodann sucht man Weg nach Nord zu machen; bei 10° N.

wird man gewöhnlich den NO-Monsun stetig finden, und die Route derart nehmen, um in N. von Socotora zu passiren.

Wenn man den Äquator Ende December, im Jänner, Februar oder März schneiden wird, so segelt man, nachdem man den Parallel der Seychellen erreicht hat, mit den Brisen des NW-Monsuns nach NO oder ONO, und passirt den Äquator weit in Ost, z. B. in 70 oder 71° Ost.

Kann man darauf rechnen, zum Meridian von Socotora vor dem 1. März zu gelangen, so legt man die Route derart an, um in Nord von Socotora zu passiren. Wird man den besagten Meridian erst nach dem 1. März erreichen, so wird man in Süd von Socotora passiren, und in Nord von Ras-Hafun das Land ansegeln. Die Dampfer befolgen stets eine directe Route von Reunion (Mascarenen) nach Aden, und passiren hiebei immer zwischen Cap Guardafui und Socotora, und zwar auf geringe Entfernung vom genannten Cap.

## Routen von Aden nach der Sunda-Straße, den Engen von Bali, Lombok, Ombay, Torres.

(Von October bis März.)

773. Die Schiffe befolgen zunächst die Routen, wie dieselben für Schiffe gegeben worden sind, welche von Aden nach Ceylon bestimmt sind.

Haben sie im October, November oder im Anfang December 78° O. in 7° N. erreicht, so steuern sie mit den häufigen westlichen Brisen, um den Äquator zwischen 88 und 90° O. zu schneiden. Man wird dann die veränderlichen Brisen des NW-Monsuns treffen: mit diesen sucht man 100° O. in 7° S. zu kreuzen. Von da wird es leicht sein, die Sunda-Straße zu erreichen. Ist die Bestimmung nach der Enge von Bali, Lombok oder Ombay, so wird man 110° O. in 9 oder 10° S. schneiden. Hat man nach der Torres-Straße zu segeln, so steuert man, nachdem man 110° O. in 9° S. gekreuzt hat, wie wenn man nach der Straße von Ombay bestimmt wäre; passirt sodann in S von Damo, und hält sich weiters an die allgemeinen Verhaltungen, welche bei Besprechung der Route vom Südatlantischen Ocean nach der Torres-Straße gegeben worden sind.

In der Zeit von Mitte December bis Mitte Februar steuern die Schiffe, nachdem sie 78° O. in beiläufig 3° 30′ S. geschnitten haben, mit den Brisen des NW-Monsuns derart, um 90° O. in 3° 30′ S., 100° O. in 5° S. zu kreuzen. Von da ist es leicht die Sunda-Straße zu erreichen. Die nach den andern Straßen bestimmten Schiffe passiren 110° O. in 9° S.

(Von Anfang März bis Ende September.)

In der Zeit von Anfang März bis Ende September wird der erste Theil der Reise gemäß den Weisungen zurückgelegt, welche für die von Aden nach Ceylon bestimmten Schiffe für diese Jahreszeit gegeben worden sind. Hat man 78° O. in 6° 15' oder 6° 30' N. geschnitten, so steuert man, wenn man nach der Sunda-Straße segelt, derart, um den Äquator in 93° O. während des April, Mai, Juni, und in 95 oder 96° O. während des Juli, August und September zu kreuzen. Im Süden der Linie herrschen vom April bis September SW- und NW-Winde, bisweilen wehen, doch nur von April bis Juni, SO-Brisen. 4° S. soll man immer in beiläufig 100° O. schneiden. Jenseits 4 oder 5° S. benütze man alle günstigen Windwechsel, um in S der Sunda-Straße oder doch in den Parallel derselben zu gelangen.

Ist die Bestimmung die Straße von Bali, Lombok oder Ombay, so ist es um diese Jahreszeit sehr schwer, gegen den SO-Wind und die Westströmung längs der Küste Javas sich zu erheben. Es mag daher besser erscheinen, nach Passirung des Achtgrad-Canales, derart zu steuern, um den Äquator und 5° S. in beiläufig 81° O. zu kreuzen, dann den SO-Passat mit Backbord-Halsen am Winde quer zu durchschneiden, und in S von 30° S. die Westwinde aufzusuchen. Man wird mittelst diesen ostwärts laufen, und der Route folgen, welche für die Reise vom Südatlantischen Ocean nach den besagten Straßen beschrieben worden ist.

Die Passage der Torres-Straße ist in dieser Jahreszeit für Segelschiffe nicht in Rechnung zu bringen.

Gemischte Schiffe, welche nach der Enge von Bali, Lombok oder Ombay bestimmt sind, schlagen dieselbe Route ein, wie jene nach der Sunda-Straße. Sie können sich unter Dampf längs der Küste von Java gegen die SO-Winde erheben. Hat ein gemischtes Schiff die Torres-Straße zu passiren, so handelt es sich einzig darum, ob der Kohlenvorrath groß genug ist, um von Cupang (Kohlenstation) aus den Bestimmungshafen zu erreichen.

## Dampfer-Routen von Aden nach der Sunda-Straße.

(Nachstehende Instructionen fußen auf jenen des Kapt. Cornelissen.)

774. April, Mai, Juni. — Während der ersten Hälfte des April kann man im Golf von Oman noch variable Brisen finden. Nach Mitte

April macht sich außerhalb des Golfs von Aden der SW-Monsun fühlbar und begünstigt directe Routen. Man passirt N von Socotora, steuert so. um Minicoy in S zu dubliren und den Achtgrad-Canal zu passiren, von da steuert man gegen die Insel Engano. Den Äquator schneidet man bei 92° Ost; man kann zwischen Engano und Sumatra passiren.

Im Juli und August kann man durch den Neungrad-Canal laufen, sonst bleibt die Route die frühere.

Im September und October ist die Route etwas nördlicher. 60° O. wird man in 12° 30′ N. schneiden und den Neungrad-Canal passiren. Nach Dublirung Ceylons im Süden steuert man derart, um den Äquator östlich von 95° Ost zu kreuzen. Man kann dann die Passage östlich der Insel Mentawie (oder Se-Beroo) wählen, oder westlich derselben bleiben. Im ersteren Falle lauft man längs der Küste Sumatras bis zur Sunda-Straße.

Von November bis Februar wäre in N des Äquators der NO-Monsun conträr. Es ist daher vorzuziehen, einige Grade südlich von der Linie zu laufen, um dort von den Calmen, den leichten, günstigen Brisen und der Ost-Strömung des NW-Monsuns Nutzen zu ziehen. Man passirt demnach zwischen Socotora und Guardafui, schneidet 60° O. in 2° N., 70° O. in 1° 50′ S., 95° O. in 3° S., dann steuert man gegen Engano, das man in S dublirt.

Die Strömungen, welchen man begegnet, sind bis 2° N. westlich mit einer Geschwindigkeit von 18 bis 30, und selbst 50 Meilen in 24ʰ. Nach Passirung des bezeichneten Parallels sind die Strömungen östlich 30—48 Meilen in 24ʰ.

Die vom Director der Abtheilung „Zeevaart" des königl. niederländischen meteorologischen Instituts in Utrecht, van Heerdt, 1881 hinausgegebenen Dampfer-Routen zwischen Aden und der Sunda-Straße geben für November, December, Jänner, Februar, März als Schnittpunkte: 60° O. in $3^1/_2$ und 5° N., der Äquator in $66^1/_2$ und 69° Ost, 80° Ost Lg. zwischen $^1/_2$ und 2° S. Br. Die direct nach Java bestimmten Schiffe verfolgen bis 90° O. einen östlichen Curs und werden von da die Sunda-Straße ansteuern.

Im März flaut der NO-Monsun nördlich von der Linie ab, und weht häufig aus NNW. Man passirt zwischen Guardafui und Socotora, schneidet den Äquator zwischen 69 und 71° O., und steuert dann im Bereiche des NW-Monsuns nach Ost. Den Meridian 100° O. kreuzt man etwas nördlich von 5° S., und dublirt dann Engano im Süden.

## Routen von der Sunda-Straße und den Engen Bali, Lombok, Ombay, Torres nach Aden.

775. In jeder Jahreszeit macht man Weg nach West im Bereiche des SO.-Passates bis zum Meridian von Ceylon.

Von November bis März werden die Schiffe den NW-Monsun zu durchschneiden haben, um ins Gebiet des SO-Passates zu gelangen. Hiebei gelten dieselben Verhaltungen, welche in dieser Richtung bei Gelegenheit der Besprechung der Routen von den besagten Straßen nach dem Südatlantischen Ocean gegeben worden sind.

Bezüglich der Torres-Straße kommen in dieser Jahreszeit nur gemischte Schiffe in Betracht. Diese werden gewöhnlich in Cupang Kohlen einschiffen. Von Timor steuern sie dann unter Dampf nach SW um den SO-Passat aufzusuchen.

In den SO.-Passat gelangt, laufen die Schiffe in den Monaten October, November, December zwischen 10 und 15° S. bis zum Meridian 72° O. nach Westen. Die Route passirt westlich von den Tschagos, und schneidet 10° S. in 69 oder 68° O., 8° S. in 67 oder 66° O. Dann steuert man von ungefähr 7° S. an mit den Brisen des westlichen Monsuns nordwärts bis zum Äquator.

Fällt die Zeit der Passirung der Linie noch in den Monat December, so sucht man von der Linie nordwärts Weg zu machen; bei 10° N. wird man gewöhnlich den NO-Monsun stetig finden, und die Route westwärts derart nehmen, um in N von Socotora zu passiren.

Im Jänner, Februar, März lauft man innerhalb des SO-Passates nach Westen, indem man sich beiläufig in 15° S. hält, bis zum Meridian 87° O., dann steuert man derart, um 10° S. in 83° O. zu kreuzen, worauf man die Zone des NW-Monsuns durchschneidet. Den Äquator passirt man zwischen 83 und 87° O. je nach den herrschenden Winden.

Jenseits des Äquators oder vielmehr von 2° N. an wird sich der NO-Monsun fühlbar machen. Man sucht die S-Küste Ceylons auf, passirt durch den Neungrad-Canal, und beendet die Reise gemäß den Weisungen, welche in dieser Jahreszeit von Ceylon nach Aden bestimmte Schiffe einzuhalten haben.

Von April bis September herrscht in den Gewässern der Sunda-Inseln der SO-Monsun. Die Schiffe laufen in beiläufig 10° S. nach Westen, passiren in S der Tschagos-Inseln, und beenden die Reise wie die Schiffe, welche in dieser Jahreszeit von Ceylon nach Aden segeln.

### Dampfer-Routen von der Sunda-Straße nach Aden.

(Die folgenden Instructionen fußen auf jenen des Kapt. Cornelissen.)

776. Im April, Mai, Juni ist der SO-Monsun zwischen 5 und 10° S. ständig. Man macht daher Weg nach West zwischen 8 und 9° S., passirt südlich von den Tschagos-Inseln, schneidet 5° 45' S. in 70, und den Äquator in 60° Ost.

In Nord der Linie sind die Brisen anfangs schwach, gewinnen aber aus der Richtung SW an Kraft, je mehr sich das Schiff nach NW erhebt. Man segelt das Land an zwischen Ras-Hafun und Guardafui.

Nach neueren Rathschlägen des Instituts zu Utrecht ist es vorzuziehen, in Nord der Tschagos-Inseln zu passiren: man kann 70° O. in 1 bis 3° S., die Linie in 60 bis 65° Ost schneiden.

Im Juli und August weht der SO-Passat bis zur Linie. Man kann daher derart steuern, um der Meridiane 75 und 70° Ost in 3° S. zu schneiden, indem man in Nord der Tschagos-Inseln passirt. Den Äquator wird man in 60° O. passiren, dann nach NW steuern, um die frischen SW-Winde aufzusuchen. Mit diesen wird man sich dem Anseglungspunkt in Nord von Ras-Hafun rasch nähern.

Nach neuern Rathschlägen des Instituts zu Utrecht erscheint es vortheilhafter, die Linie weiter westlich zwischen 57½ und 59° Ost-Lg. zu schneiden.

Für September und October gilt dieselbe Route wie für April, Mai, Juni. Die Route südlich der Tschagos mag empfehlenswerter sein.

Von Anfang November bis Ende März weht der West- oder NW-Monsun in der Nähe der Sunda-Inseln. Man wird längs der Westküste Sumatras sich erheben, weil dort die Winde weniger stark und der Seegang weniger bedeutend sind. Man kann sich hiebei, je nach den Umständen, östlich oder westlich von den Inseln Mentawie (oder Sen-Beroo) halten. Von da steuert man so, um 5° N. in 91° O. zu schneiden. Mit dem NO-Monsun wird man dann leicht südlich von Ceylon passiren und den Neungrad-Canal aufsuchen. Von hier nimmt man den Curs, um Socotora im Norden zu passiren.

Nach neueren Rathschlägen des Instituts zu Utrecht schneide man die Linie zwischen 91½ und 93½° O. Lg., 80° Ost zwischen 5 und 5½° N. Br. Von da steuere man südlich von Minikoy bis zu einem Schnittpunkte in 65° Ost und 10 bis 10½° N. Man passire dann in Nord von Socotora.

## Routen von Aden nach der West- und Süd-Küste Australiens.

777. Zur Zeit des NO-Monsuns fällt der Anfang der Route mit der Route für die nach den Mascarenen bestimmten Schiffe zusammen. Im Bereiche des ständigen SO-Passates angelangt, durchschneidet man diesen mit Backbord-Halsen segelnd. Südlich von 30° S. wird man anfangen, nach Osten Weg zu gewinnen. Ostwärts lauft man zwischen 35 und 40° S., wenn man nach dem Schwanenfluss bestimmt ist; sowie der Bestimmungsort in Nordost bleibt, haltet man nordwärts ab. Ist der Bestimmungsort Melbourne oder ein anderer Hafen der Australischen Südküste, so lauft man nach Osten zwischen 40 und 45° S.

Die beschriebene Route hat den Nachtheil, dass sie durch ein Gebiet führt, wo in dieser Jahreszeit Cyclonen zu befürchten sind. Man könnte daher die Route durch den Mozambique-Canal nehmen; doch würde die Reisedauer sich merklich verlängern.

Während des NO-Monsuns passiren die großen Dampfer zwischen Guardafui und Socotora, schneiden den Äquator in 69° O., passiren in Sicht von Diego-Garcia, und steuern dann direct gegen Cap Leeuwin.

Während des SW-Monsuns nimmt man die Route, um durch den Achtgrad-Canal zu passiren, dann steuert man, von den günstigen Brisen Nutzen ziehend, derart, um die Linie zwischen 85 und 87° O. zu kreuzen.

Zwischen der Linie und 5° S. werden die Winde aus SW oft mit NW- und SO-Winden wechseln. Man passire 5° S. zwischen 85 und 88° O., und durchschneide, in den Bereich des SO-Passates gelangt, diesen, mit Backbord-Halsen am Winde segelnd, um das Gebiet der Westwinde zu erreichen. Ist man nach Melbourne bestimmt, so wird man Weg nach Osten zwischen 40 und 45° S. machen; ist man nach dem Schwanenfluss bestimmt, so wird es im allgemeinen genügen, sich zu demselben Zweck zwischen 35 und 40° S. zu halten. Bleibt der letztere Bestimmungsort in NO, so hält man nordwärts ab.

Dampfer passiren während des SW-Monsuns in N von Socotora, schneiden den Äquator in beiläufig 70° Ost, passiren in N der Tschagos und steuern dann annähernd direct gegen Cap Leeuwin.

## Routen von der S- oder W-Küste Australiens nach Aden.

778. Schiffe, welche von Sidney auslaufen, können von 1. September bis 1. April durch die Bass-Straße oder in Süd von

Tasmanien passiren. Winde aus östlichen Richtungen kommen um diese Zeit längs der Südküste Australiens vor, besonders im Jänner, Februar, März. Man hat sich jedoch in Nord von 40° S. zu halten. Nach Umseglung des Cap Leeuwin sucht man den Passat auf, der in dieser Jahreszeit südlicher reicht. — Man soll auf der Fahrt westwärts keine Gelegenheit versäumen, um günstige Windwechsel auszunützen, um Weg zu gewinnen. Man soll sich der Küste nicht allzu sehr nähern, weil stürmische Winde aus SW selbst im südlichen Sommer häufig vorkommen. Überdies sind die conträren Strömungen in der Nähe der Küste stärker. Im südlichen Winter sind die Stürme aus Westen so häufig, dass sie die Fahrt längs der Südküste Australiens sehr erschweren, im allgemeinen für Segelschiffe völlig unmöglich machen.[1]

Nach Kapt. Middleton sind im südlichen Winter die Westwinde in der Nähe der Küste nicht so heftig, wie weiter im Süden. Übrigens haben tüchtige Segelschiffe selbst in der in Rede stehenden Jahreszeit die Reise längs der Südküste Australiens von Ost nach West zurückgelegt.

Schiffe, welche vom Schwanenfluss absegeln, suchen Seeraum zu gewinnen, dann nach NW Weg zu machen. Vom Süden Australiens kommend, schneiden die Schiffe in der Zeit vom November bis April 30° S. zwischen 106 und 109° O., in der Zeit von April oder Mai bis November denselben Parallel zwischen 108 und 112° O. Jenseits 30° S. soll man in jeder Jahreszeit nach Nord zu gewinnen suchen, um in den Bereich des Passates zu gelangen. Im October, November, December beginnt der SO-Passat gewöhnlich wenig nördlich von 30° S. Mit dem SO-Passat kreuzt man 20° S. in ungefähr 95° O., 10° S. in 69° oder 68° O., 8° S. in 67 oder 66° O. Dann sucht man Weg nordwärts zu machen.

Bei 10° N. wird man gewöhnlich den NO-Monsun stetig finden, und dann westwärts derart steuern, um in N von Socotora zu passiren. — Im Jänner, Februar, März macht sich ebenfalls der SO-Passat etwas in N von 30° S. fühlbar. Mit dem SO-Passat wird man 20° S. in 100° O., 10° S. in 83° O. schneiden. Im Bereiche des Monsuns aus W oder NW steuert man derart, um den Äquator zwischen 83 und 87° O. zu kreuzen. Jenseits des Äquators oder des Parallels 2° N. macht sich der NO-Monsun bemerkbar; man sucht die Südküste Ceylons und dann den Neungrad-Canal zu erreichen. Von da nimmt

---

[1] Sailing directions der englischen Admiralität für Australien.

man die Route nach dem Golf von Aden, indem man in N, — wird man anfangs März dort ankommen, in S von Socotora passirt.

In der Zeit von April bis Ende September wird man sich nach Überschreitung des Parallels von 30° S. gewöhnlich bis 25 und selbst 23° S. erheben müssen, bis man den SO-Passat trifft Hat man 20° S. erreicht, so nimmt man Curs gegen Diego-Garcia, passirt in Süd der Tschagos-Inseln, sucht die Seychellen auf, steuert von da derart, um den Äquator zwischen 53 und 54° O. zu schneiden, und zwischen Ras-Hafun und Guardafui das Land anzusegeln.

Während des NO-Monsuns schneiden die Dampfer 20° S. in 95° O., passiren in S der Malediven, kreuzen den Äquator in 72° O., 4 oder 5° N. in 68 oder 67° O., und steuern von da gegen Guardafui.

Während des SW-Monsuns schneiden die Dampfer 20° S. in ungefähr 88° O., 10° S. in 72° O., den Äquator in 58° O., und steuern von da gegen den Anseglungspunkt in N von Ras-Hafun.

### Route aus dem Atlantischen durch den Indischen Ocean nach Ost-Australien.

779. Über den Parallel, in welchem Weg nach Osten zu machen sei, ward bereits in den allgemeinen Bemerkungen am Beginne der Darstellung der Seewege des Indischen Oceans gesprochen. Es erübrigt hier nur das Ende der Reise in kurzem anzudeuten.

Nach den Instructionen der englischen Admiralität sollen Schiffe, welche nach Hobart-Town oder Sidney bestimmt sind, nach Passirung des Meridians 115° O. derart steuern, um den Meridian 145° O. gut südlich von Van Diemens-Land zu kreuzen. Vor Passirung dieses Meridians sollen sie nicht versuchen, das Land zu sichten, um die Gefahr zu vermeiden, bei Nacht auf die Riffe der westlichen Küste zu gerathen, oder mit dem Land in Lee von einem SW-Sturm überrascht zu werden. Nach Umseglung des Süd-Cap sollen nach Sidney bestimmte Schiffe auf eine Entfernung von wenigstens 20 oder 30 Meilen von der Ostküste Tasmaniens bleiben; dies aus dem Grunde, um den leichten, veränderlichen Brisen und den Calmen in der Nähe der Küste aus dem Wege zu gehen. Diese Vorsicht ist zumal im Sommer geboten, während welcher Zeit Ostwinde vorherrschend sind, und längs der Küste eine rasche Strömung südwärts lauft, während in hoher See eine Strömung nordwärts zu existiren scheint. Auf 30 Meilen ungefähr von Cap Pillar angekommen, werden sie derart steuern, um Cap Howe auf beiläufig 15 Meilen zu passiren. Von da können sie sich nach Rectificirung der

Position bis Port Jakson längs der Küste halten; doch ist eine Gegenströmung nicht außer Rechnung zu lassen, die man gewöhnlich in einer Entfernung von 20 bis 60 Meilen von der Küste antrifft.

Was die Passage durch die Bass-Straße anbelangt, so ist sich nach Horsburgh vor allem der genauen Position des Schiffes zu versichern, ehe man in 143° O. ankommt. Bei Nacht soll man nicht einlaufen, wenn man nicht Land früher gesichtet, oder den Schiffsort mittelst Beobachtungen festgestellt hat. Die Passage zwischen der Insel King und Cap Otway ist jener zwischen der Insel King und Tasmanien vorzuziehen. Immerhin ist auch da behutsam vorzugehen, und vom Loth Gebrauch zu machen, welches schon auf 30 Meilen (10 lieues) in West des Nordpunktes der Insel King ein Mittel bieten wird, die Distanz vom Lande zu schätzen, da sich dort bereits Tiefen von 65—70 Fd. (119 bis 128 M.) finden. Nach Dublirung des Nordpunktes der Insel King nimmt man Curs gegen die Inseln Sir Roger Curtis, welche man in S passirt; die Inseln Kent kann man in N oder S dubliren. Wenn man in S passirt, achte man auf den Felsen Endeavour. Von da steuert man den wahren Curs Oz N, wenn es die Windverhältnisse gestatten. Jedenfalls halte man sich fern von der Einbucht zwischen Cap Wilson und Cap Howe, wo allfällige SO-Winde gefährlich werden können. Deshalb mag es vortheilhaft erscheinen, südlich von den Kent-Inseln zu passiren. Weht ständiger NW-Wind, und ist das Wetter gut und sicher, so kann man welchen Canal immer, der südlich von Redondo liegt, zur Passage wählen.

Bei S- und SW-Winden kann man gegen die Bass-Straße steuern, indem man sich in 40° 25′ S. hält, bis man die Insel Albatros sichtet, nach welcher alsbald die Insel Three-Hummocks in Ost in Sicht gelangen wird. Doch soll man in diesen Canal nur bei Tag, bei günstigem, ständigen Wetter einfahren, und stets große Vorsicht walten lassen.

## Routen in der China-See und im Großen Ocean.

### Routen in der China-See von der Sunda-Straße und Singapore nach Hongkong in der Zeit des SW-Monsuns.

780. Von der Sunda-Straße ausgehend, wird man, wenn die Brisen schwach und unsicher sind, in die Banka-Straße einlaufen. Man kann in derselben überall ankern, und die Einfahrt ist leicht. Der Canal Stanton wird als die beste Passage angesehen; derselbe lauft längs der SW-Küste von Banca, und ist an der engsten Stelle 3 Meilen breit.

Indem man sich in der Mitte hält, findet man Tiefen von 7 bis 20 Fd. (13 bis zu 36 M.). Hat man die Bestimmung Singapore und lauft man von der Straße Banca aus, so passirt man dann durch den Canal von Rhio; ist man weiter nordwärts bestimmt, so passirt man zwischen den Inseln Taya und Toejo.

Die Straße Gaspard wählt man, wenn der Wind stetig ist.

In dieser Straße sind die Tiefen sehr groß, die Zufahrt aber bei schlechtem Wetter gefährlich.

Im Chinesischen Meere unterscheidet man drei Routen: Die innere, die äußere und die Route längs Palawan.

Schiffe, welche in der Zeit von Februar bis Ende April aus der Banka- oder Gaspard-Straße kommen, sowie Schiffe, welche von Singapore in der Zeit von März bis Ende Mai auslaufen, wählen die innere Route. Diese besteht darin, dass man der Küste von Cohinchina folgt und westlich der Paracelsus-Inseln passirt. Schiffe, welche die Banca- oder Gaspard-Straße in der Zeit von Ende April bis Anfang September verlassen, oder deren Abfahrt von Singapore in die Zeit von Ende Mai bis Anfang October fällt, nehmen die äußere Route. Diese besteht darin, dass die Schiffe in Ost von Pulo Sapata und über die Bank von Macclesfield passiren. Die dritte Route befolgen Schiffe, welche im September oder October aus der Banca- oder Gaspard-Straße oder nach dem 15. October von Singapore auslaufen; sie segeln längs den Westküsten der Insel Palawan und des nördlichen Theiles von Luçon.

Innere Route. — Man segelt längs dem Lande bis zu den Inseln Redang, von da durchschneidet man den Golf von Siam, dublirt Pulo Oby und steuert sodann längs der Küste von Cambodja und Cochinchina bis zum Cap Turon. Von hier nimmt man die Route gegen die SW - Küste von Hainan, längs dessen Ostküste man bis zum NO-Ende der Insel segelt, indem man sich westlich von den Inseln Taya hält. Man sucht dann die Küste von China auf in der Gegend von Hailing-Shan. Der Hauptnachtheil dieser Route, besonders nach dem Monat April, liegt in der Gefahr einem Taifun zu begegnen. — Der französische Schiffslieutenant Noël räth für den Fall, als an der Mündung des Golfs von Tongking ein Taifun droht, in einem guten Hafen der Küste von Cochinchina vor Anker zu gehen, und nicht eher wieder in See zu stechen, als bis das Barometer steigt, und die Wetteranzeichen sich günstig gestalten.

Äußere Route. — Nachdem man auf geringe Distanz in Ost von Pulo-Aor passirt ist, steuert man gegen Pulo-Sapata. Hiebei ist auf die Strömung zu achten, welche aus dem Golf von Siam kommt. Nach

Horsburghs Rath soll ein großes Schiff von Pulo-Aor aus Curs NNO nehmen. bis man in die Breite der Charlotten-Bank gelangt. dann halte man den Curs NO z N um Pulo-Sapata zu sichten. Dieses passirt man in Ost auf beiläufig 15 bis 20 Meilen. Man steuert sodann. der östlichen Strömung Rechnung tragend, gegen Macclesfield-Bank. Hier wird man vom Loth Gebrauch machen.

Von da kann man. NzW steuernd. Groß-Ladron erreichen. Wenn frischer Wind aus S oder SW weht. soll man diese Insel in N. oder NzO halten. Es erscheint überdies angezeigt, das Land nicht in West von Groß-Ladron. und nicht in der Nähe der Insel St. Jean anzusegeln.

Die beschriebene Route wird nur dann empfehlenswert sein, wenn man sicher ist, Pulo Sapata in den ersten Tagen des October zu erreichen. Gegen Mitte October würde man in der Nähe dieser Insel Strömungen finden, welche nach S, oft stark laufen. während leichte Brisen aus N wehen, oder veränderliche Brisen mit Calmen wechseln. Im Falle. als man voraussichtlich zu spät bei Pulo Sapata ankäme, soll man nicht früher nach Ost halten, bis man 13 oder vielmehr 14° N. erreicht hat. In dieser Breite angelangt. kann man suchen, im Norden der verschiedenen Bänke laufend, die Küste von Luçon zu erreichen. Mit Wind aus NO oder ONO lavirend, wird man lange Borde nordwärts machen, um gegen die nach S laufende Strömung aufzuarbeiten. An der Küste von Lucon erhebt man sich gegen Nord, und verlässt dieselbe nicht eher, als man Cap Bolinao passirt hat. Besonders Ende October oder im Laufe des November soll man die Chinesische Küste nicht in W von Groß-Ladron anlaufen.

Palawan-Route. — Wenn man Pulo-Aor nach Anfang October verlässt, so kann man südlich von den Süd-Anambas, von der Insel Rase und Groß-Natuna passiren. dann steuert man nach NO, um zwischen der Louisen-Bank und der Royal-Charlotten-Bank zu passiren. Man hält dann ein wenig nach ONO, um die beiden Viper-Bänke zu umsegeln und Balambangan anzusegeln.

Mit Winden aus südlicher Richtung passirt man auf 24 oder 27 Meilen von dieser Insel; bei westlichen Winden hält man sich auf 45 Meilen von derselben. und steuert gegen die Insel Balabak, welche man auf eine Entfernung von 27 bis 30 Meilen dublirt: endlich mit östlichen Winden passirt man näher an Balambangan und Balabac wegen der Strömung. welche bei Ostwinden aus der Enge kommend nach West lauft. Nach Passirung von Balabac nimmt man Curs beiläufig nach NNO. Man halte sich weit genug in Nord von den Bänken in der Nähe von Palawan. und in Ost von der Halbmond-Bank, der Bank

Investigator, Bombay und Carnatic. Der Canal ist 27 bis 30 Meilen breit; bei Nacht wird es gut sein, zu lothen.

Wenn die Windverhältnisse es gestatten, ist es am besten, 30 Meilen vom SW-Ende Palawans zu passiren, und auf die gleiche Distanz der Küste entlang zu segeln. Große Vorsicht ist bei Dublirung des SW-Endes von Palawan anzuwenden, wegen der Bänke und Felsen, welche sich auf 15 bis 18 Meilen nach Nordwest und West erstrecken.

Im Norden der Bänke angekommen, steuert man bei östlichen Winden derart, um die NO-Spitze von Palawan und die Calamianes zu sichten, von da wendet man sich gegen Lubang. Man segelt sodann längs der Küste von Luçon; hiebei wird man sich jedoch auf genügende Entfernung von den Schwester-Inseln und von den Schlangen-Inseln halten. Wehen hingegen Winde aus W oder SW wird man nicht so nahe der Küste entlang laufen, zumal wenn man sich dem Cap Bolinao nähert, und die Mündung des Golfs von Lingayen passirt.

Hat man Cap Bolinao passirt, so könnte man für gewöhnlich die China-See durchschneiden, indem man östlich von der Pratas-Bank sich hält. Für den Fall jedoch, dass frische nordöstliche Winde mit südwestlichen Strömungen einsetzen, was stets zu befürchten ist, dürfte obiger Versuch misslingen. Es erscheint daher für ein Schiff, das sich durch keine besondere Schnelligkeit auszeichnet, gerathener, längs der Küste von Luçon sich bis zum Cap Bojador zu erheben. Von da aus kann man sicher sein, die Chinesische Küste in Ost der Inseln Lema, wie es nothwendig ist, anzusegeln.

**Routen in der China-See von Singapore und den Passagen der Sunda-Inseln nach Hongkong während des NO-Monsuns.**

781. Außer der eben beschriebenen Route längs Palawan, welche man bei Beginn des NO-Monsuns einschlagen kann, sind zwei Haupt-Routen zu unterscheiden: die eine durch den Canal von Macassar, welche man dann wählt, wenn man Groß-Pulo-Laut vor dem 15. November oder gegen den 15. Februar erreicht hat, und die andere durch die Passage Pitt und die Meerenge von Gilolo oder Dampier. Letztere Route befolgt man in der Zeit von December bis Februar.

*a)* Route durch den Canal von Macassar im October, November und März.

782. Von Singapore auslaufend, steuert man gegen die Enge von Carimata. Bei nicht völlig klarem Wetter wird man die Bank Ontario in Ost

passiren. Die Fahrt von Singapore bis in die Sunda-See fordert in Anbetracht der vielen Bänke, Inseln und Riffe große Vorsicht. Für detaillirte Weisungen ist der Raum dieses Werkes zu beengt.

Nach Passirung der Bänke von Mancap segelt man, sich in Gewässern von wenigstens 19—20 Fd. (35—36 M.) Tiefe haltend, bis beiläufig 3° 50′ S.; dann folgt man der Küste von Borneo, indem man sich bis zur Bank vor der Salatan-Spitze in Gewässern mit Tiefen von 18 bis 25 Fd. (33—46 M.) erhält.

Bei Dublirung dieser Spitze hält man sich in beiläufig 14 Fd. (26 M.) tiefem Wasser, und auf nicht mehr als 24 bis 30 Meilen vom Lande. Man steuert sodann gegen die Mohrinen-Inseln (isles Moresses), Fahrwasser zu 18 Fd. (33 M.) vermeidend, da nach Horsburgh sich innerhalb derselben ein Fels befinden soll. Man kann bei entsprechender Vorsicht bis 8 und selbst 7 Fd. (15—13 M.) Wasser gehen.

Den genannten Inseln wird man bei Nacht sich nicht auf weniger als 3 Meilen nähern.

Auf der Weiterfahrt achte man auf die durch ein Riff verbundenen Bruder-Inseln, desgleichen auf die kleinen Inseln, welche sich nahe der Südspitze von Groß-Pulo-Laut befinden. Man versuche nicht innerhalb dieser Inseln zu passiren. Nach Dublirung der SO-Küste von Groß-Pulo-Laut erhebt man sich im Canal von Macassar.

Schiffe, welche aus Europa zur Zeit des NO-Monsuns ankommen, wählen eine der östlich von der Sunda-Straße gelegenen Passagen, und zwar die Straße von Bali oder Sapie im September und October, die Straße von Lombok vornehmlich von Mitte Jänner bis 1. März.

Hat man die Enge von Bali verlassen, so wird man die nördlich von Kangian gelegenen Bänke von Kalkun in West umsegeln und östlich oder westlich von Klein-Pulo-Laut passiren.

Aus dem Canal von Sapi kommend, kann man die Postillon-Gruppe in Ost oder West passiren; man segelt dann nordwärts zwischen den Inseln Tanakeke und Tonyn durch, umkreist die Spermonde-Inseln und Bänke auf entsprechend große Distanz und tritt in die östliche Passage der Straße Macassar ein.

Ist man durch den Canal von Lombock in die Java-See gelangt, so steuert man beiläufig NNO, um zwischen der westlichsten Insel der Paternoster-Gruppe und der Insel Hastings zu passiren. Man hält dann nordwärts gegen die Bruder-Inseln und Groß-Pulo-Laut. Die Meerenge von Macassar ist durch die Klein-Paternoster-Inseln in zwei Passagen getheilt, eine westliche und eine östliche. Die erstere ist trotz der Schifffahrts-Hindernisse sehr besucht, sie bietet Ankerplätze, während die Ost-Passage keine hat, jedoch kann man in derselben im October und November bisweilen schwache südliche Brisen vorfinden.

Ist man, aus dem Canal von Bali oder Lombok kommend, in den West-Canal von Macassar eingelaufen, so passirt man an der SO-Küste von Groß-Pulo-Laut und steuert dann gegen die Shoal-Spitze. Beim Laviren kann man die Borde seewärts bis 12 oder 15 Meilen von der Küste, landwärts bis 6 Meilen von derselben ausdehnen. Die Strömungen laufen im allgemeinen nach S, besonders stark im Jänner und Februar. Im October haben sie bisweilen eine nördliche Richtung.

Schiffe, welche vom Canal von Sapi anlangen, passiren den Ost-Canal von Macassar. Vom Cap Mandhar bis Cap Rivers (Rivieren) folgen sie der Küste von Celebes, bei schwachen Brisen auf 6—9 Meilen Entfernung, um nicht gegen das Land getrieben zu werden. Bei Gegen-Wind und Strömung wird es aber manchmal gut sein, sich Celebes mehr zu nähern.

Bezüglich der Routen vom Canal von Macassar nach China sind zwei zu unterscheiden: Die eine Route wird man einschlagen, wenn man den Canal von Macassar in der Zeit von September bis Anfang December, besonders im September und October verlässt; dieselbe führt zwischen Mindanao und Celebes in den Großen Ocean; die andere Route wird man wählen, wenn man im März durch den Canal von Macassar passirt: dieselbe führt längs der Westküste der Philippinen.

783. Route zwischen Mindanao und Celebes — Hat man den Canal von Macassar in der Zeit von September bis Ende November verlassen, so steuert man vom Cap Rivers gegen Sanguir oder Siao, von da derart, um in Nord von Morty (Morotai) zu passiren, und zwar auf gute Distanz vom Lande. Hat man Morty dublirt, so wird man nach Horsburgh in Süd des Parallels 4° S. Weg nach Ost machen, und zwar so weit ostwärts, um sodann im Bereiche des NO-Monsuns die Pelew- (Palaos-) Inseln in Ost zu passiren. Dies wird vorzüglich im November, December und Jänner zu beachten sein, weil in diesen Monaten der NO zwischen den genannten Inseln und Nord-Luçon frisch weht, und die Strömung westwärts setzt.

Im Februar und März haben Wind und Strom an Stärke verloren, und man braucht nicht soweit ostwärts zu halten, da man die Pelew-Inseln alsdann in West passiren kann.

784. Route in West der Philippinen. Hat man den Canal von Macassar im März oder April verlassen, so ist die beste Route jene längs der Westküste der Philippinen. Von Cap Donda (auf Celebes) steuert

man gegen das Ostende von Basilan: man halte sich hiebei östlich, um mit Rücksicht auf die Ostbrisen und die West-Strömung frei von den Sulu-Inseln zu bleiben. In der Enge von Basilan hält man sich an der Küste von Mindanao. Von Basilan erhebt man sich nordwärts längs den Westküsten von Mindanao, Negros, Panay, Mindoro und Luçon, insoweit es natürliche Hindernisse in der Nähe derselben gestatten. Zwischen Mindanao und Negros, sowie zwischen Panay und Mindoro hat man starke NO-Winde, und West-Strömungen zu erwarten, welche das Schiff gegen die Cagayanes treiben könnten. Der Canal von Mindoro zerfällt durch die Insel und Bank Apo in zwei Passagen. Wählt man die Ost-Passage, so halte man sich auf sechs Meilen ungefähr von den kleinen Inseln der Spitze Pandan. Die West-Passage, auch Northumberland-Canal genannt, kann übrigens der Ost-Passage vorgezogen werden.

### *b)* Route durch die Pitt-Passage von Anfang December bis Februar.

785. Schiffe, welche von Singapore ausgelaufen sind, steuern nach Passirung der Carimata- oder Gaspar-Straße in der Java-See zwischen der Arends-Insel und Klein-Solombo durch, nach der Salayer-Straße, ferner durch die Buton-Passage (Boeton-Passage) und westlich von Buru (Boero) nach der Gilolo-Passage.

Schiffe, aus Europa, durch den Canal von Ombay kommend, halten nordwärts, um Buru in West, d. h. mit Rücksicht auf den herrschenden NW-Monsun in Luv zu dubliren; gelingt ihnen dies nicht, so passiren sie zwischen Buru und Manipa. Man segelt dann nach ONO, um in Ost von Groß-Obi zu passiren, und steuert von da nach der Passage von Gilolo oder nach der Dampier-Straße. Die beschriebene Route kann man nach dem 15. November wählen; sie ist wahrscheinlich die beste in den in Rede stehenden Monaten.

Ende November und im December, wenn die NO-Winde noch nicht so frisch sind, ist die Meerenge von Gilolo vorzuziehen. Auch im März kann man sie wählen. Der Canal ist breiter, die Inseln in demselben rein, man kann bei Tag und Nacht laviren, die Strömungen sind selten heftig. Im Jänner und Februar hingegen dürfte man der Dampier-Straße den Vorzug geben. Man kann in derselben bisweilen veränderliche und günstige Brisen treffen; doch sind mehrere gefährliche Stellen vorhanden, die Gezeiten-Strömungen sind heftig, und muss man auf der Hut sein, nicht gegen die Küste von Neu-Guinea getrieben zu werden.

Ist man aus der Straße von Gilolo oder der Dampier-Straße in den Großen Ocean gelangt, so soll man nach Horsburgh im October bis December südlich von 3° N., wo möglich zwischen 1° 30' und 2° N. soweit nach Ost halten, um in Luv, d. h. ostwärts der Pelew-Inseln zu passiren, im Jänner, Februar und März hingegen, so weit, um dieselben auf geringe Distanz in West zu passiren.

Horsburgh glaubt, dass man in 1° 30' bis 2° N. nördliche und nordwestliche Winde finden wird, während in Nord von 3° N. die Winde NO-Richtung haben.

Nachdem man das Nordende von Luçon erreicht hat, wird man bei Beginn des Monsuns, und wenn NO-Winde wehen, in Nord der Bashees, und in S. oder N. vom Felsen Gadd passiren.

Bei Tag und schönem Wetter kann man die Passage zwischen der Südspitze von Formosa und den Felsen Vele-Rete benützen; doch bei Nacht und schlechtem Wetter wird man sich auf entsprechend große Entfernung in S des Felsens Gadd und der Vele-Rete halten, indem man die Bashees in N dublirt. In den Canton-Fluss wird man durch den Canal von Lema einlaufen.

Kapitän Polak des Hamburger-Schiffes Esmeralda spricht sich auf Grund eigener Erfahrung bezüglich der Frage, ob in O oder W der Pelew-Inseln zu passiren, und ob demgemäß nach der Ausfahrt aus dem Canal von Gilolo Weg nach Ost zu machen sei, dahin aus, dass man vielmehr alsbald nach Nord Weg gewinnen soll. Er fand längs der Ostküste der Philippinen vornehmlich nach NW und NO laufende Strömungen. Findet man beim Eintritt in den Pacifischen Ocean Winde vor, welche günstig sind, um Ost zu gewinnen, so suche man nach NO, nicht nach O Weg zu machen.

## Routen von der Chinesischen Küste (Hongkong) nach Singapore und den Sunda-Inseln während des NO-Monsuns.

786. Von September bis Ende Februar wird man die innere Route einschlagen. Selbe besteht darin, dass man sich längs der Küste Cochinchinas hält. Man fährt hiebei vor dem Winde.

Im März und April ist die äußere Route über die Bank Macclesfield vorzuziehen.

Innere Route (von September bis Ende Februar).

787. Diese führt anfangs beiläufig in der Mitte des Canales zwischen Hainan und den Paracelsus-Felsen. In der Gegend von Cap Varela

segelt man sodann die Küste Cochinchinas an, und steuert hierauf derart, um 30 oder 40 Meilen außerhalb Pulo Sapata zu passiren. Von da bis Singapore ist der Rest der Route frei von gefährlichen Stellen. Von den Anambas wird man sich auf beiläufig 40 Meilen Entfernung halten, und Pulo-Aor zu sichten trachten.

Hat man die Banca-Straße aufzusuchen, so steuert man derart um die Bank Geldern außerhalb zu dubliren, indem man sich zwischen 0° 40′ und 0° 56′ N. in wenigstens 23—24 Faden (42—44 M.) tiefen Wasser hält. Man passirt dann auf 12 bis 15 Meilen von der Ostspitze von Lingin und hierauf zwischen Pulo Taya und den Sieben-Inseln. Endlich steuert man gegen die Spitze Batacarang in West der Einfahrt des Canals von Banca, von dieser Spitze hält man sich auf einige zwanzig Meilen entfernt, um die Felsen Friedrich-Henderik zu vermeiden.

Will man von Pulo-Aor nach der Gaspar-Straße segeln, steuert man derart, um 15 oder 18 Meilen in Ost von der Insel Toty zu passiren, von da nimmt man die Route gegen die besagte Straße.

## Äußere Route (im März und April).

788. Nach Horsburgh passirt man auf geringe Distanz in West von Groß-Ladron, und dann derart, um die Bank Macclesfield aufzusuchen. Hat man die Bank Macclesfield erreicht, steuert man gegen Pulo Sapata. Wenn man aber in der Breite von Pulo Sapata ankommt, ohne dasselbe zu sichten, so steuert man nach SW zu W oder WSW, bis man in Wasser von 35—30 Faden (64—55 M.) Tiefe gelangt. Bei dunklem Wetter, steifem Wind, und wenn die eigene Position unsicher ist, erscheint es gefährlich direct gegen Pulo Sapata zu steuern, und es dubliren zu wollen, ohne es in Sicht zu bekommen. Es ist daher bei schlechtem Wetter besser, sich gut in Ost von der Insel zu halten, bis man 10° N. erreicht hat. Man steuert sodann, wie früher gesagt, nach SWzW oder WSW, bis man in Gewässer von beiläufig 35 Faden (64 M.) Tiefe gelangt. Hierauf nimmt man die Route gegen Pulo-Aor oder Pulo Timon, wenn man nach Singapore bestimmt ist, doch sei man auf der Hut wegen der Charlotten-Bank. Schiffe, welche im März und April nach Europa, beziehungsweise nach der Sunda-Straße segeln, sollen sich gut östlich halten, um zwischen den Natunas und Anambas zu passiren, und die Meerenge Gaspar aufzusuchen. In dieser Meerenge, ist der Canal Macclesfield der meist benutzte, außerdem wird der Canal Stolz sehr häufig befahren.

## Routen von der Chinesischen Küste (Hongkong) nach Singapore und den Engen der Sunda-Inseln in der Zeit des SW-Monsuns.

789. Nach Horsburgh kann ein Schiff, wenn Ost- oder SO-Winde wehen, welche häufig durch mehrere Tage andauern, diese Winde benützen, um die innere Route zu wählen. Es handelt sich hiebei vornehmlich darum, sobald als möglich die Küsten von Hainan und Cochinchina zu gewinnen. Nach Blake wäre es aber vortheilhafter, die äußere Route zu nehmen. Gute gemischte Schiffe können die innere Route einschlagen, doch dürfen sie nicht mit Kohlen sparen. Segelschiffe werden im allgemeinen besser thun, eine der Ost-Routen zu wählen, zumal im Juni, Juli und August.

Es sind zwei Ost-Routen zu unterscheiden.

Die erste führt längs der Westküste der Philippinen, durch die Straßen von Mindoro und Basilan, dann entweder durch die Straße Macassar nach der Sunda-Straße, oder durch die Straße der Molukken und die Straße Salayer nach der Lombok-Straße, oder durch die Straße der Molukken nach der Ombay-Straße, oder endlich durch die Gruppe der Serangani, die Gilolo-Straße, die Enge zwischen Buru und Manipa nach der Ombay-Straße. Diese Route empfiehlt sich, wenn man in der Zeit der zweiten Hälfte April bis Mitte Mai von Hongkong ausläuft.

790. Die zweite Route führt in Nord der Philippinen in den Großen Ocean; in Ost dieser Inseln nach der Passage Pitt durch die Straße von Gilolo oder Dampier. Diese Route empfiehlt sich in der Zeit von Mitte Mai bis Ende Juli. Im August soll man, wenn möglich, Hongkong nicht verlassen; sollte es aber der Fall sein, dass man auslaufen muß, so wähle man mit einem guten Schiff die innere Route.

### Erste Ost-Route.

790. Man steuert, wenn möglich gegen die Bank Macclesfield, dann derart, um die Spitze Calavite in Luv zu dubliren, dann durch die Straße von Mindoro, indem man den östlichen oder westlichen Canal wählt. Segelt man durch den ersteren bei SW-Wind, so halte man sich auf ungefähr 10 Meilen von der Küste, und dann ungefähr 15 Meilen von den Inseln Ambolon und Ylin, um diese zu dubliren, und frei von den Corallen-Bänken in West dieser Inseln zu bleiben.

Bei Zulass des Windes kann man in den breiteren westlichen Canal, den Canal Northumberland einlaufen.

Nachdem einer der genannten Canäle durchsegelt ist, steure man bei westlichen Winden derart, um sich der Insel Quiniluban zu nähern, und um in Luv von der Bank Sable-Decouvert zu passiren. Man erhebt sich hierauf längs der Westküste von Panay südwärts. Nachdem man das SW.-Ende von Mindanao erreicht hat, lauft man in die Straße Basilan ein. Von da aus kann man die Straße Macassar aufsuchen, besonders in dem Falle, wenn man nach Batavia oder nach der Sunda-Straße bestimmt ist. Man segelt die Spitze Kanniungang von Borneo an, und haltet sich alsdann längs der Westküste von Celebes, indem man in Ost der Klein-Paternoster-Inseln passirt. Man steure, insoweit es die Beschaffenheit der Fahrwasser gestattet, derart, um gut in Luv in den SO-Monsun einzutreten. Schiffe mit der Bestimmung nach Europa können dann versuchen, die Meerenge Allas zu gewinnen.

Will man möglichst gut in Luv in den SO-Monsun eintreten, oder trifft man, nachdem man die Straße Basilan verlassen, widrige Winde, welche es schwierig machen, die Straße von Macassar zu erreichen, so wählt man die Passage der Molukken, steuert gegen die NO-Spitze von Celebes, passirt zwischen Banka und Bojaren, weiter zwischen Lissamatula und Groß-Oby, oder durch den Canal Greyhound. Man halte sich entsprechend nahe an Groß-Oby, wenn man Buru in Osten, zwischen dieser Insel und Manipa, passiren will. Von da aus trachtet man — nach Europa bestimmt — mit den gewöhnlich herrschenden OSO-Winden den Canal Ombay zu gewinnen. Gelingt dies nicht, kann man den Canal von Allu oder jenen von Flores aufsuchen; doch laufen in diesen engen Straßen heftige Strömungen, und es wird im fraglichen Falle vorzuziehen sein, sich in 8° S. haltend, um die Untiefen an der Küste von Flores zu vermeiden, längs der Nordseite dieser Insel nach der Straße Sapy zu segeln. Kommt man in Nord von Gilolo in der Zeit an, in welcher der Monsun schon seine volle Kraft erreicht hat, so ist es besser durch die Straße Gilolo statt durch jene der Molukken zu passiren.

### Zweite Ost-Route.

791. Man steuert anfangs südwärts, und tritt dann, wenn möglich, durch den Canal zwischen den Babuyanes und Bashees in den Großen Ocean ein. Zwischen Formosa und Luçon kann man SO-Winde treffen, im Großen Ocean findet man gewöhnlich SW-Winde. Man steuert südöstlich, indem man sich auf große Entfernung vom Cap Engano und der Küste von Luçon hält. Wenn möglich, passirt man in West der Pelew-(Palaos) Inseln.

Südlich von 6° N., besonders zwischen 5 und 2° N. kann man im Juni bis einschließlich August starke östliche Strömungen erwarten. Man trachte daher diese Zone so rasch als möglich zu durchsegeln, und Weg nach S und SW zu gewinnen.

Ist man zu weit nach Ost gekommen, so sucht man die zwischen 2° N. und der Linie herrschenden westlichen Strömungen auf.

Die beste Route für die Fortsetzung der Reise führt durch den Canal von Gilolo. Man steuert gegen die Inseln Asia, dublirt dieselben, wenn möglich, in Nord, passirt dann die Inseln Eye und Syang, und hierauf Geba, — letztere Insel bei zweifelhaftem Wetter in West. Man haltet dann südwärts, indem man hiebei die West-Strömung in Rechnung bringt, welche häufig außerhalb der Südspitze von Gilolo herrscht.

Durch den Canal zwischen Pulo-Pisang und die Inseln Bu oder durch die Enge zwischen Kekik und Pulo-Gasses tritt man in die Passage Pitt ein. Man steuert alsdann derart, um zwischen Buru und Manipa zu passiren, und endlich gegen Ombay. Kann man die Straße östlich von Buru nicht erreichen, oder selbe wegen heftigen Südwindes nicht passiren, so lauft man längs der Nordseite von Buru, um diese Insel in West zu dubliren. Am Winde mit Backbord-Halsen segelnd, kann man noch hoffen, nicht in Lee der Straße Ombay anzukommen. Ist dies jedoch der Fall, so kann man eine westlicher gelegene Straße, speciell jene von Sapy wählen.

Schiffe mit der Bestimmung nach der Sunda-Straße oder Singapore steuern aus dem Canal von Gilolo gegen das NW-Ende von Buru, und nach Passirung desselben nach SW, bei frischem SO etwas südlicher. Sie werden es so einrichten, um die nördlichste der Inseln Tukan-Bessi, welche sie auf 2 oder 3 Meilen passiren, bei Tag anzusegeln.

Von da steuern sie, um die Südspitze von Buton zu passiren, weiter gegen die Middle-Insel des Canales von Salayer. Auf dieser Fahrt werden sie, wenn sie bei Nacht die Insel Cambyna dubliren, dies auf entsprechend große Entfernung von derselben thun.

Ist man nicht öfter in diesen Gewässern gefahren, so erscheint es räthlich, nicht bei Nacht zwischen der Middle-Insel und jener in Süd zu passiren; da ein Irrthum in der Wahl des Canals stattfinden könnte. Die Schiffe passiren weiters nahe bei Groß-Solombo.

Nach Singapore bestimmte Schiffe regeln ihren Curs derart, um den Bänken bei Pulo-Maucap auf entsprechende Entfernung zu bleiben, und die Passage von Carimata aufzusuchen. Hierauf steuern sie gegen das Nordende von Banca, sie halten sich auf entsprechende Distanz von der Bank Geldern, sichten Pulo-Panjang, und dubliren auf Nahdistanz die Nordküste von Bintang, indem sie zwischen dieser Insel und Pedra Branca passiren.

**Routen von Indien nach Australien.**

792. Die Süd-Route durch den Indischen Ocean und in Süd von Australien wird zu jeder Jahreszeit am meisten befolgt.

Eine der Ost-Routen können Segelschiffe wählen, welche zwischen Mitte November und Mitte Februar Singapore verlassen.

Man unterscheidet zwei Ost-Routen: die erste in Nord von Neu-Guinea, die zweite durch die Torres-Straße. Die erstere eignet sich für Segelschiffe, die zweite für Dampfer, gemischte Schiffe und Segelschiffe von weniger als 150 Tonnen.

Erste Ost-Route.

793. Von Singapore segelt man anch der Straße von Gilolo oder nach der Dampier-Straße. Von da führt die Route längs und nördlich von Neu-Guinea. Zu dieser Zeit wehen gewöhnlich in der Nähe vom Cap der guten Hoffnung (Neu-Guinea) Winde aus N und NW. Östlich von diesem Punkte sind frische, stetige westliche Brisen sehr häufig; die Strömung lauft zwischen Neu-Guinea und 1° N. ostwärts mit einer Geschwindigkeit von 2 und 2·5 Meilen. Diese Winde und diese Strömung behält man, wenn man in der Nähe der Inseln St. David (134° O., 1° N.) und in N der Inseln Providence (0° 20′ S.) passirt. Von da hat man die Wahl zwischen mehreren Passagen. Die empfehlenswerteste dürfte der Canal St. Georges zwischen Neu-Britannien und Neu-Irland sein. Hat man sich für die Wahl dieses Canales entschieden, segelt man längs der Linie bis zur Länge der Admiralitäts-Inseln, dann steuert man südostwärts zwischen den genannten Inseln und St. Mathias, wobei man den niederen Inseln und Riffen südwärts hievon ausweicht, hierauf gegen und durch den oben genannten Canal. Von da weiter erscheint es als die beste Route in Nord der Salomon-Inseln zu passiren. Dieser Weg wird von allen Schiffen eingeschlagen, deren Bestimmung Neu-Seeland, die Fidji, kurz eine der östlich gelegenen Inselgruppen ist. (Ende der Route siehe „Routen von Japan nach Australien. S. 968).

Zweite Ost-Route.

794. Von Singapore kommend, passirt man die Enge Salayer zwischen Celebes und Salayer, und steuert dann gegen das Nordende von Timor. Was die Passage der Torres-Straße betrifft, so ist nach Hunter für aus Westen kommende Schiffe der Canal Endeavour dem Canal Prinz von

Wales vorzuziehen. Der ersteren Straße sich nähernd, hält man sich in Süd des Parallels der Insel Booby. Dampfer werden nach Passirung der Enge die Route innerhalb der Riffe wählen. Während außerhalb der Barriere Ost-Winde häufig sind, wehen dieselben selten längs dem Lande.

Der Monsun macht sich fühlbar unter der Form von Landwinden, welche gegen Mitternacht sich erheben und den größeren Theil des Tages über anhalten. Doch wird man während der ersten 500 Meilen vom Cap York angefangen bei sehr dunklen Nächten ankern müssen.

Gemischte Schiffe und Segelschiffe werden einen Vortheil darin finden, die Passage Bligh zu benützen. Für Schiffe, welche die letztere Passage wählen, um aus der Torres-Straße auszulaufen, erscheint es nach Horsburgh besser, in Nord der Insel Booby und durch den Canal Prinz von Wales, als durch den Canal Endeavour zu passiren.

## Routen (nördliche) von Australien nach Indien zur Zeit des SO-Monsuns von Mai bis August.

795. Die Route führt in dieser Jahreszeit durch die Torres-Straße.

Dampfer und gemischte Schiffe folgen der inneren, von King empfohlenen Route längs der Küste von Australien innerhalb der Riffe. Blackwood empfiehlt diese Route für Dampfer und gemischte Schiffe zu jeder Jahreszeit, da sie auch zur Zeit des NW-Monsuns die Torres-Straße passiren können. Längs der Küste Australiens laufend, sind sie auch stets in der Lage sich mit Holz zu versehen.

Segelschiffe folgen aber der äußeren Route. Dieselbe führt in Ost der Bank Cato, des Wrack-Riffes, der Riffe Kenn und Diana.

In die Torres-Straße lauft man entweder durch die Passage bei der Insel Raine oder durch den Canal Bligh ein. Die erstere Einfahrt ist schwieriger und gefährlicher, sie kann nur bei Tag angelaufen und passirt werden. Die letztere bedingt eine Verlängerung des Weges, doch erscheint sie empfehlenswerter.

Durchfahrt bei Raine. Nachdem man das Riff Osprey dublirt hat, steuert man, wenn man die Passage Raine wählt, um die große Barriere in 11° 50′ S., 144° 11′ O. anzusegeln. Man vermeidet auf diese Art nordwärts der Engen der Insel Raine getrieben zu werden.

Die Insel Raine ist beiläufig in der Mitte einer großen Öffnung des Riffs, und an beiden Seiten ist ein Canal mit reinem Fahrwasser.

An der OSO-Seite der Insel streckt sich ein Riff vor. Ein runder Steinthurm auf der Ostspitze errichtet, dient als Seezeichen. Er ist ungefähr 20 M. hoch, mit schwarzen und rothen Streifen angestrichen, und kann bei klarem Wetter auf 12 oder 13 Meilen vom Mast aus gesehen werden. Hochwasser ist zur Zeit des Voll- und Neumondes um $8^h$; die See steigt bei großen Fluten 2·7 bis 3 M. Die Flut-Strömung lauft nach WNW, die Ebbe-Strömung nach Ost mit $2^1/_2$ Meilen Geschwindigkeit zur Zeit der Syzigien. Im Innern des beschriebenen Thurmes sind Lebensmittel und Wasser aufbewahrt.

Die Fahrt von der Insel Raine bis zum Cap York verlangt die größte Vorsicht. Man muss öfters vor Anker gehen, und kann nur bei Tag die Fahrt fortsetzen.[1] Ist Cap York erreicht, so wird man durch die Straße Prinz of Wales oder die Straße Endeavour die Reise fortsetzen.

Passage Bligh. Hat man sich für diese Passage entschieden, so soll man sich nach Dublirung des Cap Rodney und des SO-Endes von Neu-Guinea auf dem Parallel 9° 10′ S. halten, und indem man nach West lauft, gut in Nord der Riffe Eastern-Fields und Portlock passiren. Von da steuert man derart, um auf 4 bis 5 Meilen in S der Caye Bramble, einer Sandbank von 3 bis 4 M. Höhe bei niedrigem Wasserstand, zu passiren. Man bemerkt dieselbe vom Top des Mastes aus auf 7 oder 8 Meilen Entfernung.

Bei Nacht wird es angezeigter sein, in Nord von Caye Bramble in ungefähr 22 Faden (40 M.) tiefen Wasser zu ankern. Zieht man es aber vor, in Nord desselben beigedreht zu liegen, oder zu laviren, so soll man sich Neu-Guinea nicht zu sehr nähern und Gewässer von weniger als $6^1/_2$ Faden (12 M.) Tiefe meiden.

Bei Caye Bramble kommt die Flut-Strömung von NO oder O; ihre Schnelligkeit kann 2 Meilen erreichen; die Ebbe-Strömung hat entgegengesetzte Richtung, und ist noch stärker. Auch diese Passage fordert große Vorsicht.[1]

Über die Reisen von der Torres-Straße westwärts ward bereits früher bei den Routen im Indischen Ocean gesprochen. In die Sunda-See tritt man durch die Lombok- oder Allas-Straße.

### Route von Australien nach Indien zur Zeit des NW-Monsuns.

796. Für Segelschiffe kommt für diese Zeit die Passage durch die Torres-Straße nicht in Betracht; denn wenn sie auch nicht unmöglich ist, so erscheint einerseits der Zeitverlust, der mit der Benützung dieser Straße mit Rücksicht auf die Windverhältnisse verbunden ist, zu groß,

[1] Nähere Weisungen betreffs dieser Durchfahrt zu geben, übersteigt den Raum dieser Blätter.

um den Versuch zu unternehmen, andererseits steigern sich in hohem Grade die Gefahren, welchen man begegnen würde.

Dampfer und gemischte Schiffe jedoch können mit Vortheil auch zur Zeit des NW-Monsuns diese Route wählen; es handelt sich für sie nur darum, Kohlenvorrath genug zu besitzen, um Cupang (Timor) zu erreichen.

Segelschiffe, welche in dieser Jahreszeit die Nord-Route wählen, erheben sich anfangs nordwärts, als würden sie nach der Passage Bligh segeln. Sie lassen weiters das Riff Bampton gut in Ost, passiren in Ost von der Klippe Mellish, und umsegeln die Insel St. Christoval, die östlichste der Salomon-Inseln, in Ost. Einige Schiffe ziehen es vor, in West der Klippe Mellish zu passiren, in S und längs der Salomon-Inseln zu steuern, dann nordwärts von Neu-Irland zu gehen, indem sie die Inseln Vertes und die Insel St. Jean sichten. Ob man östlich oder westlich der Salomon-Inseln gesegelt ist, immer soll man sich von der Küste Neu-Guineas entfernen, besonders im November, December und Jänner.

Die Schiffe suchen so schnell als möglich den Parallel 6° N. zu gewinnen, um NO-Winde zu finden, mit denen sie südlich der Pelew-Inseln passiren. Von da steuern sie nun zwischen den Inseln Serangani in die Celebes-See, dann durch die Straße Basilan in die Sulu-See, um endlich durch die Straße Balabac in die China-See einzutreten.

Bezüglich der Süd-Route von Australien nach Indien, in Süd von Australien und durch den Indischen Ocean, gibt die Route von Australien nach Aden einen Anhalt.

**Route von Hongkong nach Shangai zur Zeit des NO-Monsuns.**

797. Diese Fahrt ist in Anbetracht des schlechten Wetters, welches man zu erwarten hat, eine sehr beschwerliche.

Nachdem man die Lemas verlassen, hält man sich längs der Küste, und sucht, so viel als möglich, nach Ost zu gewinnen. Um die ständige Gegenströmung zu vermeiden, wird man bei Tag, insoweit es mit Sicherheit für das Schiff geschehen kann, in den ruhigen Gewässern der Baien laviren.

Wenn es zu heftig weht, und man einen Ankerplatz erreicht, wird man ankern, um günstigeres Wetter abzuwarten. Sowie der Wind es erlaubt, mache man Ost, und suche wieder das Land auf, wie der Wind conträr wird. Von beiläufig Point Breaker aus steuert man gegen die Südspitze von Formosa. Hat man diese dublirt, kann man in Ost oder West der Inseln Ty-Pin-San (Madjico-Sima) passiren. Die letztere Route hat den Vortheil, dass man eine günstige, nordwärts gerichtete

Strömung benutzen kann. Es ist besser, die Nähe des Landes zu meiden, bis man in Luv von Quesan gelangt, wo unter dem Schutz der Inseln ein guter Ankerplatz ist.

Kapitän David W. Stevens hält es für zweckmäßiger, nach der Ausfahrt aus dem Canal Lema im März und April nach SO zu steuern; denn man kommt auf diese Weise aus dem Bereiche der West-Strömung, und sowie man sich Luçon nähert, findet man Winde mehr aus Ost, bisweilen aus SO, welche gestatten, einen Bord nach NNO zu machen, und zwar mit günstiger Strömung. Es ist demnach wahrscheinlich, dass man auf diese Art in kürzerer Zeit ostwärts von Formosa gelangt, als wenn man anfangs der Reise längs der Küste Chinas sich aufarbeitet.

### Route von Hongkong nach Shangai zur Zeit des SW-Monsuns

798. Bezüglich dieser Route ist nur zu erwähnen, dass die Schiffe sich in der Nähe der Küste zu halten pflegen, um ihr Besteck mittelst Peilungen berichtigen zu können, wenn es nicht möglich ist, Beobachtungen zu machen; dass es ferners vortheilhaft erscheint, die Route durch den Canal von Formosa zu nehmen, weil die in dieser Jahreszeit zu befürchtenden Taifune innerhalb desselben nicht jene Stärke entwickeln, wie außerhalb in der freien See.

### Routen von Shangai nach Hongkong.

799. Die Route führt stets durch den Canal Formosa. Zur Zeit des NO-Monsuns. Es ist weiter nichts zu bemerken, als dass längs der Küste ein Strom südwärts lauft, und dass ebenfalls der Wind in seinen Richtungen der Küste folgt. Im Anfange weht der Monsun sehr frisch. Von Jänner an sind SO-Winde nicht selten, und desto häufiger, je vorgerückter die Jahreszeit ist. Gegen Ende des Monsuns sind dichte Nebel gewöhnlich.

Zur Zeit des SW-Monsun. Die Fahrt ist langwierig wegen der häufigen Calmen, und der starken Gegenströmung. Um sich dem Einfluss der Strömung zu entziehen, ist es gut, sich nahe dem Lande zu halten, in die Baien einzusegeln, und unter den Landspitzen Deckung zu suchen, doch selbstverständlich nur dann, wenn die Brise stark genug ist, um nicht Calmen befürchten zu müssen.

### Routen von Shangai nach Japan.

800. Diese Fahrten bieten in der Regel keine besonderen Schwierigkeiten, da man meistens veränderlichen Brisen begegnet. Schiffe mit der Bestimmung nach Nangasaki nehmen directe Route; die Segelschiffe

mit der Bestimmung nach Yokohama passiren gewöhnlich durch die Diemen-Straße, oder auch durch eine südlichere Passage je nach den Windverhältnissen. Die gemischten Schiffe und Dampfer passiren gewöhnlich, besonders im Sommer, durch das Binnenmeer.

### Route von Japan nach Shangai.

801. Segelschiffe, welche im Winter, in der Zeit von October bis März, von Yokohama abreisen, werden die Route südwärts nehmen, um sobald als möglich NO-Brisen zu finden, welche gewöhnlich zu dieser Zeit in S von 30° N. wehen. Sie steuern alsdann derart, um in Nord von der Insel U-Sima zu passiren, haben aber hiebei auf die nach N und NO laufenden Strömungen Bedacht zu nehmen. Geschieht die Abreise im Sommer, so wird es möglich sein, sich nahe dem Lande zu halten und innerhalb des Kuro-Siwo zu bleiben. Man passirt alsdann durch die Diemen-Straße, wenn man nicht durch die Binnen-See passiren will.

Gemischte Schiffe werden immer, besonders im Sommer, mit Vortheil durch das Binnenmeer ihre Fahrt machen.

Vom Mai bis October soll man stets die Gewässer der Insel U-Sima meiden, weil dort Taifune häufig vorkommen.

### Route von Hongkong nach Japan.

802. Bei SW-Monsun. Man passirt durch den Formosa-Canal. Segelschiffe werden durch die Straße Diemen oder durch eine der zwei südlicheren Passagen passiren. Gemischte Schiffe und Dampfer können dieselbe Route nehmen, doch wird es für sie angezeigter sein, die innere Route durch das Binnenmeer zu wählen.

Zur Zeit des NO-Monsuns. Man dublirt die Südspitze von Formosa, erhebt sich an der Ostseite dieser Insel gegen Nord, und hält sich westlich von den Inseln Madjico-Sima und Lutschu, da man hoffen kann, vom Kuro-Siwo Nutzen zu ziehen, und weniger stetige und starke NO-Winde vorzufinden, als weiter östlich.

Wenn es der Wind gestattet hat, nach NO Weg zu machen, kann man in Nord der Insel U-Sima passiren. Bei widrigen Winden wird man mit Backbord-Halsen in West der Cecile-Gruppe segeln. Sowie man günstigen Wind erhält, um Ost zu machen, was gewöhnlich in der Nähe von 30° N. der Fall ist, passirt man durch eine der Straßen in Nord des Cecile-Archipels oder auch durch die Diemen-Straße. Es wird dann leicht sein, Yokohama zu erreichen.

**Routen von China und Japan nach Australien.**

803. Während des NO-Monsuns (von October bis April).

Von Hongkong aus nehmen die Segelschiffe die äußere Route südwärts, passiren in der Regel in Ost der Anambas, steuern durch die Carimata-Straße, dann gegen und durch die Straße Allas; von da wenden sie sich südwärts, um, den SO-Passat durchschneidend, in die südliche Region der Westwinde zu gelangen, und im Süden Australiens nach Osten zu segeln.

Gemischte Schiffe können dieselbe Route nehmen, oder durch die Torres-Straße, oder nördlich von Neu-Guinea passiren.

Für die Passage durch die Torres-Straße erscheint die Zeit von November bis März die günstigste.

Die Schiffe, welche den Weg durch die Torres-Straße einschlagen wollen, passiren die Straße Mindoro und Basilan, steuern nach der Straße zwischen Groß-Obi und Xulla, weiters zwischen Buru und Manipa, passiren in S von Banda, Key und Aru, und nehmen dann die Route durch die Arafura-See gegen die Torres-Straße.

Wählt man die Route nördlich von Neu-Guinea, so passirt man durch den Canal von Mindoro, dann Basilan, hierauf durch die Passage der Molukken.

Durch die Straße Dampier oder jene von Gilolo tritt man in den Großen Ocean ein, und verfolgt die Route in N von Neu-Guinea, wie bei den Reisen von Indien nach Australien angegeben worden.

Man kann auch nach Passirung der Straße Basilan statt nach den Molukken zu steuern, die Route gegen die Serangani nehmen, doch würde man gegen den NO-Wind sich erheben und viel Kohlen verbranchen müssen. Im letztern Falle soll man weit in Ost von Morty und den Inseln Asia passiren.

Von Shangai aus werden Segelschiffe (nach der Ansicht von Labrosse) am besten thun, die Route südwärts zu nehmen, um in S von Australien ostwärts zu segeln.

Gemischte Schiffe, welche von Shangai auslaufen und nicht die Süd-Route wählen, können sich nach Yokohama begeben und nach Ergänzung der Kohlenvorräthe dieselbe Route einschlagen, wie Segel- und gemischte Schiffe, welche von Yokohama ausfahren.[1]

---

[1] Kapitän Polack räth für Schiffe, welche in der Zeit von Ende October bis Ende Jänner von China abreisen, folgende Route an:

Man passire, wenn möglich in N von Formosa, sonst zwischen dieser Insel und den Pescadores, dann außerhalb der Bashees; man steure gegen Süd und SO

Segel- und gemischte Schiffe, welche von Yokohama abgehen, werden nördlich von 30° N. in einer Breite, wo sie eben günstige Winde treffen, Weg nach Ost machen. Sie werden nicht früher südwärts halten, als bis sie zu 165 oder 167° Ostlänge gelangt sind.

Schlechte Segler werden selbst bis zu 172° O. gehen. Man steuert alsdann derart, um in West der Inseln Ralick, und, wenn möglich, in Ost von Ualan (Strong) zu passiren. Den NO-Passat wird man zwischen 5° N. und der Linie verlieren. Mit veränderlichen Brisen, welche dem sogenannten NW-Monsun entsprechen, wird man gewöhnlich zwischen St. Christoval und den Inseln St. Cruz, dann zwischen dem Riff Mellish und Bampton, endlich in Ost des Riffs Kenn und der Bank Cato passiren.

### Während des SW-Monsuns (vom April bis October).

804. Segelschiffe und gemischte Schiffe folgen, von Hongkong auslaufend, anfangs einer der Ost-Routen, wie jene für Schiffe, welche nach den Engen der Sunda-Inseln (Europa) segeln, angegeben worden sind. Haben sie den SO-Passat des Indischen Oceans erreicht, so durchschneiden sie ihn, um die südliche Region der Westwinde zu gewinnen und in dieser nach Ost Weg zu machen.

Man kann zur Zeit des SW-Monsuns auch die Nord-Route wählen, indem man anfangs eine Route, wie jene nach Japan, einschlägt, dann der Route folgt, welche Schiffe, die von Yokohama ausfahren, einhalten.

Von Shangai oder Japan aus nehmen Segelschiffe und gemischte Schiffe eine Route, wie nach Californien bestimmte Schiffe, um im Bereiche der westlichen Winde ostwärts Weg zu machen. Gewöhnlich wird man erst nördlich von 35° N. westliche Winde vorfinden. Es ist rathsam, nicht früher südwärts zu halten, als bis man den Meridian 167° O. erreicht hat. Besonders Segelschiffe sollen nicht westlich von 172° O in den NO-Passat einzutreten suchen. Der beschriebene Umweg ist zur Zeit des SW-Monsuns nothwendig, weil es im westlichen

---

derart, um die Linie zwischen 140 und 145° Ost zu erreichen. Von da steuert man entweder parallel zur Linie und passirt zwischen Neu-Irland und Bougainville, oder, was besser scheint, man steuert längs der N-Küste von Neu-Guinea und passirt zwischen Neu-Irland und Neu-Britannien. In 10° S. u. 157° O. angekommen, steuert man derart, um auf entsprechende Distanz in O oder W vom Riff Fairway zu passiren; man wird dann gewöhnlich nördliche Winde finden, um sich der Küste Australiens zu nähern. Er ist auf Grund der Aussagen erfahrener Kapitäne der Ansicht, dass die westlichen Winde nicht so weit nach Ost sich geltend machen, als man anzunehmen pflegt. Hingegen ist er überzeugt, dass bei Neu-Guinea die westlichen Winde von November bis Februar stetig und heftig wehen.

Theil des Großen Oceans bis über die Marianen hinaus zwischen dem SW-Monsun und dem NO-Passat ein in seinen Grenzen veränderliches Gebiet variabler, unbeständiger Brisen gibt. Die weitere Route ist dieselbe, wie für Schiffe, welche zur Zeit des NO-Monsuns von Yokohama nach Australien segeln.

### Routen von Australien nach Cochinchina, China und Japan während des SO- und SW-Monsuns.

(Von März bis September.)

805. Schiffe nach Saigon oder Hongkong bestimmt, können von Mai bis August die Torres-Straße passiren, und die China-See durch die Passage von Carimata gewinnen. Nach Hongkong bestimmte Schiffe können auch die Route in Nord von Neu-Guinea wählen, indem sie alsdann zwischen den Serangani, hierauf durch die Straßen Basilan und von Mindoro passiren.

Wenn man diese Route wählt, steuert man, von Sidney ausgehend, anfangs ost-nordöstlich; zwischen den Meridianen 159 und 161° O. erhebt man sich nordwärts, wobei man fleißig Ausschau wegen der Riffe zu halten hat. Besonders zwischen 23 und 18° S. kann es auch solche geben, die auf den Karten nicht eingetragen sind. Ist man in 14 oder 13° S. angekommen, steuert man gegen NW, um den St. Georgs-Canal zu gewinnen. Man habe Acht, von den West-Strömungen sich nicht westwärts treiben zu lassen, da der Fall eintreten könnte, dass man den St. Georgs-Canal nicht mehr erreicht, und durch den Dampier-Canal zwischen der Insel Rook und Neu-Britannien zu passiren gezwungen wird. Der letztere Canal ist aber gefährlich, und muss man während der Durchfahrt beständig vom Mast aus auf Riffe auslugen. Nach Passirung des Georgs-Canals macht man Weg nach W und WNW, um in Ost und N der Admiralitäts-Inseln, und dann zwischen den Inseln Ermitanos und den Anachoreten oder etwas in Nord der letzteren zu passiren. Man steuert dann westwärts ein wenig in S der Linie bis zu den Inseln Providence, welche man in N dublirt.

Von da steuert man derart, um in Ost der Inseln Asia, dann in der Mitte zwischen Morty im Westen und der Insel Lord North im Osten zu passiren. Von da steuert man gegen die Inseln Serangani. Die weitere Route findet sich bereits bei Beschreibung der Routen der Schiffe von den Sunda-Inseln nach China in den Monaten März und April dargestellt.

Schiffe mit der Bestimmung nach Shangai oder Yokohama folgen bis in N von Neu-Guinea derselben Route. Die Linie schneiden sie in beiläufig 142° Ost.

Von da steuern sie, um östlich von den Pelew- (Palaos) Inseln zu passiren. Hier werden sie auf veränderliche Brisen aus NO, NW und SW treffen. Nach Shangai bestimmte Schiffe nehmen dann die Route südlich der Lutschu-Inseln, von wo sie mit häufigen SW-Winden Shangai leicht erreichen. Nach Yokohama bestimmte Schiffe steuern, von ostwärts der Pelew-Inseln, derart, um zwischen den Inseln Borodino und Lutschu zu passiren. In den Bereich des Kuro-Siwo gelangt, erreichen sie mit Winden aus SW und W Yokohama.

### Routen von Australien nach Cochinchina, China, Japan während des NW- und NO-Monsuns.

(Von September bis März.)

806. In dieser Jahreszeit sind zwei Routen zu unterscheiden: Die erste führt westlich von Neu-Caledonien vorbei und zwischen den St. Cruz-Inseln und den Salomons-Inseln hindurch. Diese Route ist kürzer, aber wegen der vielen Riffe, welche im Wege liegen, gefährlicher.

Die zweite Route führt östlich von Neu-Caledonien und zwischen den Fidji-Inseln und den Neu-Hebriden hindurch. Diese Route ist länger, aber sicherer; dieselbe ist als die beste zu bezeichnen für Schiffe, welche von Melbourne oder von Europa in Süd von Australien kommen.

### Route in West von Neu-Caledonien.

807. Von Sidney auslaufend, steuert man anfangs ost-nordöstlich. Nordwärts macht man Weg zwischen den Meridianen 159 und 161° Ost. Man achte auf die Riffe, welche in diesen Gegenden zahlreich vorhanden sind, und bleibe auf entsprechend große Entfernung von den Riffen in NW von Neu-Caledonien.

In diesen Regionen kann man Winde zwischen SSW und NNW vorfinden.

Man steuert sodann nach NNO bis ungefähr 164° O., hierauf nordwärts beiläufig in dem bezeichneten Meridian, um zwischen St. Christoval und den St. Cruz-Inseln zu passiren. Ist man östlich von den Salomons-Inseln und den nördlich gelegenen Inseln und Riffen passirt, so steuert man zur Zeit des Beginnes des NO-Monsun N zu W oder NNW, um, wenn möglich, den Archipel der Carolinen zwischen 155 und 149° O. zu durchschneiden. Man halte hiebei fleißig Ausschau nach Riffen. In Nord der Carolinen angelangt, steuert man derart, um nahe und in S von Guam, oder durch einen der nördlichen Canäle der

Marianen zu passiren. In die China-See lauft man durch einen der Canäle der Bashees ein.

Wenn man die Salomon-Inseln erst nach dem Monat Jänner in Ost dublirt, so kann man nordwestwärts steuern, um zwischen der Insel Guap (Yap) und den Gulu-Inseln (Matelotas oder Ngoli) oder zwischen den Gulu- und Pelew-Inseln zu passiren. Das NO-Ende von Luçon wird man auf entsprechende Distanz dubliren, und durch eine der Passagen zwischen Luçon und Formosa in die China-See eintreten.

Route in Ost von Neu-Caledonien.

808. Man sichtet die Insel Norfolk, welche man in Ost passirt, dann den Felsen Matthew, welchen man ebenfalls in Ost dublirt: dann steuert man gegen N zu O oder N, wobei nicht zu unterlassen ist, auf Riffe auszulugen, und die nach West laufende Strömung in Rechnung zu bringen. Sich zwischen den Meridianen 171 und 172° O. haltend, dublirt man die Neu-Hebriden.

Im allgemeinen suche man auf gute Distanz in Ost aller Inseln zu passiren, nur das auf beiläufig 22 Meilen sichtbare Fataka (oder Mitre) sichte man, um die Position zu berichtigen. Nach Passirung von Fataka halte man nord- oder nord-nordwestwärts, um die Linie zwischen 160 und 168° O. zu kreuzen. Die Carolinen suche man ungefähr im Meridian 163° Ost zu durchsegeln. Hat man die Linie zwischen 160 und 162° O. geschnitten, so ist es am besten, die Carolinen zwischen 155 und 156° Ost zu passiren, da man hier freieres Fahrwasser hat. In Nord der Carolinen angelangt, steuert man westwärts, und passirt in S von Guam oder durch einen der nördlichen Canäle der Marianen. Durch eine der Engen zwischen Luçon und Formosa lauft man in die China-See ein.

Schiffe mit der Bestimmung nach Shangai oder Yokohama wählen vorzugsweise die zweite Route. Sie nehmen ihren Weg stets in Ost der Salomon-Inseln. Sie schneiden die Linie zwischen 166 und 168° O., und steuern dann derart, um in Ost oder West von Ualan Strong) zu passiren. Von da, im Bereiche des NO-Passates segelnd, wählen sie den Curs, um die Inseln Providence in Ost oder West, die Marianen in Nord zu dubliren. Die nach Yokohama bestimmten Schiffe passiren in West der Volcano-Inseln, und kreuzen den Parallel 30° N. in West ihres Bestimmungshafens. Sie finden günstige Strömung und veränderliche oder westliche Winde von 28 oder 31° N. angefangen. Die nach Shangai bestimmten Schiffe können in N den Marianen oder zwischen Grigan und Assumption passiren, dann halten sie sich nordwärts der Borodino- und Lutschu-Inseln, und von da steuern sie bei meistens günstigen Winden gegen Shangai.

## Routen von China und Japan nach St. Francisco.

809. Von einem Hafen Chinas oder Japans auslaufend, erhebt man sich in allen Jahreszeiten soweit nordwärts, um in die nördliche Region der westlichen Winde zu gelangen. Im Bereiche dieser Winde verfolgt man eine Ost-Route, welche sich dem größten Kreise möglichst nähert. Wind und Strömung werden im allgemeinen günstig sein.

Nach Maury wird man ständige frische Brisen aus westlichen Richtungen im Winter und Frühling in 35 bis 40° N., im Sommer und Herbst in 40 bis 45° N. treffen. Der Parallel 48° N. kann übrigens in der Zeit von April bis September, der Parallel 44 oder 45° N. in der Zeit von October bis März als äußerste Grenze betrachtet werden, bis zu welcher man nordwärts geht, oder welche man nur um weniges nach N überschreitet.

Eine andere allgemeine Regel für die in Rede stehende Route ist folgende: Man ziehe auf einer Mercator-Karte von der Südspitze Japans bis St. Francisco eine Linie. Die Schiffe halten sich wenig nördlich dieser Linie; sie ziehen auf diese Weise Vortheil vom Japanischen Strom und durchschneiden auf günstige Weise den Californischen Strom.

## Routen von St. Francisco nach China und Japan.

810. Man sucht baldmöglichst den NO-Passat zu gewinnen, steuert dann West zwischen 20 und 15° N., und zwar in der Zeit von Juni bis October näher an ersterem, von December bis März näher an letzterem Parallel; stets passirt man in S der Sandwich- und in N der Marschall-Inseln.

In der Zeit des SW-Monsuns von Mai bis October passirt man in N der Carolinen und in S der Marianen, dann steuert man nach der Straße Bernardino und tritt durch die Passage zwischen Mindoro und Luçon in die China-See ein. In der Zeit des NO-Monsuns von October bis April passirt man in Nord der Marianen. Man kann die Felsen Farallons de Pajaros sichten, oder zwischen Grigan und Assumption passiren. Im allgemeinen erscheint es zweckmäßiger in Nord des ganzen Archipels der Marianen zu passiren. Schließlich tritt man, wenn nach Hongkong bestimmt, durch die Bashees in die China-See ein.

Bei SW- wie bei NO-Monsun sehe man zu, in Luv des Bestimmungsortes zu bleiben.

Eine andere allgemeine Regel für die in Rede stehenden Routen ist folgende: Man ziehe auf einer Mercator-Karte eine Linie von der Südspitze Japans bis zum Abfahrtsort in NW-America.

Die Schiffe haben sich in S dieser Linie zu halten, um von den Strom- und Windverhältnissen, welche im Süden der bezeichneten Linie bestehen, Nutzen zu ziehen.

### Routen von China oder Japan nach Callao und Valparaiso.

#### 1. Zur Zeit des NO-Monsuns.

811. Schiffe, welche von Hongkong auslaufen, werden am besten die Süd-Route wählen, indem sie südwärts laufen, um in S von Australien den Weg nach Ost zu machen. Sowie sie in den Bereich der ständigen West-Winde der Süd-Hemisphäre gelangt sind, laufen sie südöstlich bis zum Parallel, auf welchem sie nach Ost Weg machen wollen.

Man wird in dieser Jahreszeit einen der Parallele zwischen 46 und 50° S. wählen. Man passirt etwas in Nord der Insel Auckland.

Ist man nach Callao bestimmt, so biegt man bei 123 oder 120° W. nordwärts ab. Man sucht den SO-Passat in beiläufig 90° W. zu erreichen. Von da aus steuert man dann dem Bestimmungsorte zu, indem man denselben jedoch stets nördlich von der Richtung NO zu erhalten sucht.

Ist man nach Valparaiso bestimmt, so wird man nicht früher nordwärts abhalten, bevor nicht der Meridian 103° W. erreicht ist. Man schneidet dann 48 oder 47° S. in ungefähr 98° W. Man segelt gewöhnlich in dieser Jahreszeit das Land in Süd des Bestimmungshafens an.

Schiffe, welche von Shangai oder Yokohama ausfahren, wählen die Nord-Route, wie zur Zeit des SW-Monsuns, indem sie sich bis 35—40° N. erheben, um in den Bereich der westlichen Winde zu gelangen.

#### 2. Zur Zeit des SW-Monsuns.

812. In dieser Jahreszeit befolgen die Schiffe, welche von Hongkong aus die Reise beginnen, gleich wie die Schiffe aus nördlicher gelegenen Häfen die Nord-Route. Man macht den Weg nach Ost in ungefähr 45° N. In den NO-Passat tritt man bei 150° oder noch östlicher ein. Den SO-Passat erreicht man in ungefähr 5° N. und zwischen 118 und 123° W. Den SO-Passat durchschneidet man mit Backbord-Halsen mit vollen Segeln beim Winde, und sucht dann bald möglichst in die Region der westlichen Winde zu gelangen, worauf man Weg nach Ost macht.

Die Fahrt nach Ost wird so lange fortgesetzt, bis man den Bestimmungshafen in N von der NO-Richtung hat. In der Zeit von Juni bis

November kann man die Calmen des Wendekreises des Steinbocks in Süd des Parallels 30° S überwunden haben, die übrige Zeit des Jahres wird man oft 6 bis 8° mehr nach Süd segeln müssen, um dauernde West-Brisen zu gewinnen.

Maury räth noch eine andere westliche Route an, welche darin besteht, dass die Schiffe bei ungefähr 150° O. in den NO-Passat eintreten, die Linie beiläufig in 170° O. schneiden, dann westlich oder östlich von Neu-Seeland passiren, von wo sie leicht die Reise zu Ende führen. Diese Route hat wegen der Passagen zwischen zahlreichen Inseln und Riffen große Schwierigkeiten für Segelschiffe; sie dürfte daher vornehmlich nur für gemischte Schiffe zu empfehlen sein.

### Routen von Callao und Valparaiso nach China.

813. Man unterscheidet zwei Routen: eine Süd-Route im Bereiche des SO-Passates, eine Nord-Route im Bereiche des NO-Passates. Erstere ist vorzuziehen, wenn man in der Zeit von Februar bis Juli, letztere wenn man in der Zeit von August bis Jänner Callao oder Valparaiso verlässt.

### Süd-Route.

814. Von Valparaiso auslaufend, segelt man gegen NNW oder NW, von Callao auslaufend gegen West. Sowie man in den stetigen SO-Passat gelangt, macht man Weg gegen die Marquesas und kann man Fatu-Hiva oder Madelaine sichten. Von da steuert man derart, um in S des Gilbert-Archipels, dann in N. der Pelew-Inseln zu passiren. Kommt man hier in der Zeit des SW-Monsuns von März bis October an so geht man durch die Straße St. Bernardino und erreicht durch die Enge zwischen Luçon und Mindoro die China-See.

Verlässt man die Pelew-Inseln in der Zeit des NO-Monsuns von October bis März, so steuert man nordwärts der Philippinen, und wenn der Bestimmungsort Hongkong ist, durch die Bashees in die China-See.

Eine andere Route, welche vortheilhafter erscheint vorzüglich für Schiffe, die in der Zeit von Februar bis Juli aus einem Hafen der Westküste Südamerikas auslaufen, ist die, von Fatu-Hiva aus derart zu steuern, um die Linie in beiläufig 170° W. zu schneiden, sodann nordwestlich segelnd in N des Marschall-Archipels zu passiren, oder man steuert nach Kreuzung der Linie derart, um zwischen der Insel Bonham (Inseln Ralick) und Mulgrave (Inseln Radack) zu passiren, und sich zwischen den zwei Inselketten nach NW zu erheben. In Nord der Marschall-Inseln angekommen, macht man Weg nach West.

### Nord-Route.

815. Von Valparaiso oder Callao aus steuert man derart, um die Linie in circa 140° W., 10° N. in ungefähr 145° W. zu schneiden; von da sucht man 18° N. in beiläufig 160° W. zu erreichen, und setzt die Fahrt dann fort, wie Schiffe, welche von St. Francisco nach China bestimmt sind.

### Routen von Australien nach den Häfen der Westküste Amerikas.

816. Wenn es die Winde anders gestatten, passire in S von Neu-Seeland. In Ost dieser Inselgruppe angekommen, steuert man derart, um in der Zeit von October bis April in Nord des Parallels 50° S., in der übrigen Zeit des Jahres in Nord von 52° S. Weg nach Ost zu machen, ohne die bezeichneten Parallele als äußerste Grenze nach Süd zu überschreiten. Schiffe, nach Valparaiso bestimmt, werden in 105—103° W. sich nordwärts wenden, und den Parallel 48 oder 47° S. in 100 bis 98° W. schneiden. Man segelt gewöhnlich das Land in Süd des Bestimmungsortes an, doch in der schlechten Jahreszeit von Mai bis September wird es, wenn Anzeichen eines herankommenden Nordsturmes vorhanden sind, gut sein, von dieser Regel abzusehen.

Schiffe, nach Callao bestimmt, beginnen zwischen 123 und 120° W. nach nordwärts abzuhalten. Sie treten in circa 90° W. in den SO-Passat ein. Ihrem Bestimmungsort zusteuernd, werden sie diesen in N von NO zu erhalten suchen.

Schiffe, nach Panama bestimmt, werden eine etwas mehr nach West fallende Route einhalten, als die nach Callao bestimmten Schiffe.

Schiffe, welche nach Mexico zu segeln haben, werden, bei 30° S. 93° W. in den Bereich des SO-Passates gelangt, derart steuern, um, wenn nach Istapa oder Prealejo bestimmt, in Ost, wenn nach Acapulco oder Mazatlan bestimmt, in West der Galapagos die Linie zu schneiden.

Schiffen, nach St. Francisco bestimmt, räth Maury die Parallelen 45 und 40° S. zwischen 150 und 140° W., den Äquator zwischen 130 und 120° W. zu schneiden. Zwischen der Linie und 10 bis 12°. N. werden sie je nach der Jahreszeit den NO-Passat treffen. Im Jänner, Februar, März ist seine äquatoriale Grenze der Linie am nächsten; doch im Juli, August, September kann es vorkommen, dass man dem NO-Passat erst in 15° N., ja sogar, dass man ihm gar nicht begegnet, wenn man sich nämlich nicht genugsam westlich gehalten hat. Sind die Schiffe in den NO-Passat eingetreten, suchen sie 20° N. in beiläufig 125° W., oder wenigstens nicht östlich von diesem Meridian, zumal in der Zeit von Juni bis November, zu schneiden. Sie werden ferners trachten, den

Parallel des Bestimmungsortes zu erreichen, ohne, wenn möglich, weiter nach West als 130° W. zu gehen, oder ohne dem Lande näher als 250 bis 300 Meilen zu kommen, bis sie nicht die vorherrschend westlichen Winde gefunden haben. Bei der Annäherung an St. Francisco kann man besonders im Winter häufig dichte Nebel treffen.

Nachstehende Weisungen Maurys bezüglich der Route von Australien nach St. Francisco müssen hier noch eingeschaltet werden.

„Wenn die Brise nicht gestattet, in S von Neu-Seeland zu passiren, so soll man, wo möglich, durch die Cook-Straße, nicht in N von Neu-Seeland passiren. Dann suche man Weg nach Ost zu machen."

„Wenn die Calmen des Wendekreises des Steinbocks bis 38 oder 40° S. reichen, so soll man, sowie man in ihren Bereich kommt, nordwärts steuern, bis man in den SO-Passat gelangt. Man durchschneidet denselben, sowie später den NO-Passat, indem man nach Ost zu gewinnen sucht."

Um im Bereiche der variablen Winde der Nord-Hemisphäre Länge abzulaufen, wird man bis 38 oder 40° N., manchmal noch weiter nordwärts gehen müssen. Übrigens hängt die Breite, bis zu welcher man sich gegen Nord zu erheben hat, von der Entfernung in West von Californien ab, auf die man sich im Momente befindet, in welchem man den NO-Passat verliert; ist diese Entfernung nur 1 oder 2 Grade, so mache man Weg direct gegen den Bestimmungsort; wenn aber obige Entfernung noch 10 bis 20 Längengrade oder mehr beträgt, so gehe man weiter nordwärts, um günstige Winde aufzusuchen.

**Routen von St. Francisco nach Australien.**

817. Man sucht baldmöglichst in den Bereich des NO-Passates zu kommen.

In der Zeit von Jänner bis Juli schneidet man 10° N. bei 145° W., den Äquator bei 150° W. Im Jänner, Februar, März wird man zwischen den beiden Passaten keine eigentlichen Calmen finden. Im April, Mai, Juni stellen sich die Chancen der Calmen auf nur 2%.

Im Juli, August, September schneidet man 10° N. bei 150° W., den Äquator zwischen 150 und 153° W. Folgt man in dieser Jahreszeit nicht einer mehr östlichen Route, als der gegebenen, so stellen sich zwischen 10° N. und der Linie die Chancen der Calmen auch nicht höher als auf 2 bis 3%.

Von October bis Jänner schneidet man 10° N. bei 140° W., den Äquator bei 145° W. Auf dieser Route ergeben sich zwischen den beiden Passat-Zonen auch nicht mehr als 2 oder 3% Chancen von Calmen.

Würde man in dieser Jahreszeit weiter westlich gehen, wäre die Wahrscheinlichkeit in Calmen zu gerathen, größer.

In jeder Jahreszeit schneidet man 10° S. zwischen 154 und 156° W. Man sucht alsdann 30° S. in beiläufig 170° O. zu erreichen.

### Route von Callao oder Valparaiso nach Australien.

818. Schiffe, welche von Callao ausfahren, halten nach West, Schiffe, welche von Valparaiso abgehen, nach NNW oder NW, um baldigst den SO-Passat zu erreichen. Mit diesem segeln sie gegen die Marquesas, und können sie Fatu-Hiva oder Madelaine sichten. Die östlichen Winde sind desto stetiger, je mehr man sich den Marquesas nähert. Jenseits dieser Inseln kann man in der Zeit von Juli bis October auf ständigen Passat zählen, nicht mit derselben Sicherheit aber während der übrigen Zeit des Jahres.

Von Juli bis October kann man in N der Samoas, auf geringe Distanz in S der Insel Uvea, dann in West der Fidjis passiren, und den Wendekreis etwas in W von der Pinien-Insel (Kunie) schneiden. Westwärts gegen Cap Sandy segelnd, trifft man gewöhnlich eher günstige Winde. Hierauf steuert man derart südwärts, um den Parallel der Insel Moreton in beiläufig 157° O. zu passiren. Von November bis Juni hingegen kann man von Fatu-Hiva direct gegen Tonga Tabu steuern, und alsdann den Wendekreis beiläufig in 166° O. schneiden.

Gemischte Schiffe, welche von Valparaiso aus die Reise antreten, können die Überfahrt kürzen. Sie passiren in S der Pomotus (Niedrige Inseln, Tuamota) oder zwischen denselben in 20° S. Breite. In beiläufig 141° W. angelangt, können sie den Parallel 20° S. verlassen, und steuern derart, um den Parallel von Tahiti in beiläufig 158—160° W. zu schneiden. Sie passiren dann zwischen den Samoas und Tongas.

### Routen von Valparaiso oder Callao nach Melbourne, nach Indien.

819. Es sind zwei Routen zu unterscheiden: jene im Passat, und jene um Cap Hoorn.

#### Route im Passat.

820. Schiffe, nach Melbourne bestimmt, verfolgen die gleiche Route, wie dieselbe für Schiffe, welche nach Australien zu segeln haben, früher angegeben worden ist, es ist hier nur beizusetzen, dass sie zwischen Neu-Caledonien und Melbourne sehr häufigen Westwinden begegnen

werden. Insbesondere die Bass-Straße wird schwierig zu passiren sein, nur im Jänner, Februar und März kann man auf östliche Winde rechnen.

In diesen Monaten, wie überhaupt von November bis März können nach Indien bestimmte Schiffe in S von Australien nach ihren Bestimmungsorten ihren Weg nehmen. Übrigens wird es in allen Jahreszeiten möglich sein, in N von Australien zu passiren. So hat man von März bis September die Wahl zwischen der Route durch die Torres-Straße und jener durch den Georgs-Canal und in Nord von Neu-Guinea. Um an die eine oder andere dieser Routen anzuschließen, wird man in Nord der Samoas, auf geringe Entfernung in S der Insel Rotumah und in N der Neu-Hebriden passiren.

In der Zeit von September bis März kann man im Bereiche der Passate dieselbe Route wählen, wie jene von Valparaiso oder Callao nach China. Man passirt in Süd von Formosa, und steuert mit dem NO-Monsun in der China-See südwärts.

## Route um Cap Hoorn.

821. Diese Route verspricht rasche Reisen nach Mauritius, Bombay, Calcutta, Batavia und selbst Saigon. Sie ist besonders vortheilhaft für Schiffe, welche in der Zeit von August bis Jänner von Valparaiso oder selbst Callao absegeln.

Die Fahrt in hohen Breiten wird weniger anstrengend, die Temperatur milder, die Tage länger sein, man wird dem Treibeis leichter entgehen. In derselben Jahreszeit ist die Fahrt im Bereiche des Passates weniger sicher, und kann man schlechtem Wetter, und westlichen Winden in dem westlichen Theil Polynesiens begegnen.

Schiffe mit der Bestimmung nach Bombay oder Mauritius sollten in jeder Jahreszeit die Route um das Cap Hoorn wählen.

Schiffe, welche von Callao aussegeln, durchschneiden den Passat, und suchen baldigst in den Bereich der Westwinde der Süd-Hemisphäre zu gelangen; man braucht sich hiebei nicht zu ängstigen, zu weit westlich zu kommen. Es erscheint empfehlenswert, wo möglich 30 und 35° S. zwischen 90 und 95° W. zu schneiden.

Schiffe, deren Abfahrtsort Valparaiso ist, sollen westwärts bis Juan Fernandez Weg zu machen suchen. Es kann als allgemeine Regel gelten 35° S. wenigstens in 80 oder 82° W. zu schneiden. Es ist vortheilhaft, diesen Parallel möglichst weit in West zu kreuzen, um späterhin die bis 40 — 42° S. herrschenden westlichen Winde, die öfter aus südlichen als nördlichen Strichen wehen, ausnützen zu können.

Im Jänner kann man trachten 35° S. in wenigstens 82° W., 40° S. zwischen 80 und 85° W., 50° S. in 81 oder 82° W. zu schneiden.

Im Februar gilt dieselbe Route.

Im März mag es genügen 35° S. in beiläufig 80° W. zu schneiden. 40° S. suche man zwischen 80 und 83° W. zu passiren.

Im April, Mai, Juni mag es ausreichen, 35° S. zwischen 78 und 80° W., 40° S. zwischen 80 und 83° W. zu kreuzen.

Im Juli und August schneidet man 35° S. zwischen 81 und 82° W., 40° S. zwischen 82 und 83° W.

Im September, October, November, December wird man den Parallel 35° S. soweit als möglich in West schneiden. Wenn ausführbar, wird es vortheilhaft sein, 35 und 37° S. zwischen 82 und 85° W. zu passiren. In diesen Monaten überwiegen oft südliche Winde bis 40 und 42° S.

Segelschiffe werden gut thun, sich, je nachdem es die Winde gestatten, westlich der angegebenen Routen zu halten.

Gemischte Schiffe brauchen keinen solchen Umweg zu machen, und können, je nach den Umständen die Maschine benützend, z. B. 35° S. in ungefähr 78° W., 40° S. in 80° W. schneiden.

Nach Passirung des Cap Hoorn kann man, um Treibeis eher zu vermeiden, den Parallel 40° S. in beiläufig 41 oder 42° W. kreuzen, und nach Ost laufen, indem man sich in dieser Breite erhält. Allein hiedurch würde die Reise sehr verlängert.

Nach Maury sollen die Schiffe in S von Neu-Georgien und in Nord von Sandwich-Land passiren, den Meridian von Greenwich in beiläufig 54° S., jenen von 20° O. in 50° S. kreuzen.

Wenn man nach den Mascarenen segelt, so schneide man 40° S. in Ost von 28 oder 29° O., — wenn man nach Indien bestimmt ist, in 37 bis 42° O., — wenn man nach Batavia beordert ist, bei 60—62° Ost.

### Route von Australien nach dem Cap Hoorn.

822. Von Sidney ausgehend, wird man trachten, Neu-Seeland in Süd zu dubliren. Sollte dies nicht möglich sein, so wähle man die Passage durch die Cook-Straße. Die Straße Foveaux ist nur für gemischte Schiffe anzurathen, nicht für Segelschiffe wegen der außerordentlichen Veränderlichkeit des Wetters und der zu befürchtenden stürmischen Winde aus SW und NW; überdies ist eine gewöhnlich nach S setzende Strömung in Rechnung zu bringen. Schiffe, welche von Melbourne auslaufen, können bei westlichen Winden durch die Bass-Straße passiren, bei östlichen Winden werden sie Tasmanien umsegeln, indem sie hiebei

sich fern genug der Westküste halten, um nicht für den Fall, als einer der häufigen SW-Stürme eintritt, in Gefahr zu gerathen. Dann werden sie derart steuern, um zwischen den Inseln Snares und Auckland zu passiren. Weg nach Ost soll man zwischen 48 und 53° S machen. Vom October bis April überschreiten das Treibeis und die Eisberge den Parallel 50° S.; doch selbst in dieser Jahreszeit hat man erst in Süd dieses Parallels eine wirklich häufige Begegnung von Eismassen zu erwarten. Von April bis October ist das Eis weniger zu fürchten. Es kann daher für die Zeit von October bis April der Parallel 50° S., für die Zeit von April bis October der Parallel 53° S. als Grenzlinie bezeichnet werden, bis zu welcher man südwärts halten darf. Um sehr rasche Reisen zu machen, kann man noch weiter nach Süden, bis 57 oder 58° S. gehen, doch steigern sich hiemit die Gefahren der Fahrt und die Härten des Klimas.

Maury sagt: „Ob man in S oder N von dieser Insel (Neu-Seeland) passirt, so soll man stets, sowie man dieselbe dublirt hat, direct gegen Cap Hoorn steuern, und sich hiebei vor Augen halten, dass man der Route im größten Kreise desto näher kommt, je weiter man in S. von der Mitte der geraden Linie ist, welche Van Diemens-Land mit dem Cap Hoorn verbindet."

In welcher Breite man immer die Fahrt nach Ost gemacht haben mag, sowie man den Meridian 98° W. erreicht hat, hält man südwärts ab und steuert derart, um den Parallel der Inseln Diego Ramirez in beiläufig 76° W. zu schneiden.

**Bemerkungen bezüglich der Routen von Australien nach Europa.**

823. Es kommen hier 2 Routen in Betracht, die Ost-Route (um Cap Hoorn) und die West-Route. Letztere kann ums Cap der guten Hoffnung oder durch den Canal von Suez führen. Die Ost-Route erscheint für Segelschiffe unbedingt vorzuziehen.

Gemischte Schiffe werden in der Regel die Route über Suez wählen, indem sie, wenn ihre Abreise in die Zeit von Mai bis August fällt, die Torres-Straße passiren, in Süd von Australien aber westwärts laufen, wenn sie im Jänner, Februar oder März abreisen. In der Zeit von Anfang August bis Ende December können gemischte Schiffe statt der Passage durch die Torres-Straße, die Route in N von Neu-Guinea nehmen, doch wird die Route um Cap Hoorn immerhin vorzuziehen sein.

**Route von St. Francisco nach Panama.**

824. Maury räth, sich der Küste Mexicos fern zu halten, den Äquator bei 105° W. zu schneiden, dann südwärts zu halten, bis der

SO-Passat gestattet, mit Steuerbord-Halsen segelnd das Land aufzusuchen. Diese Route ist gewiss die beste für Segelschiffe, wenigstens in der Zeit von Mai bis October. Gemischte Schiffe können in dieser Jahreszeit zeitweise je nach Bedarf die Maschine benützend, eine gute Fahrt machen, indem sie 20° N. in beiläufig 109° W., 10° N. zwischen 98 und 100° W. schneiden.

In der Periode von November bis April werden Segelschiffe derselben Route folgen, doch brauchen sie sich nicht so weit westlich zu halten, hingegen sollen sie weiter nach S. gehen. Gemischte Schiffe können in dieser Jahreszeit 20° N. in beiläufig 110° W., 10° N. in beiläufig 91° W. schneiden.

### Route von Panama nach St. Francisco.

825. Maury gibt betreffs dieser Route nachstehende Instructionen: Außerhalb der Bucht von Panama angelangt, sucht man, indem man sich in der Nähe des Meridians 80° W. hält, nach Süd zu gewinnen, um sich zwischen 5° N. und den Äquator zu legen. Gestattet es der Wind, segelt man gegen SW. Bei SW-Wind nimmt man Steuerbord-Halsen, bei SSW Backbord-Halsen; begegnet man flauen, wechselnden Brisen mit zeitweisem Regenfall, so weiß man, dass man sich im Bereich der Äquatorial-Calmen befindet, und trachtet nach S Weg zu machen. Ob man in die Region der Äquatorialen Calmen gelangt ist, erkennt man übrigens auch aus dem Barometerstand. Der mittlere Barometerstand innerhalb der erwähnten Calmzone ist um 2·5 Mm. niedriger als innerhalb der Passate.

Von Juni bis Jänner sind, nachdem man den Parallel 5° N. in 85° W. überschritten hat, Winde aus SO bis Süd zu erwarten, und man macht Weg nach West. Trifft man flaue Brisen und Calmen, so ist man im Bereiche der Äquatorialen Calmen, und wird sie nach S zu durchschneiden suchen. Jenseits 95° W. wird man südöstliche Winde treffen, mit diesen wird man den Meridian 100° W. überschreiten, worauf man derart steuert, um auf einige Distanz von der Insel Clipperton zu passiren.

Von Februar bis Mai passirt man in S der Galapagos und sucht den Äquator nicht eher wieder zu schneiden, als bis nicht der Meridian 105° W. erreicht ist, worauf man derart steuert, um den Parallel von 10° N. in 120° W. zu kreuzen. Hier wird man wahrscheinlich den NO-Passat treffen.

Gemischte Schiffe, die von Panama ausfahren, bedienen sich je nach Bedarf der Maschine, und steuern derart, um die Linie in beiläufig 85° W. zu kreuzen. Von da werden sie, je nach der Jahreszeit die Route nehmen, um in S oder N der Galapagos zu passiren. Für den weiteren Verlauf der Reise werden sie sich nach den für die Segelschiffe gegebenen Weisungen richten.

### Route von St. Francisco nach Callao.

826. Die Schiffe suchen bald möglichst in den NO-Passat zu gelangen. Die Linie sollen sie in der Zeit von Mai bis October in 118 bis 120° W., von October bis Mai in 113—115° W. passiren.

Sowie sie in den Bereich der westlichen Winde der Süd-Hemisphäre gelangt sind, laufen sie ostwärts bis der Bestimmungsort nördlich von NO. bleibt, worauf sie nordwärts gegen denselben abhalten. Im Jänner wird man guten Weg nach Ost machen, in 33° S., im Februar, März, April in 35 oder 36° S., im Mai zwischen 32 und 33° S., im Juni in 35° S., im Juli zwischen 33 und 34° S., im August in beiläufig 32° S., im September in 33° S. ungefähr, im October in beiläufig 32° S., im November in ungefähr 33° S., und im December in 32° S. Eine zweite Route, welche man vornehmlich in den Monaten August, September und October versuchen kann, besteht darin, dass man von 8° N. und 110° W. gegen die Galapagos steuert, um selbe je nach den Umständen in N oder S oder auch um zwischen denselben zu passiren. Diese Route ist daher von oben bezeichneter Position aus eine directe. Die Befolgung der letzteren Route kann Gewinn an Zeit bringen, doch ist immerhin anzunehmen, dass die Schiffe viel Zeit verwenden werden, um gegen die Südwinde aufzukommen.

Gemischte Schiffe können eine Route befolgen, wie jene für die Fahrt nach Panama gegebene. Dieselben werden 10° N. zwischen 90° und 91° W. schneiden, und von da die Route gegen Cap St. Francisco an der Südamerikanischen Küste nehmen. Von Cap St. Francisco bis Callao werden sie aber gegen widrigen Wind und Strom auf arbeiten müssen.

### Route von Callao nach St. Francisco.

827. Im Jänner, Februar und März wird man den Äquator in beiläufig 108° W., und 10° N. in 114 oder 116° W. schneiden. Bis hierher hat man Winde aus SO und nördlich der Linie nur wenige Calmen zu erwarten. Im Nordost-Passat wird man derart steuern, um 20° N. nicht in Ost von 128° W. zu schneiden, da weiter östlich der Wind mehr Nordrichtung hat.

Im April, Mai, Juni wird man den Äquator zwischen 108 und 113° W., 10° N. in beiläufig 120° W. kreuzen.

Im Juli, August, September werden Segelschiffe den Äquator nicht in Ost von 125° W., 10° N. in beiläufig 130° W. schneiden.

Im October, November, December passire man den Äquator in beiläufig 108° W., 10° N. bei 120° W.

Bezüglich des Endes der Route siehe die Route vom Cap Hoorn nach St. Francisco.

### Route von St. Francisco nach Valparaiso.

828. Für diese Reise gelten dieselben Weisungen, wie für die Fahrt von St. Francisco nach Callao. Von Mai bis October schneidet man den Äquator in beiläufig 118—120° W., von October bis Mai in ungefähr 113—115° W.

Im Bereiche der Westwinde in der Südlichen Halbkugel wird man nach Ost laufen; im Jänner in 34 oder 35° S., im Februar zwischen 35 und 36° S., im März in derselben Breite oder südlicher, im April und Mai zwischen 34 und 35° S., im Juni in S von 35° S., im Juli, August, September in 34° S. ungefähr, im October, November, December in beiläufig 36° S. Nachdem der Meridian 85° W. passirt ist, kann man beginnen gegen Valparaiso zu steuern.

### Routen von Valparaiso nach St. Francisco.

829. Man steuert nordwestwärts um den SO-Passat aufzusuchen, mit demselben nimmt man Curs gegen den Kreuzungspunkt des Äquators. Es gelten bezüglich dieses Punktes, wie für den Rest der Reise dieselben Weisungen, wie für die Fahrt von Cap Hoorn nach St. Francisco.

### Route von St. Francisco zum Cap Hoorn.

830. Es gelten in Bezug auf diese Route bis zum südlichen Gebiet der Westwinde dieselben Verhaltungsregeln, wie bezüglich der Routen von St. Francisco nach Callao und Valparaiso. Ist man aus dem SO-Passat getreten, sucht man nach S zu gewinnen, bis man in den Bereich der westlichen Winde gelangt, worauf man die Route derart anlegt, um auf einige Distanz vom Cap Hoorn zu passiren. Man kann hiebei insoweit es die Winde gestatten, die Route annähernd dem Bogen eines größten Kreises gestalten. Bei Annäherung ans Cap Hoorn und bei dessen Dublirung ist wegen des Treibeises Ausschau zu halten.[1]

---

[1] Nachstehende Tabelle gibt die Routen von 10 bis 35° S. Breite nach Maury für die einzelnen Monate des Jahres.

## Routen vom Cap Hoorn nach St. Francisco.

831. Nachdem man das Cap dublirt hat, sucht man, so weit möglich, nach West zu gewinnen. Es erscheint übrigens ebenfalls wichtig nach Nord aufzukommen. Man wird daher je nach den Winden die Halsen wählen, welche WNW, NW, NNW oder Nord anzuliegen gestatten. Es ist jedoch als Regel festzuhalten, den Parallel 50° S. nicht westlich vom Meridian 100° W., und den Parallel 30° S. nicht westlich vom Meridian 120° W. zu passiren, d. h. man soll nicht in West des letztgenannten Meridians in den Bereich des SO-Passats eintreten.

Über diesen Theil der Reise können die bei den Routen vom Cap Hoorn nach Valparaiso gegebenen näheren Weisungen einen Anhalt geben. Je nach dem Punkte, wo man den Gleicher schneiden will, wird man eine mehr östliche oder westliche Route wählen. Maury ist der Ansicht, dass eine mehr westliche Route in der Zeit von Mai bis October vorzuziehen ist. Als allgemeine Regel kann gelten, mit einem Segelschiff den Äquator in keiner Jahreszeit östlich von 110° W. zu schneiden. Im Jänner, Februar und März wird man 10° N. zwischen 120 und 123° W. passiren. Bis hierher wird der SO-Passat führen, welcher aber bald, gewöhnlich ohne eine Zwischenpause von Calmen, dem NO-Passat weichen wird. 20° N. soll man nicht in Ost von 128° W., 30° N. nicht in Ost von 133° W. schneiden. Von da an wird man variable Brisen haben. Man trachte nach Nord zu gewinnen, und versuche nicht früher nach Osten zu gehen bis nicht günstige Winde aufspringen.

| Monat | 10° S. | 20° S. | 30° S. | 35° S. |
|---|---|---|---|---|
| | West Längen von Greenwich | | | |
| Jänner | 120·6 | 120·9 | 114·6 | 106·2 |
| Februar | 112·9 | 113 | 115·7 | 102·8 |
| März | 117·3 | 118·8 | 115·1 | 111·7 |
| April | 115·5 | 117 | 114·5 | — |
| Mai | 119·7 | 119·2 | 111·5 | |
| Juni | 108 | 115·2 | 113 | 98·5 |
| Juli | 111·5 | 107·3 | 106 | 93·5 |
| August | 113 | 114·1 | 108·5 | 93 |
| September | 115 | 116 | 119·7 | 110 |
| October | 115 | 120·5 | 124 | 122 |
| November | 109·6 | 109·6 | 107 | 100 |
| December | 115 | 115·7 | 124 | 106 |

Im April, Mai, Juni schneide man die Linie zwischen 118 und 123° W., und 10° N. zwischen 123 und 125° W. Von da durchschneidet man den NO-Passat, der häufig aus N wehen wird. 30° N. wird man in der Regel zwischen 133 und 138° W. kreuzen. Günstige Winde, um Ost zu machen, werden gewöhnlich erst bei 37 bis 39° N. zu treffen sein.

Im Juli, August, September schneide man den Äquator ungefähr bei 125° W., 10° N. bei 130° W. Zwischen 10 und 20° N. wird man Calmen und überwiegend Winde vorfinden, welche zwischen N und Ost wechseln. Bisweilen kommen auch SW-Brisen vor. 20° N. wird man gewöhnlich zwischen 133 und 136° W. erreichen. Mit dem NO-Passat segelnd, wird man 30° N. in ungefähr 140° W. schneiden. Von da an ändern die Windrichtungen, doch bleiben NO-Winde überwiegend bis 34 oder 36° N. In Nord dieses Parallels werden sich westliche Winde häufig einstellen.

Im October, November, December schneide man den Äquator in beiläufig 113° W., 10° N. zwischen 118 und 120° W. Von da wird man, mit dem NO-Passat segelnd, derart steuern, um 20° N. zwischen 127 und 129° W. zu kreuzen. 30° N. wird man gewöhnlich zwischen 133 und 134° W. erreichen. Sowie die Winde veränderlich werden, trachte man möglichst nach N zu gewinnen, bis man in N von 38° N. ankommt. Alsdann wird man in der Lage sein, nach Osten guten Weg zu machen, doch ist darauf zu achten, den Meridian 130° W. in Nord des Parallels von St. Francisco zu schneiden, da man in der Folge meistens Winden aus NNW bis NNO begegnen wird.[1]

---

[1] Für die östliche Route gelten nachstehende Schnittpunkte als Richtschnur:

| Monat | Süd-Breiten | | | |
|---|---|---|---|---|
| | 50° | 40° | 30° | 0° |
| | West-Längen | | | |
| Jänner | 80° | 83° | 90° | 111° |
| Februar | 82 | 85 | 90 | 111 |
| März | 82 | 85 | 89 | 110 |
| April | 83 | 87 | 89 | 109 |
| Mai | 82 | 85 | 87 | 109 |
| Juni | 82 | 84 | 89 | 110 |
| Juli | 82 | 88 | 92 | 115 |
| August | 84 | 86 | 87 | 108 |
| September | 82 | 86 | 87 | 111 |
| October | 80 | 82 | 86 | 110 |
| November | 83 | 85 | 84 | 108 |
| December | 83 | 83 | 87 | 113 |

## Route von Valparaiso nach Callao.

832. Diese Route bietet keine Schwierigkeiten. Man erhebt sich gegen NW auf gute Distanz vom Lande, und nimmt dann direct Route gegen St. Lorenzo. Kapitän Fitz-Roy sagt: Nordwärts bestimmte Schiffe steuern an der Küste von Chili direct nach dem Bestimmungshafen, oder verfolgen wenigstens eine Route, wie die Winde es gestatten, welche in hoher See herrschen. An der Küste Perus ist es ebenfalls leicht Weg nach N zu machen, und es ist kein anderer Rath zu geben, als sich auf gute Distanz vom Lande zu halten, um sicher zu sein, den Bestimmungshafen nach Verlauf einiger Tage zu erreichen."

Commandant Chardonneau bemerkt bezüglich der Schiffahrt an der Küste Perus:

„Man soll der Küste in der Nähe des Landes auf eine Entfernung von nicht weniger als 4, und nicht mehr als 15 Meilen folgen. In Anbetracht der häufigen Nebel ist diese Vorsicht unumgänglich, sowohl um Unfälle zu vermeiden, als auch um seine Bestimmung leicht zu erreichen. Da mehrere Tage ohne Beobachtung vergehen können, und die Strömung das Vertrauen in die Gießung beeinträchtigt, ist es nothwendig, in der besagten Weise zu segeln, denn man bleibt stets in Sicht von Küstenpunkten, welche leicht zu unterscheiden und zu erkennen sind."

## Route von Callao nach Valparaiso.

833. Nachstehende Durchschnittspunkte ergeben eine mittlere Route, welche als Anhalt dienen kann.

Jänner, 15° S. bei 79° W., 20° S. bei 81° W., 25° S. bei 82° W., 31° S. bei 82° W., 32° 30' S. bei 80° W.

Februar. Mit Backbord-Halsen den SO-Passat durchschneidend, wird man 25° S. bei 83° W. erreichen. Weiter südlich trifft man variable Brisen; Winde aus S und SW kann man vorfinden. 80° W. wird man im allgemeinen zwischen 32 und 33° S. schneiden.

März. Gewöhnlich wird man den Parallel 20° S. bei 81° W., 30° S. bei 84° W. kreuzen können. Dann begegnet man Winden veränderlich von SO bis SW; sowie man nach S gewinnt, werden mehr und mehr westliche Winde herrschend. Den Parallel 32° 30' S. wird man in beiläufig 80° W. passiren.

April. Man schneidet 20° S. bei 81° W. ungefähr. Oftmals wird man 25° S. zwischen 81 und 82° W., 30° S. bei 81° W., 31 oder 32° S. in 80° W. erreichen können.

Mai. Man schneidet 20° S. bei 81° W., 25 und 30° S. bei 82° W.

Juni. Man schneidet 20° S. bei 81° W., 25° S. bei 82° W., 30° S. zwischen 80 und 81° W. Von da sucht man den Parallel von Valparaiso in beiläufig 75° W. zu erreichen.

Juli. Häufig wird man 20 und 25° S. bei 81° W. schneiden können. Dann wird man mit den in diesem Monate häufigeren nördlichen Winden oftmals den Parallel 27° 30' S. bei 79° W., 30° S. bei 77° W. erreichen.

August. Man schneidet 15° S. in beiläufig 80° W., 20 und 30° S. bei 82° W., 32° S. bei 80° W. und 32° 30' S. bei 75° W.

September. Den Parallel 20° S. wird man in beiläufig 81° W. kreuzen, 25 und 30° S. wird man zwischen 81 und 82° W., und 32° S. bei 79° W. schneiden.

October. Den Parallel 25° S. wird man zwischen 82 und 83° W. passiren. Nachdem man die Parallele 30 und 31° S. gekreuzt hat, wird man gewöhnlich Winde vorfinden, welche eine Ost-Route gestatten.

November. Man wird 20° S. bei 82° W., 25° S. zwischen 82 und 83° W. schneiden, und dann trachten, 30° S. in beiläufig 80° W. zu erreichen.

December. Man wird 15° S. bei 80° W., 20° S. bei 82° W., 25° S. bei 84° W. schneiden, und dann, je nach den Winden, welche zwischen SW und OSO wechseln werden, bis zum Parallel 30° S. steuern. Südlich von diesem wird man meistens günstige Winde treffen, um ostwärts zu segeln.

### Routen von Valparaiso zum Cap Hoorn.

834. Gewöhnlich wird man bei der Abreise von Valparaiso südliche Winde treffen, außer in der schlechten Jahreszeit (Mai—Sept.), in welcher heftige nördliche Winde vorkommen. Es wird daher für Segelschiffe im allgemeinen leicht sein, sich gegen West bis Juan Fernandez zu erheben. Als Regel ist festzuhalten, wo möglich den Parallel 35° S. wenigstens in 80 oder 82° W. zu schneiden. Es erscheint als vortheilhaft diesen Parallel thunlichst weit in West zu passiren, um sodann von den westlichen Winden, welche bis 40 oder 42° S. öfter aus südlichen, als nördlichen Richtungen wehen, Nutzen ziehen zu können.

Im Jänner kann man trachten, 35° S. in wenigstens 82° W., 40° S. zwischen 80 und 85° W., 50° S. in 81 oder 82° W. zu schneiden.

Für den Februar gilt dasselbe.

Im März kann es genügen, 35° S. in ungefähr 80° W. zu schneiden. 40° S. suche man zwischen 80 und 83° W. zu kreuzen; dann wird es leicht sein, nach Süd zu gewinnen.

Im April, Mai, Juni mag es ausreichen, 35° S. zwischen 78 und 80° W., 40° S. zwischen 80 und 83° W. zu passiren.

Im Juli und August schneide man 35° S. zwischen 81° und 82° W., 40° S. zwischen 82 und 83° W.

Im September, October, November, December ist es gut 35° S. soweit als möglich in West zu passiren, es erscheint daher zweckmäßig, wenn es die Windverhältnisse anders ermöglichen, 35 und 37° S. zwischen 82 und 85° W. zu schneiden. In dieser Jahreszeit sind die südlichen Winde oft bis 42 und 40° S. die herrschenden. Je weiter man daher nach West vorgerückt ist, desto besser ist es für den weitern Verlauf der Reise. Die oben gegebenen Durchschnittspunkte geben selbstverständlich nur annähernd die Route an, welche zu befolgen die Winde zulassen werden. Die Segelschiffe werden gut thun, sich nach Thunlichkeit in West dieser Route zu erhalten. Gemischte Schiffe können den Weg abkürzen, indem sie zeitweise von der Maschine Gebrauch machen, und z. B. derart steuern, um 35° S. in ungefähr 78° W., 40° S. in 80° W. zu schneiden.

### Routen vom Cap Hoorn und der Magellan-Straße nach Valparaiso.

835. Nachdem man das Cap dublirt hat, sucht man, so viel als möglich, nach West zu gewinnen.[1] Den Parallel 50° S. suche man in beiläufig 80° W. zu schneiden. Es ist jedenfalls besser, 50° S. westlich vom Meridian 80° W., als in Ost desselben zu erreichen. Hat man den Parallel 50° S. überschritten, so steuert man in der Nähe des Meridians 80° W. nordwärts, insoweit es Wind und See zulassen. Von 45° S. an kann man sich, um nach Nord zu gewinnen, mit Sicherheit zwischen den Meridianen 78 und 80° W. halten. 40° S. wird man im allgemeinen bei 79° W. kreuzen. Bis 37° S. steuert man nordwärts. Ist der Parallel 37° S. erreicht, so haltet man nach Ost ab, um 35° S. in circa 75° W. zu passiren. Übrigens können für die einzelnen Monate folgende nähere Weisungen gelten:

Im Jänner hat man einen wirklichen Vortheil 50° S. etwas westlich vom Meridian 80° W. zu schneiden, da man dann weniger häufig anhaltende Winde aus NW und NNW trifft. Zwischen 45 und 40° S. ist es vorzuziehen in Ost dieses Meridians zu bleiben, da man östlich desselben eher günstige Windverhältnisse zu erwarten hat.

Im Februar ist es noch von größerer Tragweite, 50° S. weiter westlich als 80° W. zu schneiden. Man wird mit einem Segelschiff 50°

---

[1] Siehe Routen vom Cap Hoorn nach St. Francisco.

S. in 81° W. oder weiter westlich, 45° S. bei 81° W., 40° S. bei 80° W. 35° S. in ungefähr 75° W. zu kreuzen suchen.

Im März hingegen soll man sich in Ost von 80° W. halten, es wird daher genügen, soweit westlich zu gehen, um für den Fall heftiger westlicher Winde die Nähe des Landes nicht fürchten zu müssen. Ein Segelschiff kann daher z. B. in 79° W. ein gemischtes Schiff in 78° W. den Parallel 50° S. passiren. Die Winde sind im allgemeinen günstig; doch muss man stets auf NW-Winde gefasst sein. Mit diesen lauft man mit Backbord-Halsen so lange, als nicht in Anbetracht der Nähe der Küste die Sicherheit der Schiffe in Frage kommt. Weiter östlich ist übrigens ein Raumen des Windes wahrscheinlicher, als westlich von 80° W. Man kann auf solche Art die Parallele 50, 45, 40° S. schneiden, indem man dem Meridian 79 oder 78° W. folgt. 35° S. wird man in beiläufig 75° W. passiren. Nördlich von 35° S. wird man nicht selten Calmen und unstete Brisen treffen.

Im April kann man die Route einschlagen, welche anfangs als allgemeine, fürs ganze Jahr geltende aufgestellt worden ist. Nur ist zu bemerken, dass zwischen 50 und 35° S. die NW-Winde häufiger sind als in den früheren Monaten. Man suche daher zwischen 50 und 45° S. westlich von 80° W., zwischen 45 und 40° S. westlich von 79° W. zu bleiben. 35° S. wird man in ungefähr 76° W., 34° S. zwischen 74 und 75° W. schneiden.

Im Mai ist es wie im Februar empfehlenswerter, sich in West von 80° W. nach Nord zu erheben, wenn dies die Windverhältnisse erlauben.

Im Juni ist es, wie im Februar und Mai räthlich 50° S. soweit als möglich in West zu schneiden. Zwischen 50 und 45° S. sind die Winde westlich von 80° W. günstiger als östlich dieses Meridians. Es sind alle Winde auszunützen, welche es ermöglichen, 45 und besonders 40° S. in beiläufig 81° W. zu passiren.

Für Juli und August gelten dieselben Bemerkungen wie für Juni; nur ist anzuführen, dass im August die Winde zwischen 50 und 45° S. in West und Ost von 80° W. gewöhnlich günstig sind, daher nicht so viel daran liegt, ob man 50° S. mehr oder weniger in West schneidet. Es ist aber räthlich, 45° S. zwischen 80 und 81° W., und 40° S. in derselben Länge zu schneiden.

Im September ist es wieder besser, in West von 80° W. nach Nord Weg zu machen, da im Westen dieses Meridians Winde aus W bis SSW überwiegen, während östlich von demselben Winde aus NW häufig sind. Nach Passirung von 45° S. kann man die allgemeine, fürs ganze Jahr aufgestellte Route einhalten. Man wird 40° S. zwischen 77 und 79° W schneiden. — Für October gilt dasselbe wie für September Man wird meistens günstige, stetige Brisen haben, und 45° S. in 80 oder 81° W., 40° S. bei 80° W., 35° S. bei 75° W. schneiden.

Im November sind die Winde aus NW zwischen 50 und 35° S., und sowohl in West als in Ost von 80° W. häufig. Es erscheint aber dennoch von Vortheil, 50° S. in West von 80° W. zu kreuzen. Es ist als Grundsatz festzuhalten, jeden günstigen Wind zu benutzen um in dem Maße, als man nach Nord vorschreitet, auch etwas nach West zu gewinnen, damit man, falls NW-Winde einsetzen, mit Backbord-Halsen Weg machen könne. Man kann versuchen 40° S. in 79° W. ungefähr zu schneiden, da zwischen 40 und 35° S., östlich von 80° W. bessere Windverhältnisse zu erwarten sind, als westlich von diesem Meridian.

Für December gelten die gleichen Bemerkungen, wie für November. Von 40° S. an wird man gewöhnlich günstige Winde haben, wenn man diesen Parallel östlich von 80° W. (in 79° W. ungefähr) geschnitten hat. Um hier noch der Schiffe zu erwähnen, welche aus der Magellan-Straße auslaufen, so kommen wohl nur Dampfer und gemischte Schiffe in Betracht. Erstere werden in solcher Distanz vom Lande nordwärts steuern, um nicht bei schlechtem Wetter durch die Nähe der Küste in Gefahr zu gerathen. Letztere werden suchen, nach WNW oder NW Weg zu machen, um sich von der Küste zu entfernen, und in eine Region zu gelangen, wo sie die Feuer auslöschen und mit Segeln allein fahren können. Die Route der gemischten Schiffe ist alsdann annähernd dieselbe, wie für Schiffe, welche Cap Hoorn dublirt haben, häufig nur 2 — 3° mehr östlich. Die Windverhältnisse werden sich daher etwas minder günstig gestalten, indem die Winde etwas schraller sein werden, als jene auf der Cap Hoorn-Route.

Von 35° S. steuert man gegen den Bestimmungsort. Die im allgemeinen nordwärts tragende Strömung ist in Rechnung zu bringen, um Irrungen beim Ansegeln zu vermeiden. In der Zeit vom Mai bis September, besonders im Juli und August hat man in den Gewässern von Valparaiso auf stürmische Winde aus nördlichen Richtungen gefasst zu sein. Sollten bei der Annäherung an Valparaiso sich die Anzeichen der Nord-Stürme: bedeckter Himmel, Seegang, starkes Fallen des Barometers, einstellen, so ist es räthlicher, in hoher See beizuliegen, bis das Wetter sich bessert, und der Wind nach West geht, als in die Rhede einzulaufen und zu ankern.

# Berichtigungen.

Seite 44, Zeile 15 von oben lies: Pommerania anstatt: Pomerania.
„ 151, „ 4 „ unten „ ovale oder kreisrunde anstatt: ovale oder ringförmige.
„ 196, „ 15 „ „ „ 1333 anstatt: 1339.
„ 202, „ 19 „ oben „ 3064 „ 3044.
„ 282, „ 7 „ unten „ in der Regel anstatt: immer.
„ 303 und 317 lies: Melanesian-See anstatt: Melanesia-See.
„ 502, Zeile 15 von unten lies: Ras-Hafun anstatt: Raz-Hafun.
„ 567, „ 13 „ „ „ Nordeuropäischen „ Nordeuorpäischen.
„ 614, „ 7 „ „ „ 15 Cm. „ 150 Cm.
„ 628, „ 17 „ oben „ unmittelbare „ unmittelbaren.
„ 645, „ 20 „ „ „ des Gradienten „ der Gradienten.
„ 684, „ 8 „ unten „ welchem „ welchen.
„ 715. Die unmittelbar über der Anmerkung „' Mittlere Windrichtungen etc." angeordnete Tabelle, sollte unter und nicht über der Anmerkung stehen. Die Anmerkung bildet nämlich die Aufschrift der Tabelle.
„ 851 (Aufschrift der Tabelle) lies: im Atlantischen anstatt: und im Atlantischen.

Lithograph. Tafel *C.* — Das Wort „Norther" (siehe Mississippi) ist etwas südlicher zu versetzen.
„ „ *D.* — Cyclonen-Bahn Nr. 60 im N-Pacific lies: 1869 anstatt: 1860.
„ „ „ — „ „ „ 52 an der Chin. Küste lies: 1858 anstatt: 1852.

www.ingramcontent.com/pod-product-compliance
Lightning Source LLC
Chambersburg PA
CBHW021352210326
41599CB00011B/840

*9783741127809*